稀土尾矿库污染的生态效应与修复技术

司万童　刘菊梅　谢志刚　等 著

化学工业出版社
·北京·

内 容 简 介

本书系统分析了我国稀土尾矿库区环境污染的生态效应与修复技术研究成果。全书共分5章，从稀土尾矿库环境污染问题出发，详细介绍了矿区环境污染的监测、生态安全评价、人体健康风险评价、生态毒性效应与作用机理、生物监测技术和生态修复技术等的研究进展。同时，本书将目前污染生态学和生态毒理学常规成熟的研究理论和技术方法贯穿全文，涉及的研究方法均为国际上广大学者所认可的，或是被国家生态环境部推荐的技术方法。

本书可作为环境科学、环境生物学、污染生态学、生态毒理学和生态工程等领域的科研工作者及技术人员的参考书，也可作为高等院校、研究所相关专业课程的参考教材。

图书在版编目（CIP）数据

稀土尾矿库污染的生态效应与修复技术/司万童等著．—北京：化学工业出版社，2021.12（2024.1重印）
ISBN 978-7-122-40142-7

Ⅰ.①稀… Ⅱ.①司… Ⅲ.①稀土元素矿床-尾矿-环境污染-修复 Ⅳ.①X5

中国版本图书馆CIP数据核字（2021）第211599号

责任编辑：徐　娟　　文字编辑：邹　宁
责任校对：李雨晴　　装帧设计：史利平

出版发行：化学工业出版社（北京市东城区青年湖南街13号　邮政编码100011）
印　　装：涿州市般润文化传播有限公司
787mm×1092mm　1/16　印张13¾　彩插10　字数339千字　2024年1月北京第1版第3次印刷

购书咨询：010-64518888　　售后服务：010-64518899
网　　址：http://www.cip.com.cn
凡购买本书，如有缺损质量问题，本社销售中心负责调换。

定　　价：98.00元

前言

尾矿库是用来堆存矿山矿石冶选后排出的尾矿和废水废渣的场所，聚集了大量成分复杂的有毒有害物质。全国共有各类尾矿库 1 万多座，已经成为我国主要的环境污染来源之一。由于我国早期尾矿库的建设标准、维护和管理技术水平不高，大量的尾矿库带病运行，污染物泄漏问题严重，长期以来持续威胁着周边区域的生态环境安全和居民生活质量。因此，亟待开展尾矿库污染的生态效应研究和生态修复技术研发。近年来，随着国家对生态环境保护工作的重视和人们环保意识的增强，我国矿山环境治理取得了前所未有的成效。然而由于历史开采面积基数大，修复成本高，导致诸多采矿迹地生态破坏和环境污染问题依然存在。

本书从矿产资源开发的生态环境现状入手，通过稀土尾矿库区环境污染程度分析，对尾矿库污染的生态风险和人体健康风险进行系统评价。基于生态毒性效应分析，研究了稀土尾矿库区地下水污染的生物监测技术与方法，提出了尾矿库区污染物治理与生态修复的技术方案和建议。

全书共分为 5 章。第 1 章从生态破坏、环境污染和土地退化等生态环境问题入手，介绍了我国矿产资源开发的生态环境现状。第 2 章基于白云鄂博稀土尾矿库区环境污染对水土理化性质影响的研究，对稀土尾矿库区环境污染程度与生态风险进行了较为全面的评价。第 3 章主要以土著两栖类和当地农作物为试验对象，阐明了尾矿库区污染物的生物富集作用，对尾矿库环境污染的人体健康风险进行了评估分析。第 4 章为本书重点，以鱼类、两栖类、啮齿类和土壤微生物为研究对象，阐述了尾矿库区环境污染的生态毒性效应；结合宏观生态毒理学理论与微观毒性作用机制，从群落结构、个体发育、组织器官和细胞损伤，到基因表达层面，较为系统地揭示了尾矿库典型有毒有害物质对生命系统的毒性效应与作用机理。第 5 章利用同位素标记技术和稀土元素分馏作用，对尾矿库渗漏水中污染物质的扩散羽及其迁移规律进行了示踪与溯源，提出了稀土尾矿库区水污染修复技术方案和建议。同时，全书贯穿介绍了污染生态学和生态毒理学常规成熟的研究理论和技术方法，可作为相关研究人员和研究生的学习参考资料。

本书的出版得到了国家自然科学基金（31460142）、重庆市自然科学基金（cstc2019jcyj-msxmX0808、 cstc2020jcyj-msxmX1011、 cstc2019jcyj-msxmX0751）、重庆市教委科学技术研究计划（KJQN202001320、 KJQN202001326、 KJQN201901322）、重庆文理学院环境科学

重庆市重点学科建设经费、工程边坡生态修复技术研究和生态功能区自然资源调查监测数据综合评价项目的联合资助。

本书第 1 章由谢志刚（重庆文理学院）、郑财贵（重庆市规划和自然资源调查监测院）、林勇刚（重庆市规划和自然资源调查监测院）、樊汶樵（重庆文理学院）、彭琴（四川大学）完成; 第 2 章由刘菊梅（重庆文理学院，博士后在站单位：生态环境部南京环境科学研究所）完成; 第 3 章由刘菊梅、贺小英（内蒙古科技大学）、李彦林（重庆文理学院）、胡靖（重庆文理学院）完成; 第 4 章由司万童（重庆文理学院，博士后在站单位：重庆市规划和自然资源调查监测院）完成; 第 5 章由司万童、刘菊梅、陈泉洲（重庆文理学院）、朱江（重庆文理学院）、杨俊（重庆文理学院）完成。全书由刘菊梅统稿。

在本书写作过程中，尽管著者力求做到科学性、先进性和实用性的有机结合，但由于水平有限，书中难免存在不妥和疏漏之处，敬请各位同仁批评指正。

著者

2021 年 9 月

目录

01 第1章 矿产资源开发的生态环境现状

05 第5章 稀土尾矿库区水污染溯源与修复技术

第1章 矿产资源开发的生态环境现状

1.1 我国矿产资源概况

矿产资源是指经过地质成矿作用，使埋藏于地下或出露于地表，并具有开发利用价值的矿物或有用元素含量达到具有工业利用价值的集合体。矿床、煤田、油田等是矿产资源的实际载体，也是人类直接研究、寻找和开发利用的资源对象。矿产资源在人类生活中无处不在，90%的生产、生活用品都与之密切相关，其开发利用极大地促进了人类进步、经济发展和社会财富的积累。

矿产资源是人类经济社会发展的物质基础，是工业、农业、国防和其他社会行业的“粮食”和主要动力来源。随着世界各国的发展，包括发达国家的持续高位需求、发展中国家工业化的不断推进和全球化程度的不断提高，预计未来数十年全球对矿产资源的需求将继续高速增长，如何应对和满足可持续发展的重大资源需求，一直是全球关注的焦点之一。资源争夺关系着世界政治格局，它们的持续安全供给关系着国计民生和国家安全。

《中国矿产资源报告（2020）》显示：截至2019年底，全国已发现173种矿产，其中，能源矿产13种，金属矿产59种，非金属矿产95种，水气矿产6种。我国天然气、页岩气、铅矿、锌矿、铝土矿、钼矿、银矿、菱镁矿、石墨等矿产资源储量探明增长比较明显。

目前，我国依然是全球最大的矿产品消费国和进口国（图1-1）。国内部分矿产安全供应形势十分严峻，对外依存度居高不下，进口面临较大风险。石油、天然气、铁、锰、铬、铜、铝土矿、铂族金属、钾盐等传统短缺矿产，国内产量增长有限，长期依靠进口。铅、锌和锡等传统优势矿产过度开发，资源消耗速度过快，也需要进口来满足国内需求。锂、钴矿等战略矿产受新兴行业的带动，需求急剧增长，短期内不能满足行业发展需求。未来，我国矿产资源供需形势不容乐观，多数矿产供不应求的形势可能会有所加剧。

1.1.1 金属非金属矿开发和消费现状

2019年，我国铁矿石产量8.4亿吨，消费量14.1亿吨（标矿），粗钢产量10.0亿吨。十种有色金属产量5841.6万吨，其中精炼铜978.4万吨；电解铝3504.4万吨。主要有色金属矿产品中，铜精矿产量162.8万吨，铅精矿产量123.1万吨，锌精矿产量280.6万吨。黄金产量500.4t（其中矿山金产量380.2t），全国黄金消费量1002.8t。磷矿石产量9332.4万吨（折含P_2O_5 30%），平板玻璃9.3亿重量箱，水泥23.5亿吨。

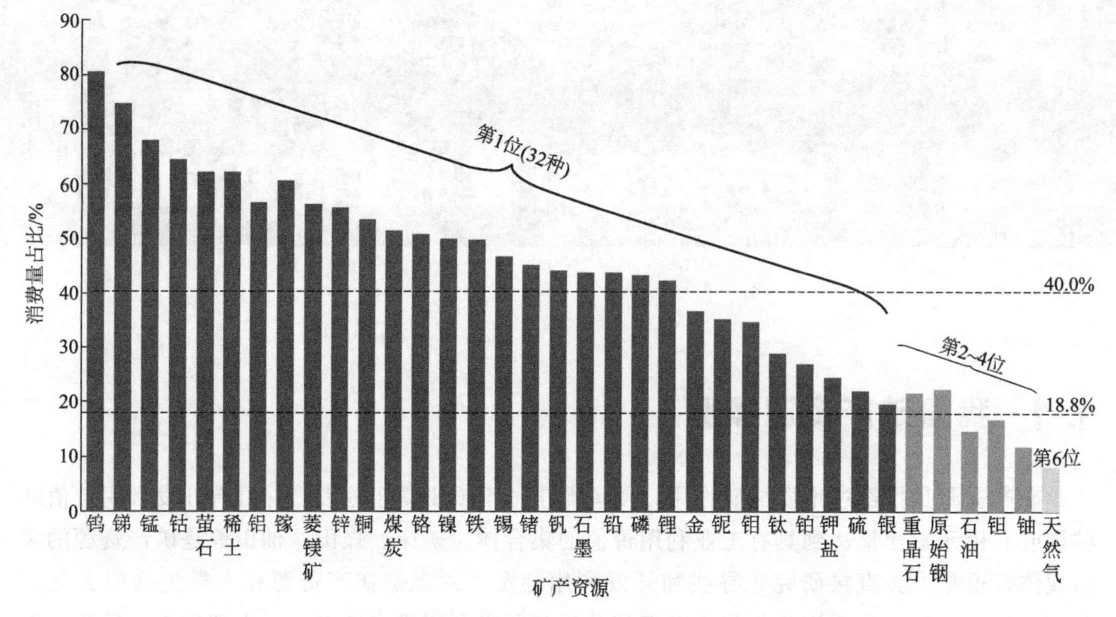

图 1-1　2018 年我国在全球主要矿产消费量中的占比（见彩插）

1.1.2 我国稀土矿开发和消费现状

稀土元素的英文名称为 Rare Earth Element，简称为 REE，它由元素周期表中的第六周期第 11IB 族的 15 个镧系元素组成，从镧到镥分别为：镧（La，$Z=57$）、铈（Ce，$Z=58$）、镨（Pr，$Z=59$）、钕（Nd，$Z=60$）、钷（Pm，$Z=61$）、钐（Sm，$Z=62$）、铕（Eu，$Z=63$）、钆（Gd，$Z=64$）、铽（Tb，$Z=65$）、镝（Dy，$Z=66$）、钬（Ho，$Z=67$）、铒（Er，$Z=68$）、铥（Tm，$Z=69$）、镱（Yb，$Z=70$）、镥（Lu，$Z=71$）。根据国际理论和应用化学联合会（IUPAC），钇（Y，$Z=39$）和钪（Sc，$Z=21$）两种元素，由于在性质上与镧系元素相似，因此，它们与镧系元素一起被统称为稀土元素。

我国的稀土资源极为丰富，稀土矿的储藏量是世界各国总和的 4 倍以上，稀土矿产资源储量多、品种全，为发展稀土金属工业提供了优越的资源条件。现已探明的稀土储量达 1 亿吨以上，而且还有较大的资源潜力。目前已探明有储量的稀土矿产资源 193 处，分布于 17 个省、自治区，即内蒙古、吉林、山东、江西、福建、河南、湖北、湖南、广东、广西、海南、贵州、四川、云南、陕西、甘肃、青海。其中内蒙古稀土储量占全国稀土总储量的 96%。

我国在所勘查和开发的矿床中，通过选冶工艺从矿石矿物中已提取出 16 种稀土金属，现已生产出几百个品种和上千个规格的稀土产品，不仅满足了国内需求，而且已大量出口，成为我国出口创汇的主要矿产品及加工产品之一。目前，全世界的钪储量约 200 万吨，全世界每年生产钪的氧化物尚不到 1t，而我国仅对红格、攀枝花、白马三大矿区测定这 3 个矿区钪的储量即可达 38690t。我国江西稀土矿中又发现了规模较大的富钪矿床。钪的经济价值十分昂贵，价格每千克高达 50 万元以上，数倍于黄金的价格，是迄今为止最贵重的金属之一。我国盛产永磁材料，特别是稀土永磁材料钕铁硼资源在我国非常丰富，所以我国号称“稀土王国”和“永磁材料王国”，稀土永磁材料已达到国际先进水平。

1.2 矿产资源开发的生态破坏现状

到2017年底，我国矿山开发共占地362万公顷（1公顷$=10^4 m^2$，下同），其中废弃矿山230万公顷，新建（或正在开发）矿山132万公顷。大范围的矿山开发，一方面对矿产资源的可持续利用带来了严峻的挑战，另一方面也造成严重的生态破坏和环境污染，极大影响了矿区居民生活质量。

近年来，随着人们对良好生态环境需求的攀升，我国加大了对矿区环境的治理力度。自然资源部公布的数据显示，到2017年底，我国各级财政用于矿山环境治理的支出累计超过1000亿元，累计修复矿区土地92万公顷，矿山修复率为28.75%。虽然矿山地质环境治理取得了巨大成效，但必须正视的是，尚有超过70%的矿山环境未得到有效修复。加上采矿引发的山体崩塌、地表塌陷、水资源枯竭，以及因采矿、选矿产生的大量固体废弃物，使矿区生态系统遭受严重破坏。

1.2.1 地表扰动

矿山开采过程中对地表造成的扰动主要表现为对自然景观的破坏、占用并破坏大量的土地、引起土壤污染等。通常采矿活动在其开采、运输及生产阶段会使采矿区域的土地利用发生改变，因此地表扰动成为采矿活动的主要影响。扰动的程度取决于矿藏面积、矿藏深度及采矿方式。主要表现为对自然景观、地貌、地形、地质遗迹、土地及地表植被的破坏，废弃物、粉尘对地表景观、地质遗迹的污染和侵蚀。在露天采矿中，由于需要挖掘大量表土物质，并将其从一个地点转移至另一个地点，随着时间的延长，引起了地形地貌的不断改变。这种大批量开采并储存岩石和矿物的行为，使得地表上产生了巨大的洞穴和山堆，地球表面也因此“伤痕累累”。地下采矿对地面影响较小，然而有些地下开采方式会引起矿区塌陷等严重问题。矿物的开采改变了岩层的应力，从而导致地表下沉、地表地形发生改变。

1.2.2 水源扰动

采矿对水资源的主要影响是：在选矿过程中使用大量水，矿山污水以及由尾矿和废石蓄水形成的渗流流出污染水资源。采矿对地表景观的破坏，会改变集水区域，破坏河流流域，进而引发水土流失、生物多样性改变、森林砍伐、农业减产、当地水资源紊乱等问题。矿山开采活动排放的污染物通过溶解流入地表水和地下水，导致区域饮用水质下降，影响流域生态系统健康。

1.2.3 土壤侵蚀和污染

除了地表扰动，采矿活动在地表造成的另一个重大影响是土壤侵蚀。尽管土壤侵蚀是一个自然过程，但是采矿活动会使其加速。当易迁移的物质没有被仔细清理或储存起来，就会从一个地方转移到另一个地方。来自于表土堆场的细颗粒泥沙会在大雨之后被冲刷至水源或河道中。土壤侵蚀的过程中会将一些有毒有害物质运输到沉积区，通过食物链影响人类健康。

在采矿场，除了地表的物理扰动之外，采矿活动还会给地表带来化学的扰动，这一扰动主要表现为土壤污染。引起土壤污染的主要因素有：酸性岩石和矿物进入排水系统；重金属和沥滤污染；矿物加工过程和矿物生产车间所用的化学物品污染。

1.2.4 空气扰动

采矿活动以多种方式对空气质量产生不利影响，最为常见的影响是灰尘、空气冲击、化学污染物、逸散性颗粒物和有害气体排放。空气尘埃可以由多种因素引起，无论采取何种采矿方式都无法避免，比如工地运料路上的载重车、裸露的地表、表土储存和矿物质库存。在少雨、多风、易受侵蚀土壤和细粒废石存在的地区，空气尘埃是一个难以解决的问题。

在矿山开采对空气的污染中，尘埃污染最为突出，尘埃影响着人类的健康、生态系统和生物圈。进入肺部的微粒可长期存附并对呼吸作用产生慢性影响；粉尘降落到植被和作物表面，可妨碍其光合作用；严重的粉尘可影响人和动物的呼吸。非金属矿山多采用干法加工，如干法粉碎、干法筛分等，这些作业过程均产生大量粉尘，是产生粉尘的重要方面。加之大量堆存尾粉、尾砂，在风力作用下随风起尘，加重了矿山（区）的粉尘污染。粉尘最直接的危害是恶化矿区环境，并由此引发矽肺病。

1.2.5 地质灾害

矿山开采次生地质灾害主要有地下采空塌陷、地裂缝，露天采场边坡崩落、滑塌，固废堆场、尾矿库滑塌、泥石流等。露天采场边坡崩落、滑塌等次生地质灾害多发，可能造成生命财产重大损失。尤其是露天开采时产生的边坡，随着采矿深度的加大，边坡的规模也不断扩大，严重地破坏了地应力的自然均衡，导致了人工边坡的变形、破坏和滑移。在采面高陡临空条件下，造成上覆岩土开裂变形，导致崩塌、滑坡、泥石流等地质灾害的产生，这是一类典型且普遍的人为地质灾害，在我国多个矿区每年都会造成大小不一的灾难。同时，露天采矿的边坡容易形成快速径流，加速土壤侵蚀过程，破坏植被生存环境。采石山形成的宕口，严重影响景观质量，通常都要通过人工恢复措施，才能使其形成与周围环境相似的景观。

1.3 矿产资源开发的环境污染现状

矿山既是资源集中地，又是土壤、水体生态环境污染源。在开采过程中会流失 Pb、Hg、As、Cd、Cr 等元素；金属硫化物的氧化释放出大量的重金属离子和 H^+；金属矿山开采产生大量废石、废土及尾矿等固体废弃物。因此，金属矿山开采将引发重金属污染、酸性废水污染和固体废弃物污染三大公害。

1.3.1 重金属污染

生态环境中重金属污染的来源主要分为两类：自然来源、人为来源。其中，可将人为来源分为工业来源、农业来源及生活来源等，其中工业来源是造成重金属污染的主要原因。伴随着工业生产的快速发展，工业废弃物及工业废水大量排放，导致环境中重金属的含量不断增加。重金属可以通过大气、河流或其他途径进入到水体，一部分吸附在水中的悬浮物和颗粒物中，一部分沉淀在沉积物中，不断积累富集。伴随着气象因素、水文条件变化、人为活动的干扰，其他生物扰动等因素的影响，沉积物中累积的重金属再一次被释放到水体中，对水环境造成二次污染。沉积物不仅仅是重金属的储备库，也是重金属污染物的二次污染源。

矿山开采过程中将井下矿石搬运到地表，并通过选矿和冶炼，使地下一定深度的矿物暴露于地表，使矿物的化学组成和物理状态发生改变，从而使重金属元素向生态环境释放和迁移。随着矿山开采年份的增加，矿区环境中重金属不断积累，使矿区重金属污染日趋严重。矿区土壤是重金属污染最严重的环境介质，因此认为矿区土壤是最具有潜在危险的污染源。重金属污染不仅对植物的生长造成影响，还通过食物链在人体内富集，引发癌症和其他疾病等，影响人体健康。

金属矿山固体废物中的重金属元素由于各种作用渗入到土壤中，会导致土壤毒化，造成土壤中大量微生物死亡，使土壤逐渐失去腐解能力，最终沙化变成“死土”。不少金属矿山的固体废物中还含有放射性物质。据实测资料统计，在非铀金属矿山当中，有30%以上矿山的矿岩中含有放射性物质。含放射性物质的金属矿山固体废物不但不宜作为建筑材料使用，而且还必须进行严格的处理，否则会使矿区及周围环境的污染范围扩大，引起严重后果。

我国重工业区、矿区、开发区及污灌区土壤重金属含量绝大部分高于土壤背景值，Cd、Zn等明显超标。金属冶炼厂附近土壤中Pb、Zn、Cd含量皆与离污染源的距离相关。广西刁江沿岸受矿山重金属污染的研究表明：受上游矿山开采的影响，刁江沿岸存在严重的As、Pb、Cd、Zn复合污染，其污染区与洪水淹没区高度一致；农田也受到了严重的As、Pb、Cd、Zn复合污染，土壤重金属污染严重。广东大宝山矿区周围土壤、植物和沉积物中重金属的研究发现：矿山废水流入的河流沉积物中Pb、Zn、Cu和Cd的质量分数分别为1.841×10^{-3}、2.326×10^{-3}、1.522×10^{-3}和1.033×10^{-5}；用此河水灌溉的稻田，土中重金属（Cu、Cd、Pb和Zn）的质量分数也远远超出了土壤环境质量二级标准；同时发现生长在矿区周围的植物也受到不同程度的污染，且不同植物吸收和积累重金属的能力相差很大，土壤重金属污染严重。

1.3.2 酸性废水污染

矿山酸性废水指pH值<5，产于尾矿堆、废石堆或暴露的硫化物矿石氧化形成的废水。其酸度并非直接问题，但其溶解的成分可导致有害的影响。矿山酸性废水不但溶解大量可溶性的Fe、Mn、Ca、Mg、Al、SO_4^{2-}，而且溶解元素Pb、Cu、Zn、Ni、Co、As和Cd。矿山酸性废水使供水变色、浑浊，污染地下水，导致水体、土壤生态环境恶化。具体表现为：直接污染地表水和地下水（矿坑内酸性废水含大量酸和金属硫酸盐）；诱发土壤酸化。酸水的渗透加速土壤酸化：H^+荷载增大，强酸阴离子（SO_4^{2-}）驱动盐基阳离子大量淋溶（Ca^{2+}、Al^{3+}等），导致土壤盐基营养贫瘠，土壤N、S饱和，土壤阳离子交换量（CEC）下降。

矿山酸性废水具有重金属含量高、含有部分放射性元素、成分复杂、浓度变化大和含有多种成分等特点。如氟化物、硫酸盐、氯化物、氨氮和亚硝酸盐等，这些有毒物质进入生物体后会导致机体出现各种毒理效应。

（1）氟化物的毒理效应

适量的氟对人体的健康是有益的，有利于促进牙齿和但骨骼的钙化，人体过量摄入氟，不仅破坏正常的钙磷代谢，还会引起骨节硬化、骨质疏松、骨膜增生等一系列危害骨骼正常生理机能的问题，从而导致氟斑牙（>1.50mg/L）、氟骨病（4.0mg/L）以及氟癌症（10mg/L）等症状的产生。氟化物还可以通过抑制细胞蛋白质以及DNA（脱氧核糖核酸）的合成，诱发细胞DNA和染色体损伤，影响细胞正常代谢，使多种酶活性降低，严重影响机体免疫系统，使得其正常功能紊乱。高剂量氟的摄入，会引起细胞膜上的脂质过氧化作用增强，对于人体而言，会造成人的脑神经母细胞受损，其细胞生物膜性脂质结构发生改变。地方性的氟病普遍存在于全球多个国家，其中我国是地方性氟病受害国家之一，其中总患病人数最多的是饮水型氟病。

（2）硫酸盐的毒理效应

硫酸盐能溶解到水体中，并扩散到水体底部。SO_4^{2-} 含量较高的水体中，在厌氧条件下，硫酸盐还原菌可将 SO_4^{2-} 转化为 H_2S 以及 S^{2-} 等，而 H_2S 气体有毒且有恶臭气味，对大气造成严重污染，在此过程中，随水体中硫酸盐的大量积累，会加速甲基汞的生成，而部分 S^{2-} 会和水体中存留的大多数金属离子结合，形成难溶于水的金属硫化物沉淀，影响水生植物对其所必需的微量金属元素的吸收，导致必需的微量金属元素的缺失，对水体生态环境平衡造成破坏，甚至导致水生生物的灭绝。

（3）氯化物的毒理效应

水体中氯化物是无机阴离子氯离子（Cl^-）和阳离子（Na^+、Ca^{2+}、Mg^{2+} 等）结合，以钠、钙及镁盐等形式存在。据统计，相对于远郊河水中的氯化物含量，氯化物在城市河道水中的含量达到很高水平，在工业废水和生活污水中的氯化物含量最高。水体随氯化物含量的增加，水质下降，水资源受到破坏，水产养殖等渔业受到影响，污染地下水，危及饮用水的安全。使用氯化物含量过高的水进行农业灌溉，会导致土壤盐碱化，进而影响作物的正常生长。

（4）氨氮和亚硝酸盐的毒理效应

氨氮和亚硝酸盐对水生生态系统的影响是很大的，尤其是对水生生物的毒害作用，主要是消耗水体中的溶解氧，影响水生生物的新陈代谢，阻碍器官的正常生长，导致生物体的生长延缓，生理生化功能受到严重影响。

氨氮在水体中主要以离子氨（NH_4^+）和非离子氨（NH_3）的形式存在，两者之间通过一个化学平衡相互转化，即 $NH_4^+ + OH^- \rightleftharpoons NH_3 \cdot H_2O \rightleftharpoons NH_3 + H_2O$，$NH_4^+$ 和 NH_3 在总氨中的比例随着水体pH值和温度的变化而变化，水体总氨体积质量分数为 NH_4^+ 和 NH_3 体积质量分数之和。水体中的氨氮对各种水生生物包括鱼类均会产生不同程度的毒害作用，离子氨低毒，但非离子氨对水生生物具有较强的毒性。无论是自然水体还是水产养殖水体，氨氮都是对鱼类的主要环境胁迫因子之一。因此，水环境中的氨氮含量影响水产养殖的质量。甲壳动物在高剂量氨氮长时间暴露下，其免疫力降低，肝胰腺组织结构遭到破坏，严重影响其正常的生理机能。

亚硝酸盐的毒害作用是其进入血液后，将血红蛋白中的 Fe^{2+} 氧化成为 Fe^{3+}，导致组织缺氧、神经麻痹，甚至窒息死亡。而 NO_2^- 可在体内的组织细胞中发生一系列转化，影响正常细胞的代谢作用，造成正常细胞损伤。

1.3.3 固体废弃物污染

长期堆存的矿山地表固体废物，终年暴露于大气中，往往会因风化作用而变成粉状，在干旱季节和风季里，易扬起大量粉尘而污染矿区的大气环境。对河南几个有色金属矿山的调查实测表明，由废石尾矿扬起的粉尘导致矿区采场和生活福利区空气中的粉尘含量超标10～14倍，矿区的大气污染相当严重。含硫废石堆在大气供氧充分及雨水冲刷、渗漏的条件下，可能会导致自热和自燃，从而产生大量 SO_2、H_2S 等有毒有害气体，污染矿区及周围大气环境，危害矿区植物和附近农作物的生长。

1.4 我国矿区土地退化问题及其研究现状

我国矿产资源开发为经济发展做出了巨大贡献，但矿山生态破坏与环境污染使“绿水青山就是金山银山”的生态战略思想的实现受到巨大威胁，成为制约区域经济社会可持续发展的重要因素。尤其是采矿活动不合理、粗放式的开采方式，不仅严重破坏陆地自然系统，诱发地质灾害，而且破坏深层储水结构，导致地表水渗漏、污染矿区环境等，最终影响山、水、田、林、湖等自然系统生态的完整性以及人类居住环境和人体健康。矿区土地退化导致土壤系统功能退化，自然系统生产力和自维持能力下降，在一定程度上压缩了当地居民的生产空间、生态空间和生活空间，矿区是亟待强化自然系统保护和环境管理的生态安全重点关注区域。

目前，我国部分地区已经开展了矿山环境的例行监测，涉及水污染、土壤污染和噪声污染，以及土地毁损、植被破坏、生物多样性丧失和水土流失等，对矿区生态环境有了较为全面的了解。但是，在高强度的人为干扰和加速侵蚀背景下，矿山生态破坏与环境污染状况，及其与水蚀、风蚀等自然营力的相互影响，综合导致我国矿区土地退化形势日益严峻，亟待开展不同开采方式、不同类型矿山土地退化的驱动因素分类与调查。为此，本书通过全面梳理与综述国内最新研究进展，进一步界定了矿区范围，阐明了矿区土地退化的内涵、类型和驱动因素，并推荐了可用于矿区土地退化因素调查的有效指标体系与方法，为我国矿产资源开发生态监管和绿色矿山建设提供科技支撑。

1.4.1 矿区的概念界定

目前，矿区没有统一的概念。从隶属关系来看，由于行政上或经济上的原因，将邻近的几个矿井划归一个行政机构管理，其所属的井田合起来称为矿区。从开采对象来看，矿区是一个包含地下空间的特殊区域，是开发矿产资源所形成的社会组合。不同学者根据研究目的的差异性，赋予矿区不同的含义。其一认为：矿区是以开发利用矿产资源的大中型矿山企业的生产作业区和职工及其家属生活服务区为核心，辐射一定范围而形成的具有行政职能和经济功能的社区，它可能是依托矿业演替而成的城镇或城镇工业区。

其二认为：矿区是指以开发利用矿产资源的生产作业区及其家属生活区为主，在一定范围内对其土地生态环境造成破坏和影响的经济和行政社区，可以是能够反映矿区生态演变而建成的乡镇、县市，甚至是整个流域。其三认为：工程建设区、工厂和矿区统称为工矿区，不能仅仅将其理解为矿产开采企业进行生产活动的场所，而是指国土范围内修筑公路、铁路、水工程，开办矿山、电力、化工、石油等的工业企业，以及采矿、取石、挖砂等建设活动的场地。

狭义的矿区可理解为采矿工业所涉及的地域空间，即埋藏在地下的矿产资源开采范围和影响范围，具有空间的有限性和连续性。广义的矿区是指以矿产开采、加工为主导产业发展起来，从而使人口聚集在一起并辐射一定范围而形成的经济与行政社区，具有空间的有限性和不连续性。综合不同概念特征，为更好地突出矿山生态破坏与环境污染的特点，将矿区范围界定为矿山开采、选矿直接形成的生产作业区和生活区，以及由于生态破坏或环境污染产生的颗粒物随风力吹扬、流水运移等形成的间接影响区域，包括矿界范围（指采矿许可证登记划定的范围，包括生产用地、辅助生产用地）以及“三废”污染、植被破坏和水资源破坏等间接影响区。

1.4.2 土地退化的概念与类型

许多机构和学者对土地退化的概念和成因进行了深入探讨。目前，使用最广泛的定义为1996年生效的《联合国防治荒漠化公约》（UNCCD）给出的，即：土地退化是指由于使用土地或由于一种营力或数种营力结合，致使干旱、半干旱和亚湿润干旱地区雨浇地、水浇地，或草原、牧场、森林和林地的生物（或经济）生产力和复杂性下降（或丧失）；包括风蚀和水蚀致使土壤物质流失；土壤的物理、化学特性或生物特性或经济特性退化，及自然植被长期丧失。可以看出，土地退化是在不利的自然因素和人类影响下土地质量与生产力下降的过程。从生态学的观点来看，土地退化是植物生长条件的恶化和土地生产力的下降。从系统论的观点来看，土地退化是人为因素和自然因素共同作用、相互叠加的结果。从实质上讲，土地退化的基本内涵与变化过程是通过土壤退化反映的，近年来国际上常用“土壤退化”一词来代替土地退化等。

造成土地退化的原因包括自然因素和人为因素。自然因素有气候变化（如极端干旱、气温升高等）、地貌过程（如滑坡、泥石流）、水文过程（如洪水）和地质运动（地震、海啸）等；人为因素主要指各种不合理的人类活动，如过度放牧、滥垦、污染物排放、过度抽取地下水等。

根据区域与驱动力的差异性，土地退化有多种分类方法。全球土壤退化评价（GLASOD）将土壤退化定义为人类引起的现象，它降低了土壤支持人类生存的能力（目前和将来），并将其划分为水蚀退化、风蚀退化、物理退化和化学退化4类。赵其国等将我国土地退化分为土壤侵蚀、土壤性质恶化和非农业占地3类。朱震达等按起主导作用的营力，将土地退化划分为风力作用下的荒漠化土地、流水作用下的荒漠化土地以及物理化学作用下的荒漠化土地3类。沈渭寿等将我国土地退化划分为风蚀作用下的土地退化、水蚀作用下的土地退化、物理退化和化学退化4类。目前，多数研究者或机构主要根据土地退化的成因、特点、主要营力、可操作性和后果等进行类型划分，但尚无统一划分方案。

1.4.3 矿区土地退化的内涵

按导致土地退化的营力和矿区范围，矿区土地退化因素亦可分为人为因素和自然因素，其中，人为活动是导致矿区土地退化的主导因素。根据开采方式，采矿系统可分为露天开采和地下开采两大类。总体来讲，露天开采的地面扰动比地下开采要大，地下开采导致的水资源破坏和地面塌陷等危害较露天开采更大。

露天开采主要由生产设施（采矿场、选矿厂）、采矿工业场地、行政管理与生活服务设施、公用工程设施、矿区道路（包括运矿道路、运废石道路、至尾矿库道路等）、弃渣场（排土场、尾矿库）和拆迁安置工程等组成。直接从敞露于地表的采矿场采出有用矿物，或将矿藏上的覆盖物（岩石、土壤等）剥离、开采显露矿层，这样的开采方式会导致开采区域的地形地貌、土壤系统、景观系统和生态系统完整性等都受到不同程度的影响，往往形成大型的人工剖面和大型排土场。露天开采对生态环境最直接、最严重的影响是土地毁损（压占、挖损等），导致地表自然系统破坏，水土流失加剧，滑坡、泥石流等地质灾害频发，水体和土壤污染等。

地下开采主要由生产设施（采矿场、选矿厂）、坑口工业场地、行政管理与生活服务设施、公用工程设施、矿区道路、弃渣场（排土场、尾矿库）、拆迁安置工程和地表沉陷区等组成。该开采方式通常采用立井、斜井和平硐形式从地下矿床采出有用矿物。地下开采会形成大量采空区，引发地面沉降和塌陷，加之大量疏矸排水，造成矿区地表塌陷、裂隙、地下水位下降、土壤干化等，影响当地群众的生产和生活。此外，尾矿库存在巨大的环境风险。由于大量裸露土地的长期存在，矿区极易产生风蚀和水蚀作用。

为突出矿区受人类活动高强度干扰和加速侵蚀的特点，在参照土地退化概念和内涵的基础上，可以将矿区土地退化理解为：以矿产资源开发产生的生态破坏与环境污染为主要营力，高强度的人类干扰叠加在矿区自然侵蚀的本底之上，综合一种或数种营力致使矿山开采区、辅助生活区，以及生态破坏与环境污染间接影响区的土地质量和生产力下降（自然生产力和自维持能力）的一个动态过程。

1.4.4 矿区土地退化类型与驱动因素

基于建设绿色矿山和矿区环境管理的需求，将矿区土地退化分为生态破坏导致的土地退化、环境污染导致的土地退化和自然侵蚀导致的土地退化 3 大类。其中，生态破坏和环境污染导致的土地退化是人类不合理的矿山采选活动叠加在自然侵蚀之上而产生的自然系统加速退化过程。

1.4.4.1 生态破坏导致的土地退化

矿山采选活动不仅破坏原始地貌，导致土地毁损、土壤质量下降、自然生产力降低、生物多样性丧失和景观破坏等后果，而且导致矿区的生态系统完整性受损，生态服务与调节功能降低甚至完全丧失。该类型的土地退化主要位于矿山矿界范围内。

首先，矿山开采期间会引起不同程度的地表下沉、塌陷、岩体开裂、山体滑坡等地质环境问题。以安徽省为例，截至 2011 年底，全省矿山累计占用、损毁土地面积为 760.43km^2（其中，井下开采损毁 504.13km^2，露天开采损毁 221.01km^2，尾矿及固体废弃物占用

21.75km^2)，其他地貌景观遭受破坏的土地面积为13.54km^2；采矿损毁土地面积以50～60km^2/a的速度递增，远大于矿山地质环境治理速度。

其次，由于地下采空、矿区排水、地面及边坡开挖可影响山体及斜坡的稳定，易诱发采空塌陷、岩溶塌陷、崩塌、滑坡、泥石流等地质灾害。安徽省现有地面塌陷180余处，影响面积约479.06km^2。露天开采矿山带来了一系列的生态环境问题，比如破坏地形地貌，摧毁原生自然系统，改变地表水和地下水分配的均衡性；导致边坡失稳，诱发滑坡、崩塌、重力侵蚀等环境问题；占用大量耕地资源；部分矿区河流受尾矿、矿坑废水和生活废水排放的影响，水体污染严重等。

再者，矿山开采过程中不可避免地占用大量土地。据2010年统计数据，我国露天矿山有1507个，煤矿及采煤废弃地占用面积高达200多万公顷，但复垦再利用率仅为12%，远低于发达国家。露天开采占用的土地一般包括裸露剥离区、疏松的土壤堆积区、覆土表层、煤矸石堆积区及其他采矿设备运行区等。大量未复垦土地裸荒弃置，给矿区脆弱的自然系统带来严重的环境压力，加速了土地退化过程。

最后，露天开采大规模地砍伐植物和剥离表土，往往致使地表植被荡然无存。地下开采导致的地表沉陷和裂缝影响土地耕作和植被正常生长等。车辆、机器和人员的频繁碾压亦会对矿区植被造成严重破坏。据统计，西藏尼玛县自开采砂金矿以来，被破坏的3135hm^2天然优质草场中有1700hm^2来自车辆碾压破坏。此外，采矿过程中产生的污染物亦会毒害大量的健康植被。

1.4.4.2 环境污染导致的土地退化

矿产资源开发造成的环境污染呈“点—线—面”的格局，造成土壤污染、水污染和大气污染等，导致土壤质量退化，自然生产力下降。其中，采矿场、选矿厂及尾矿库、废石场、炸药库、污水处理厂、生活区等呈点状分布；运料道路、对外简易公路、供水工程、尾矿输送管线等呈线状分布；断面开挖、工业“三废”的排放及其影响区等的污染问题则呈面状分布。该类型的土地退化主要位于矿山采选的影响区。

重金属污染是矿区最为严重的环境问题，尤其是金属矿山。大量重金属元素在风吹、水蚀作用下，向四周扩散并在土壤或河流底泥中积累，当达到一定量后就会毒害周边的自然系统，不仅导致土壤质量降低，而且影响自然系统的生产力以及农作物的产量和品质。重金属进入土壤系统后通过下渗、地表水径流、地下水迁移、大气飘尘和雨水冲刷等方式向四周扩散，在径流和淋洗作用影响下污染地表水和地下水，使水环境恶化。研究表明，金属矿区土壤重金属污染比煤矿区更严重。金属矿山开采产生的废石、选矿产生的尾矿及冶炼废渣中含有大量的Cu、Pb、Zn、Ni、Co、Cd、As等元素，其中有害元素扩散后会导致周边自然系统功能退化，矿山污染影响范围可达其实际占地面积的10倍。

矿区土壤污染来源主要有3个方面。第一，采矿产生的废渣堆积导致的土壤污染。矿山废弃物含有大量酸性、碱性、毒性物质或重金属，通过流水、扬尘等方式逐渐渗入土壤，造成环境污染，加之长年累月导致的小范围内土壤污染物浓度增大，往往很难治理。第二，各类污染物质通过地表径流或渗漏进入地下水体，随流水输送到远方，影响范围大且难以控制，对河流下游的土壤系统造成威胁。矿区废水主要有采矿废水和选矿废水，常含有大量重金属，若泄漏到环境中，则会影响生态系统健康，表现为沿途污灌导致的自然生产力和自维持能力下降，土壤系统的服务功能降低。第三，露天开采引起的扬尘以及尾矿库矿渣等随风力吹扬、飘散，对矿区尤其是下风向的土壤环境造成严重影响，或导致酸雨问题。污染区域与一年内季风的风向、风速有直接关系，污染范围一般呈现椭圆形或扇形分布，对周边自然系统和人体健康造成很大危害。

1.4.4.3 自然侵蚀导致的土地退化

按起主导作用的自然营力，自然侵蚀导致的矿区土地退化可分为水蚀和风蚀两大类。

水蚀作用下的土地退化包括雨滴击溅产生的溅蚀、片蚀和沟蚀，以及由于流水或重力作用引起的各种类型的块体运动（如滑坡、泥石流等），以出现劣地和石质坡地作为标志性形态。水土流失是矿区水蚀作用下土地退化的主要形式。露天开采排出大量松散堆积物，由于地表严重压实和非均匀沉降，矿区很容易出现径流大量汇集，引起崩塌、滑坡、泥石流等地质灾害，增加了入河泥沙量。井工开采则引起地表塌陷，使地表变形，坡度加大，侵蚀加重。矿区水蚀作用下的土地退化是一种典型的人为加速侵蚀，由于矿山开采或矿区基建等人类活动，造成原土壤环境改变，抗侵蚀能力下降，可蚀性增加，最终使矿区土地质量和自然生产力下降。

风蚀作用下的土地退化包括地表的吹蚀与堆积，以出现风蚀地、粗化地表及流动沙丘为标志性形态。土地沙漠化是矿区风蚀作用下土地退化的主要形式。许多学者开展了土地沙漠化与矿产资源开发的关系研究。采用遥感解译、地面调查和 GIS（地理信息系统）技术，监测与分析了大柳塔-活鸡兔矿区近 20 年来煤炭开采区沙漠化土地与地质环境演化特征，发现自 1996 年以来出现大面积地面塌陷和裂隙、地下水位下降、泉水流量减少甚至干涸、地表径流减少等现象，但土地沙漠化的主要因素是气候变化和其他人为因素引起的，矿区生态特征和采空塌陷不是主要原因。分析神北煤矿区开采初期、中期和近期土地沙漠化分布特征及变化趋势，认为煤炭开发初期环境破坏加剧，土地沙化面积增加，但是矿井正常生产时期，土地沙漠化趋势则开始逆转。

1.4.5 调查指标推荐

综合分析矿区土地退化的类型与主要驱动因素，选取土地毁损和生态完整性损失两大类 6 个指标作为因生态破坏导致的土地退化因素调查指标，选择土壤元素污染、土壤养分和水污染三大类 30 多个指标作为环境污染导致的土地退化因素调查指标，选择自然侵蚀（风力、水力）类 2 个指标作为自然侵蚀导致的土地退化因素调查指标。共推荐六大类 40 多项指标构成我国矿区土地退化因素调查的指标体系（表 1-1）。

表 1-1 矿区土地退化因素调查指标体系

指标类型	调查指标
土地毁损类	露天开采挖损土地面积、地下采空区面积、塌陷地面积、排土场占地面积、矸石占地面积和尾矿库占地面积
生态完整性损失类	植被破坏面积（草地、林地、农田）、植被覆盖度、生物丰度、自然生产力（生物生产量）、生物多样性和地下水位下降
土壤元素污染类	Cd、Hg、As、Cu、Pb、Cr、Zn 和 Ni，不同矿种特征元素 2～3 种
土壤养分类	土壤 pH 值、有机质、全氮、全磷和全钾
水污染类	pH 值、水温、溶解氧、电导率、浊度、化学需氧量、生化需氧量、氨氮和重金属染污物（Cd、Hg、Cu、Pb、Cr、Zn、Ni）
自然侵蚀（风力、水力）类	水土流失的类型、程度与面积，沙漠化土地的类型、程度与面积

1.4.6 调查方法推荐

1.4.6.1 土地毁损类

多采用实地调查和遥感监测的方法：

① 确定矿区（生产区、生活区和影响区）调查范围；

② 划分矿山开采区、地下采空区、工业广场、塌陷地、排土场、尾矿场、生活区等，以及影响区域范围；

③ 结合调查资料，运用遥感技术提取露天开采区、地下采空区、塌陷地、排土场、矸石、尾矿场等的面积数据。在遥感数据源选择上，多采用空间分辨率较高的影像，如 Quickbird、Spot 等。

1.4.6.2 生态完整性损失类

植被破坏面积（草地、林地、农田）、植被覆盖度和生物丰度 3 个调查指标均可利用遥感技术进行监测，其应用主要有两种方法。

① 使用中、高空间分辨率的多光谱遥感数据（如 Landsat、CBERS、中国环境减灾卫星数据等），利用植被指数（NDVI）评价法，以监测采矿区植被的受损状况。

②利用高光谱遥感数据，通过其特有的诊断光谱评价植被状况，识别植被的污染情况和空间分布。自然生产力（生物生产量）和生物多样性调查指标均可采用实地调查的方法。在基础设施较好的矿区，地下水位监测可依据《地下水环境监测技术规范》（HJ 164—2020），采用水井监测的方法；在基础设施较差的偏远地区，可尝试利用遥感技术，优点是可以开展长时间序列的水位变化影响监测。但是，目前利用遥感技术监测地下水位的变化仍处于探索阶段，主要方法可归纳为水文地质遥感信息、环境遥感信息、热红外遥感地表热异常监测法和遥感信息定量反演模型 4 种。

1.4.6.3 土壤元素污染和土壤养分类

基于矿区土壤元素污染和土壤养分的共性，推荐调查 8 种土壤元素污染物（镉、汞、砷、铜、铅、铬、锌、镍）、5 种土壤养分指标（土壤 pH 值、有机质、全氮、全磷、全钾）以及不同矿种特征元素 2～3 种。在采样方法上，针对矿山开采特别是金属矿山易造成土壤污染的特点，在矿山矿界范围和周边受影响区域，针对距离不同污染源（排土场、露天采场、尾矿库、矸石场、工业场地、道路扬尘等）的远近（0～1000m），重点开展不同土地利用类型（农田、草地、林地等）的土壤元素污染物与养分状况调查。根据《土壤环境质量 建设用地土壤污染风险管控标准（试行）》（GB 36600—2018）、《土壤环境质量 农用地土壤污染风险管控标准（试行）》（GB 15618—2018）、《土壤环境监测技术规范》（HJ/T 166—2004）和《建设用地土壤污染状况调查 技术导则》（HJ 25.1—2019）进行土壤样品采集与测试分析。

1.4.6.4 水污染类

针对矿山采选产生的废水可能带来的污染，推荐调查 8 种水质指标（pH 值、水温、溶解氧、电导率、浊度、化学需氧量、生化需氧量、氨氮）和可能的7种重金属染污物（Cd、Hg、Cu、Pb、Cr、Zn、Ni）。在采样方法上，选取流经矿区的典型河流或湖泊作为取样地，根据《地表水和污水监测技术规范》（HJ/T 91—2002）、《污水监测技术规范》（HJ/T 91.1—2019）和《水和废水监测分析方法》（第4版），分别在距离矿山工业场地0.5km、1km、2km、5km和10km的水体断面采取水样并进行测试分析。优先选择已有控制断面，如国控断面或省控断面等，方便取样和进行数据对比分析。

1.4.6.5 自然侵蚀（风力、水力）类

包括水土流失和土地沙漠化两类指标。矿产开发过程中易发生水土流失的场地包括：露天开采剥离区、建设过程中其他废弃物的堆积场地、沉陷区坡地，以及各类表土松散、无植被或植被稀疏的弃土堆场等，收集最新的全国土壤侵蚀调查数据和全国土地沙漠化普查数据，利用Landsat、Quickbird、Spot和数字高程模型（DEM）等数据资料，根据《土壤侵蚀分类分级标准》（SL 190—2007），实地调查并核实水土流失以及土地沙漠化的类型、分布和面积等，确定矿区水力侵蚀和风力侵蚀程度，对自然侵蚀导致的土地退化进行分类和分区。

1.4.7 矿区土地退化研究展望

长期以来，我国矿区土地退化的类型与程度不清，矿山采选对生态环境的影响规律不明，矿区土地退化的基础数据缺乏，在一定程度上制约了我国矿山生态环境保护与恢复治理技术政策的有效实施。笔者通过分析传统的土地退化概念与类型，结合矿产资源开发引起的生态破坏与环境污染的特点，进一步界定了矿区范围，阐述了矿区土地退化的内涵，系统辨识了矿区土地退化的类型（生态破坏导致的土地退化、环境污染导致的土地退化和自然侵蚀导致的土地退化）与主要驱动因素，提出了矿区土地退化因素调查的推荐指标体系与方法，以期对我国矿区土地退化分类分级标准的制定和环境管理提供参考依据。但是鉴于矿山生态环境的复杂性，有些问题仍需在我国矿区土地退化因素调查的实施过程中，结合实际情况进行深入探索与研究。

就矿区范围而言，矿山矿界范围是非常明确的，可以由采矿证副本直接获取；但是，矿山采选生产的“三废”污染、植被破坏和水资源破坏等形成的间接影响区范围，在不同矿种类型、不同开采方式，甚至不同地形地貌条件下的差异性均较大，不经大量实地调查很难直接确定。然而，调查范围越大，采样点数量越多，需要的花费就越多，而且还存在调查背景值的确定问题。对此，可通过典型矿山案例，运用地统计学方法优化采样点数量，采用“以空间替代时间”的方法确定参照背景值，综合运用高光谱遥感监测方法，建立高精度的矿区土地退化的关键驱动因子遥感反演与综合评估模型，从而确定影响区边界的划分原则与技术方法。

就土地退化因素调查而言，可依据表1-1推荐的调查指标，结合不同矿种类型、开采方式的差异性，有所侧重地选择具体的调查指标。比如，稀土矿区土地退化因素的调查，在北方干旱半干旱区，与南方湿润半湿润区，稀土开采、选矿等造成的生态破坏与环境污染存在很大差异，调查指标的确定也需随之调整。从调查方法来看，土壤元素污染物、土壤养分指标和水体污染物等采样与分析测试的技术方法均较成熟，只要扩大调查空间，增加样点数量，便可获得较理想的环境污染导致的土地退化因素调查精度。土地毁损类指标的调查主要采用“以遥感监

测为主，以地面调查为辅”的方法，其精度的高低与所使用遥感数据空间分辨率的大小密切相关。就生态完整性损失而言，植被破坏面积（草地、林地、农田）、植被覆盖度以及生物丰度等指标的调查，亦可采用“以遥感监测为主，以地面调查为辅”的方法；自然生产力（生物生产量）、生物多样性和地下水位下降等调查指标，可采用实地调查的方法获得最优精度，但是需要大量的人力物力。为此，建议在实地调查的基础上，辅以包括高光谱遥感在内的先进遥感技术，探索开展基于天地一体的自然系统遥感反演协同监测研究。

1.5 尾矿库区生态环境问题

近几年来，工业经济迅速发展，拉动了资源矿产的开采强度及延伸速度，这个过程中产生大量的矿山固体垃圾进而形成尾矿库。尾矿库是指由筑坝拦截谷口或者围地构成的，用以堆积存放采矿、选矿、冶炼和产品加工后排出的矿山尾矿或者其他工业残渣的场所。

我国尾矿库分布在核工业、有色、黑色、黄金、建材、化工等各行领域业的矿山中，根据不完全的统计，我国有 1 万多座运行或关闭的尾矿库，现有堆存的尾矿超过 40 亿吨，而且每年的增长速度在数亿吨左右，其中以黄金矿山、黑色冶金和有色冶金占了较大比例，在 80%左右。整体分析，我国尾矿库的现状有规模小、数量多和安全等级较低等特点。

近几年来，我国重大的环境污染事件呈高发态势，造成区域生态环境的严重破坏。其中，尾矿库的渗漏事件因其生态环境破坏力强、影响范围大、持续时间久等特征引起了社会各部门的广泛关注。尾矿库贮存着不同行业领域矿山的尾矿残渣和废水，其中有大量超标的有害元素，因此，废水的流动和渗漏会对尾矿库周边土壤和地下水体及环境均会造成严重的污染，其修复过程经济上耗资巨大且技术上也存在相当的难度。因此，一旦由于地理或者人为因素引起溃库，对当地生态环境造成的破坏极其严重。

1.5.1 尾矿库区环境问题研究概况

国外对于尾矿库环境问题的研究比较早，有关事故管理及数据的收集较多，像国外较早的尾矿坝——Brent 尾矿坝建于 1830 年。美国在 1988 年对尾矿库有了较为详细的研究结果，我国在 1997 年开始进行尾矿库的相关数据收集，因此，我们可以根据我国的实情借鉴国外的经验，对尾矿库环境保护和安全运行进行研究，这有助于提高我国尾矿库的安全管理。

1.5.1.1 国外研究概况

到目前为止，世界上正在使用的各类尾矿库有 20 多万座，其中，库容较大的在 $10^6 \sim 10^8 m^3$。根据世界大坝委员会（ICOLD）的统计分析，自 20 世纪初以来，已经发生的各类尾矿库事故不少于 200 例。世界上每年平均有 2～5 个尾矿库发生溃坝，尾矿库溃坝事件发生概率是水库溃坝的 10 倍以上。

1985 年意大利 Stave 尾矿坝的溃坝导致了近 300 人死亡和巨大的财产损失。1994 年，南非 Merriespruit 尾矿坝溃坝，导致 17 人死亡。1995 年圭亚那 Omai 金矿尾矿坝遭受破坏后，900 名圭亚那人因饮用氰化物污染水死亡。1998 年，西班牙 Aznalconar 尾矿坝溃坝，致使下游 4600 万平方米区域受到污染，Aznalconar 尾矿坝溃坝后，水中的金属浓度变大，造成严重的地下水污染。2010 年 5 月伊朗阿哈尔附近的某铜矿尾矿库发生溃坝，污染土壤中铜含量是天然土壤的 2 倍，坝体溃口附近土壤中的铜含量较高。2015 年 11 月，巴西 Fundao 尾矿库溃坝，4300 万吨泥砂下泄，影响了数万米的河流及大西洋沿岸的生物多样性，并造成 19 人死亡。溃坝后泥砂下泄过程中土壤 Mn 的含量较高，存在细胞毒性和 DNA 损伤的风险。

国外针对尾矿污染的研究报道较多，如玻利维亚 Porco 尾矿库排放了大量废水流入 Riopilaya 流域，其中含有大量重金属，造成长达 20km 的水体重金属含量严重超标。尾矿库废水及废渣的渗漏，造成了周边地表和地下区域的土壤和水体重金属污染。巴西 Pocosde Caldas 尾矿库内检测到大量重金属和放射性元素，对地表水及地下水有污染，即使尾矿库关闭对周边环境依然存在显著的负面影响。Boulet 对比研究了位于美国新墨西哥州的两个尾矿库的矿物学和矿物地球化学。Shaw 通过淋滤试验研究了硫化物含量不同的尾矿氧化产物的矿物反应。与硫化矿物的风化有关的矿物反应和地球化学变化能够引起废水的累积性酸化和金属离子的缓慢释放。比较加拿大某两个湖中沉积物的 As 和 Pb 浓度，其中一个湖位于尾矿堆积地区，结果表明，位于尾矿堆积区的湖中沉积物的 As 和 Pb 浓度分别达到了 1104μg/g 和 281μg/g，远远高于没有尾矿堆积的湖（浓度分别为 98μg/g 和 88μg/g），该项研究充分说明了 As、Pb 是来自尾矿的；矿山尾矿的堆放引发有害元素的淋溶，造成了周边土壤-水环境的有害物污染。煤炭开采产生的固体废物有害元素的淋溶效应析出的有害元素对生态环境的有危害。

1.5.1.2 国内研究概况

在 2000 年之前世界范围内的 198 个尾矿库溃项事故案例中，北美占 36%，欧洲占 26%，南美占 19%。而在 2000 年之后的案例中，由于我国经济的快速发展带动矿产资源的发展，以及东欧对事故披露水平的提高，亚洲、欧洲的事故占比能达到 60%。

我国也是一个尾矿库事故多发国家，在非煤矿山中，尾矿库是正常运行的不足 70%，相当数量的尾矿库处于险、病、超期服务的状态，这是一个巨大的潜在隐患，甚至是灾难。主要由于我国尾矿库的建设标准低，筑坝、维护、管理技术水平较低，大量的尾矿库带病运行，又得不到有效的治理，其安全状况不容乐观。截至 2015 年底，我国仍有“头顶库”1425 座，其中病库 131 座，事故隐患较重，安全现状差。2008 年 9 月 8 日，山西襄汾铁矿尾矿库发生溃坝，引发泥石流，造成 277 人死亡、4 人失踪、33 人受伤，直接经济损失达 9619.2 万元。2015 年 11 月 23 日，甘肃陇星锦业选矿厂尾矿库由于排水井拱板安装施工不符合设计要求，导致 2.5 万立方米的含锑尾砂和尾矿水外泄，严重污染了约 346km 河道、17.13 万平方米农田以及部分区域的地下水，造成甘肃、四川、陕西 3 省的重大突发环境事件，直接经济损失达 6120.79 万元。因此开展尾矿库溃坝相关的探讨研究工作对于保障矿山安全生产、保护库区周边环境和周边居民生命财产安全具有重要意义。

近些年来，我国有关尾矿库的研究报道，在其对环境影响和库体本身安全两个方面的研究也备受重视，尤其是环境污染及环境保护方面，这表明了在社会经济不断发展的过程中，人们已逐步认识到保护环境对人类自身安全和健康方面的重要性。尾矿库运行期间，其渗漏问题在库基及库身都有可能存在，致使采矿和选矿过程中产生的有害物质的渗漏水对地下水造成了严重的污染。煤矿塌陷区的水体污染会造成鱼类肝细胞 DNA 严重的损伤。目前鲜有研究尾矿库渗漏水体对生物生态平衡影响的相关报道，尾矿库的渗漏水对生物及生态环境的直接有害程度还不确定，在这些方面的研究还比较欠缺，尚没有详细的统计资料及数据。

1.5.2 稀土尾矿库区生态环境问题

各种尾矿库已经成为我国主要的环境污染来源，尾矿库内由选矿产生的矿渣等废弃物，其含有大量的有毒有害物质，这些物质通过沉降地表者或各种其他能够进入含水层途径，造成地下水体的污染，进而导致生态环境质量迅速下降，从而严重破坏了尾矿库周边生态平衡。

江西省赣南地区信丰某稀土矿的不同区域（对照区、矿区和矿区下游）的土壤环境在2009～2011年间发生了不同程度的变化，主要表现为矿区土壤pH值较低，且成酸化趋势；矿区土壤稀土元素含量高，稀土元素的有效性强，在水平和垂直方向上的迁移具有较强的时间效应。四川省冕宁县牦牛坪稀土尾矿库的区域土壤中重金属元素中，污染最严重的是Cd，超标率高达12倍。通过蒙特卡罗模拟方法对尾矿库区域人群的健康风险暴露评估结果来看，Pb、Cu、Cr、Cd四种元素风险商值均大于1，存在暴露风险，其中Pb和Cd元素的风险商值最大达22和9以上，As、Hg、Zn三种元素风险商值均小于1。地表层土壤含重金属背景值低，而稀土矿石、尾渣以及被它们污染过的土壤中测出的铅等重金属含量明显增大，原矿中铅含量达到3220mg/kg，是环境中铅的主要来源，说明该稀土矿本身含重金属Pb高。并且在水力、人力以及风力的作用下，这些重金属不断地发生转移和积累。

内蒙古稀土尾矿库周边和白云鄂博采矿区周边土壤样本中Th的含量超出世界平均水平，表明尾矿的排放使得土壤已经受到了Th污染。内蒙古稀土尾矿库内Th在土壤中的扩散主要受包头市风场的影响，Th的污染等级最高达到中等偏强的污染水平。白云鄂博采矿区土壤Th的来源主要是稀土尾矿堆，Th在土壤中的分布受风力作用、人为活动等因索影响。可见，我国稀土尾矿库安全度较低，尾矿库下游居民生命财产受到潜在的威胁。

1.5.3 尾矿库区环境污染的社会问题

尾矿库的危害性严重影响了人畜的生存及生态环境的保护。当遇到刮风下雨时，尾矿中的有毒有害物质将通过大气飘尘、径流等途径污染周边的环境。对土壤水体、生态植被和区内野生动物等都具有不同程度的污染和破坏作用。尾矿库一旦泄漏，必将对周边生态环境及居民造成严重危害，导致人身安全受到威胁，后果将无法预测估计。因此，我们应更加重视尾矿库区环境污染的社会问题。

内蒙古稀土尾矿库及其周边地区由于水体的质量问题引发的污染责任问题一直困扰着尾矿库及周边地区的发展，问题主要表现在稀土尾矿库的废水渗漏，以及对其造成的环境污染治理力度还不强，同时在水体的生态环境改善方面的历史遗留问题也比较多，给其周边村子以及居民的生活造成了严重的影响。近十几年来，在政府的干预下，内蒙古稀土尾矿库和周边地区水环境的治理有一定的效果，但从整体分析，水体的环境保护还是不容乐观。首先，该尾矿库是环境重度污染的区域。尾矿库废水的渗漏对其以南地区的持续污染导致这些地区水质的污染水平迅速提高。区域水资源十分匮乏，人均年用水资源量约为全国水平的20%。按照当地的长期发展规划，该尾矿库周边地区新建天然气化工、铝业和稀土等高耗水资源的项目，必会使尾矿库周边水资源的短缺越严重。

1.5.4 尾矿库区生态环境修复研究

矿山生态修复的主要任务是在目前技术经济水平的条件下，将受到开发影响的主要环境问题，通过科学系统的生态修复工程和长期的生态抚育措施，使受损的矿山环境功能逐步恢复，使之生态环境自身可持续良性发展逐步形成自我维持的繁衍生态平衡体系。矿山的主要生态修复对象包括，露天采矿场地、地下开采的采动影响区、排土场、选矿、尾矿库、堆浸场、输送管线、填埋区、道路、各工业场地等。

1.5.4.1 尾矿库区复垦

尾矿库植被恢复的技术难点是：尾砂粒径粗没有土壤的团粒结构，内聚力极低，持水能力差，营养成分低下，甚至存在不同程度的有毒有害成分。生境恶劣，植被品种赖以生存的微生物几近为零，风蚀严重，昼夜温差大，尾矿极端温度可达50℃以上等。

在查明、确定矿山废弃的废石、尾矿、废渣堆场等污染物处置完成后，可进行矿山各类废弃堆场的复垦和生态恢复工程，完成最终堆场稳定化和生态化处置。在本领域先进、成熟的技术是：尾矿库有土复垦的生态恢复技术和无土复垦生态恢复技术。

复垦的生态恢复技术是针对有色金属矿山尾矿的专业技术，具有针对性、符合所在地自然特点、场地及边坡稳定性好、复垦后场地稳定符合安全要求、植被覆盖度高。

在缺乏土壤的地区可实施无土覆盖复垦生态恢复工程。相对一般复垦技术相比，该复垦技术成本低，综合复垦工程质量为前沿水平。该技术成功实现了尾矿库边坡上不需要覆土直接建立植被层，实现边坡稳定，水土流失控制达到90%以上。为缺乏土源的地区提供了行之有效的植被稳定边坡的复垦生态恢复技术，推广潜力巨大。

1.5.4.2 植物修复技术

植物修复是一种利用自然生长植物或遗传工程培育植物修复被污染环境的过程，污染物能够被植物组织提取出来并积累于植物体内，也可以由于植物和土壤微生物的酶活性而在根际降解。在污染物转化为生物利用度较低的其他化学物质时，它们可以被固定在根际。该技术的主要其途径包括植物挥发、植物降解、植物萃取、根际过滤、根际降解、植物固定、植物冶金等。在处理重金属污染土壤以及矿山尾矿时，只有植物固定和植物萃取是适用的，能发挥去除作用的深度，主要在根、茎部分。植物根中污染物向植物地上部分的转移。植物在污染土壤中生长后，茎中积累的重金属可以通过收割去除。针对尾砂库污染的治理，优先选用超富集植物进行植物修复，以Baker等在1983年提出的参考值为标准，把植物叶片或地上部干重Mn、Zn质量分数达到10000μg/g，Cd质量分数达到100μg/g，Pb、Cu、Cr、Co、Ni等达到1000μg/g及以上，且转移系数大于1的植物称为相应元素的超积累植物。按照这一标准，世界上至今为止共发现的超积累植物有500余种。

德国从20世纪20年代开始对矿山废弃地进行生态修复和复垦，经过几十年的试验，筛选出优势植物，根据不同类型矿区采用不同方式种植植物，完成复垦的土地恢复率达到53.5%。

牡荆、芦苇、艾章、盐肤木，可作为矿区生态修复的先锋植物，在矿区复垦的初期阶段可提高植物的覆盖率，达到保持水土的作用。单纯利用先锋植物进行植被覆盖并不能达到很好的生态恢复效果，故在实际应用中常采用组合植物种植以及添加土壤改良剂或生物技术辅助的协助方法。

对衡阳市某铅锌矿尾矿区中长势良好且具有多度和频度优势的植物进行重金属富集性分析，显示艾蒿、鸭跖草、野大豆、辣蓼、鸭趾等优势植物对 Zn、Cu、Pb 等重金属均有较高的转移系数和富集系数。在 Pb、Zn 含量比较高的铅锌尾砂矿区，选用转移系数较高的植物作为修复选材可防止土壤的二次污染，同时发现土壤的重金属污染往往是复合型污染，因此构建能修复多种重金属并具有一定经济价值的复合植被群落将成为植物修复技术的发展新趋势。粤东平远稀土尾矿区植被恢复实施中，尾矿土壤中添加厩肥后，土壤肥力和含水量提高，较适合于植物定居，其生物多样性显著增加。

1.5.4.3 植物-微生物联合修复技术

对于铅锌尾矿库这种生境单一的植物修复技术很难达到生态修复的目的，植物修复和微生物修复各有优点，两者结合可以最大限度提高修复效率。土壤微生物（如固氮菌、溶磷菌、菌根菌等）在重金属污染矿山废弃地的植物修复过程中起着重要的作用，主要表现在：①促进植物生长和营养吸收；②提高植物耐性和定居能力；③提高重金属有效性，促进植物吸收。目前已发现 20 多种根际微生物对植物根系生长具有促进作用，如根瘤菌、荧光假单孢菌、芽孢杆菌、沙雷氏属等。

铅锌尾矿上生长的八宝景天接种了微生物丛枝菌根真菌后，接种处理的八宝景天对 Pb、Zn 有较好的吸收效果，一定程度上降低了尾矿中的重金属含量。从铅锌矿区分离筛选出对 Pb、Zn 有较强吸附能力的耐铅锌性真菌菌株 HA，可用于重金属污染微生物修复。在内蒙古稀土尾矿土壤的修复中，在大豆上接种丛枝菌根真菌，发现 AM 真菌与大豆能成功建立互惠共生关系，并显著增加了大豆植株地上部和根部的干重，提高了大豆植株中 P 和 K 的含量，显著降低了大豆地上部分 Cr 和 Fe 的浓度，增加了根部 Cd 的浓度，并且显著降低了大豆植株地上部和根部轻稀土元素 La、Ce、Pr 和 Nd 的浓度。接种 AM 不仅有利于大豆在稀土尾矿的生长，而且能够抑制稀土尾矿中重金属和稀土元素对大豆的毒害作用。

1.5.4.4 辅助修复

针对矿山废弃地的特征，除了采取必要的生态修复技术外，还需要辅助一些如边坡稳定、截排水措施等，才能达到生态修复的最佳效果。

（1）边坡稳定技术

由于矿山废弃地多形成高陡边坡，为了保证坡面的稳定，需要采取削坡卸载、挂网加锚杆固定、修建挡土墙等技术使边坡稳定，为生态修复提供必要保证。

（2）截排水措施

为了有效排除坡面降水和减少水土流失，需要在坡顶、坡面设置截排水沟，防止径流和汇水对坡面基质和修复初期植物的冲刷，保证坡面基质的长期稳定，同时降低大量降水进入坡体后产生滑坡的危险。

（3）覆盖措施

利用植物种子修复时，在播种之后可以使用草帘、无纺布等进行覆盖，防止雨水冲刷和大风吹蚀，起到保水保温作用，促进种子的萌发，也可以防止鸟类对种子的取食。

1.5.4.5 土壤改良

（1）物理改良

矿山废弃地生态恢复的主要限制因子是基质结构性差、养分缺失和重金属毒性，因此基质改良是生态修复的前提条件。物理改良主要包括表土回填、客土法等。按照《矿山生态环境保护与治理技术规范》的要求，“排土场、采场、尾矿库、矿区专用道路等各类矿山场地建设前，应对表土进行剥离”。这样可以尽量减少对土壤结构、营养元素以及土壤种子库的破坏，待工程结束后再将表土分层回填至待修复场地。这一方法不仅简单、容易操作，成本较低，而且可以利用土壤种子库的作用促进植被恢复。但是，对于短期内不能进行回填的矿山，需要采取合理的方式堆放和保存表土。

（2）化学改良

多数金属矿山废弃地存在酸碱化问题，对于碱性废弃地，宜采用硫酸亚铁、碳酸氢盐和石膏等进行改良。石膏可以将土壤中的 Na^{+} 替换成 Ca^{2+}，减轻土壤碱化程度，从而增强土壤中水的渗透能力，改善土壤基质。对于酸性废弃地，可以在基质中投入碳酸氢盐和石灰中和废弃地的酸性。对铅锌矿尾矿库铺盖生活垃圾和石灰进行改良，不但可以降低基质酸性，而且可以有效防止下层尾矿的酸化。当基质的酸性较高或产酸较持久时，应少量多次施用碳酸氢盐或石灰，要考虑基质的潜在酸度和未风化的硫铁矿进一步氧化产酸。对于废弃地的重金属毒性，可以利用改良剂和化学物质对重金属的吸附、沉淀、络合等作用改变重金属的形态，降低其生物有效性和迁移性，从而减轻重金属毒性。施用 $CaCO_3$ 或 $CaSO_4$ 时，溶液中重金属离子毒性由于 Ca^{2+} 的存在而趋于缓和，这种作用称为离子拮抗，Ca^{2+} 的存在能显著地降低植物对重金属的吸收。在铅锌矿的尾砂中加入有机肥、泥炭，观测到改良剂的加入使重金属的有效性降低，稳定性增加，从而达到降低重金属危害的目的。

由于大部分矿山废弃地缺乏 N、P、K、有机质等植物生长所需的营养物质，可以利用化肥、堆肥、生活垃圾、城市污泥、家畜粪便等有机物进行改良。在铅锌尾矿库上施用 $37.8t/hm^2$ 粪肥和 $2t/hm^2$ 石灰对尾砂的改良效果明显，降低了尾矿的酸性和重金属含量，植物长势良好。城市污泥是城市污水经过处理之后产生的固体废物，不仅含有丰富的 N、P、K，有机质含量也高达 30%以上。将城市污泥应用到矿山废弃地的土壤改良中，不仅可以提高土壤肥力，且污泥黏性较强，有利于促进土壤团粒结构的形成，改善土壤的蓄水性。城市污泥本身是一种固体废弃物，把其作为改良剂使用，可以减少对污泥的处置成本，实现废物的资源化利用，达到以废治废的目的。但是，应用城市污泥之前必须对污泥的性质进行检测分析，不能使用重金属和盐分等污染物含量超标的污泥，避免对废弃地造成二次污染。

第2章 稀土尾矿库区环境污染程度与生态风险评价

我国拥有世界上最丰富的稀土资源，同时也是世界上稀土供应量最大的国家。我国的稀土矿物主要分为北方轻稀土矿和南方重稀土矿。北方轻稀土矿主要分布在内蒙古白云鄂博矿区的混合稀土矿、四川攀西地区的氟碳铈矿和山东的微山矿区；南方重稀土矿物主要为我国江西、广东、广西、福建和湖南等省的稀土矿，表现为离子吸附型，也被称为风化壳淋积型稀土矿，是我国特有的稀土矿产资源。

内蒙古白云鄂博矿选矿所用矿石为白云鄂博铁矿矿石。白云鄂博铁矿矿石是一个以铁、稀土和铌为主的大型多金属共生矿。矿石中铁矿物以磁铁矿、假象赤铁矿和原生赤铁矿为主，稀土矿物主要是氟碳铈矿和独居石，铌矿物包括铌铁矿、黄绿石、易解石和钕铁金红石，脉石矿物含量较高的有萤石、钠辉石、钠闪石、云母、白云石等。

2.1 内蒙古稀土尾矿库区生态环境现状

内蒙古白云鄂博矿是我国乃至世界第一大稀土矿，它是以稀土、铁、铌为主的多金属共生矿，拥有为世界储量36%的稀土储量，稀土总储量约为5.2亿吨。为了储存白云鄂博矿区炼铁产生的矿物废渣和未被利用的稀土，该尾矿坝于1959年开始建设，1963年基本建成，1965年8月投产。该尾矿库尾矿粉以循环水冲渣方式通过露天流槽排入坝内。

尾矿库库坝一期坝设计标高为1045.0m，总库容为8500万立方米，有效库容为6880万立方米。二期坝前期将坝体增加10m，使坝体标高到1055.0m，后期再将坝体增高10m，使坝体到闭库时达到最终设计标高1065.0m。尾矿堆积坝总库容达到2.338亿立方米。最新数据表明尾矿存量约2.0亿吨，其中稀土约1400万吨。由于尾矿中具有的大量的稀土，包钢尾矿库被誉为世界上最大的“稀土湖”。特殊的地理位置和气候条件，使得该尾矿库区生态安全和环境污染问题比较突出。

2.1.1 水文地质条件

该稀土金属冶选尾矿库位于包头市西南3km处。围绕尾矿场北起包银公路，南至黄河共计面积约200km^2。区内地貌单元有哈德门沟冲洪积扇、昆都仑河冲洪积扇和黄河冲积平原。尾矿库即位于哈德门和昆都仑河冲洪积扇前缘交汇处，黄河平原分布于尾矿场南500～1000m，被夷平的黄河二级阶地至黄河之间，地势北高南低，平均坡降约4‰。

白云鄂博矿区和尾矿库所处地理位置见图 2-1。

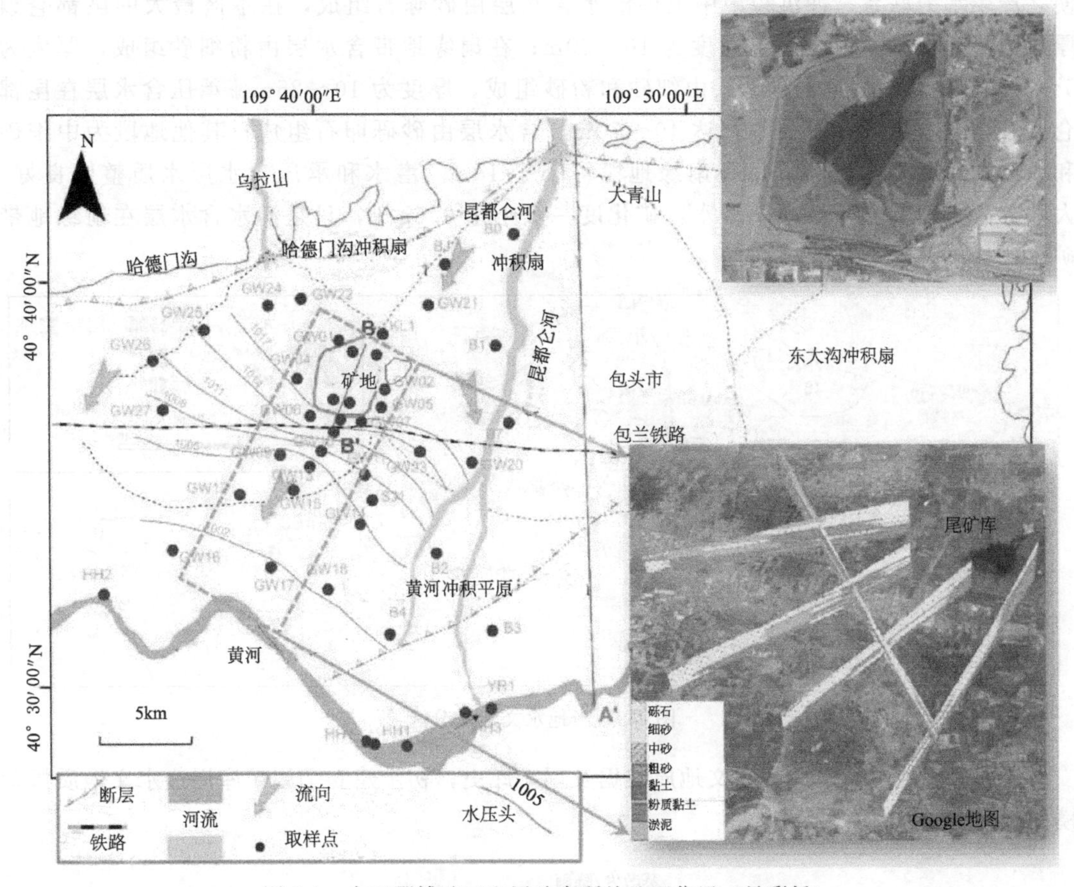

图 2-1　白云鄂博矿区和尾矿库所处地理位置（见彩插）

地区第四纪地层发育，最大厚度近千米，由老到新分别为黄色黏性土及砂砾组，淤泥砂砾组，砂土砾石组。区内地下水有潜水与承压水两类。承压水赋存于砂砾含水层，埋深一般为 50～120m，潜水主要赋存予砂砾粉砂组地层。在潜水与承压水之间，由厚达 30～100m 的湖相淤泥层构成隔水层，两者无水力联系。按潜水含水层的成因与组成，可划分为山前冲洪积平原孔隙潜水和黄河冲洪积平原孔隙潜水两个水文地质单元。

山前冲洪积平原孔隙潜水含水层的组成与厚度，自北而南顺序变细变薄，渗透系数 2.28～21.79m/d，水位埋深 1～35m，水力梯度 0.2%～0.4%，其补给来源主要为山区地下水，流和大气降水。水质化学类型逐渐由 HCO_3-Ca・Na 型变为 SO_4-Na 型水。

黄河冲洪积平原孔隙潜水区的含水层，主要由黄河冲积的含黏性土粉细砂所组成。渗透系数 1.41～16.72m/d，流速缓慢，水位埋深 0.5～3.0m。其循环方式以垂直渗入蒸发为主，因而促进盐分的积累。水质矿化度一般为 1～3g/L，个别井达 10g/L。水质化学类型分别为 HCO_3-Na 和 SO_4-Cl-Na 型。其补给来源除大气降水外，还有山前冲洪积平原的地下径流、地面融冻水、工业废水污灌和引黄灌溉等多种补给。

区域水文地质单元南北边界分别为黄河和大青山山前断裂。根据地貌形态，包头地区可分为两个相对独立的水文地质单元（图 2-2）：由 8 个冲洪积扇组成的山前冲洪积扇群和南部的黄河冲积平原。2 个水文地质单元在垂向上均有上部潜水和下部承压水，两层之间有相对稳定的、厚度 20～30m 的黏土层，但大量混合开采井连通了上下两个含水层，使之产生水力联系。冲洪积扇中上部潜水含水层由砂砾石组成，在本区最大的昆都仑扇厚度为 15～30m，其他扇上厚度为 10～20m；在扇缘地带含水层由粉细砂组成，厚度为 5～10m。黄河冲积潜水含水层由细砂和粉砂组成，厚度为 10～25m。承压含水层在昆都仑扇和东达本坝扇一带最厚，达 40～70m，含水层由砂砾卵石组成；其他地段为中细砂和粉砂，厚度为 20～40m，在扇缘地段可小于 10m。潜水和承压含水层水质整体良好，大部分为 HCO_3·2Ca·Mg 型水，矿化度一般小于 0.5g/L，只是潜水含水层在扇缘地带矿化度达 1～2g/L。

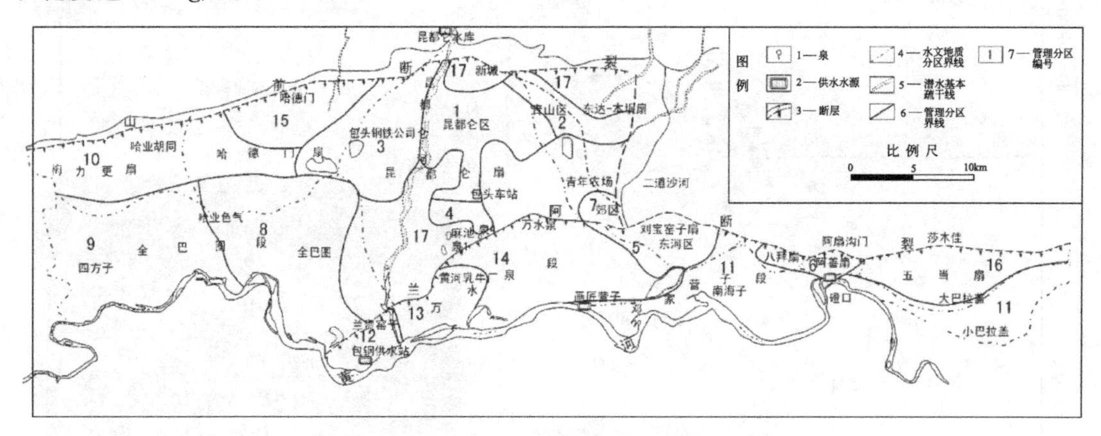

图 2-2　当地水文地质分区

依据现有地质，水文和水文地质数据及尾矿库史，初步建立了尾矿库周边水文地质概念模型，如图 2-3 所示。

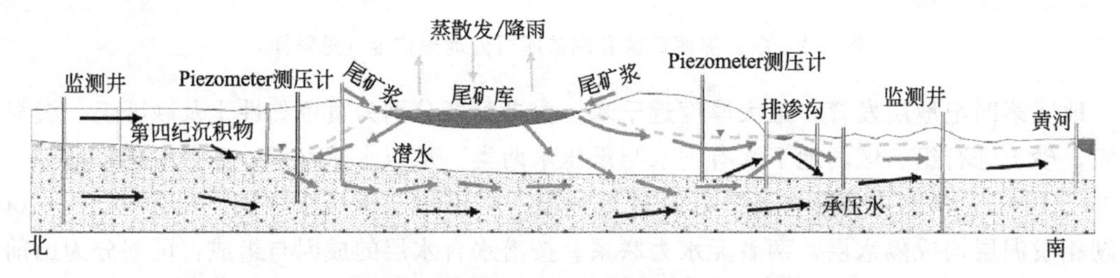

图 2-3　尾矿库周边水文地质概念模型示意（见彩插）

区域水文地质条件主要受地质构造、岩性、地貌和古地理的控制和影响，在不同的水文地质单元起主导作用者各不相同，进而使区域水文地质条件因地而异。区域地下水主要接受大气降水、灌溉水下渗、大气凝结水的补给。蒸发是潜水排泄的主要途径，承压水多是通过径流泄入其邻近区域，或通过张性断裂带和弱隔水层向上顶托补给浅层水而排泄。

2.1.1.1　区域含水层分布

(1) 第四系孔隙潜水

区域潜水含水层主要富存于哈德门沟冲洪积扇和昆都仑河冲洪积扇裙以及黄河冲积地层中，含水层岩性的变化，反映了冲洪积扇的沉积特点及规律，扇形地的中上部，含水层岩性为碎石（卵石）层，砂砾石层混有中细砂及黏性土，分选差。下部及西南部含水层岩性变为粗砂、中砂、粉细砂，含水层厚度一般 10～25m（图 2-4）。在扇形地中部 110 国道两侧，含水层厚度大于 20m，水位埋深由北部的大于 70m 向南逐步变为 1～3m。水力坡度受开采的影响大小悬殊，地下水流向整体向南，该含水层水量丰富，扇形地中上部渗透系数为 31.0～95.0m/d，单位涌水量在 300～500m^3/(d·m)；扇形地下部、黄河冲积平原渗透系数为 1～3.0m/d，单位涌水量小于 10m^3/(d·m)，同工作区内的简易抽水相符。

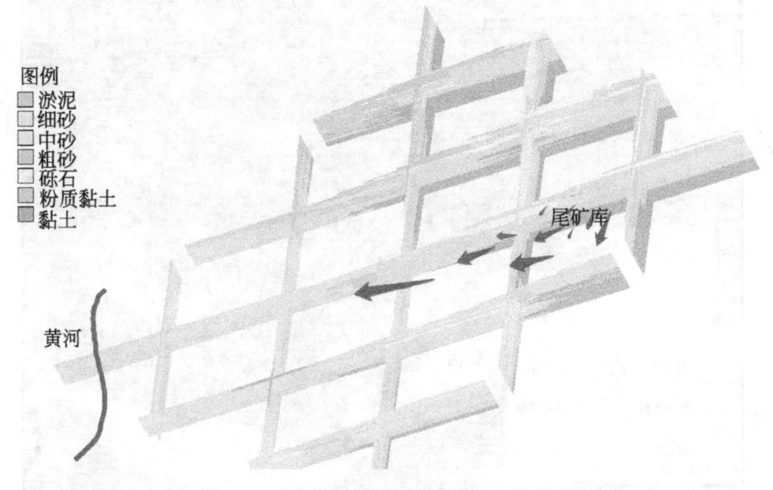

图 2-4 尾矿库周边土壤质地（见彩插）

(2) 第四系孔隙承压水

西部 150m 内的第四系孔隙承压水，只在乌兰计七村以东，至张家营子一带及哈扇的东南边缘有分布，中西部未被揭露，含水层岩性多为砾砂，至边缘岩性为粗砂、中砂、细砂、粉细砂。含水层厚度 50～20m，背锅窑子一带最厚达 54m，边缘渐变为 20～10m，水位埋深由北部的大于 70m，往南逐渐变为 20～10m。顶板埋深一般 70～110m，最大顶板埋深在乌兰计附近为 133.48m，含水层渗透系数 17～50m/d，单位涌水量一般在 100～500m^3/(d·m)。

2.1.1.2 区域地下水动态特征

(1) 区域潜水水位动态特征

根据内蒙古地质环境监测院包头站编制的《包头市地下水监测年度报告》，2005 年潜水水位动态特征如下：高水位期一般出现在 10～11 月份，低水位期一般在 7～8 月份，潜水水位年变化幅度一般在 0.6～3.28m，最大水位变化幅度 6.26m，最小水位变化幅度 0.59m。年平均变幅 1.82m。潜水流向大致为由北向南（图 2-5）。

(2) 工作区潜水水位动态特征

按区域地貌图，工作区位哈达门沟冲洪积扇中下缘及黄河冲积平原，根据统测的工作区浅层水水位资料，施工工作区浅层地下水流向为东北-西南向。

2.1.1.3 水化学特征

潜水含水层有明显的水平分带特征，西部从扇顶向扇缘→黄河Ⅱ级阶地（乌兰计二村→

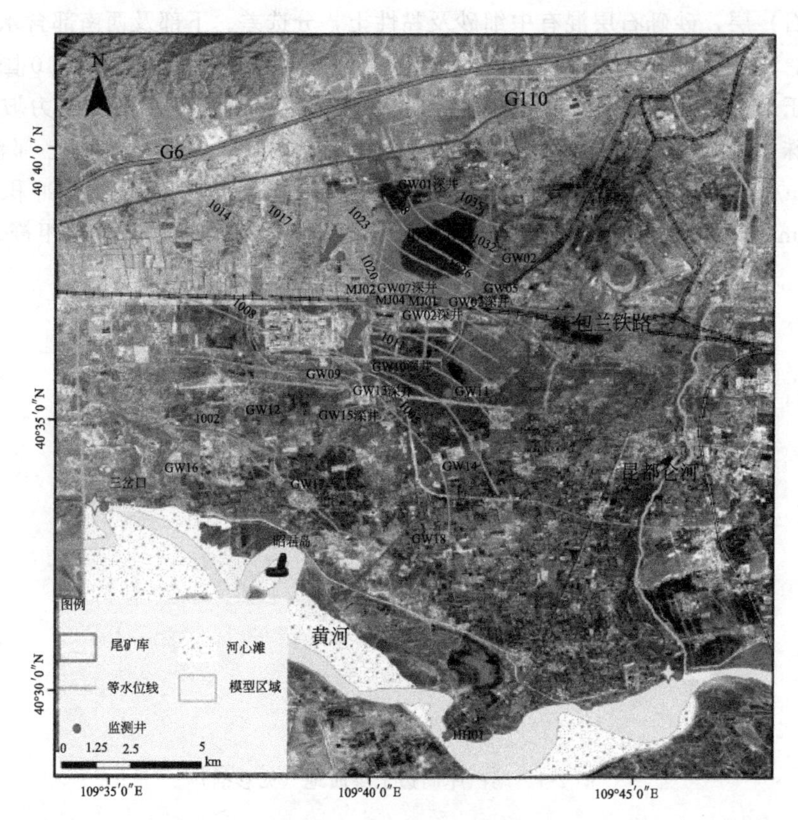

图 2-5　尾矿库周边地下水水位等值线图（见彩插）

包兰铁路→全巴图村）水化学类型 HCO_3^--Ca→HCO_3^--Ca·Na→SO_4^{2-}·Cl^--Na，矿化度从<0.5g/L→8.9g/L（见图 2-6）。

2.1.2　气候条件

尾矿库所在地的气候特点所表现的是冬季长而寒冷、夏季短而热，1 月最冷，平均气温 −12.3℃，夏季炎热，平均气温 22.8℃。气候干燥而且寒冷，干燥度为 1.8%～20%。一般降水量是较少的，且集中在夏季，一般年平均降水量能够达到 300mm 左右，日照的时间较长，蒸发量是非常大的，大约为 1938～2342mm，无霜期为 158d 左右。冬季主导的风向是北风和西北风，夏季主导风向是东南风，在 3～5 月由于冷暖空气频繁地交换，一年内平均大风日基本上在 46d 左右，年均风速能够达到 3m/s，年均浮尘日约为 25.9d，而扬沙日达到 43.3d。因而在尾矿库南部坝体和冲积滩是受风蚀影响比较严重的区域，每年风蚀厚度能够达到约 7cm 以上，尾矿库东南部的坝体的外坡已积落尾矿粉很多年，造成了一定程度的粉尘污染。

2.1.3　土壤类型

尾矿库区的土壤可划分为栗钙土、浅色草甸土和盐化沼泽土三大类。栗钙土分布在北部及西北部；浅色草甸土分为轻、中、重度浅色草甸土，分别分布在东、南、西部；盐化沼泽土分布在尾矿库和粉煤灰场附近的下游地区。该区域处在温带草原和荒漠的过渡地带，由于

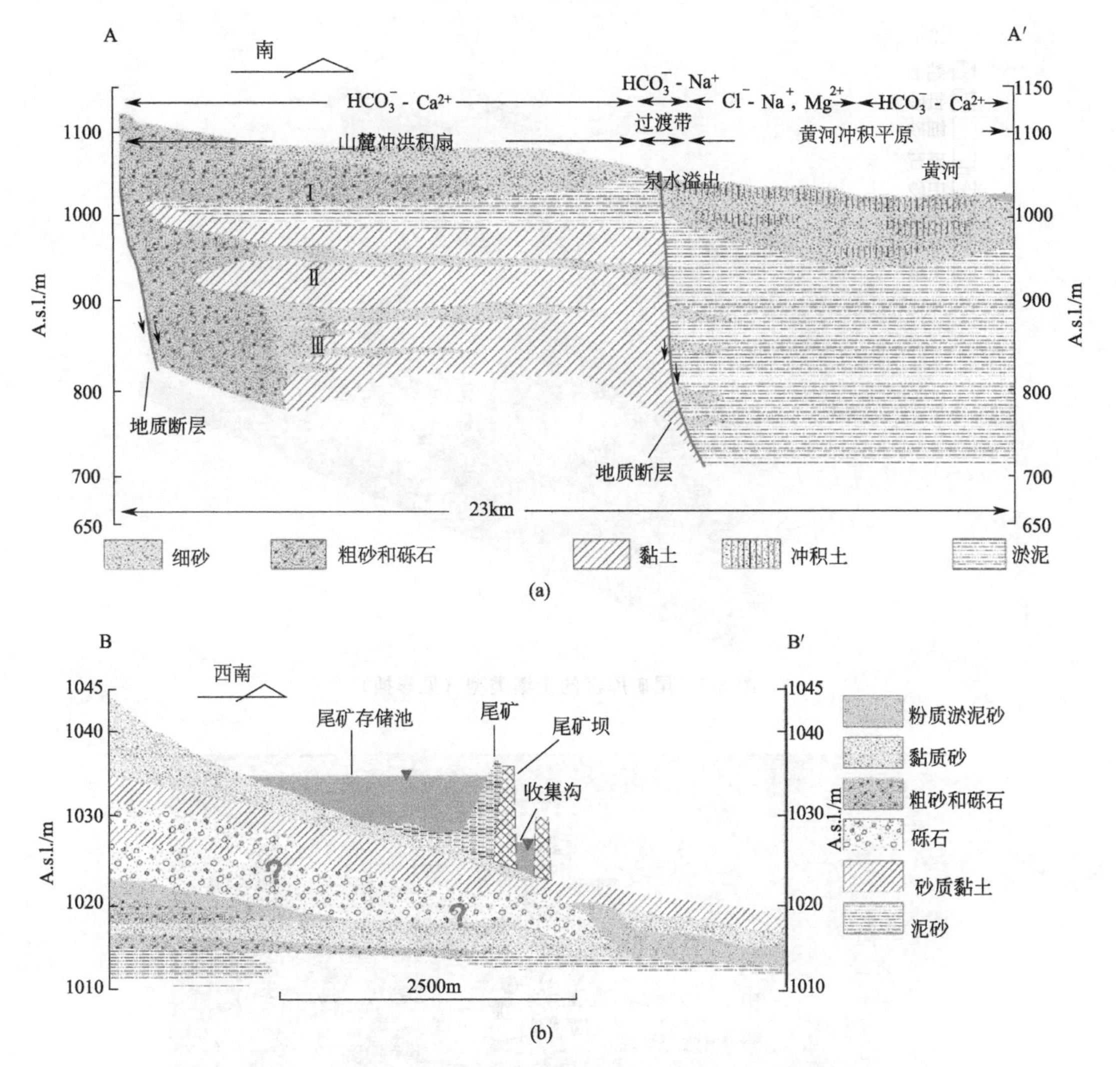

图 2-6　两个具有代表性的水文地质剖面 A-A′和 B-B′（见彩插）

图（a）中水力单元Ⅰ对应的是当地的浅层含水层，水力单元Ⅱ和Ⅲ对应的是深层含水层

受人为生产活动的影响，草原和荒漠的植被景观已被破坏（见图 2-7）。

2.1.4　植被类型

1993 年 7 月初对尾矿库地区进行的植物普查初步查出 33 科 84 种植物，野生植物以菊科、禾本科、豆科、蓼科和藜科植物为主，并有少量灌木，还有散生人工栽植的杨、榆、沙枣、和怪柳等乔灌木。其中豆科、菊科、禾本科、藜科、怪柳科、胡颓子科、茄科、萝藦科、夹竹桃科等 11 种植物多为沙生抗盐碱物种，可以作为改善尾矿库区生态环境的先锋植物。

2015 年，笔者使用样方法对尾矿库污染影响区域的植被种类和分布特征进行了调查。按照图 2-8 进行样方位点布设，共设置 24 个样点，分别是 YF1-YF18，YFB1-YFB6。在每个样点上设置一个大样方（100m×100m），在每个大样方中随机做 5 个小样方（1m×1m），

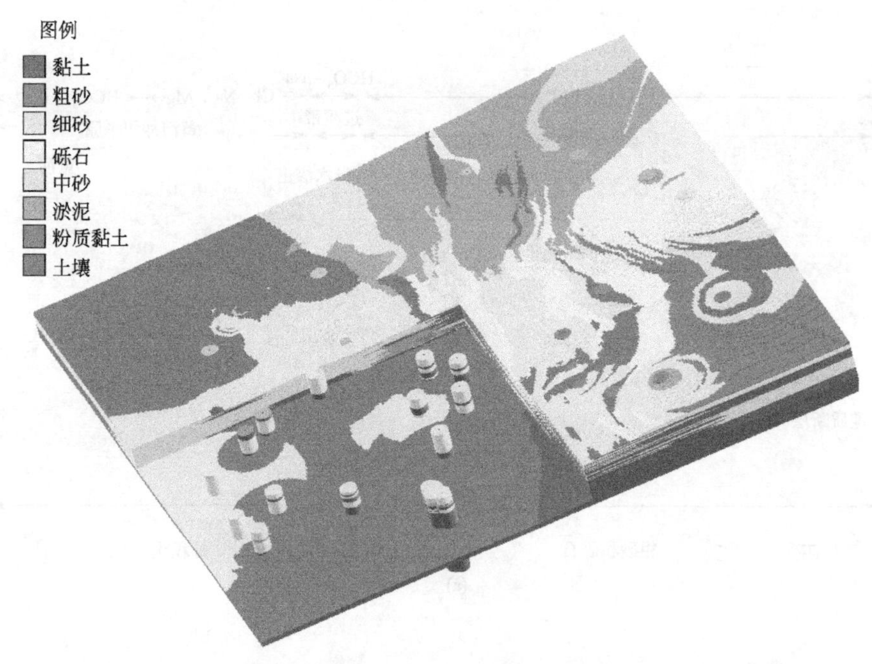

图 2-7 尾矿库区的土壤类型（见彩插）

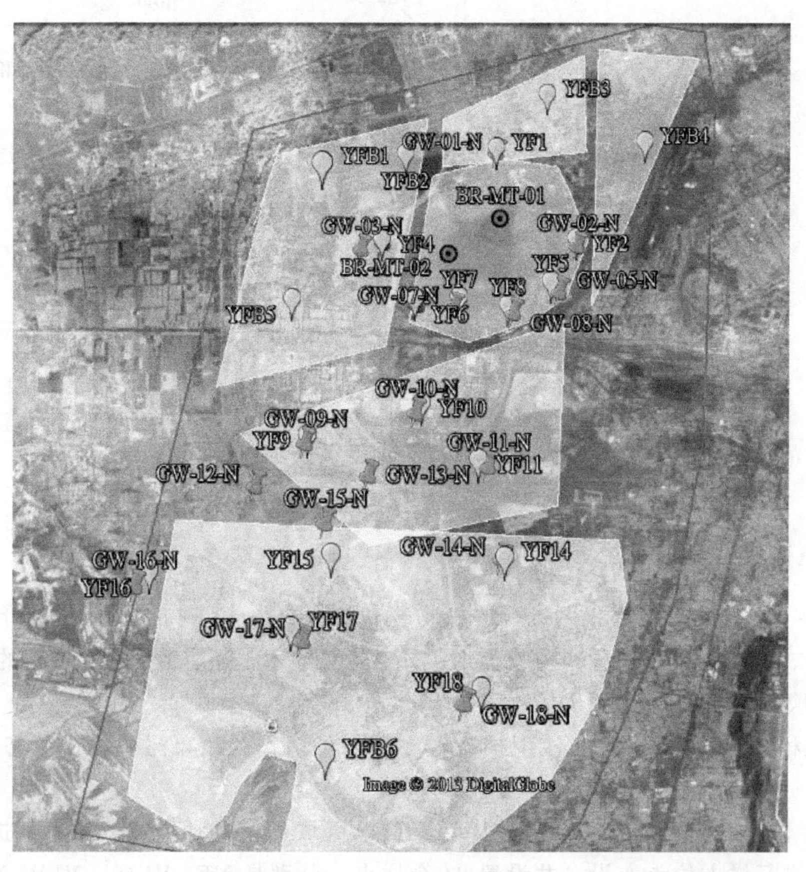

图 2-8 尾矿库内（BR）及其周边监测井（GW）和植物样方（YF、YFB）调查位点（见彩插）

以方位命名。

2.1.4.1 方法步骤

① 依据已确定样地的经纬度，利用手持GPS找到每一个样地的精确位置。

② 通过目测判断，初步确定大样方（100m×100m）的设定地点，以站立位置为中心来设置大样方。

③ 在大样方的四周（东南、东北、西南、西北）及中心位置分别向中心方向投掷帽子，以帽子为中心来随机确定小样方位置，拉线划定小样方区域（1m×1m）。

④ 进行样方分析，统计相关数据（包括生境、受干扰因素、优势种、盖度、植物种类、数量、地上生物量）等。

⑤ 将样方内植物按种类分别收割、装入信封，带回实验室烘干后称干重。

⑥ 利用土钻采集表层土壤（分0～10cm和10～20cm两层），带回实验室后分别分装，－20℃下瓶装保存新鲜样1份（250g），室温阴干后瓶装保存1份（250g），剩余样品阴干后在自封袋中暂存，以备后用。

⑦ 根据上述数据，计算各个小样方和整体大样方的优势度指数、丰富度指数、均匀度指数、多样性指数等指标。

a. Shannon-wiener群落多样性指数H：

$$H=-\sum P_i \cdot \ln P_i \text{ 或 } H=-\sum P_i \cdot \log_2 P_i (i=1 \sim s)$$

b. Simpson优势度指数C：

$$C=\frac{\sum N_i(N_i-1)}{[N_t(N_t-1)]}$$

c. Pielou均匀度指数J：

$$J=H/\ln s \text{ 或 } J=H/\log_2 s$$

d. Margale物种丰富度指数D：

$$D=(s-1)/\ln N_t$$

e. 物种丰富度指数R：

$$R=\frac{s}{\text{单位样方}}$$

式中，s为物种数；N_i为i物种的个体数；N_t为所有物种的个体数之和；P_i为群落中i种个体占总个体数的比例，$P_i=N_i/N_t$；单位样方指试验所取的最小面积（$1m^2$）的样方。

2.1.4.2 生物多样性调查与评价

尾矿库周边植物调研结果见表2-1。

表2-1 尾矿库周边植物调研

序号	植物名	学名	科属
1	艾	*Artemisia argyi Levl.* et Van	菊科 Compositae≫蒿属 *Artemis*
2	白莎蒿	*Artemisia blepharolepis* Bge.	菊科 Compositae≫蒿属 *Artemisia*
3	萹蓄	*Polygonum aviculare* L.	蓼科 Polygonaceae≫蓼属 *Polygonum*
4	冰草	*Agropyron cristatum*（L.）Gaertn.	禾本科 Gramineae 冰草属 *Agropyron*
5	叉分蓼	*Polygonum divaricatum* L.	蓼科 Polygonaceae≫蓼属 *Polygonum*
6	长裂苦苣菜	*Sonchus brachyotus* DC.	菊科 Compositae≫苦苣菜属 *Sonchus*
7	长叶碱毛茛	*Halerpestes ruthenica*（Jacq.）Ovcz.	毛茛科 Ranunculaceae≫碱毛茛属 *Halerpestes*

续表

序号	植物名	学名	科属
8	臭柏	*Sabina vulgaris* Ant.	柏科 Cupressaceae≫圆柏属 *Sabina*
9	臭蒿	*Artemisia hedinii* Ostenf. et Pauls.	菊科 Compositae≫蒿属 *Artemisia*
10	打碗花	*Calystegia hederacea* Wall. ex. Roxb.	旋花科 Convolvulaceae≫打碗花属 *Calystegia*
11	大籽蒿	*Artemisia sieversiana* Ehrhart ex Willd.	菊科 Compositae≫蒿属 *Artemisia*
13	风毛菊	*Saussurea japonica* (Thunb.) DC.	菊科 Compositae≫风毛菊属 *Saussurea*
14	胡枝子	*Lespedeza bicolor* Turcz.	豆科 Leguminosae≫胡枝子属 *Lespedeza*
15	黄耆	*Astragalusmembranaceus* (Fisch.) Bunge	豆科 Leguminosae≫黄耆属 *Astragalus*
16	灰绿藜	*Chenopodium glaucum* L.	藜科 Chenopodiaceae≫藜属 *Chenopodium*
17	芨芨草	*Achnatherum splendens* (Trin.) Nevski	禾本科 Gramineae≫芨芨草属 *Achnatherum*
18	蒺藜	*Tribulus terrester* L.	蒺藜科 Zygophyllaceae≫蒺藜属 *Tribulus*
19	尖头叶藜	*Chenopodium acuminatum* Willd.	藜科 Chenopodiaceae≫藜属 *Chenopodium*
20	碱蓬	*Suaeda glauca* (Bunge) Bunge	藜科 Chenopodiaceae≫碱蓬属 *Suaeda*
21	苦苣菜	*Sonchus oleraceus* L.	菊科 Compositae≫苦苣菜属 *Sonchus*
22	柳叶蒿	*Artemisia integrifolia* L.	菊科 Compositae≫蒿属 *Artemisia*
23	芦苇	*Phragmites australis* (Cav.) Trin. ex Steud.	禾本科 Gramineae≫芦苇属 *Phragmites*
24	骆驼蓬	*Peganum harmala* L.	蒺藜科 Zygophyllaceae≫骆驼蓬属 *Peganum*
25	马兜铃	*Aristolochia debilis* Sieb. et Zucc.	马兜铃科 Aristolochiaceae≫马兜铃属 *Aristolochia*
26	蒲公英	*Taraxacummongolicum* Hand.-Mazz.	菊科 Compositae≫蒲公英属 *Taraxacum*
28	洽草	*Koeleria glauca* Blue Hair Grass	禾本科 Poaceae≫洽草属 *Koeleria*
29	乳苣	*Mulgedium tataricum* (L.) DC.	菊科 Compositae≫乳苣属 *Mulgedium*
30	沙蓬	*Agriophyllum squarrosum* (L.) Moq.	藜科 Chenopodiaceae≫沙蓬属 *Agriophyllum*
31	莳萝蒿	*Artemisia anethoides* Mattf.	菊科 Compositae≫蒿属 *Artemisia*
32	苍耳	*Xanthium sibiricum* Patrin ex Widder	菊科 Compositae≫苍耳属 *Xanthium*
33	苔草	*Carex tristachya*	莎草科 Cyperaceae≫苔草属 *Carex*
34	菟丝子	Cuscuta chinensis Lam.	旋花科 Convolvulaceae≫菟丝子属 *Cuscuta*
35	委陵菜	*Potentilla chinensis* Ser.	蔷薇科 Rosaceae≫委陵菜属 *Potentilla*
36	盐角草	*Salicornia europaea* L.	藜科 Chenopodiaceae≫盐角草属 *Salicornia*
37	盐生草	*Halogeton glomeratus* (Bieb.) C. A. Mey.	藜科 Chenopodiaceae≫盐生草属 *Halogeton*
38	盐爪爪	*Kalidium foliatum* (Pall.) Moq.	藜科 Chenopodiaceae≫盐爪爪属 *Kalidium*
39	益母草	*Leonurus artemisia* (Laur.) S. Y. Hu	唇形科 Labiatae≫益母草属 *Leonurus*
40	榆树	*Ulmus pumila* L.	榆科 Ulmaceae≫榆属 *Ulmus*
41	圆穗苔草	*Carex angarae* Steud.	莎草科 Cyperaceae≫苔草属 *Carex*
42	掌裂毛茛	*Ranunculus rigescens* Turcz. ex Ovcz.	毛茛科 Ranunculaceae≫毛茛属 *Ranunculus*
43	猪毛菜	*Salsola collina* Pall.	藜科 Chenopodiaceae≫猪毛菜属 *Salsola*
44	猪毛蒿	*Artemisia scoparia* Waldst. et Kit.	菊科 Compositae≫蒿属 *Artemisia*
45	醉马草	*Achnatherum inebrians* (Hance) Keng	禾本科 Gramineae≫芨芨草属 *Achnatherum*

2.1.5 环境污染现状

白云鄂博矿区的开采活动主要是露天开采，开采后得到的矿石经过一段铁路运输送到包头选矿厂进行矿石的筛选，然后未被利用的矿石再经由铁路运输送至包钢尾矿库进行储存。从建成至今，该尾矿库已存放尾矿约1.5亿多吨、水1700多万立方米，并且重金属的富集程度明显上升。该尾矿库的库高每年都在以近1m的速度增长，截至目前，堆积的最高处已经有1050m左右，它的二期工程预期的高度为1065m。该尾矿库水体的年蒸发量是降水量的7.6倍，且常年易刮大风，库体周围的矿物粉尘很容易被吹散降落在生活区。

由于白云鄂博矿区常年刮西北风，而居民的居住地在东南方，排土场又在居住区的北方，铁路运输的路线在居住区的西面，所以矿区、排土场和铁路运输的矿石粉尘很容易就被西北风带入送到居民区，这些粉尘中含有大量的超标重金属元素，被人类长期吸入后可能造成不可逆转的机体损伤。郭伟等人的研究报告表明，对于白云鄂博矿区而言，采矿区土壤7种稀土元素的含量明显高于其他区域，调查研究的6个区域稀土元素污染的程度大小顺序为：采矿区＞场区外＞铁路东侧排土场＞城区外＞铁路西侧。且用于输送矿石的铁路两侧土壤也有严重的重金属超标问题存在。

白云鄂博矿区的污染长期存在，且不断累积，矿区由于长年开采矿产资源，造成地下水位降低，周围的水井枯竭，农作物严重的缺水，导致了植被的稀疏，只有少数的耐干旱和耐盐碱的强势植物存活下来，再加上长期干旱少雨的气候，使得矿区的草地退化，土壤不断地向贫瘠加剧，周围的土壤也大都为沙土堆积，结构特别松散，遇到季节性的强风就会沙尘四起，黄沙漫天，造成水土流失严重。水体的重金属富集和土壤肥力不断地退化导致了当地生物多样性的不断递减，人类的生命活动也受到了不同程度的影响。

该矿区的Pb、Cu、Mn和Zn等元素的含量已经远远高于内蒙古土壤的几何平均值，特别是稀土元素，呈现几十倍的差异值，超标的各种元素通过地下水的沉降、西北风的吹散以及铁路运输过程的撒落，分别作用于矿区以及矿区周边的土壤和地下水，对当地的生态环境造成不可逆转的伤害。在稀土尾矿库中，重金属残留污染是最为严重也无法解决的一个难题，它不仅对环境造成不可逆转的伤害，还会对生活在周围的生物造成一些永久性的伤害。重金属在土壤中很难发生降解，而且还会在土壤中不断地残留与富集，被土壤中的植物根茎所吸收，植物被动物吃了以后通过食物链的金字塔效应最终富集在人体中，进而直接对人的生命健康造成严重的影响。

早期，许多尾矿库在建立的时候所涉及选择地址和建设上都没有考虑到生态环境安全的问题，尾矿库存放了大量的选矿废水，选矿废水中含有大量污染物，所以尾矿库库内的污染物浓度呈现逐年升高的趋势，尾矿库库内污染物也污染了当地的地下水环境，引发了许多环境污染的事件。

2.2 稀土尾矿库周边地下水污染状况调查

内蒙古稀土尾矿库汇集了选矿、稀土、焦化等单位的工业用水，库内污染物浓度逐年升高，形成了一个容量1.7亿吨的污染源，且尾矿坝高出地面30m，一旦出现泄漏，后果不堪设想。尾矿库渗漏水具有水质波动大、硬度高（尤其是非碳酸盐硬度高）、有机物含量低等特点。据1985年和1993年的环境影响评价报告，当地潜水层污染严重，29个监测点中有23个井点不符合《生活饮用水卫生标准》，已经发现尾矿库环境中许多化学物质、物理因素会直接或间接地经食物链传递，对人类身体健康造成严重危害。截止到2010年，尾矿库周边地下水中氨氮超标29.2倍、总氮超标47.1倍。而由于该尾矿库没有设置防渗漏的装置，库内水会通过尾矿库坝体渗漏从而污染了尾矿库周边的地下水环境，已经严重影响了当地居民的生活饮用水以及农业灌溉生产等用水安全。

目前，在尾矿库方圆2km内，农作物烧苗死苗现象严重，使农田荒芜，迫使当地5000多村民移民外村，对当地的经济发展和社会稳定产生了非常严重的负面影响。由于尾矿库周边地下水的污染影响，不同的调查小组已经对尾矿库周边土壤的盐碱化、重金属和粉尘污染等方面做了一些初步研究，在这些研究上也已经取得了一些的成果。对地下水研究的结果显示，按照水同位素法，目前尾矿库渗漏水已经运移300～500m，此为初步确定的污染范围，而尾矿库的下游地区1250m以南的区域为非污染区。并且根据水质模型的计算，尾矿库渗漏水对尾矿库下游潜水的污染速率达到30m/年。

尾矿库区下游地区的潜水层水质状况已不适合作为生活饮用水，但在研究区的承压水质是良好的，可以作为生活饮用水。实验室内发现尾矿库周边地下水对玉米的萌发有明显的抑制作用。通过单细胞凝胶电泳技术对玉米幼苗细胞内的DNA进行检测，发现玉米幼苗中的DNA会受到损伤，说明尾矿库周边的地下水对植物体有一定的遗传损害；尾矿库周边地下水对SD大鼠的心、肝、脾、脏等的影响，表明尾矿库周边的地下水会对SD大鼠的生长性能产生一定的抑制作用，并出现畸形幼体；尾矿库的渗漏水污染对泥鳅的氧化损伤，说明尾矿库的渗漏水存在较强的生态毒性作用。因此，查明尾矿库周边地下水质的污染成分、污染程度及范围，对确保当地生态安全和人体健康具有重要意义。

2.2.1 监测井设置与污染程度评价方法

以包钢尾矿库周边地区作为取样区域，在历史动态监测资料的支撑下，依据深浅兼顾、尽量利用现有井孔的原则，采用“放射状布点法”在尾矿库周边及下游布置18口钻探监测井（0～25m，直至浅层隔水底板）（见图2-8）。

按地下水监测国家标准，对采集水样进行主要污染物种类、数量、程度及污染范围的分析，尤其对尾矿库周边地下水中的SO_4^{2-}、Cl^-、F^-、NH_4^+-N、全盐量等严重超标的污染物，进行跟踪研究，确定尾矿库渗漏水对周边地下水的污染范围。

水污染评价中常用的地下水水质评价方法有：单因子评价方法和综合评价方法。我国传统的水质综合评价方法《地下水质量标准》（GB/T 14848—2017）中推荐使用的是最具有代表性的综合指数法。按照《地下水质量标准》，参评项目为导致地下水水质变异的主要污染因子，采用内梅罗指数评价法计算F（NCI）值。

$$F=\sqrt{\frac{F_{\max}^2+\overline{F}^2}{2}}$$

$$\overline{F}=\frac{1}{n}\sum_{i=1}^{n}F_i$$

$$F_i=\frac{C_i}{C_0}$$

式中，F为评级综合指数；$\overline{F}$为各单项组分F_i的平均值；$F_{\max}$为单项组分F_i中的最大值；C_i为各单项组分浓度值；C_0为各单项组分《地下水质量标准》Ⅲ类水质标准浓度值；n为项数。

根据F值划分地下水水质级别，见表2-2。

表2-2 地下水综合评价标准

级别	良好	警戒线	轻度污染	重度污染
F值	0.7	0.7～1	1.2～2.0	＞3.0

2.2.2 污染物含量分析与污染程度评价

基于尾矿库周边潜层地下水的流向是从北向南流动，本次共选择监测井13眼，重新编号为距离尾矿库距离由近及远 $S1$-$S13$（图 2-9）；井深设计 20～30m（根据水位情况，孔深不低于潜水位以下 5m）或以进入第一层潜水含水层底板 5m 左右（见到灰蓝、灰黑色粉质黏土层）即可成井。分析潜水层水体中主要污染物的种类，参照《地下水质量标准》进行评价。

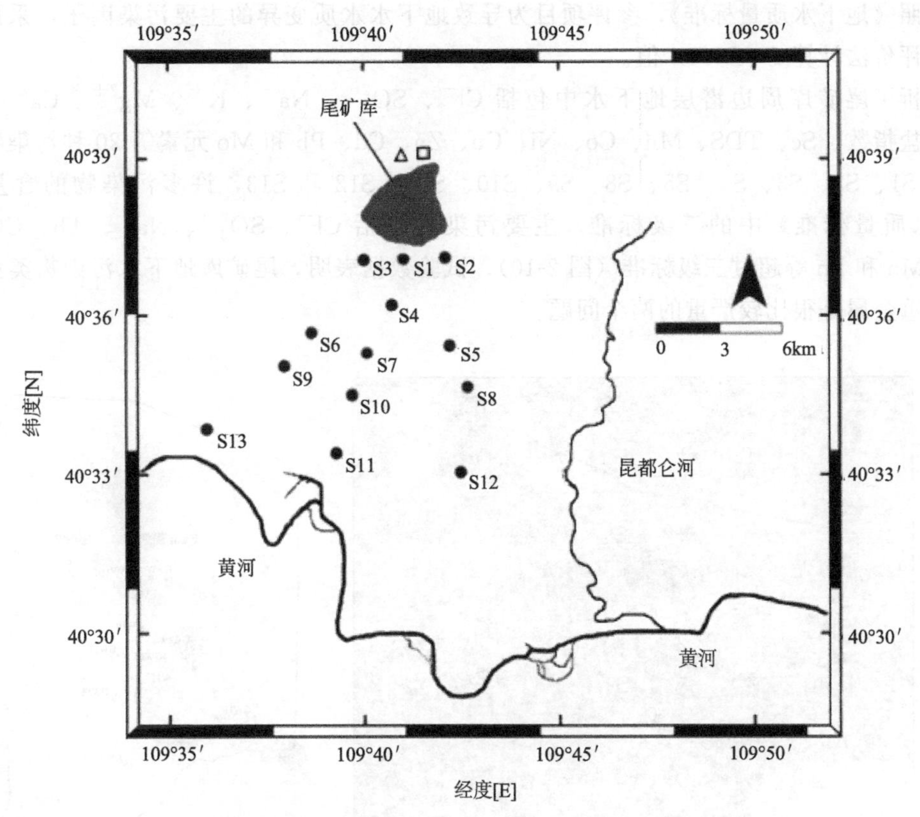

图 2-9　整体采样点及分析水质方向示意图

2.2.2.1　水样采集与水质指标测定

将水泵、钢丝、水管放入潜井中，连接电线至柴油发电机，手动柴油发电机发电。开启电源。每次采样前用水泵将样点井内原有的积水全部抽走，新渗出的水即可供采样检验用。用水流充满 25L 塑料桶。每个采样点水样另外取两份装于 250mL 聚四氟乙烯塑料瓶，一份用浓硝酸酸化使 pH<2，另一份用氢氧化钠调节使 pH 值在 7～9 之间。采样后对样品进行编号。水样采集后，放在冷暗条件下保存，并尽快置于 4 ℃冷藏。

取水样的塑料瓶进行了严格的密封并固定，避免在运输中破损，并且运输水样的条件也相当严格要求，首先在低温、避免日光照射和防震的条件下运输，其次还要防止新的污染物进入容器内污染瓶口。采样完成后，贴上样品标签。标签内容包括：样品编号，采样点、采样日期和时间。

参照水质检测《地下水水质标准》及该地区污染特征，分析了尾矿库周边潜层地下水中

包括 Cl^-、SO_4^{2-}、Na^+、K^+、Mg^{2+}、Ca^{2+}、Th、高锰酸盐指数、Se、TDS、Mn、Co、Ni、Cu、Zn、Cd、Pb 和 Mo 元素等 20 种污染物。交由核工业北京地质研究院进行测定。

2.2.2.2 地下水污染评价

按照《地下水质量标准》，参评项目为导致地下水水质变异的主要污染因子，采用内梅罗指数评价法计算 F（NCI）值。

分析了尾矿库周边潜层地下水中包括 Cl^-、SO_4^{2-}、Na^+、K^+、Mg^{2+}、Ca^{2+}、Th、高锰酸盐指数、Se、TDS、Mn、Co、Ni、Cu、Zn、Cd、Pb 和 Mo 元素等 20 种污染物。在采样点 S1、S2、S3、S4、S5、S8、S9、S10、S11、S12 和 S13，许多污染物的含量超过《地下水质量标准》中的三级标准。主要污染物包括 Cl^-、SO_4^{2-}、Na^+、Th、COD_{Mn}、TDS、Mn 和 Zn 等超过三级标准（图 2-10）。试验数据表明，尾矿库地下水污染物类型中盐碱化和重金属是很比较严重的两个问题。

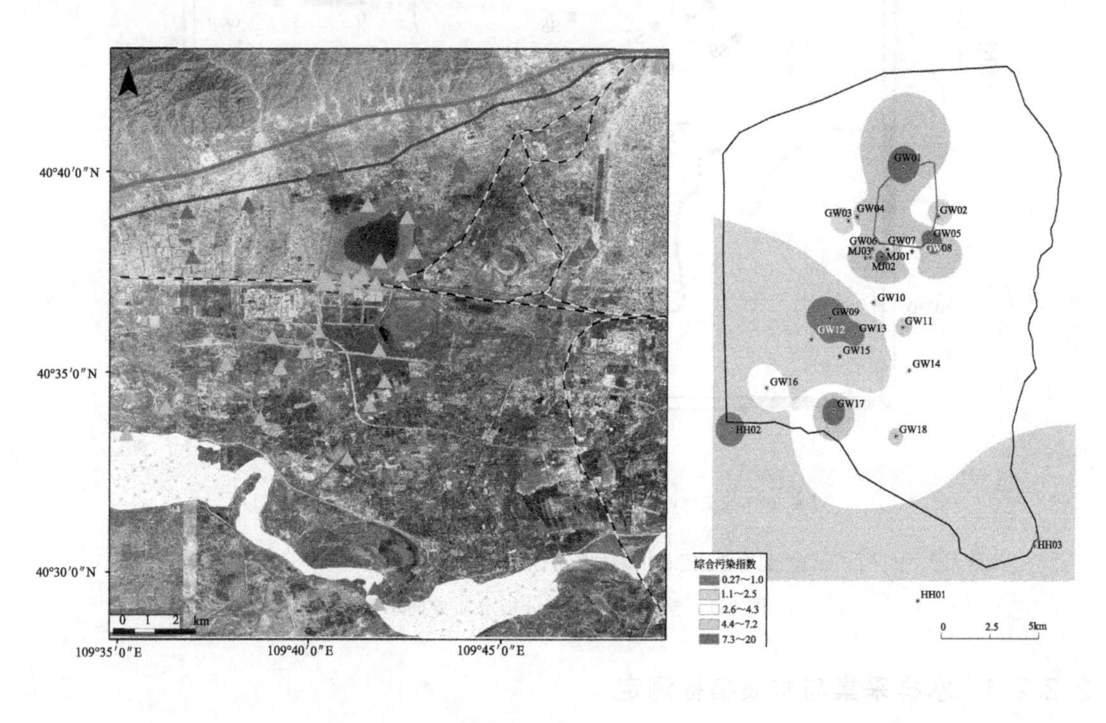

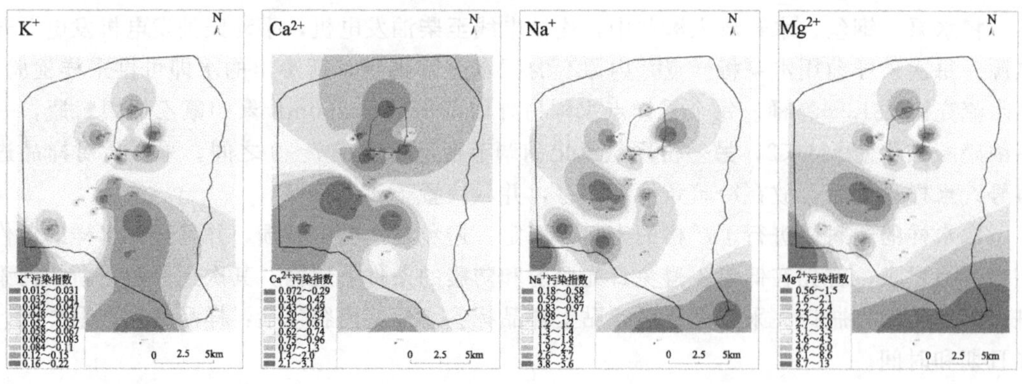

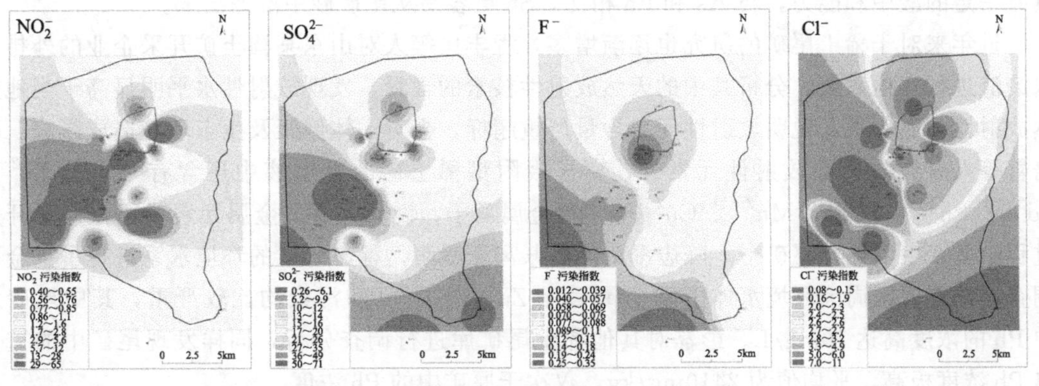

图 2-10　部分指标单因子污染评价（见彩插）

采用内梅罗指数法对尾矿库周边 13 个样点的潜层地下水水质质量进行了综合分析，见图 2-11。结果表明，样点 S1、S2、S3、S11 和 S13（$F>6$），而 S11～13（$F>3$）水质受到严重污染。S8 和 S10 的 F 值介于 1～3，指示水质的轻度或中度污染。另外，采样点 S6、S7 和 S9 的 F 值小于 1，水质质量较好。这表明，在距离尾矿库一定范围内，随着距离尾矿库距离的衰减，F 值大体呈现的是下降的趋势；超过该范围，F 值增加。

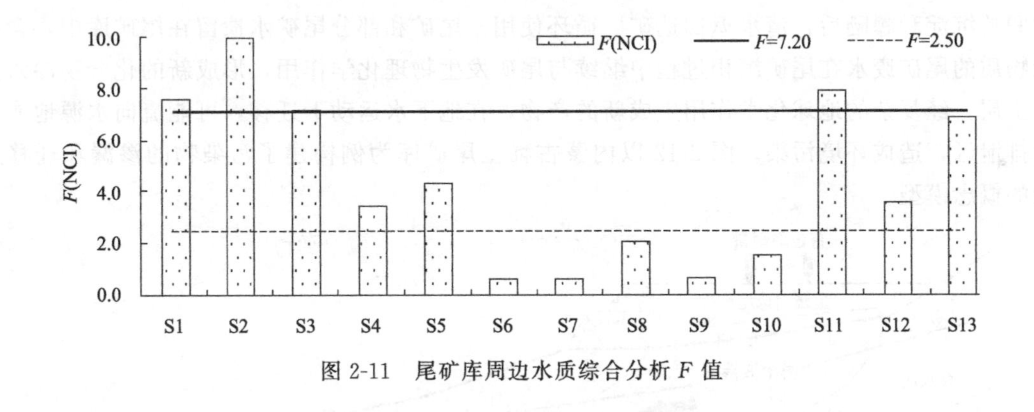

图 2-11　尾矿库周边水质综合分析 F 值

2.3 尾矿库渗漏对周边土壤的重金属污染

国内众多学者对各类尾矿库的重金属物污染进行研究。邢宁等人以大宝山新鲜尾矿排放口、铁龙尾矿库和槽对坑尾矿库作为研究区域，根据 Dold 七步分级化学提取法对这 3 个不同区域尾矿的重金属化学形态特征和潜在迁移能力进行研究，结果发现各重金属以不同的形态存在于不同的尾矿区，且在各尾矿区的迁移能力截然不同。国内王俊桃、马少健、李维山等人用不同的方法研究尾矿重金属的浸出，发现时间、pH 值、粒径大小和温度都会影响重金属的溶出。而且硫化矿尾矿中铅锌离子的溶出受温度、溶液 pH 值及尾矿粒径影响更大。毒重石尾矿渣中 Ba^{2+} 浸出主要受时间的影响。对 14 年的废水监测资料进一步分析，探讨了铅锌尾矿中重金属在强酸、强碱的作用下溶出的规律，确定了尾矿库中废水的 pH 值与重金属离子浓度之间的关系曲线，并建立了二者之间的数学模型，揭示废水酸化与重金属污染的内在机理。尾矿发生酸化后会最终导致更多的 Pb、Zn 和 Cu 等重金属的溶出，同时尾矿砂具有一定的酸中和能力，与 As 和 Pb 相比，Sb 更容易从尾矿砂中淋滤出来。

近年来对于稀土尾矿的研究也逐渐增多，程丰民等人对山东某稀土矿开采企业的外排废水废渣进行实地采集，分析其中的天然放射性核素的含量，发现放射性水平明显高于当地天然放射性本底水平，说明放射性元素含量严重超标，会对人体健康及生态环境造成影响。张培善等人研究发现除放射性元素外，离子吸附型稀土矿的淋出液中还含有 Al^{3+} 、Fe^{2+} 、Cd^{2+} 、Pb^{2+} 、Zn^{2+} 、Mn^{2+} 、Cu^{2+} 等多种金属离子，说明大量的金属元素残留在稀土开采过程中所产生的稀土尾矿中。陈志澄对南方某离子吸附型稀土矿区的环境水系进行了重金属调查，发现矿区周围环境水体中重金属 Cd、Zn、Pb、Cu 的污染均比较严重，其中尾砂水中 Pb 的浓度高达 10mg/L。彭磊对其他稀土尾矿库进行调查分析，同样发现尾矿中的重金属 Pb 浓度极高，平均值为 2410mg/kg，仅次于原矿中的 Pb 浓度。

内蒙古稀土尾矿库是用于堆放白云鄂博稀土矿开采过程中所产生的废水废渣。开采过程中所带入的放射性元素 Th 绝大部分沉淀于尾矿中，少部分随稀土产品带走。白丽娜等人对该尾矿区的放射性污染进行了实地考察，发现尾矿坝内放射性元素污染范围达 4.94km^2。李艳君、程浩辰等人对于该地区重金属污染程度进行了研究，并应用综合污染评价法和 Hakanson 潜在生态风险指数法评价表明，尾矿坝周边土壤的重金属潜在生态风险以 Pb 最高，受污染程度为尾矿库东面＞南面＞北面＞西面。

根据选矿厂的工艺流程和尾矿库的建设目的可知，选矿厂将尾矿排入尾矿库，经过一段时间的沉淀和曝晒后，清水返回选矿厂循环使用。尾矿和部分尾矿水遗留在尾矿库中，含有毒物质的尾矿废水在尾矿沉积过程中继续与尾矿发生物理化学作用，形成新的化合物渗入基础土层，经复杂的地球化学作用生成新的产物，在地下水运动下迁移，可能流向水源地或天然排泄区，造成环境污染。图 2-12 以内蒙古稀土尾矿库为例构建了污染物的渗漏和迁移途径的概念模型。

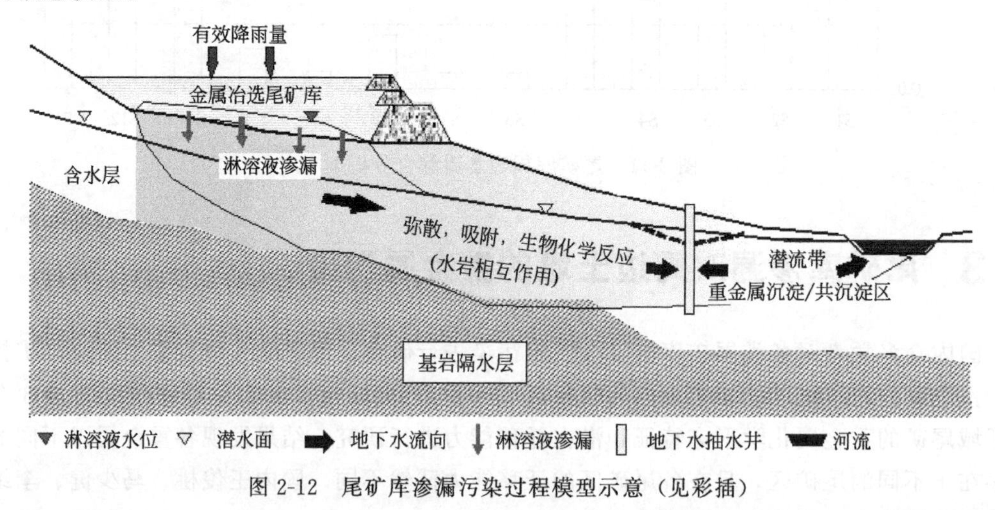

图 2-12　尾矿库渗漏污染过程模型示意（见彩插）

2.3.1　土壤样品处理与污染评价方法

2.3.1.1　样品处理与分析

使用电子天平准确称量经过 200 目筛的土样 0.2000g（精确到 0.0001），将称量后的土样倒在洁净的聚四氟乙烯消化管中，并向消化管中加入 3mL 盐酸、9mL 硫酸、10mL 氢氟酸。将各消化管放入到通风橱中的消化炉上，等到消化炉的温度达到200℃的时候开始计时，然后拧紧聚四氟乙烯盖子消解2～3h，直至溶液消解只剩余2～3mL或接近干燥，这个时候的溶液几乎呈现无色，再加入3mL的高氯酸，再继续加热消解大约1～2h。然后把消化管盖子打开，让高氯酸受热逸出，等到管中溶液停止冒白烟时，将消化管取出冷却至室温，再用洁净的蒸馏水清洗消化管管口的结晶体，然后继续消解，使样品更加充分地被消解。在200℃的时候，应该打开盖子持续加热40min左右，等到里面溶液接近变干，再重复吹洗一次，等到第二次接近变干的时候，关闭消化炉并冷却，往里面加入早前已经配好的浓度为0.2%的稀硝酸40mL左右，在摇晃均匀以后用容量瓶定容到50mL后导入塑料小瓶中保存备用。元素分析测试同时进行空白试验（消解时不加土壤样品）、有证标准物质元素含量的分析测试和质量控制。

全部的消解液样品用电感耦合等离子体发射光谱仪（ICP-AES）或石墨炉原子吸收光谱法进行测定，分析土壤中重金属元素含量。所有结果满足实验室质控要求，标准偏差在±10%之间。测量过程中每测量9～12个样，穿插测量1次最大浓度的标液max，保证标液max的回收率在100%±10%之间时继续进行样品测定，否则重新校准设备。

2.3.1.2 土壤盐碱化程度评价方法

土壤碱化分级标准：1964年，我国学者李述刚根据新疆的实际情况，修改了前人的碱化土壤分级指标，首先提出一个新的暂时分级方案，这个暂行的方案得到各地专家的认同。赵瑞等对内蒙土默川地区碱化土壤进行了调查研究，做了小麦、玉米的盆栽试验，证明李述刚的分级方案亦可适用于内蒙古（见表2-3和表2-4）。

表2-3 土壤碱化分级标准

碱化度分级	碱土	重碱化土	中碱化土	轻碱化土	非碱化土
碱化度/%	>40	30～40	20～30	10～20	<10
含盐量/($\times 10^{-2}$mol/kg)	<5	<5	<5	<5	<5
pH值	>9.0	>8.5	>8.5	>8.5	>8.5

表2-4 土壤盐分类型与标准

土壤盐分类型	氯化物型	硫酸盐-氯化物型	氯化物-硫酸盐型	硫酸盐型
Cl^-/SO_4^{2-} 的摩尔比值	>4	4～1	1～0.5	0.5

2.3.1.3 重金属污染及生态风险评价方法

选择单因子污染指数法、内梅罗综合污染指数法、土壤污染负荷指数法、潜在生态风险指数法、地积累指数法进行土壤重金属累积特征分析与生态风险评价。

（1）单因子污染指数法（Contamination Factor，CF）

单因子污染指数法是针对土壤环境中某种单一污染元素进行土壤环境污染评价，得到的数据只能反映某个单一参数因子对其环境的影响。因此，并不能全面地评价当地环境的受污染程度。计算公式为：

$$P_i = C_s^i / C_f^i$$

式中，P_i 为单一污染物污染指数；C_s^i 为元素 i 的实测含量；C_f^i 为元素 i 的土壤环境质量标准。

（2）内梅罗综合污染指数法（Nemerow Composite Index，NCI，F）

内梅罗综合污染指数法是评价某一区域内土壤整体与区域外的土壤质量的比较。需要将单因子污染指数结合起来，来对该区域的土壤进行一个整体评价，该评价方法兼顾了单因子指数法里面的最大值和算术平均值。它的计算公式是：

$$P_{综合}=\sqrt{(\overline{P}_i^2+P_{max}^2)/2}$$

式中，$P_{综合}$为综合污染物污染指数；P_{max}为最大的单一污染物污染指数；$\overline{P}_i$为各元素污染指数的算术平均值。

（3）土壤污染负荷指数法（Pollution Load Index，PLI）

土壤污染负荷指数法可以较为直接地表示每个重金属因子对土壤的污染力度，也是较为方便的一种评价方法，它的公式为：

$$\mathrm{PLI}=\sqrt[n]{(C_r^1\times C_r^2\times C_r^3\times\cdots\times C_r^n)}$$

式中，PLI为土壤污染负荷指数；C_r^i为土壤中元素i的污染指数。

（4）潜在生态风险指数法（Potential Ecological Risk Index，IR）

该方法是评价土壤中重金属污染程度以及预测某种重金属可能潜在存在某种隐患，可以很好地将样地土壤的污染量和生态毒理效应联系起来，消除区域差异，是一种比较客观的评价方法，它的公式为：

$$I_R=\sum E_r^i$$

$$E_r^i=T_r^iC_r^i$$

式中，I_R为综合污染潜在风险指数；E_r^i为第i种重金属潜在生态风险系数；T_r^i为第i种重金属的毒性系数（表2-5）。

表2-5 常见重金属的毒性系数

元素	Cu	Zn	Pb	Cd	Cr	Ni	Hg	As	Mn	Co	Ti	V
毒性系数	5	1	5	30	2	5	40	10	1	5	1	2

（5）地积累指数法（Geoaccumulation Index，I_{geo}）

地积累指数法系统地反映了沉积物中某种重金属的富集程度，可以很直观地看到该区域的重金属污染级别，计算公式为：

$$I_{geo}=\log_2\left(\frac{C_s^i}{kC_f^i}\right)$$

式中，I_{geo}为地积累指数；C_s^i为元素i在沉积物中的含量；C_f^i为沉积物中该元素的地球化学背景值；k取值1.5，用来表征沉积特征、岩石地质及其他影响。

地积累指数法中污染程度的评价方法对应的分级标准见表2-6。

2.3.2 尾矿库下游至黄河区域土壤污染情况

在前述18眼井附近采了54份土样进行分析。同时也参考了以发表的研究成果。每眼井在各个深度采集土壤，0～20cm、20～40cm、40～60cm处检测土壤中的盐碱离子（Na^+、K^+、Ca^{2+}、Mg^{2+}、SO_4^{2-}、Cl^-）、重金属含量（Cd、Cu、Pb、Zn）、pH值，60cm以上深度主要检测重金属含量，每个指标重复样检测3次，试验数据量约为2700个。

表 2-6 土壤污染重金属污染程度与风险评价的分级标准

评价指标	分级标准	污染或风险程度
$C_f(P_i)$	<1	无污染
	1～2	轻度～中度污染
	2～3	中度污染
	3～4	中度～重度污染
	4～5	重度污染
	5～6	重度～严重污染
	6	严重污染
NCI（F）	<0.7	无污染
	0.7～1.0	警戒线
	1.0～2.0	轻度污染
	2.0～3.0	中度污染
	3.0≤	重度污染
PLI	<1	无污染
	1～2	轻度污染
	2～3	中度污染
	3≤	重度污染
Eri	<40	低潜在生态风险
	40～80	中等潜在生态风险
	80～160	较高潜在生态风险
	160～320	高度潜在生态风险
	≥320	极高潜在生态风险
IR	<150	低潜在生态风险
	150～300	中等潜在生态风险
	300～600	高度潜在生态风险
	≥600	极高潜在生态风险
I_{geo}	$I_{geo}<0$	无污染
	$0\leqslant I_{geo}<1$	轻度～中度污染
	$1\leqslant I_{geo}<2$	中度污染
	$2\leqslant I_{geo}<3$	中度～重度污染
	$3\leqslant I_{geo}<4$	重度污染
	$4\leqslant I_{geo}<5$	重度～严重污染
	$I_{geo}\geqslant 5$	严重污染

2.3.2.1 土壤盐碱化程度

尾矿库18个样地表层土壤盐碱化程度见表2-7和图2-13。

2.3.2.2 土壤重金属污染程度

依据《土壤环境质量标准》（GB 15618—1995）一级标准，对各个重金属元素的污染程度进行评估，Cu在各个点上均属于未污染水平；Zn在采样点GW-2、GW-8属于轻度污染水平；Pb在采样点GW-3、GW-6属于轻度污染水平、在GW-7属于中度污染水平、在GW-5属于重度污染水平；Cd在采样点GW-5、GW-7处属于中度污染水平。整体而言：尾矿库的8个采样点围成的4个方向中，重金属污染程度为：东侧>南侧>北侧>西侧（见图2-14）。

表 2-7　尾矿库 18 个样地表层土壤（0～20cm）的土壤盐分类型

采样点(0～20cm)	Cl^-/SO_4^{2-} 摩尔比值	土壤盐分类型	采样点(0～20cm)	Cl^-/SO_4^{2-} 摩尔比值	土壤盐分类型
GW-1	0.333815	硫酸盐型	GW-10	0.790233	氯化物-硫酸盐型
GW-2	0.747504	氯化物-硫酸盐型	GW-11	1.050292	硫酸盐-氯化物型
GW-3	0.607731	氯化物-硫酸盐型	GW-12	0.618731	氯化物-硫酸盐型
GW-4	0.574605	氯化物-硫酸盐型	GW-13	1.375368	硫酸盐-氯化物型
GW-5	0.445047	硫酸盐型	GW-14	1.267547	硫酸盐-氯化物型
GW-6	0.723153	氯化物-硫酸盐型	GW-15	0.682077	氯化物-硫酸盐型
GW-7	0.462225	硫酸盐型	GW-16	1.852165	硫酸盐-氯化物型
GW-8	0.606282	氯化物-硫酸盐型	GW-17	0.778203	氯化物-硫酸盐型
GW-9	0.399222	硫酸盐型	GW-18	0.572628	氯化物-硫酸盐型

2.3.3　尾矿库周边和黄河岸边表层土壤重金属污染

为了进一步研究尾矿库污染对黄河流域土壤的影响，本书在黄河湿地（S1、S2、S3）、尾矿库污染最为严重的南侧湿地（S4、S5、S6）、污染较轻的上游上风向农田（S7、S8、S9、S10、S11）中设置研究样地（见图 2-15）。其中 S1 位于尾矿库正南方 15.00km，S2 和 S3 分别位于 S1 下游的 15.00km 和 20.00km 处。尾矿库南侧湿地 S4、S5、S6，分别距离尾矿库 0.25km、0.50km、0.75km。尾矿库西侧农田 S7、S8、S9、S10、S11，分别距离尾矿库 0.50km、1.00km、1.50km、2.00km 和 8km。

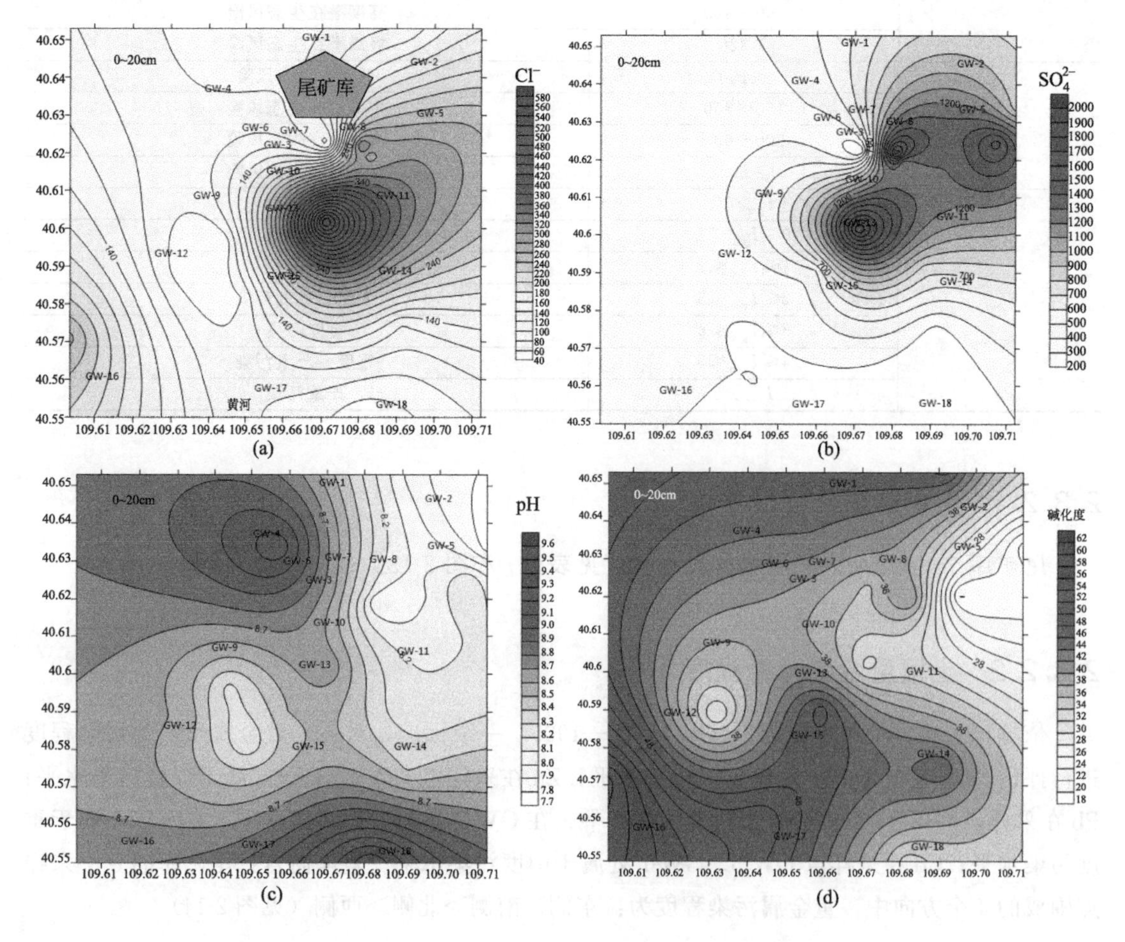

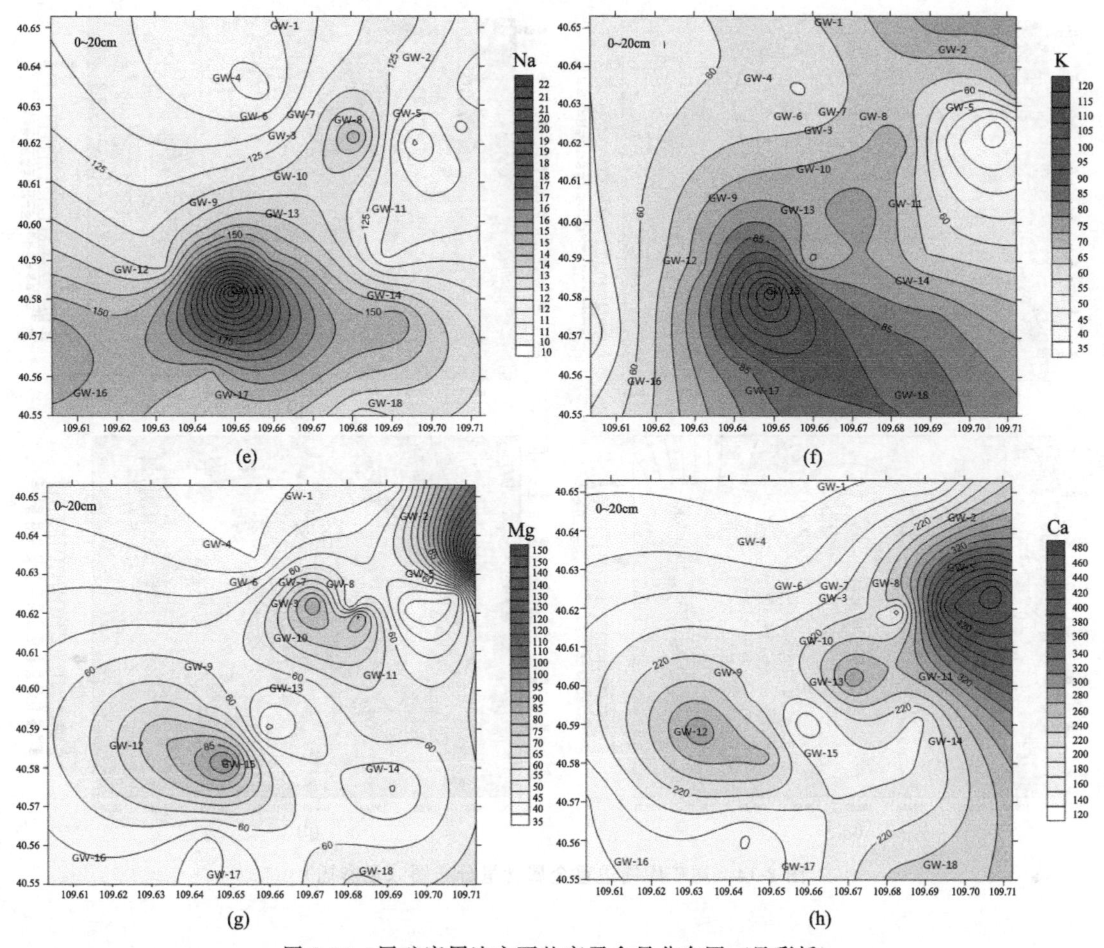

图 2-13 尾矿库周边主要盐离子含量分布图（见彩插）

为防止土壤分布不均匀造成的误差，在每个样点利用土钻随机钻取 9 个土芯（$n=9$）。S1～S6 分 5 层（0～20cm、20～40cm、40～60cm、60～80cm、80～100cm）分别封装在自封袋中。共采集 315 个表层土壤样品带回实验室进行相关指标测定。根据《土壤环境质量标准》（GB 15618—1995）、《土壤环境监测技术规范》（HJ/T 166—2004）、《场地环境调查技术导则》（HJ 25.1—2014）和《场地环境监测技术导则》（HJ 25.2—2014）进行土壤样品采集与分析。

元素含量测定结果显示，所有研究样点和对照样地的 As、Cd 含量均超出了国家土壤背景值，其中尾矿库湿地南侧湿地 S5 和 S6 样点的 As、Cd 超过背景值 10 倍左右。所有样点的 Cr 含量（除 S1 外）以及 Ni 含量（除 S6 外）也均超过国家土壤背景值。黄河湿地及尾矿库湿地土壤的 Pb 含量超过国家背景值，较高于尾矿库西侧农田。元素 As 在所有采样点的含量均超过《土壤环境质量标准》（GB 15618—1995）二级标准，其他元素在各样点均未超过此标准。整体来看，As 含量超标较为严重。As 和 Cd 元素对当地土壤的危害较大，地域土壤环境已不适合进行农业生产。

2.3.3.1 重金属污染程度评价

单因子污染评价显示所有样地中 Cd 污染较为严重，均属于重度污染～严重污染或严重

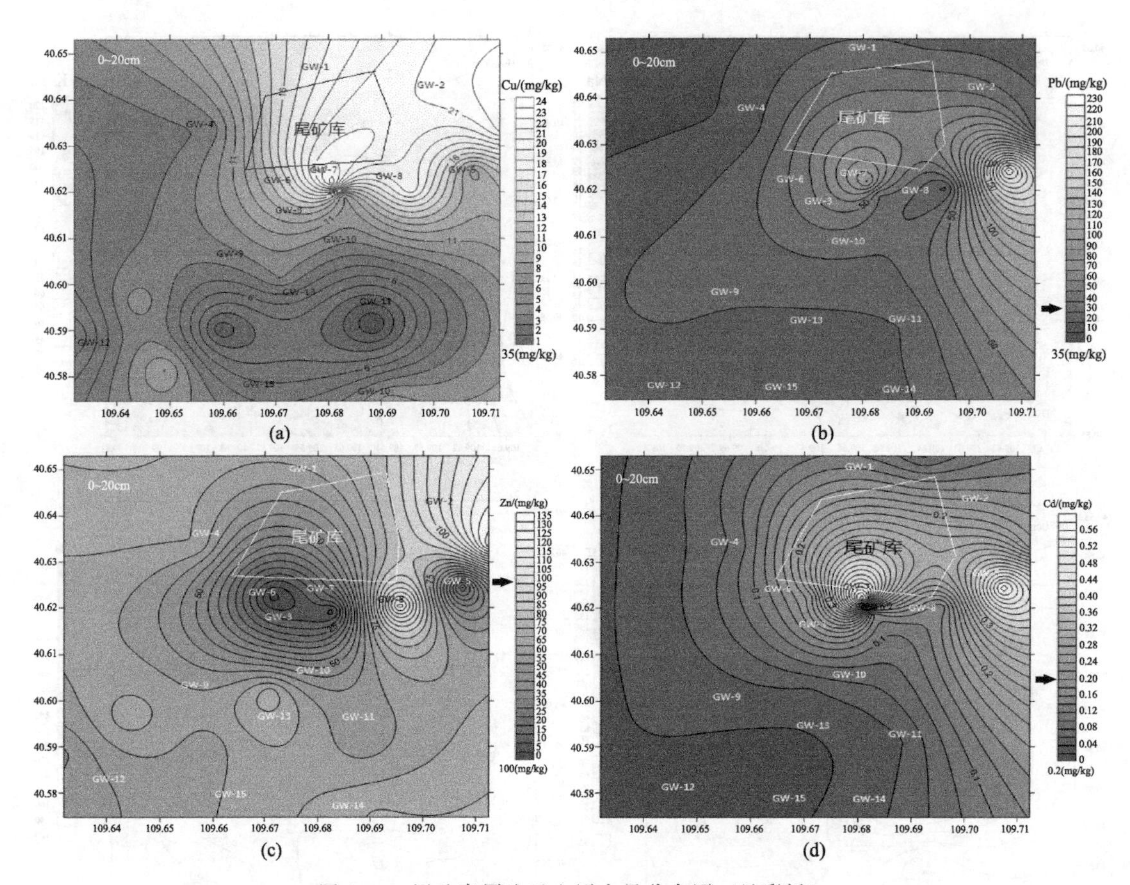

图 2-14　尾矿库周边重金属含量分布图（见彩插）

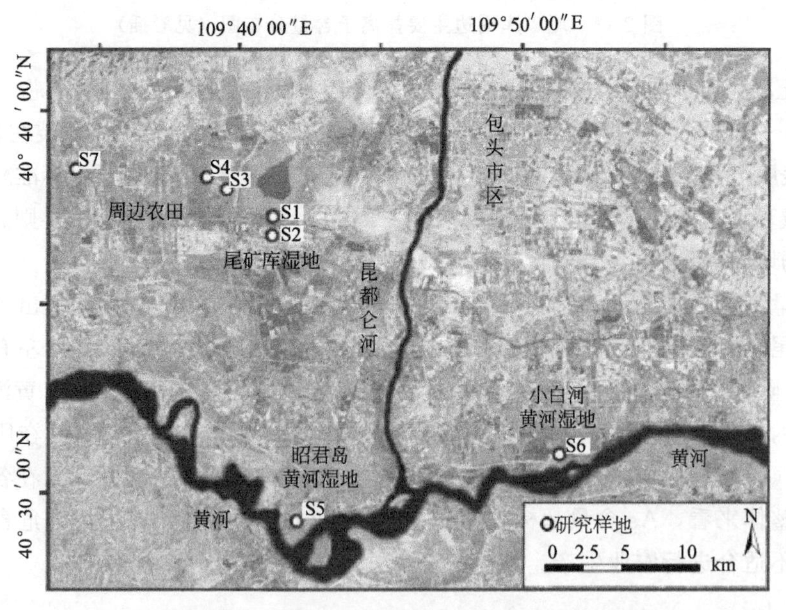

图 2-15　尾矿库及黄河周边湿地土壤采集样点分布图

污染。其次是 As 元素，在尾矿库湿地均呈现严重污染，尾矿库西侧农田和黄河湿地中呈现中度～重度程度污染。黄河湿地及尾矿库湿地的 Pb 污染表现为中度～重度污染。

内梅罗综合指数表明元素综合污染程度在所有采样点均表现为重度，且在尾矿库湿地中较为严重。沿着黄河自西向东方向，昭君岛和黄河湿地的土壤污染程度较南海子湿地严重。土壤元素污染负荷指数结果显示：元素的综合污染在 S4、S5、S6 和 S10 样点上表现为重度污染，其他样点均表现为中度污染。且尾矿库湿地土壤污染程度随着与尾矿库距离的增加而减轻。土壤元素地累积指数结果显示：Cd 在各样点均呈现中度～重度污染。Pb 在黄河湿地和尾矿库湿地为轻度～中度污染。整体而言，Cd、As 和 Pb 元素对各样点土壤污染的贡献最高。

由以上内梅罗综合指数和土壤元素污染负荷指数可以看出，尾矿库周边湿地土壤受到的污染普遍高于农田，这主要是由于尾矿库西侧农田土壤位于上风向，受到尾矿库扬尘污染和地下水污染较少。在内梅罗综合指数评价方法中得知样点重金属受到的污染均高于对照样点，但是在土壤元素污染负荷指数中发现周边的农田土壤受到的污染比距离尾矿库更远的对照样点的重金属污染更小，这主要是由于内梅罗综合指数评价方法更加侧重污染最严重的污染因素，由于 S7～S10 样地土壤 Cd 元素含量均较高，致使 F 值较高。而土壤元素污染负荷指数法则更加强调了各种污染因素的综合影响，因此导致两种方法对土壤污染评价出现差异。其中地积累指数可以判别人为活动对环境的影响，是区分人为活动影响的重要参数。结果显示 As 元素在 11 个样点的变化趋势和土壤元素污染负荷指数基本一致，Cd 元素和内梅罗综合指数评价法趋势基本一致。总体来说，这三种方法均能较好地反映出当地土壤的污染情况。

2.3.3.2 生态风险评估

七种金属元素中，Cd 的潜在生态风险参数最高，其次是 As 和 Pb，所有样点的 Cr、Cu、Ni、Pb、Zn 元素均表现为低潜在生态风险。这表明在所有样点上 Cd 元素污染的生态风险最高，对综合生态风险的贡献率最大，其次是 As。尾矿库湿地的生态风险远大于尾矿库农田和黄河湿地。由潜在生态风险评价可知，基于国家背景值的计算结果显示 Cd 污染达到了强生态潜在危害，而 As 达到了中等生态危害，是污染较为严重的两种重金属，该结果与重金属含量和相关土壤污染评价结果相一致。尾矿库周边的湿地样点的潜在生态风险均大于黄河湿地和农田对照样地。可见 Cd 元素是该尾矿库周边土壤污染的代表性元素之一。

2.3.4 尾矿库周边和黄河岸边不同深度土壤重金属污染

为了进一步研究明确尾矿库周边及黄河岸边土壤重金属在不同深度土壤中的分布特征，共设置了五层采样土层，共采集了 180 个土壤样品。

180 个土壤样品中测得结果取平均值后得到 20 组数据，结果显示除 Cu、Zn 外，其他 5 种元素在尾矿库周边土壤及黄河周边土壤中含量的平均值均超过国家背景值。其中尾矿库周边土壤中 As、Cd、Pb、Cr、Ni 含量分别超过国家背景值 9.19 倍、8.93 倍、2.65 倍、1.24 倍、1.37 倍，黄河周边土壤中 As、Cd、Pb、Cr、Ni 含量分别超过国家背景值 3.66 倍、6.22 倍、2.18 倍、1.14 倍、1.17 倍。与《土壤环境质量　农用地土壤污染风险管控标准》(GB 15618—1995) 土壤二级标准相比，尾矿库周边土壤及黄河周边土壤中 As 的含量分别超标 4.23 倍、1.68 倍。

与黄河下游湿地相比，S1、S2 和 S3 样地的元素 As、Pb 的含量相对较高，其他元素较低。从不同深度进行分析，大部分样点随着土壤深度的增加重金属含量呈下降趋势。表层土壤含量高于其他土层。本项目分析结果表明该地域土壤环境已不适合进行农业生产。

2.3.4.1 重金属污染程度评价

总体来看，与昭君岛黄河湿地、黄河湿地相比较，尾矿库周边湿地土壤污染更为严重。As、Cd 在尾矿库周边土壤中均表现出严重污染程度。黄河湿地的 Cd 元素表现为重度污染到严重污染程度，可见作为对照样点的黄河和昭君岛湿地土壤也有一定程度的重金属污染，这与当地有关工业“三废”排放也有一定关系。由于尾矿库是专门存放废矿渣废液的场所，含有各种大量重金属，并且对周边也造成了一定程度的污染，并且已经通过渗漏的方式对深层土壤造成了一定程度的污染。

内梅罗综合指数评价结果显示，研究区域所有样点均属于重度污染，且尾矿库湿地土壤污染程度明显高于黄河湿地。土壤重金属污染程度随着土壤深度的增加呈逐渐下降趋势。土壤污染负荷指数评价结果显示，尾矿库湿地土壤污染负荷指数整体大于黄河湿地各层土壤。通过内梅罗综合指数评价和土壤污染负荷指数评价，结果发现两种评价结果基本一致。结合单因子指数评价法可见，三种评价方法各有优势。

2.3.4.2 生态风险评估

潜在生态危害指数法从重金属的生物毒性出发，反映了多种污染物的综合影响，综合考虑了不同污染物的生物有效性，能较好地消除污染的区域差异性。由图 2-16 可知尾矿库湿地土壤潜在风险高于黄河湿地，均表现为较高潜在生态风险，尤其是表层土壤。

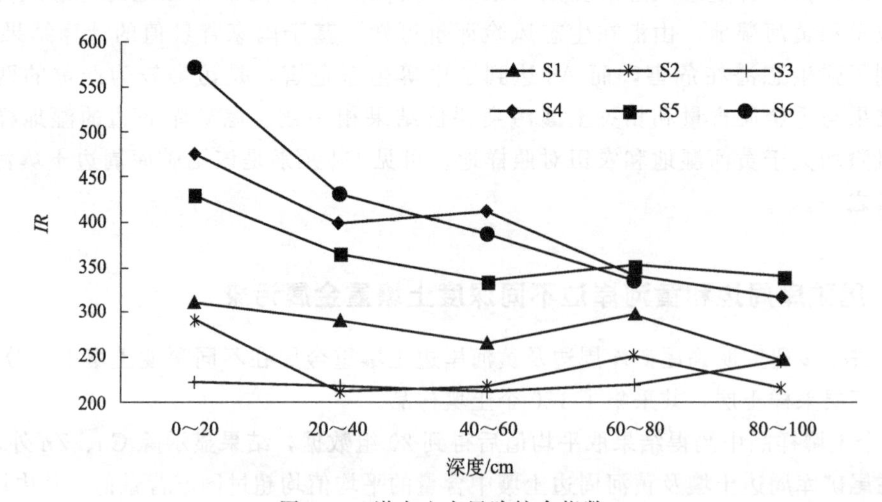

图 2-16 潜在生态风险综合指数

尾矿库周边湿地土壤中元素 Cd、As、Pb、Cr、Ni 均有不同程度的污染，其中以 Cd、As 最为严重，存在着一定的潜在生态危害，污染程度随着土层深度增加而减轻。尾矿库湿地的所有土层的潜在生态风险均明显高于对照点黄河湿地。潜在生态风险评价结果与土壤重金属含量以及土壤重金属综合污染评价结果相一致。

2.4 尾矿库污染对周边土壤肥力的影响

土壤肥力是土壤的基本属性和本质特征，是土壤为植物生长供应和协调养分、水分、空气和热量的能力，是土壤物理、化学和生物学性质的综合反应。土壤肥力是衡量土壤能够提供作物生长所需的各种养分的能力。它是反映土壤肥沃性的一个重要指标，是土壤各种基本性质的综合表现，是土壤区别于成土母质和其他自然体的最本质的特征，也是土壤作为自然资源和农业生产资料的物质基础。

土壤是珍贵的、有限的自然资源，土壤在整个生态系统中有着非常重要的作用，植物生长所需各种营养物质均来自土壤，土壤受到生态因素的影响也会发生变化。土壤肥力是土壤的质地特征，科学利用土地，可使土壤肥力保持更加持久；反之，对其进行破坏，土壤肥力将逐渐下降。研究土壤中这些营养物质的储存和供给能力，可为土壤合理施肥、改善土壤质量提供理论依据。

2.4.1 土壤肥力研究现状

有学者将土壤肥力的评价方法大致分为两类，即间接评价法和直接评价法。间接评价法是指根据能够度量或可估计的土壤性质和这些性质的特点与产量之间的关系，推断土壤质量的优劣。直接评价法是指用试验手段直接探测土壤对某用途的适合程度。由于直接评价法受到很多条件的限制，不能准确反映土壤自然生产力的水平，因此人们更多地采用间接评价法。针对土壤质量评价问题，至今为止还没有形成统一的标准评价方法。目前，国外对土壤质量评价方法的研究如下。

肖慈英等用灰色关联分析对森林土壤肥力进行综合评价，该方法是一种有效且实用的多因素决策分析方法，简单易懂，不需要复杂的计算推理，而且分析结果具有可靠性。王军艳等采用指数和法对北京市大兴区的土壤肥力进行分析，最终计算出该区域的土壤肥力综合指数，并在结果中指出了此方法的局限性。骆伯胜等提出了土壤肥力数值化综合评价研究，选取了雷州半岛桉树砖红壤土壤数据进行试验，通过偏相关分析和隶属度函数模型，确定了土壤单项肥力的权重，建立了土壤肥力的综合评价指标体系。

由 Smith 提出的多变量指标克立格法（MVIK），将多个土壤质量参数指标转换成土壤综合质量指数，此过程为多变量指标转换，并运用该方法进行土壤质量评价。其优点在于可以将管理措施、经济和环境限制因子纳入评价范畴，其评价空间范围较大。Larson 和 Pierce 提出了评价土壤质量的土壤质量动力学法。该法主要运用于土壤质量的动态变化描述以及土壤质量的可持续管理。Doran 等根据特定元素作为土壤质量的评价指标确定权重，利用乘法运算原理计算土壤的质量。土壤相对质量指数法也是常见的一种土壤质量评价法，其中需将研究区内的某一理想土壤作为对照，确定土壤的相对质量指数值（RSQI），从而确定评价土壤质量与理想土壤质量之间的相对差距，得出评价土壤质量结果。近年来，许多学者将此评价方法加入到土壤肥力综合评价中。

此外，随着地统计学、模糊数学理论、GIS 技术和灰色系统等理论的应用，土壤质量评价呈现向多样化和定量化发展的趋势，同时可以依据土壤的功能和评价范围选择相应的评价方法。国内关于土壤质量动态变化的研究也有一些报道，如王效举等利用相对土壤质地指数法和相对质量指数法对耕作影响下的土壤质量进行评价。而对于矿区环境质量评价则主要是以下几类：综合指标法、主成分分析法、聚类分析法、生态图法、生物生产力评价法、灰色关联分析法等。如杨国栋等使用人工神经网络对土壤养分肥力进行等级评价，以分级标准为学习样本，用训练后得到的网络模型对数据样本进行计算。

吴玉红等提出了基于田块尺度的土壤肥力模糊评价研究。以杨凌为研究区域，以28个田块为采样基本单元，运用模糊层次分析法获取土壤单项肥力指标的权重，并用模糊集理论中的隶属度和贴近度概念来评价土壤肥力。吴玉红等使用主成分分析对土壤肥力进行综合指数评价，以杨凌为研究区域，采集27个田块土壤，使用主成分分析筛选出能够独立敏感地反映土壤质量变化的土壤属性组成土壤肥力质量评价的最小数据库集，然后评价土壤单项肥力指标，再利用模糊数学中的综合指数评价模型进行土壤肥力质量评价。王凤春对北京市大兴区某区域的重金属及有机质、碱解氮、速效磷、速效钾等土壤指标进行检测，此基础上，采用污染指数法和模糊综合评判法分别对重金属和养分含量进行评价。

赣南稀土矿区的土壤综合肥力评价采用改进的内梅罗公式进行计算，选取10个评价因子作为稀土矿区土壤综合肥力的评价指标，分别为：土壤密度、pH值、有机质、阳离子交换量、全氮、全磷、全钾、碱解氮、有效隣、速效钾。根据修正后的内梅罗公式计算得到的土壤综合肥力指数，并对参评的土壤肥力评价因子进行标准化处理，以消除各参评因子间的量纲差别，采用地积累指数法评价稀土金属污染状况。

Andrews等应用多元统计的方法选取最小数据集的成分，并求取权重，然后根据非线性得分函数将最小数据集中各成分的值转为分值，形成土壤质量指数，更多地是注重评估不同管理方式所造成的土壤质量的差异性。Masto等提出了更灵敏的土壤质量指数方法，对印度半干旱地区的长期不同施肥措施下的土壤肥力质量进行了评价，利用线性和非线性得分函数，并且使用逐步回归方法将得分综合生成土壤质量指数，比较了指数计算的灵敏度及其与作物产量之间的相关系数。该研究方法的不足之处为其使用的指数是否能用于不同的土地类型和农作物管理系统，还需要进行验证考察。

2.4.2 土壤肥力分析方法

土壤肥力指标是指表述土壤肥力性质、特征的定量标准。土壤肥力指标是对土壤肥力水平评定等级的依据。一般包括土壤环境条件（地形、坡度、覆被度、侵蚀度）、土壤物理性状（土层厚度、耕层厚度、质地、障碍层位）、土壤养分（有机质、全氮、全磷、全钾）储量指标、养分有效状态（能被植物吸收利用的养分的含量及其比例，如有效磷/全磷、有效钾/全钾），土壤生物数量、活性等。归结起来讲，土壤四大肥力因素包含：养分因素、物理因素、化学因素、生物因素。

土壤肥力性质处于动态变化之中。土壤水、肥、气、热等肥力因子，随着气候、水文等自然环境条件的变化以及农业生产活动的影响不断产生变化，有些变化对植物生长发育有利，有些变化则不利。掌握土壤肥力指标的动态变化，及时预测和调控，可使土壤肥力的发展与植物生长的需求处于协调状态，以保障植物作物的良好生长。

2.4.2.1 酸碱度测定

pH值是土壤理化性质指标之一，决定土壤类型，直接影响植株的生长状况。在土壤监测中，土壤 pH 值是常见的测定内容。目前测定 pH 值的方法是以 1mol/L 氯化钾作浸提液，也可用去离子水作浸提液，通常液土比有 1∶1，2.5∶1 和 5∶1，然后用电位法测定。用去离子水浸提土壤所得浸提液 pH 性值代表土壤的活性酸度。通常用于测定 pH 值的浸提液，可以用于测定盐度。

(1) 分析原理与步骤

称取过 0.5mm 土壤筛的风干土样品 10.00g，放入三角瓶中，按照 5∶1 的液土比加入所需体积的去离子水。加入清洁磁转子后，放到磁力搅拌器上搅拌 1min 后，静置 30min 后测定其上清液，土壤样本 pH 值采用酸度计法测定。为了确保测定准确，测定前需用配好的标准缓冲溶液对酸度计进行校正。

(2) 注意事项

注意全程使用玻璃器皿，塑料器皿会影响数据精确度。

2.4.2.2 总氮测定

土壤中全氮和全磷是土壤常规分析过程中的必测项目。它们的含量高低是评价土壤潜在肥力的重要指标。

(1) 分析原理与步骤

硫酸钾加入浓硫酸后，浓硫酸沸点由 317℃提升至 341℃，从而增强硫酸的消煮消化能力。高氯酸在强酸的存在下，温度在 110℃时就具有很强的氧化力。使硅酸脱水沉淀，含磷的化合物分解成可溶性磷酸盐，又可与磷酸络合，促进磷矿物的分解。高氯酸将有机氮作用将其分解分解，分解的产物又可和硫酸结合生成可溶性的硫酸铵。

$$4HClO_4 \longrightarrow 2Cl_2 + 7O_2 + 2H_2O$$

$$PO(OH)_3 + HClO_4 \longrightarrow [P(OH)_4]ClO_4$$

$$NH_2CH_2COOH + 6HClO_4 \longrightarrow NH_3 + 2CO_2 + 3Cl_2 + 9O_2 + H_2O$$

$$2NH_3 + H_2SO_4 \longrightarrow (NH_4)_2SO_4$$

土壤全氮量的测定可采用重铬酸钾-硫酸消化法。土壤与浓硫酸及还原性催化剂共同加热，使有机氮转化成氨，并与硫酸结合成硫酸铵；无机的铵态氮转化成硫酸铵；极微量的硝态氮在加热过程中逸出损失；有机质氧化成 CO_2。样品消化后，再用浓碱蒸馏，使硫酸铵转化成氨逸出，并被硼酸所吸收，最后用标准酸滴定。主要反应可用下列方程式表示。

$$NH_2 \cdot CH_2CO \cdot NH—CH_2COOH + H_2SO_4 \longrightarrow 2NH_2—CH_2COOH + SO_2 + [O]$$

$$NH_2—CH_2COOH + 3H_2SO_4 \longrightarrow NH_3 + 2CO_2\uparrow + 3SO_2\uparrow + 4H_2O$$

$$2NH_2—CH_2COOH + 2K_2Cr_2O_7 + 9H_2SO_4 \longrightarrow (NH_4)_2SO_4 + 2K_2SO_4 + 2Cr_2(SO_4)_3 + 4CO_2\uparrow + 10H_2O$$

$$(NH_4)_2SO_4 + 2NaOH \longrightarrow Na_2SO_4 + 2H_2O + 2NH_3\uparrow$$

$$NH_3 + H_3BO_3 \longrightarrow H_3BO_3 \cdot NH_3$$

$$H_3BO_3 \cdot NH_3 + HCl \longrightarrow H_3BO_3 + NH_4Cl$$

① 总氮测定的土壤消解。称取 0.2g 过 0.5mm 土壤筛的土样（准确到 0.001g）于 100mL 三角烧瓶中，加 1g 硫酸钾。加少量去离子水（1mL）润湿之后加 6mL 浓硫酸（相对密度 1.84），此时放在电炉上消煮并在瓶口上盖一小漏斗，以便硫酸形成回流。开始时需要经常轻轻摇动，防止瓶底因受热不匀而破裂，但不得将样品摇到瓶口。硫酸钾完全溶化

后，消煮10～15min，此时瓶壁已形成硫酸回流。将瓶壁上的黑点摇动洗下。当溶液变为酱油色时立即冷却。冷却后（冷却至110℃以下）加70%高氯酸2滴（100μL）（加3滴测氮结果会偏低），再用0.5～1.0mL去离子水将漏斗上的黑色液体洗入瓶内摇匀，继续消煮。当液体沸腾时，立即切断电源，使溶液在余温中继续消化。这时溶液由酱色变为棕色，沸腾停止即可接通电源消化。重复三次，即可得澄清的无色溶液，此时再消煮3min即可冷却；稀释定容于100mL容量瓶中，作全氮全磷的待测液。

② 总氮测定过程。在100mL的三角瓶加入15mL硼酸和2滴（100μL）定氮混合指示剂，摇匀后置于预热的凯氏定氮仪冷凝管下。取消解后滤液10mL于蒸馏瓶中，加入20mL 40%的NaOH溶液，置于凯氏定氮仪蒸馏管下立即蒸馏。慢慢持续摇动三角瓶，以便硼酸对氮吸收完全（摇动时注意冷凝管不能离开液面）。蒸馏液达到100mL时停止蒸馏，以少量水冲洗冷凝管头（先取出冷凝管，后关气，以防止倒吸）。然后用0.02mol/L盐酸（HCl）标准液滴定，溶液由蓝色变为酒红色时即为终点。记下消耗标准盐酸的体积（mL）。测定时同时要做空白试验，除不加试样外，其他操作相同。

③ 结果计算

$$TN=[(V-V_0)\times N\times 0.014]/样品重\times 100$$

式中，TN为总氮，%；V为滴定时消耗标准盐酸的体积，mL；V_0为滴定空白时消耗标准盐酸的体积，mL；N为标准盐酸的浓度，mol/L；0.014为氮原子的毫摩尔质量，g/mmol；100为百分数换算系数。

（2）试剂配置

① 40%氢氧化钠溶液：称取工业用氢氧化钠400g，加水溶解不断搅拌，再稀释定容至1000mL储于塑料瓶中。

② 2%硼酸溶液：称取20g硼酸加入热蒸馏水（60℃）溶解，冷却后稀释定容至1000mL，最后用稀盐酸或稀氢氧化钠调节pH值至4.5（定氮混合指示剂显葡萄酒红色）（需调节pH值的试剂需在玻璃烧杯中配制）。

③ 定氮混合指示剂：称取0.1g甲基红和0.5g溴甲酚绿指示剂放入玛瑙研钵中，加入100mL 95%酒精研磨溶解，此液应用稀盐酸或氢氧化钠调节pH值至4.5（需调节pH值的试剂需在玻璃烧杯中配制）。

④ 0.02mol/L盐酸标准溶液：取浓盐酸（相对密度1.19）1.67mL，用蒸馏水稀释定容至1000mL，然后用标准碱液或硼砂标定。

（3）注意事项

① 在使用蒸馏装置前，要先空蒸5min左右，把蒸汽发生器及蒸馏系统中可能存在的含氮杂质去除干净，并用纳氏试剂检查。

② 若蒸馏产生倒吸现象，可再补加硼酸吸收液，仍可继续蒸馏。

③ 在蒸馏过程中必须冷凝充分，否则会使吸收液发热，使氨因受热而挥发，影响测定结果。

④ 蒸馏时不要使开氏瓶内温度太低，使蒸气充足，否则易出现倒吸现象。另外，在试验结束时要先取下三角瓶，然后停止加热，或降低三角瓶使冷凝管下端离开液面。

⑤ 由于电热板加热不均匀，需待液体全部沸腾后才算液体沸腾。不同土壤颜色变化不同，如：沙子消煮过程中很少有酱色出现。

⑥ 用蒸馏水清洗冷凝管后做空白试验，凯氏定氮仪预热后先用蒸馏水清洗仪器。

2.4.2.3 总磷测定方法

土壤消解过程同 2.4.2.2 总氮的测定。土壤全磷的测定也可采用硫酸-高氯酸消煮法。

(1) 分析原理与步骤

在高温条件下，土壤中含磷矿物及有机磷化合物与高沸点的硫酸和强氧化剂高氯酸作用，使之完全分解，全部转化为正磷酸盐而进入溶液，然后用钼锑抗比色法测定。土壤消解方法同总氮测定。

① 标准曲线的绘制。分别吸取 5mg/L 标准溶液 0mL、1mL、2mL、3mL、4mL、5mL、6mL 于 50mL 容量瓶中，加水稀释至约 30mL，加入钼锑抗显色剂 5mL，摇匀定容。即得 0mg/L、0.1mg/L、0.2mg/L、0.3mg/L、0.4mg/L、0.5mg/L、0.6mg/L 的 P 标准系列溶液，与待测溶液同时比色，读取吸收值。在方格坐标纸上以吸收值（A）为纵坐标，P(mg/L) 为横坐标，绘制成标准曲线。

② 总磷的测定。吸取消解后滤液 2～10mL 于 50mL 比色管中，用水稀释至 30mL，加二硝基酚指示剂 2 滴（100μL），用稀氢氧化钠溶液和稀硫酸溶液调节 pH 值至溶液刚呈微黄色（酸性为无色，碱性为黄色，调至在白色背景下为微黄色）；加入钼锑抗显色剂 5mL，用水定容至 50mL 刻度，摇匀（注意不要将溶液洒出来）；在室温高于 15℃ 的条件下放置 30min 后，在分光光度计上以 700nm 的波长比色，以空白试验溶液为参比液调零点，读取吸收值，在标准曲线上查出显色液的 P 浓度（mg/L）。注意测定排除比色皿误差。

③ 结果计算

$$全磷百分比含量=\frac{显色液浓度\times显色液体积\times分取倍数}{W\times10^6}\times100$$

式中，显色液浓度为从标准曲线上查得的 P 浓度，mg/L；显色液体积在本操作中为 50mL；分取倍数为消煮溶液定容体积/吸取消煮溶液体积；10^6 为将 μg 换算成 g 的系数；W 为土样质量，g。两次平行测定结果允许误差为 0.005%。

(2) 试剂配置

① 磷（P）标准溶液。准确称取 45℃烘干 4～8h 的分析纯磷酸二氢钾 0.2197g 于小烧杯中，以少量水溶解，将溶液全部洗入 1000mL 容量瓶中，用水定容至刻度，充分摇匀，此溶液即为含 50mg/L 的磷基准溶液。吸取 50mL 此溶液稀释至 500mL，即为 5mg/L 的磷标准溶液（此溶液不能长期保存）。比色时按标准曲线系列配制。

② 硫酸钼锑储存液。取蒸馏水约 400mL，放入 1000mL 烧杯中，将烧杯浸在冷水中，然后缓缓注入分析纯浓硫酸 208.3mL，并不断搅拌，冷却至室温。另称取分析纯钼酸铵 20g 溶于约 60℃的 200mL 蒸馏水中，冷却。然后将硫酸溶液徐徐倒入钼酸铵溶液中，不断搅拌，再加入 100mL 0.5%酒石酸锑钾溶液，用蒸馏水稀释至 1000mL，摇匀储于试剂瓶中。

③ 二硝基酚。称取 0.25g 二硝基酚溶于 100mL 蒸馏水中。

④ 钼锑抗混合色剂。在 100mL 钼锑储存液中，加入 1.5g 左旋［旋光度（+21°）～(+22°)］抗坏血酸，此试剂有效期 24h，宜用前现用现配。

2.4.2.4 有机质测定方法

土壤有机质既是植物矿质营养和有机营养的源泉，又是土壤中异养型微生物的能源物质，同时也是形成土壤结构的重要因素。测定土壤有机质含量的多少，在一定程度上可说明土壤的肥沃程度。因为土壤有机质直接影响着土壤的理化性状。

（1）分析原理与步骤

在加热的条件下，用过量的重铬酸钾-硫酸（$K_2Cr_2O_7$-H_2SO_4）溶液来氧化土壤有机质中的碳，$Cr_2O_7^{2-}$ 等被还原成 Cr^{3+}，剩余的重铬酸钾（$K_2Cr_2O_7$）用硫酸亚铁（$FeSO_4$）标准溶液滴定，根据消耗的重铬酸钾量计算出有机碳量，再乘以常数 1.724，即为土壤有机质量。其反应式为：

$$2K_2Cr_2O_7+3C+8H_2SO_4 = 2K_2SO_4+2Cr_2(SO_4)_3+3CO_2\uparrow+8H_2O$$

$$K_2Cr_2O_7+6FeSO_4+7H_2SO_4 = K_2SO_4+Cr_2(SO_4)_3+3Fe_2(SO_4)_3+7H_2O$$

① 有机质测定。在分析天平上准确称取通过 100 目筛子（0.149mm）的风干土壤样品 0.1～1g（精确到 0.0001g），用长条腊光纸把称取的样品全部倒入干的硬质试管中，用移液管缓缓准确加入 0.8000mol/L 重铬酸钾标准溶液 5mL（如果土壤中含有氯化物需先加 0.1g 的 Ag_2SO_4），用注射器加入浓硫酸然后 5mL 充分摇匀，在试管口加一小漏斗，加沸石（此时溶液应为橙黄色，若溶液为绿色则说明重铬酸钾用量不足，应减少样品量重做）；预先将液体石蜡油或植物油浴锅加热至 185～190℃，将试管放入铁丝笼中，然后将铁丝笼放入油浴锅中加热，放入后温度应控制在 170～190℃，待试管中液体沸腾发生气泡时开始计时，煮沸 5min，取出试管，稍冷，擦净试管外部油液。这里需要严格控制温度和时间；冷却后，用 60mL 蒸馏水将试管内容物小心仔细地全部洗入 100mL 的三角瓶中，加入 2 滴邻啡罗啉指示剂，用 0.2mol/L 的标准硫酸亚铁（$FeSO_4$）溶液滴定，滴定过程中不断摇动内容物，溶液由橙黄色经过蓝绿色变为砖红色即为终点，记取 $FeSO_4$ 滴定体积 V（mL）；在测定样品的同时必须做两个空白试验，取其平均值。可用石英砂代替样品，其他过程同上。

② 结果计算

$$\text{土壤有机碳}=\frac{\frac{c\times5}{V_0}\times(V_0-V)\times10^{-3}\times3.0\times1.1}{mk}\times1000$$

式中，有机碳含量单位为 g/kg；c 为 0.8000mol/L，为 $1/6K_2Cr_2O_7$ 标准溶液浓度；5 为重铬酸钾标准溶液加入的体积，mL；V_0 为滴定空白液时所用去的硫酸亚铁量，mL；V 为滴定样品液时所用去的硫酸亚铁量，mL；3.0 为 1/4 碳原子的摩尔质量，g/mol；1.1 为氧化校正系数；m 为风干土样质量，g；k 为将风干土换算成烘干土的系数。

$$\text{土壤有机质含量}=\text{土壤有机碳}\times1.724$$

式中，1.724 为土壤有机碳换成土壤有机质的平均换算系数。

（2）试剂配置

① 0.8000mol/L（$1/6K_2Cr_2O_7$）的标准溶液。准确称取分析纯重铬酸钾（$K_2Cr_2O_7$）39.2245g 溶于蒸馏水中，冷却后稀释至 1L。

② 浓 H_2SO_4。

③ 0.2mol/L $FeSO_4$ 标准溶液。准确称取分析纯硫酸亚铁（$FeSO_4\cdot7H_2O$）56g 溶解于蒸馏水中，加浓硫酸 5mL，然后加水稀释至 1L。

④ 邻啡罗啉指示剂。称取分析纯邻啡罗啉 1.485g，化学纯硫酸亚铁（$FeSO_4\cdot7H_2O$）

0.695g，溶于100mL蒸馏水中，储于棕色滴瓶中（此指示剂以临用时配制为好）。

（3）注意事项

① 根据样品有机质含量决定称样量。有机质含量在大于50g/kg的土样称0.1g，20～40g/kg的称0.3g，少于20g/kg的可称0.5g以上。

② 消化煮沸时，必须严格控制时间和温度。

③ 最好用液体石蜡或磷酸浴代替植物油，以保证结果准确。磷酸浴需用玻璃容器。

④ 对含有氯化物的样品，可加少量硫酸银除去其影响。对于石灰性土样，需慢慢加入浓硫酸，以防由于碳酸钙的分解而引起剧烈发泡。对水稻土和长期渍水的土壤，必须预先磨细，在通风干燥处摊成薄层，风干10d左右。

⑤ 一般滴定时消耗硫酸亚铁量不小于空白用量的1/3，否则，氧化不完全，应弃去重做。消煮后溶液以绿色为主，说明重铬酸钾用量不足，应减少样品量重做。

2.4.2.5 速效氮测定方法

土壤水解性氮亦称有效性氮，包括无机的矿物态氮和部分有机物质中易分解的比较简单的有机态氮，是NH_4-N、NO_3-N、氨基酸、酰胺和易水解的蛋白质氮的总和。水解性氮的含量与有机质含量及质量有关。有机质含量高，熟化程度高、有效性氮含量亦高；反之则低。水解性氮较能反映近期内土壤氮素的供应状况。

（1）分析原理与步骤

土壤水解性氮的测定方法常用的有碱解蒸馏法和扩散吸收法。本书选用扩散吸收法。在扩散皿中，用1.0mL/L的NaOH水解土壤，使易水解态氮（潜在有效氮）碱解转化为NH_3，NH_3扩散后为H_3BO_3吸收。H_3BO_3吸收液中的NH_3再用标准酸滴定，然后计算土壤中水解性N的含量。

① 速效氮测定。称取过2mm筛的风干土2.00g，置于扩散皿外室，加入0.2g硫酸亚铁粉末（0.3658g $FeSO_4\cdot 7H_2O$）。轻轻地旋转扩散皿，使土壤均匀地铺平。取2mL的H_3BO_3并加1滴定氮混合指示剂于扩散皿内室。然后在扩散皿外室边缘涂上碱性胶液，盖上盖子，旋转数次，使扩散皿边与盖完全封合。再渐渐转开盖子一边，使扩散皿外室露出一条狭缝，迅速加入12mL的1mol/L的NaOH溶液，立即盖严，再用橡皮筋圈紧，使盖子固定。轻轻摇动扩散皿，使碱液与土壤充分混合（注意不要让扩散皿外室碱液进入内室）。随后放入（40±1）℃恒温箱中，碱解扩散（24±0.5）h后取出（期间摇动3～5次以加速NH_3的扩散吸收）。内室吸收液中的NH_3用0.005mol/L的硫酸标准溶液滴定，溶液颜色由蓝色变为紫灰色（或微红色）即为终点，记录硫酸用量（mL）。在样品测定同时进行空白试验，以校正试剂引起的滴定误差。注意：注意不要让扩散皿外室土壤和碱液进入内室，操作过程尽量快，防止气体挥发。沿着扩散皿切线方向晃动更易混匀。

② 结果计算

$$水解性氮(mg/kg)=(V-V_0)\times C\times 14.0\times 1000/W$$

式中，水解性氮含量单位为mg/kg；V为滴定样品用去的H_2SO_4量，mL；V_0为滴定空白用去的H_2SO_4量，mL；C为H_2SO_4标准液的浓度，0.005mol/L；14.0为氮的摩尔质量M，g/mol；1000为换算成mg/kg的因子数；W为土壤样品质量，g。

（2）试剂配置

① 1mol/L 的 NaOH 溶液。40.0g NaOH（化学纯）溶于水，冷却后稀释至 1L。

② 20g/L 的硼酸（H_3BO_3）溶液。称取 20g 硼酸加入 950mL 60℃左右的热蒸馏水溶解。最后小心滴加 0.1mol/L 的 NaOH 溶液调节 pH 值至 4.5（定氮混合指示剂显葡萄酒红色）。冷却后稀释定容至 1000mL。（需调节 pH 值的试剂需在玻璃烧杯中配制。）

③ 0.005mol/L 的硫酸（$1/2H_2SO_4$）标准溶液。先配制 0.1mol/L 的 H_2SO_4 溶液，标定后稀释 20 倍。

④ 定氮混合指示剂。分别称取 0.1g 甲基红和 0.5g 溴甲酚绿指示剂，放入玛瑙研钵中，并用 100mL 95%酒精研磨溶解。此液用稀盐酸或稀氢氧化钠溶液调到 pH 值 4.5。此处注意需调节 pH 值的试剂均需在玻璃烧杯中配制。

⑤ 碱性胶液。阿拉伯胶 40g 和水 50mL 在烧杯中温热至 70～80℃，搅拌促溶，放冷（约 1h）后，加入 20mL 甘油和 20mL 饱和 K_2CO_3 溶液，搅拌、放冷。离心除去泡沫和不溶物，清液储于玻璃瓶中备用。

⑥ 硫酸亚铁粉末。将硫酸亚铁（化学纯）磨成细粉末后使用。

（3）注意事项

① 微量扩散皿使用前必须彻底清洗。利用小刷去除残余后，再依次使用软清洁剂、稀酸、自来水和蒸馏水冲洗。

② 由于碱性胶液的碱性很强，因此在涂胶和洗涤扩散皿时，必须特别细心，谨防污染内室，致使数据错误。

③ 滴定时要用小玻璃棒小心搅动吸收液（内室），切不可摇动扩散皿，以防外室碱液影响。

2.4.2.6 速效磷测定方法

（1）测定原理与步骤

石灰性土壤由于大量游离 $CaCO_3$ 存在，不能用酸溶液来提有效磷。一般用碳酸盐的碱溶液。由于 CO_3^{2-} 的同离子效应，碳酸盐的碱溶液降低 $CaCO_3$ 的溶解度，也就降低了溶液中 Ca^{2+} 的浓度，这样就有利于磷酸钙盐的提取。同时由于碳酸盐的碱溶液，也降低了铝和铁离子的活性，有利于 $ACPO_4$ 和 $FePO_4$ 的提取。此外，碳酸氢钠碱溶液中存在着 OH^-、HCO_3^-、CO_3^{2-} 等阴离子，有利于吸附态磷的置换，因此碳酸氢钠（$NaHCO_3$）浸提法不仅适用于石灰性土壤，也适应于中性和酸性土壤中速效磷的提取。待测液中的磷用钼锑抗试剂显色，进行比色测定。

① 标准曲线绘制。分别准确吸取 5μg/mL 磷标准溶液 0mL、1.0mL、2.0mL、3.0mL、4.0mL、5.0mL 于 100mL 三角瓶中，再加入 0.5mol/L $NaHCO_3$ 10mL，准确加水使各瓶的总体积达到 45mL。摇匀。加入钼锑抗试剂 5mL，混匀显色。同待测液一样进行比色，绘制标准曲线。最后溶液中磷的浓度分别为 0、0.1μg/mL、0.2μg/mL、0.3μg/mL、0.4μg/mL、0.5μg/mL。

② 速效磷测定。称取通过 20 目筛子的风干土样 2.5g（精确到 0.001g）于 250mL 的三角瓶中。加入 50mL 0.5mol/L 的 $NaHCO_3$ 浸提液，再加一勺（5g）无磷活性炭（瓶装）。然后塞紧瓶塞，在振荡机上振荡 30min（150～180r/min）。立即用无磷滤纸（定量滤纸）过滤，滤液承接于 100mL 三角瓶中（滤纸含磷时需同时做空白过滤试验）。滤液应为透明无

色。吸取滤液 10mL 于 50mL 比色管中。含磷量高时吸取 2.5～5.0mL，同时应补加 0.5mol/L $NaHCO_3$ 溶液至 10mL。加入蒸馏水 20mL。加二硝基酚指示剂 2 滴，用稀氢氧化钠溶液和稀硫酸溶液调节 pH 值至溶液刚呈微黄色（酸性为无色，碱性为黄色，调至在白色背景下为微黄色）（调 pH 值时，小心缓慢滴加酸液和碱液，防止产生 CO_2 使溶液喷溅出瓶口）。等 CO_2 充分放出后开始下一步骤。然后加入钼锑抗试剂 5mL，定容至 50mL。摇匀。放置 30min 后，用 700nm 波长进行比色。以空白液（$NaHCO_3$ 溶液）的吸收值调零，读出待测液的吸收值（A）。需要测比色皿误差以校正。

③ 结果计算

$$土壤中有效磷(P)含量=\frac{\rho \cdot V \cdot Ts}{mk \times 10^3}\times 1000$$

式中，土壤中有效磷（P）含量单位为 mg/kg；ρ 为从工作曲线上查得磷的质量浓度，μg/mL；m 为风干土质量，g；V 为显色时溶液定容的体积，mL；10^3 为将 μg 换算成的 mg；Ts 为分取倍数（即浸提液总体积与显色时吸取浸提液体积之比）；k 为将风干土换算成烘干土质量的系数；1000 为换算成每千克含磷量的系数。

（2）试剂配置

① 0.5mol/L $NaHCO_3$ 浸提液（pH 值 8.5）。称取化学纯 $NaHCO_3$ 42.0g 溶于 800mL 水中，以 0.5mol/L 氢氧化钠调节 pH 值至 8.5，洗入 1000mL 容量瓶中，定容至刻度，储存于试剂瓶中。此溶液储存于塑料瓶中比在玻璃瓶中容易保存，若储存超过 1 个月，应检查 pH 值是否改变。

② 无磷活性炭。活性炭常常含有磷，应做空白试验，检查有无磷存在。如含磷较多，需先用 2mol/L 盐酸浸泡过夜，用蒸馏水冲洗多次后，再用 0.5mol/L $NaHCO_3$ 浸泡过夜，在平瓷漏斗上抽气过滤，每次用少量蒸馏水淋洗多次，并检查到无磷为止。如含磷较少，则直接用 $NaHCO_3$ 处理即可。最后烘干备用。

③ 磷标准溶液。准确称取 45℃烘干 4～8h 的分析纯磷酸二氢钾（KH_2PO_4）0.4390g 于小烧杯中，以少量水溶解，将溶液全部洗入 1000mL 容量瓶中，用水定容至刻度，充分摇匀，此溶液即为含 100mg/L 的磷基准溶液。吸取 50mL 此溶液稀释至 1000mL，即为 5mg/L 的磷标准溶液（此溶液不能长期保存）。比色时按标准曲线系列配制。

④ 硫酸钼锑贮存液。取蒸馏水约 400mL，放入 1000mL 烧杯中，将烧杯浸在冷水中，然后缓缓注入分析纯浓硫酸 208.3mL，并不断搅拌，冷却至室温。另称取分析纯钼酸铵 20g 溶于约 60℃的 200mL 蒸馏水中，冷却。然后将硫酸溶液徐徐倒入钼酸铵溶液中，不断搅拌，再加入 100mL 0.5%酒石酸锑钾溶液，用蒸馏水稀释至 1000mL，摇匀储于试剂瓶中。

⑤ 二硝基酚。称取 0.25g 二硝基酚溶于 100mL 蒸馏水中。

⑥ 钼锑抗混合色剂。在 100mL 钼锑储存液中，加入 1.5g 左旋抗坏血酸，此试剂有效期 24h，宜用前配制。

（3）注意事项

① 土壤阴干和长期储存会对有效磷有较小影响。

② 浸提温度在 20～25℃之间效果较好。

③ 显色温度为 15～60℃，室温太低，比色时会有蓝色沉淀。短时间热水浴即可溶解。

2.4.2.7 硝态氮测定方法

(1) 分析原理与步骤

土壤浸出液中的 NO_3^-，在紫外分光光度计波长 220nm 处有较高吸光度，而浸出液中的其他物质，除 OH^-、CO_3^{2-}、HCO_3^-、NO_2^- 和有机质等外，吸光度均很小。将浸出液加酸中和酸化，即可消除 OH^-、CO_3^{2-}、HCO_3^- 的干扰。NO_2^- 一般含量极少，也很容易消除。因此，用校正因数法消除有机质的干扰后，即可用紫外分光光度法直接测定 NO_3^- 的含量。

待测液酸化后，分别在 220nm 和 275nm 处测定吸光度。A_{220} 是 NO_3^- 和以有机质为主的杂质的吸光度；A_{275} 只是有机质的吸光度，因为 NO_3^- 在 275nm 处已无吸收。但有机质在 275nm 处的吸光度是在 210nm 处的吸光度的 $1/R$，故将 A_{275} 校正为有机质在 220nm 处应有的吸光度后，从 A_{210} 中减去，即得 NO_3^- 在 220nm 处的吸光度（ΔA）。

① 标准曲线的绘制。分别吸取 10mg/L NO_3^--N 标准溶液 0mL、1.00mL、2.00mL、4.00mL、6.00mL、8.00mL，用氯化钾浸提剂定容至 50mL，即为 0mg/L、0.2mg/L、0.4mg/L、0.8mg/L、1.2mg/L、1.6mg/L 的标准系列溶液。各取 20.00mL 于 50mL 三角瓶中，分别加 1mL 1∶9 的 H_2SO_4 溶液，摇匀后测 A_{220}，计算 A_{220} 对 NO_3^--N 浓度的回归方程，或者绘制工作曲线。

② 浸提。主要采用 ISO/TS 14256-1∶200 (E) 中规定的浸提方法。称样量为 10.00g，放入 250mL 塑料瓶中，加入 100mL 氯化钾（钠）溶液 [c(KCl)＝2mol/L]（优先使用氯化钾溶液）。盖严瓶盖，摇匀。浸提温度为 (25±2)℃，在往复式震荡机上振荡浸提 1h [(200±20)r/min]。静置直至土壤-KCl 悬浮液澄清（约 30min）。吸取一定量上层清液进行分析。如果不能在 24h 内进行，用滤纸过滤悬浊液，将滤液储存在冰箱中备用。若同时测定土壤 NH_4^+-N 和 NO_3^--N，则需用 1mol/L NaCl 溶液为浸提剂。

③ 硝态氮测定。吸取 20.00mL 待测液于 50mL 三角瓶中，加 1.00mL 1∶9 H_2SO_4 溶液酸化，摇匀。用 1cm 光径的石英比色皿在 220nm 和 275nm 处测读吸光值（A_{220} 和 A_{275}），以酸化的浸提剂（氯化钾溶液）调零。以 NO_3^- 的吸光值（ΔA）通过标准曲线求得测定液中硝态氮含量。空白测定除不加试样外，其余均同样品测定（测比色皿误差）。

NO_3^- 的吸光值（ΔA）可由下式求得：

$$\Delta A = A_{220} - A_{275} \times R$$

此处 R 取值 2.23（南京土壤所通过测试全国 9 种不同土质结果分析所得）。

④ 计算土壤硝态氮（mg/kg）。

$$土壤硝态氮 = \frac{\rho(\mathrm{N})VD}{m}$$

式中，ρ(N) 为查标准曲线或求回归方程而得测定液中 NO_3^--N 的质量浓度，mg/kg；V 为浸提剂体积，mL；D 为浸出液稀释倍数；m 为土壤质量，g。

(2) 试剂配置

① H_2SO_4 溶液（1∶9）：取 10mL 浓硫酸缓缓加入 90mL 水中。

② 氯化钾浸提剂 [c(KCl)＝2mol/L]：称取 149.12g KCl（化学纯）溶于水中，稀释

至1L。

③ 氯化钠浸提剂 [$c(NaCl)=1mol/L$]：称取58.44g NaCl（化学纯）溶于水中，稀释至1L。

④ 硝态氮标准储备液 [$\rho(N)=100mg/L$]：准确称取0.7217g经105～110℃烘2h的硝酸钾（KNO_3，优级纯）溶于水，定容至1L，加2mL三氯甲烷防腐。存放于冰箱中有效期可达6个月。

⑤ 硝态氮标准溶液 [$\rho(N)=10mg/L$]：测定当天吸取10.00mL硝态氮标准储备液于100mL容量瓶中用水定容。

(3) 注意事项

① 土壤硝态氮含量一般用新鲜样品测定，如需以硝态氮加铵态氮反映无机氮含量，则可用风干样品测定。

② 一般土壤中NO_2^-含量很低，不会干扰NO_3^-的测定。如果NO_2^-含量高时，可用氨基磺酸消除（$HNO_2+NH_2SO_3H \longrightarrow N_2\uparrow+H_2SO_4+H_2O$），它在220nm处无吸收，不干扰$NO_3^-$测定。

③ 浸出液的盐浓度较高，操作时最好用滴管吸取注入槽中，尽量避免溶液溢出槽外，污染槽外壁，影响其透光性。

④ 大批样品测定时，可先测完各液（包括浸出液和标准系列溶液）的A_{210}值，再测A_{275}值，以避免逐次改变波长所产生的仪器误差。

⑤ 如需同时测定土壤NH_4^+-N，可选用2mol/L KCl或1mol/L NaCl溶液制备浸提剂。但2mol/L KCl溶液本身在220nm处吸光度较高，因此同时测定土壤NH_4^+-N和NO_3^--N时，可选用吸光度较小的1mol/L NaCl溶液为浸提剂。

⑥ 根据北京和河北石灰性15个土壤样品的测定结果，校正因素（R）的平均值为3.6，不同土类的R值略有差异，各地可根据主要土壤情况进行校验，求出当地土壤的R值。

⑦ 如果吸光度很高（$A>1$时），可从比色槽中吸出一半待测液，再加一半水稀释，重新测读吸光度，如此稀释直至吸光度小于0.8。再按稀释倍数，用浸提剂将浸出液准确稀释测定。

2.4.2.8 铵态氮测定方法

(1) 分析原理与步骤

利用2mol/L的KCl溶液浸提土壤，把吸附在土壤胶体上的NH_4^+及水溶性NH_4^+浸提出来，之后测定原理同凯氏定氮法。

① 浸提。主要采用ISO/TS 14256-1：200（E）中规定的浸提方法。称样量为10.00g，放入250mL塑料瓶中，加入100mL氯化钾（钠）溶液 [$c(KCl)=2mol/L$]（优先使用氯化钾溶液）。盖严瓶盖，摇匀。浸提温度为25℃±2℃，在往复式震荡机上振荡浸提1h [$(200\pm20)r/min$]。静置直至土壤-KCl悬浮液澄清（约30min）。吸取一定量上层清液进行分析。如果不能在24h内进行，用滤纸过滤悬浊液，将滤液储存在冰箱中备用。

注：同时测定土壤 NH_4^+-N 和 NO_3^--N 时，需用 1mol/L NaCl 溶液为浸提剂。

② NH_4^+-N 测定。在 50mL（100mL）三角瓶中，加 5mL 硼酸和适量指示剂（2 滴定氮混合指示剂），置于凯氏定氮仪冷凝管下。

吸取 20mL 土壤浸提液于蒸馏瓶中，加入 0.2g 氧化镁后立即蒸馏。慢慢持续摇动三角瓶（摇动时注意冷凝管不能离开液面），以便硼酸对氨氮吸收完全。

蒸馏液达到 80mL 后停止蒸馏，以少量水冲洗冷凝管头。先取出冷凝管，后关气，以防止倒吸。

NH_4^+-N 用 0.005mol/L H_2SO_4 标准溶液滴定，溶液颜色由蓝色变为紫灰色（或淡红色）即为终点，记录硫酸用量（mL）。

③ 结果计算。铵态氮含量计算方法同总氮。

（2）试剂配置

① 氯化钾浸提剂 [c(KCl)=2mol/L]。称取 149.12g KCl（化学纯）溶于水中，稀释至 1L。

② 氯化钠浸提剂 [c(NaCl)=1mol/L]。称取 58.44g NaCl（化学纯）溶于水中，稀释至 1L。

③ 0.005mol/L 的硫酸（$1/2H_2SO_4$）标准溶液。先配制 0.1mol/L 的 H_2SO_4 溶液，标定后稀释 20 倍。

（3）注意事项

用蒸馏水清洗冷凝管后做空白实验，凯氏定氮仪预热后先用蒸馏水清洗仪器。

2.4.2.9 速效钾测定方法

（1）分析原理与步骤

以中性 1mol/L 乙酸铵（NH_4OAc）溶液为浸提剂，NH_4^+ 与土壤胶体表面的 K^+ 进行交换，连同水溶性的 K^+ 一起进入溶液，浸出液中的钾可用火焰光度计法直接测定。

① 速效钾测定。称取风干土样（1mm 孔径）5.00g 于 100mL 三角瓶中。加 1mol/L 中性 NH_4OAc 溶液 50.0mL（土液比为 1∶10），用橡皮塞塞紧，在 20～25℃下振荡（120 r/min）30min。浸提悬浮液用普通定性干滤纸过滤至 50mL 小试剂瓶中，待测。滤液与钾标准系列溶液一起在火焰光度计上进行测定。绘制成曲线。根据待测液的读数值查出相对应的 mg/L 数，并计算出土壤中速效钾的含量。

② 结果计算

$$土壤速效钾(K)=\frac{待测液浓度\times加入浸提剂体积}{风干土重}$$

式中，速效钾含量单位为 mg/kg；待测液浓度单位为 mg/L，浸提剂体积单位为 mL；风干土重单位为 g。

（2）试剂配置

① 中性 1.0mol/L NH_4OAc 溶液。称 77.09g NH_4OAc 溶于近 1L 水中，用 HOAc 或氨水（NH_4OH）调节至 pH 值 7.0，用蒸馏水定容至 1L。

② 钾的标准溶液的配制。依据 K^+ 标准溶液浓度，用 1mol/L 的 NH_4OAc 溶液稀释配

置浓度分别为 0μg/mL、2.5μg/mL、5μg/mL、10μg/mL、15μg/mL、20μg/mL、40μg/mL K^+ 标准系列溶液。

(3) 注意事项

含 NH_4OAc 的 K^+ 标准溶液配制后不能放置过久，以免长霉，影响测定结果。

2.4.2.10 电导率测定方法

土壤电导率（Electricalconductivity，EC）是制约植物生长代谢和微生物活动的主要决定因素，它从根本上影响土壤中污染物和养分的转化、有效形态及存在形式，一定条件下体现了土壤盐分的实际情况。

在一定范围内，电导率与土壤溶液含盐量呈线性关系，盐溶解得越多，电导率也就越大，所以可根据溶液电导率的大小，来间接地衡量土壤含盐量多少。它是衡量土壤盐分多少的一个重要指标，在土壤理化性质监测中是一个必备指标。

通常我们用土壤浸提液电导率（EC）来表示。通常水与土壤的比例是 5∶1。称取各个过 0.5mm 土壤筛的风干土样品 10.00g 置于三角瓶中，按照 5∶1 的液土比加去离子水。加入清洁磁转子后，放到磁力搅拌器上搅拌 1min，静置 30min 后，用 DDS-11A 型电导率仪对上清液进行 EC 测定。

2.4.3 尾矿库污染对周边土壤肥力的影响分析

研究样地设置和土壤样采集方法同 2.3.3 的图 2-15。采集后的土壤自然阴干，碾磨过 20 目筛后装入自封袋备用。

2.4.3.1 对有机质的影响

(1) 表层土壤有机质

沿着黄河自西向东方向，随着与尾矿库距离的增加土壤有机质含量而降低；尾矿库南侧湿地和西侧农田土壤有机质含量随着与尾矿库距离的增加而显著增加。整体而言，湿地中有机质含量普遍高于农田土壤。分析造成这种现象的原因，主要在于土壤有机质主要由土壤微生物、土壤动物及其分泌物，土体中植物残体和植物分泌物构成。所有湿地研究样点的植物无人收割，年复一年地生长和腐烂沉积，使得湿地底泥中有机质含量较高。湿地各样点之间的差异与植被生物量有很大关系。荒废和耕作中的农田土壤植被单一，生物量小，因此有机质含量低于湿地，在远离尾矿库的农田由于仍在耕作施肥当中，当地的农家肥施用对土壤中有机质含量的提高有很大影响，见图 2-17(a)。

(2) 不同深度土壤有机质

尾矿库湿地中 S6 样点随着深度的增加有机质含量显著降低，其他各样地土壤中有机质含量的空间异质性不明显。这与各样点的植被性有很大关系，因为有机质主要由土壤微生物、土壤动物及其分泌物，土体中植物残体和植物分泌物构成。在黄河湿地 S1、S2、S3 和尾矿库湿地的 S4 样点，指标类型均比较单一，以芦苇和香蒲为主，其他植物数量极少，这两种植物根系发达且入土很深，土壤常年处于水体浸泡的厌氧状态，使得当地土壤在 0～

100cm 的深度内，动植物残体和微生物种群相对稳定。这应该是当地有机质在各层之间差异较小的主要原因。S6 样点距离尾矿库湿地水边 5m 左右，土壤含水率较低，植被类型以芦苇为主，但多样性较高，草本类矮草较多，芦苇根系也没有其他样地发达，表层孔隙度大，更加有利于微生物的生长。这可能是在 S6 样点上有机质含量随深度逐层显著下降的主要原因。由于植被多样性高，因此上层（0～40cm）有机质含量显著高于 S4 和 S5 样点。S5 植被情况介于 S4 和 S6 之间，见图 2-17(b)。

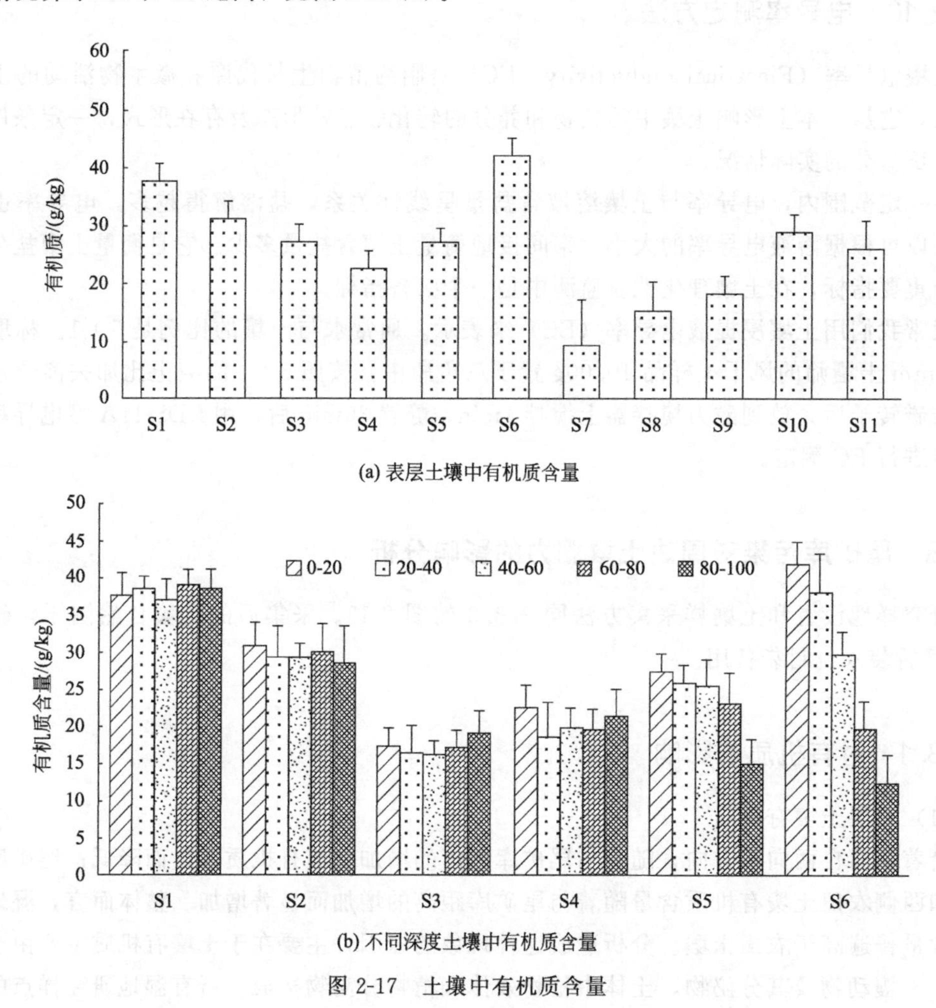

图 2-17　土壤中有机质含量

2.4.3.2　对水解氮的影响

（1）表层土壤水解氮

整体而言，土壤水解氮含量在湿地土壤中随着与尾矿库距离的增加显著降低，而农田土壤中则表现为逐渐上升趋势。该尾矿库渗漏水中氨氮含量很高，而氨氮是水解氮的主要组成成分之一，因此在靠近尾矿库的湿地土壤中水解氮含量更高。农田土壤的水解氮含量较高，可能是由于农田施肥作用导致的。由于距离农田位于尾矿库西侧，受渗漏水影响较小。距离尾矿库越近的农田荒废时间越久，由于水解氮随雨水流失严重，因此距离尾矿库较远的 S10 和 S11 样点水解氮含量显著高于 S7～S9，见图 2-18(a)。

(2) 不同深度土壤水解氮

土壤中水解氮包括铵态氮和硝态氮等无机态氮，以及一部分易分解的有机态氮如氨基酸、酰胺态氮等。其含量受多方面因素的影响，如植物固氮作用、人工施肥、有机质分解及其土壤母质等。这些物质的形成绝大部分得益于好氧微生物对水生动植物残体的氧化分解，因此在土壤的表层富氧区含量较高。本书中各样点不同层土壤中水解氮的含量变化规律比较一致，水解氮含量随着与尾矿库距离的增加逐渐降低，随着土壤深度的增加显著下降，整体而言耕作层含量均显著大于底层含量，见图 2-18(b)。

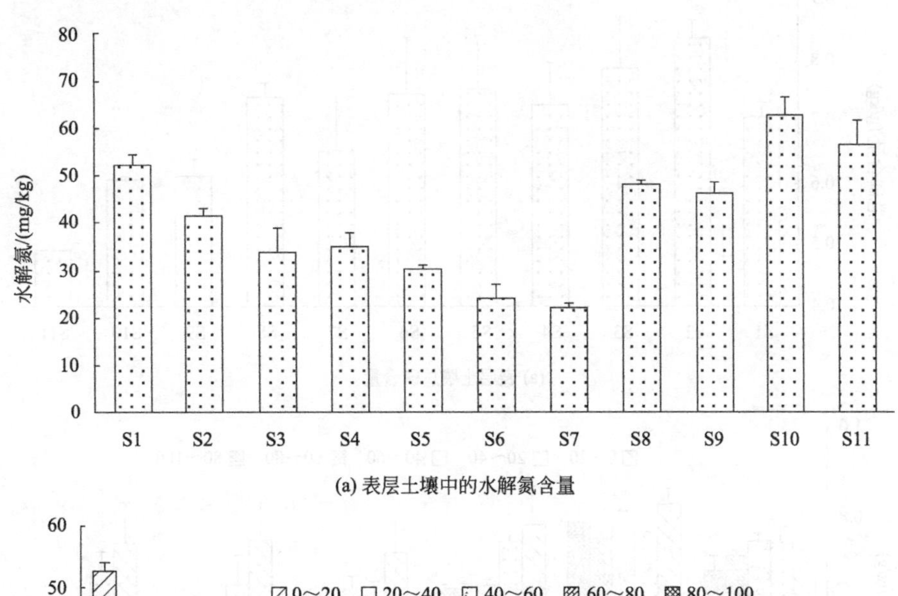

(a) 表层土壤中的水解氮含量

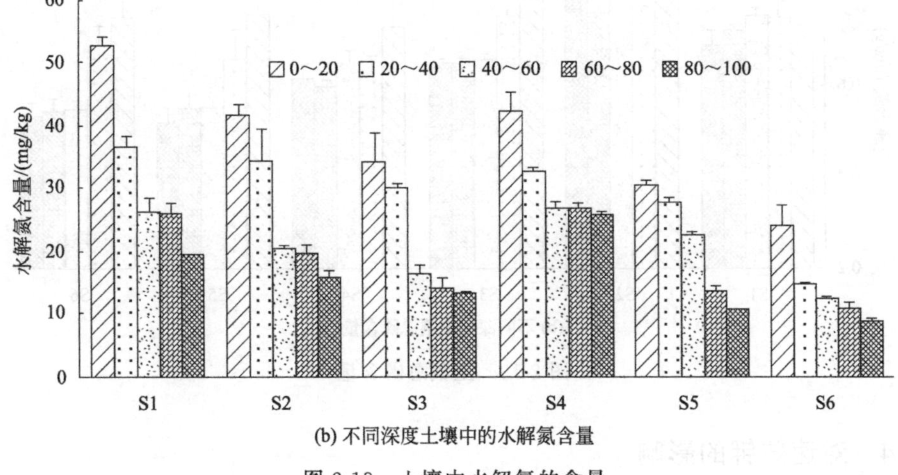

(b) 不同深度土壤中的水解氮含量

图 2-18　土壤中水解氮的含量

2.4.3.3　对全磷的影响

表层土壤中总磷含量在尾矿库湿地和黄河湿地土壤中含量差异不大，且总磷含量大于农田土壤。农田土壤中总磷含量整体呈下降趋势，在靠近尾矿库荒废已久的农田土壤中含量较高。而在正常耕作的土地上，植物被季节性收割，土壤中总磷及时被植物转化吸收。因此，在远离尾矿库的农田土壤中含量较低，见图 2-19(a)。

由于磷的迁移率很低，因此在不施肥的情况下土壤中的磷含量会逐渐减低。磷在聚磷菌的长期作用下容易在植物根系富集，同时表层土壤的有机或无机胶体对土壤中的磷酸根也有较强的吸附作用，动植物残体也会释放一部分磷元素积累在土壤上层。从而导致土壤耕作层的磷含量一般都高于底层，尤其是在植被多样性高且根系较浅的地方。在尾矿库湿地中随着与尾矿库距离的增加，总磷含量逐渐降低。除了S1以外，其他各样点0～20cm土壤总磷含量均显著高于深层土壤，且含量随着土层深度的增加呈下降趋势。尾矿库三样地的全磷含量低于黄河，这可能与黄河包头段磷含量较高有很大关系。黄河流经河套灌区后大量的富磷农灌退水排入黄河，导致黄河水中磷含量较高，见图2-19(b)。

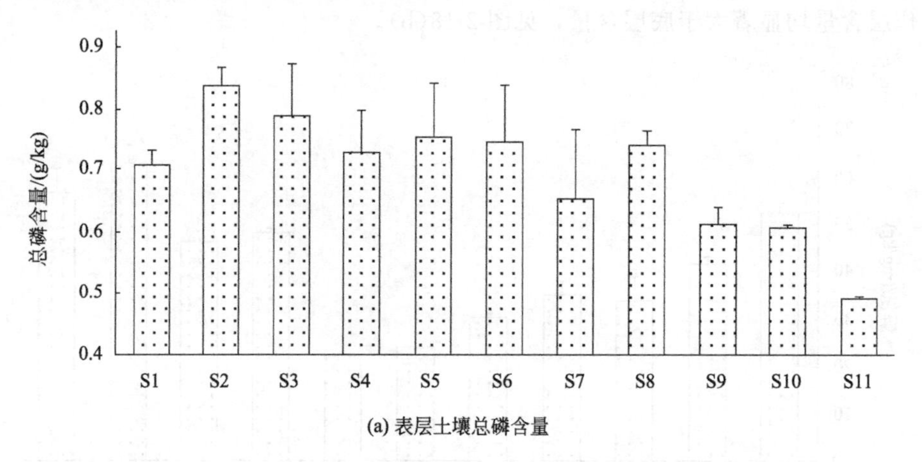

(a) 表层土壤总磷含量

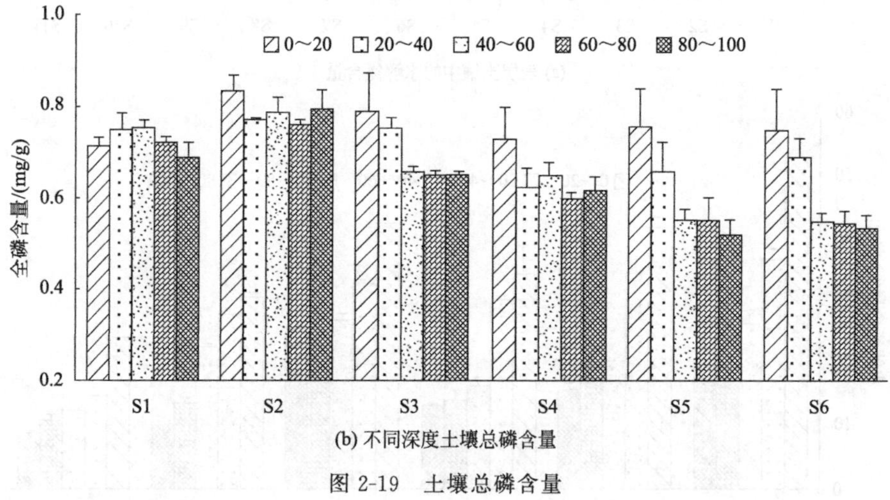

(b) 不同深度土壤总磷含量

图2-19 土壤总磷含量

2.4.3.4 对速效钾的影响

黄河湿地表层土壤与尾矿库湿地土壤中的速效钾含量普遍偏低，无显著性差异；尾矿库西侧农田土壤中速效钾含量随着与尾矿库距离的增加显著增加（$P<0.05$）。这主要有两方面原因，首先与湿地土壤中速效钾随水体下渗淋失有关，因为土壤中的速效钾一般指那些易溶的钾盐，此类钾离子在湿地土壤中非常容易被淋溶流失，而在北方干旱土壤中含量较高，而西侧农田土壤较为干旱，盐离子上浮现象严重。其次与农田施肥有较大关系。最终表现为农田土壤中速效钾含量远高于湿地土壤，见图2-20(a)。

土壤中速效钾的来源除了本底和施肥外，动植物残体的释放也有一定贡献。速效钾含量整体变化趋势与水解氮相一致，在尾矿库样点随着与尾矿库距离的增加速效钾含量升高，在含水量较低的S6样点速效钾含量最大。整体而言，各样点速效钾含量均随着土层深度的增加呈下降趋势，各样点速效钾含量均在表层（0～20cm）处最高。这可能由于所有样点均在水边采样，因此表层土壤露出水面，其他各层低于水面，含水量较高，受到水草的腐烂以及尾矿库渗漏水的下渗透淋洗作用影响较大，见图2-20(b)。

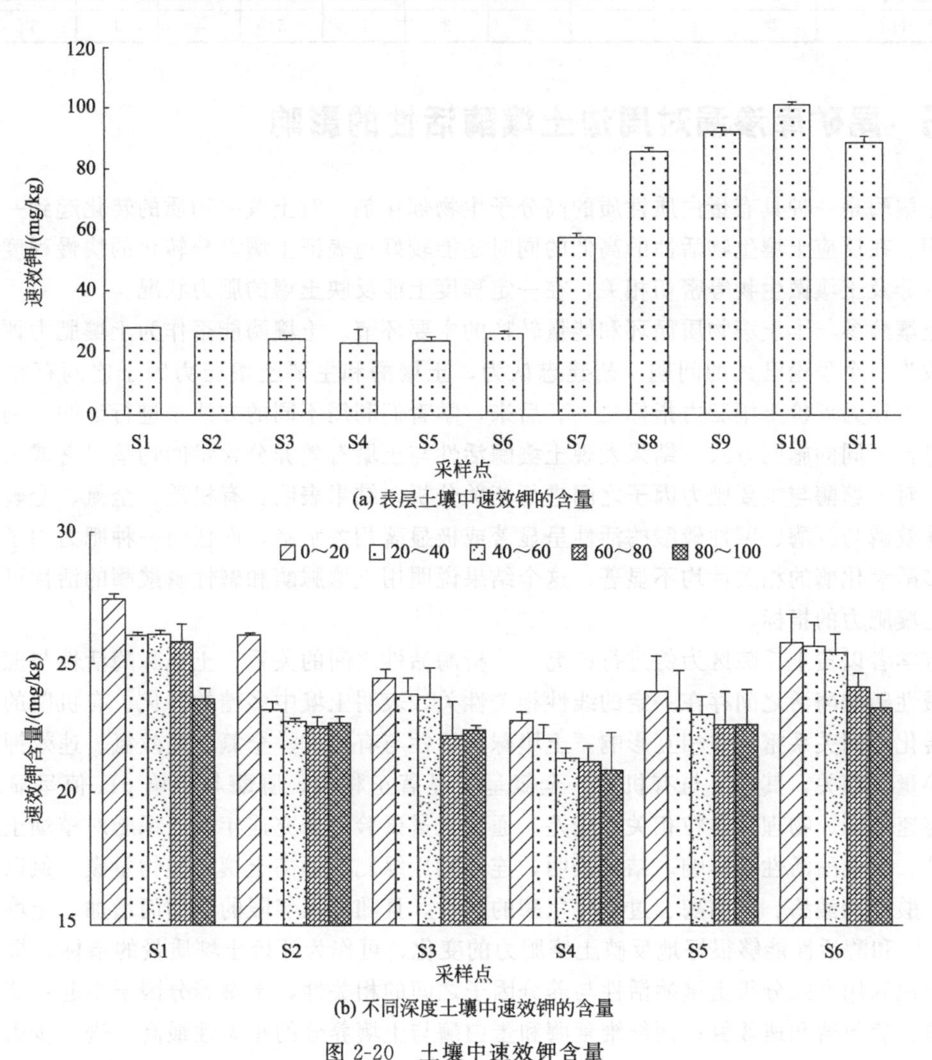

(a) 表层土壤中速效钾的含量

(b) 不同深度土壤中速效钾的含量

图2-20 土壤中速效钾含量

2.4.3.5 土壤养分等级划分

依据土壤养分分级标准，得出该尾矿库周边土壤养分等级程度为有机质＞全磷＞水解氮＞速效钾；农田土壤＞湿地土壤；农田土壤中S10和S11是耕作中的土壤，施肥对他们的影响较大，而S10距离尾矿库更近，受到了一定程度污染，反而导致其肥力高于远离尾矿库的S11样点。这类似于污水灌溉的作用，在增加养分的同时也带来了污染。

整体而言，整个研究区域的土壤肥力普遍较低，土壤养分表现为有机质最优，全磷和水解氮次之，速效钾最差，耕作层的土壤养分高于底层。土壤养分含量表现为有机质和总磷在湿地土壤中较高，而水解氮和速效钾含量为农田土壤中较高。土壤养分整体优劣程度表现为有机质＞全磷＞水解氮＞速效钾，农田土壤＞湿地土壤（见表2-8）。

表 2-8　土壤养分分级

采样点	S1	S2	S3	S4	S5	S6	S7	S8	S9	S10	S11
水解氮	5	5	5	5	5	6	6	5	5	4	5
全磷	3	2	3	3	3	3	3	3	3	3	4
速效钾	6	6	6	6	6	6	4	4	4	3	4
有机质	2	2	3	3	3	1	5	4	4	3	3

2.5 尾矿库渗漏对周边土壤酶活性的影响

土壤酶是一种具有蛋白质性质的高分子生物催化剂，对土壤中物质的转化起到一定的催化作用。在反应土壤生物活性的高低的同时还能较好地表征土壤养分转化的快慢程度，并与土壤养分及土壤微生物等密切相关，在一定程度上能反映土壤的肥力状况。

土壤酶参与了土壤物质循环和能量转换的主要环节。土壤酶能否作为土壤肥力评价的指标已成为一个争论已久的问题。胡建忠认为，土壤酶和主要土壤肥力因子之间存在显著相关，可以作为评价土壤肥力指标之一。后来，学者们利用不同的方法来进行证明，利用不同土地进行不同的施肥方式，结果发现土壤酶活性与土壤有效养分含量间均呈显著或极显著正相关。对土壤酶与主要肥力因子之间进行相关分析，结果表明：有机质、全氮、全磷、碱解氮、速效磷与脲酶、碱性磷酸酶活性呈显著或极显著相关水平，而任何一种肥力因子与蔗糖酶、多酚氧化酶的相关性均不显著。这个结果说明用土壤脲酶和碱性磷酸酶的活性可以作为评价土壤肥力的指标。

有学者以黄土丘陵区为例进行研究、分析酶活性之间的关系，土壤脲酶活性与蔗糖酶活性和碱性磷酸酶活之间存在一定的线性相关性关，表明土壤中多糖的转化、有机磷的转化与氮素转化之间关系密切并相互影响。土壤脲酶活性与有机质、全氮、速效氮、速效钾、阳离子交换量正相关，其中，与有机质、全氮呈极显著正相关，脲酶与土壤 pH 值呈显著负相关，与速效磷、物理性黏粒相关性较差。通过大量试验，研究连年翻压绿肥对植烟土壤微生物量碳、氮及酶活性的影响。结果表明，连年翻压绿肥能提高土壤微生物量碳、氮以及土壤脲酶、酸性磷酸酶、蔗糖酶、过氧化氢酶的活性，且随翻压年限的增加而增加。土壤微生物量 C、N 和酶活性能够很好地反映土壤肥力的变化，可作为评价土壤质量的指标。根据不同类型土地利用方式分析土壤酶活性与养分因子之间的相关性，土壤养分因子中起主要作用的是全磷、速效磷和速效氮；而纤维素酶和蛋白酶与土壤养分的相关性最高。进一步表明以土壤酶活性作为评价土壤肥力水平的指标具有一定的可靠性。

2.5.1 样点设定与土壤样品采集

研究样地设置参照 2.3.3 的尾矿库及黄河周边湿地土壤采集样点布图。为防止土壤分布不均匀造成的误差，在每个样点利用土钻随机钻取 9 个土芯（$n=9$）。S1～S6 分 5 层（0～20cm、20～40cm、40～60cm、60～80cm、80～100cm）分别封装在自封袋中。共采集 315 个表层土壤样品带回实验室进行相关指标测定。

2.5.2 土壤酶活性测定方法

土壤蛋白酶测定采用加勒斯江法；土壤脲酶测定采用苯酚-次氯酸钠比色法；土壤磷酸

酶测定采用磷酸苯二钠比色法；土壤蔗糖酶测定采用3,5-二硝基水杨酸比色法；土壤过氧化氢酶测定采用 $KMnO_4$ 滴定法。

2.5.2.1 土壤蛋白酶测定

蛋白酶参与土壤中存在的氨基酸、蛋白质以及其他含蛋白质氮的有机化合物的转化。它们的水解产物是高等植物的氮源之一。土壤蛋白酶在剖面中的分布与蔗糖酶相似，酶活性随剖面深度而减弱。并与土壤有机质含量、氮素及其他土壤性质有关。

（1）分析原理与步骤

蛋白酶能酶促蛋白物质水解成肽，肽进一步水解成氨基酸。测定土壤蛋白酶常用的方法是比色法，根据蛋白酶酶促蛋白质产物-氨基酸与某些物质（如铜盐蓝色络合物或茚三酮等）生成带颜色络合物。依溶液颜色深浅程度与氨基酸含量的关系，求出氨基酸量，以表示蛋白酶活性。

① 标准曲线绘制。分别吸取0mL、1mL、3mL、5mL、7mL、9mL、11mL该工作液于50mL容量瓶中，即获得甘氨酸浓度分别为0μg/mL、0.2μg/mL、0.6μg/mL、1.0μg/mL、1.4μg/mL、1.8μg/mL、2.2μg/mL的标准溶液梯度，然后加入1mL 2%茚三酮溶液。冲洗瓶颈后将混合物仔细摇荡，并在煮沸的水浴中加热10min。将获得的着色溶液用蒸馏水稀释至刻度。在560nm处进行比色，最后绘制标准曲线。

② 土壤蛋白酶测定。取2g过1mm筛的风干土置于50mL容量瓶中，加入10mL 1%用pH值7.4磷酸盐缓冲溶液配制的白明胶溶液和0.5mL甲苯（作为抑菌剂抑制微生物活动）；在30℃恒温箱中培养24h；培养结束后，将瓶中内容物过滤；取5mL滤液置于试管中，加入0.5mL 0.05mol/L硫酸和3mL 20%硫酸钠以沉淀蛋白质，然后滤入50mL容量瓶，并加入1mL 2%茚三酮溶液；将混合物仔细摇荡，并在煮沸的水浴中加热10min；将获得的着色溶液用蒸馏水稀释定容至刻度线；最后在560nm处进行比色。

用干热灭菌的土壤和不含土壤的基质（如石英砂）作对照，方法如前所述，以除掉土壤原有的氨基酸引起的误差。换算成甘氨酸的量，根据用甘氨酸标液制取的标准曲线查知。

③结果计算。土壤蛋白酶的活性，以24h后1g土壤中甘氨酸的含量（μg/g）表示。

$$甘氨酸含量=\frac{c\times 50\times ts}{m}$$

式中，甘氨酸含量为24h后1g土壤中甘氨酸的质量，μg/g；c 为标准曲线上查得的甘氨酸浓度，μg/mL；50为显色液体积，mL；ts 为分取倍数（这里是2＝10/5）；m 为土壤质量，g。

（2）试剂配制

① 1%白明胶溶液（用pH值7.4的磷酸盐缓冲液配制）。

② 甲苯。

③ 磷酸盐缓冲液（pH值7.4）。

④ 0.05mol/L H_2SO_4。

⑤ 20% Na_2SO_4。

⑥ 2%茚三酮溶液：将2g茚三酮溶于100mL丙酮，然后将95mL该溶液与1mL CH_3COOH 和4mL水混合制成工作液（该工作液不稳定，只能在使用前配制）。

⑦ 甘氨酸标准液。浓度为1mL含100μg甘氨酸的水溶液。0.1g甘氨酸溶解于1L蒸馏水中，再将该标液稀释10倍得10μg/mL的甘氨酸工作液。

2.5.2.2 土壤脲酶的测定

脲酶存在于大多数细菌、真菌和高等植物里，它是一种酰胺酶，作用是极为专性的，它仅能水解尿素，水解的最终产物是氨和二氧化碳、水。土壤脲酶活性，与土壤的微生物数量、有机物质含量、全氮和速效磷含量呈正相关。根际土壤脲酶活性较高，中性土壤脲酶活性大于碱性土壤。人们常用土壤脲酶活性表征土壤的氮素状况。

(1) 分析原理与步骤

土壤中脲酶活性的测定是以脲素为基质经酶促反应后测定生成的氨量，也可以通过测定未水解的尿素量来求得。本方法以尿素为基质，根据酶促产物氨与苯酚-次氯酸钠作用生成蓝色的靛酚，来分析脲酶活性。

① 标准曲线制作。在测定样品吸光值之前，分别取0mL、1mL、3mL、5mL、7mL、9mL、11mL、13mL氮工作液，移于50mL容量瓶中，然后补加蒸馏水至20mL。再加入4mL苯酚钠溶液和3mL次氯酸钠溶液，随加随摇匀。20min后显色，定容。1h内在分光光度计上于578nm波长处比色。然后以氮工作液浓度为横坐标，吸光值为纵坐标，绘制标准曲线。

② 脲酶活性测定。称取5g土样于50mL三角瓶中，加1mL甲苯，振荡均匀，15min后加10mL 10%尿素溶液和20mL pH值6.7柠檬酸盐缓冲溶液，摇匀后在37℃恒温箱培养24h。

培养结束后过滤，过滤后取1mL滤液加入50mL容量瓶中，再加4mL苯酚钠溶液和3mL次氯酸钠溶液，随加随摇匀。20min后显色，定容。1h内在分光光度计与578nm波长处比色（靛酚的蓝色在1h内保持稳定）。

③ 结果计算。以24h后1g土壤中NH_3-N的质量（mg）表示土壤脲酶活性（U_{re}）。

$$U_{re}=\frac{(a_{样品}-a_{无土}-a_{无基质})Vn}{m}$$

式中，$a_{样品}$为样品吸光值由标准曲线求得的NH_3-N质量，mg；$a_{无土}$为无土对照吸光值由标准曲线求得的NH_3-N质量，mg；$a_{无基质}$为无基质对照吸光值由标准曲线求得的NH_3-N质量，mg；V为显色液体积；n为分取倍数，n=浸出液体积/吸取滤液体积；m为烘干土质量，g。

(2) 试剂配置

① 甲苯。

② 10%尿素。称取10g尿素，用水溶至100mL。

③ 柠檬酸盐缓冲液（pH值6.7）。184g柠檬酸和147.5g KOH溶于蒸馏水。将两溶液合并，用1mol/L NaOH将pH值调至6.7，用水稀释定容至1000mL。

④ 苯酚钠溶液（1.35mol/L）。62.5g苯酚溶于少量乙醇，加2mL甲醇和18.5mL丙酮，用乙醇稀释至100mL（A液），存于冰箱中；27g NaOH溶于100mL水（B液）。将A、B溶液保存在冰箱中。使用前将A液、B液各20mL混合，用蒸馏水稀释至100mL。

⑤ 次氯酸钠溶液。用水稀释试剂，至活性氯的浓度为0.9%，溶液稳定。

⑥ 氮的标准溶液。精确称取0.4717g硫酸铵溶于水并稀释至1000mL，得到1mL含有

0.1mg 氮的标准液；再将此液稀释 10 倍（吸取 10mL 标准液定容至 100mL）制成氮的工作液（0.01mg/mL）。

（3）注意事项

① 每个样品应该做一个无基质对照，以等体积的蒸馏水代替基质，其他操作与样品试验相同，以排除土样中原有的氨对试验结果的影响。

② 整个试验设置一个无土对照，不加土样，其他操作与样品试验相同，以检验试剂纯度和基质自身分解。

③ 如果样品吸光值超过标曲的最大值，则应该增加分取倍数或减少培养的土样。

2.5.2.3 土壤磷酸酶活性测定

测定磷酸酶主要根据酶促生成的有机基团量或无机磷量计算磷酸酶活性。前一种通常称为有机基团含量法，是目前较为常用的测定磷酸酶的方法，后一种称为无机磷含量法。

（1）分析原理与步骤

研究证明：磷酸酶有三种最适 pH 值：4～5、6～7、8～10。因此，测定酸性、中性和碱性土壤的磷酸酶，要提供相应的 pH 缓冲液才能测出该土壤的磷酸酶最大活性。测定磷酸酶常用的 pH 缓冲体系有乙酸盐缓冲液（pH=5.0～5.4）、柠檬酸盐缓冲液（pH=7.0）、三羟甲基氨基甲烷缓冲液（pH=7.0～8.5）和硼酸缓冲液（pH=9～10）。磷酸酶测定时常用基质有磷酸苯二钠、酚酞磷酸钠、甘油磷酸钠、α-萘酚磷酸或者 β-萘酚磷酸钠等。现介绍磷酸苯二钠比色法。

① 标准曲线绘制。取 0mL、1mL、3mL、5mL、7mL、9mL、11mL、13mL 酚工作液，置于 50mL 容量瓶中，每瓶加入 5mL 硼酸缓冲液和 4 滴氯代二溴对苯醌亚胺试剂，显色后稀释至刻度，30min 后，在分光光度计上 660nm 处比色。以显色液中的酚浓度为横坐标，吸光值为纵坐标，绘制标准曲线。

② 称 5g 土样置于 200mL 三角瓶中，加 2.5mL 甲苯，轻摇 15min 后，加入 20mL 0.5%的磷酸苯二钠（酸性磷酸酶用乙酸盐缓冲液；中性磷酸酶用柠檬酸盐缓冲液；碱性磷酸酶用硼酸盐缓冲液），仔细摇匀后放入恒温箱，37℃下培养 24h。然后在培养液加入 100mL 0.3%硫酸铝溶液并过滤。吸取 3mL 滤液于 50mL 容量瓶中，然后按绘制标准曲线方法显色。用硼酸缓冲液时，呈现蓝色，于分光光度计上 660nm 处比色。

③ 结果计算。以 24h 后 1g 土壤中释放出的酚的质量（mg）表示磷酸酶活性。

$$磷酸酶活性=\frac{(a_{样品}-a_{无土}-a_{无基质})Vn}{m}$$

式中，$a_{样品}$为样品吸光值由标准曲线求得的酚的质量，mg；$a_{无土}$为无土对照吸光值由标准曲线求得的酚的质量，mg；$a_{无基质}$为无基质对照吸光值由标准曲线求得的酚的质量，mg；V 为显色液体积，mL；n 为分取倍数，浸出液体积/吸取滤液体积；m 为烘干土重，g。

（2）试剂配置

① 乙酸盐缓冲液（pH=5.0）。0.2mol/L 乙酸溶液：11.55mL 95%冰醋酸溶至 1L。

0.2mol/L 乙酸钠溶液：16.4g $C_2H_3O_2Na$ 或 27g $C_2H_3O_2Na\cdot 3H_2O$ 溶至 1L。

取 14.8mL 0.2mol/L 乙酸溶液和 35.2mL 0.2mol/L 乙酸钠溶液稀释至 1L。

② 柠檬酸盐缓冲液（pH=7.0）。0.1mol/L 柠檬酸溶液：19.2g $C_6H_7O_8$ 溶至 1L。

0.2mol/L 磷酸氢二钠溶液：53.63g $Na_2HPO_4 \cdot 7H_2O$ 或者 71.7g $Na_2HPO_4 \cdot 12H_2O$ 溶至 1L。

取 6.4mL 0.1mol/L 柠檬酸溶液加 43.6mL 0.2mol/L 磷酸氢二钠溶液稀释至 100mL。

③ 硼酸盐缓冲液（pH＝9.6）。0.05mol/L 硼砂溶液：19.05g 硼砂溶至 1L。

0.2mol/L NaOH 溶液：8g NaOH 溶至 1L。

取 50mL 0.05mol/L 硼砂溶液加 23mL 0.2mol/L NaOH 溶液稀释至 200mL。

④ 0.5%磷酸苯二钠，用缓冲液配制。

⑤ 氯代二溴对苯醌亚胺试剂。称取 0.125g 氯代二溴对苯醌亚胺，用 10mL 96%乙醇溶解，储于棕色瓶中，存放在冰箱里。保存的黄色溶液未变褐色之前均可使用。

⑥ 甲苯。

⑦ 0.3%硫酸铝溶液。

⑧ 酚标准溶液。酚原液：取 1g 重蒸酚溶于蒸馏水中，稀释至 1L，存于棕色瓶中。

酚工作液（0.01mg/mL）：取 10mL 酚原液稀释至 1L。

(3) 注意事项

① 每一个样品应该做一个无基质对照，以等体积的蒸馏水代替基质，其他操作与样品试验相同，以排除土样中原有的氨对试验结果的影响。

② 整个试验设置一个无土对照，不加土样，其他操作与样品试验相同，以检验试剂纯度和基质自身分解。

③ 如果样品吸光值超过标曲的最大值，则应该增加分取倍数或减少培养的土样。

2.5.2.4 土壤蔗糖酶活性测定

蔗糖酶与土壤许多因子有相关性，如与土壤有机质、氮、磷含量，微生物数量及土壤呼吸强度有关，一般情况下，土壤肥力越高，蔗糖酶活性越高。

(1) 原理与步骤

蔗糖酶酶解所生成的还原糖与 3，5-二硝基水杨酸反应而生成橙色的 3-氨基-5-硝基水杨酸。颜色深度与还原糖量相关，因而可用测定还原糖量来表示蔗糖酶的活性。

① 标准曲线绘制。分别吸 1mg/mL 的标准葡糖糖溶液 0mL、0.1mL、0.2mL、0.3mL、0.4mL、0.5mL 于试管中，再补加蒸馏水至 1mL，加 DNS 试剂 3mL 混匀，于沸水浴中准确反应 5min（从试管放入重新沸腾时算起），取出立即冷水浴中冷却至室温，以空白管调零，在波长 508nm 处比色，以 OD 值为纵坐标，以葡萄糖浓度为横坐标绘制标准曲线。

② 土壤蔗糖酶测定。称取 5g 土壤，置于 50mL 三角瓶中，注入 15mL 8%蔗糖溶液，5mL pH 值 5.5 磷酸缓冲液和 5 滴甲苯。摇匀混合物后，放入恒温箱，在 37℃下培养 24h。

到时取出，迅速过滤。从中吸取滤液 1mL，注入 50mL 容量瓶中，加 3mL DNS 试剂，并在沸腾的水浴锅中加热 5min，随即将容量瓶移至自来水流下冷却 3min。溶液因生成 3-氨基-5-硝基水杨酸而呈橙黄色，最后用蒸馏水稀释至 50mL，并在分光光度计上于 508nm 处进行比色。

为了消除土壤中原有的蔗糖、葡萄糖而引起的误差，每一土样需做无基质对照，整个试验需做无土壤对照；如果样品吸光值超过标曲的最大值，则应该增加分取倍数或减少培养的土样。

③ 结果计算。蔗糖酶活性以24h，1g干土生成葡萄糖质量（mg）表示。

$$蔗糖酶活性=\frac{(a_{样品}-a_{无土}-a_{无基质})n}{m}$$

式中，$a_{样品}$，$a_{无土}$，$a_{无机质}$为由标准曲线求的葡萄糖质量，mg；n为分取倍数；m为烘干土重，g。

(2) 试剂配置

① 酶促反应试剂。基质8%蔗糖，pH值5.5磷酸缓冲液：1/15mol/L磷酸氢二钠（11.876g $Na_2HPO_4 \cdot 2H_2O$溶于1L蒸馏水中）0.5mL加1/15mol/L磷酸二氢钾（9.078g KH_2PO_4溶于1L蒸馏水中）9.5mL即成。

② 葡萄糖标准液（1mg/mL）。预先将分析纯葡萄糖置80℃烘箱内约12h。准确称取50mg葡萄糖于烧杯中，用蒸馏水溶解后，移至50mL容量瓶中，定容，摇匀（冰箱中4℃保存期约1周）。若该溶液发生混浊和出现絮状物现象，则应弃之，重新配制。

③ 3,5-二硝基水杨酸试剂（DNS试剂）。称0.5g二硝基水杨酸，溶于20mL 2mol/L NaOH和50mL水中，再加30g酒石酸钾钠，用水稀释定容至100mL（保存期不过7d）。

2.5.2.5 过氧化氢酶活性测定

过氧化氢广泛存在于生物体和土壤中，是由生物呼吸过程和有机物的生物化学氧化反应的结果产生的，这些过氧化氢对生物和土壤具有毒害作用。与此同时，在生物体和土壤中存有过氧化氢酶，能促进过氧化氢分解为水和氧的反应（$H_2O_2 \longrightarrow H_2O+O_2$），从而降低了过氧化氢的毒害作用。

(1) 原理与步骤

土壤中过氧化氢酶的测定便是根据土壤（含有过氧化氢酶）和过氧化氢作用析出的氧气体积或过氧化氢的消耗量，测定过氧化氢的分解速度，以此代表过氧化氢酶的活性。测定过氧化氢酶的具体方法比较多，如气量法是根据析出的氧气体积来计算过氧化氢酶的活性；比色法：根据过氧化氢与硫酸铜产生黄色或橙黄色络合物的量来表征过氧化氢酶的活性；滴定法是用高锰酸钾溶液滴定过氧化氢分解反应剩余过氧化氢的量，表示出过氧化氢酶的活性。本书重点采用高锰酸钾滴定法。

① 过氧化氢酶测定。分别取5g土壤样品于具塞三角瓶中（用不加土样的作空白对照），加入0.5mL甲苯，摇匀，于4℃冰箱中放置30min。取出，立刻加入25mL冰箱储存的3% H_2O_2水溶液，充分混匀后，再置于冰箱中放置1h。取出，迅速加入冰箱储存的2mol/L H_2SO_4溶液25mL，摇匀，过滤。

取1mL滤液于三角瓶，加入5mL蒸馏水和5mL 2mol/L H_2SO_4溶液，用0.02mol/L高锰酸钾溶液滴定。根据对照和样品的滴定差，求出相当于分解的H_2O_2的量所消耗的$KMnO_4$。

过氧化氢酶活性以每克干土1h内消耗的0.1mol/L $KMnO_4$体积数（以mL计）表示。

② 结果计算。$KMnO_4$标定：10mL 0.1mol/L $H_2C_2O_4$用$KMnO_4$滴定，所消耗$KMnO_4$体积数为19.49mL，由此计算出$KMnO_4$标准溶液浓度为0.0205mol/L。

H_2O_2标定：1mL 3% H_2O_2用$KMnO_4$滴定，所消耗$KMnO_4$体积数为16.51mL，由此计算出H_2O_2浓度为0.8461mol/L。

$$酶活性=\frac{(空白样剩余过氧化氢滴定体积-土样剩余过氧化氢滴定体积)T}{土样质量}$$

式中，酶活性单位为 mL（0.1mol/L $KMnO_4$）/(h·g)；T 为高锰酸钾滴定度的矫正值，$T=0.0205/0.02=1.026$。

（2）试剂配置

① 2mol/L H_2SO_4 溶液。量取 5.43mL 的浓硫酸稀释至 500mL，置于冰箱储存。

② 0.02mol/L 高锰酸钾溶液。称取 1.7g 高锰酸钾，加入 400mL 水中，缓缓煮沸 15min，冷却后定容至 500mL，避光保存，用时用 0.1mol/L 草酸溶液标定。

③ 0.1mol/L 草酸溶液。称取优级纯 $H_2C_2O_4 \cdot 2H_2O$ 3.334g，用蒸馏水溶解后，定容至 250mL。

④ 3%的 H_2O_2 水溶液。取 30% H_2O_2 溶液 25mL，定容至 250mL，置于冰箱储存，用时用 0.1mol/L $KmnO_4$ 溶液标定。

（3）注意事项

① 用 0.1mol/L 草酸溶液标定高锰酸钾溶液时，要先取一定量的草酸溶液加入一定量硫酸中并于 70℃水浴加热，开始滴定时快滴，快到终点时再进行水浴加热，后慢滴，待溶液呈微红色且半分钟内不褪色即为终点。

② 高锰酸钾滴定过程对酸性环境的要求很严格。经探究后发现直接取 1mL 滤液滴定不仅液体量太少，终点不好把握，硫酸的量也不足，因此研究人员对试验方法进行了改进，即取 1mL 滤液于三角瓶，加入 5mL 蒸馏水和 5mL 2mol/L H_2SO_4 溶液，再用高锰酸钾溶液滴定，这样滴定过程极为方便。

2.5.3 对土壤酶活性的影响

试验结果如图 2-21 所示。尾矿库西侧农田的脲酶、蔗糖酶和碱性磷酸酶活性高于尾矿库南侧湿地和黄河湿地，尤其在距离尾矿库最远的 S10 和 S11 样点。脲酶在各样点的差异性最为明显，农田土壤酶活性远远高于湿地土壤。在农田土壤中随着与尾矿库距离的增加，三种酶活性整体呈上升趋势，而过氧化氢酶趋势恰好相反。湿地土壤酶活性高于农田，且随着距离的增加呈显著下降趋势。黄河湿地与尾矿库湿地之间差异性不大。

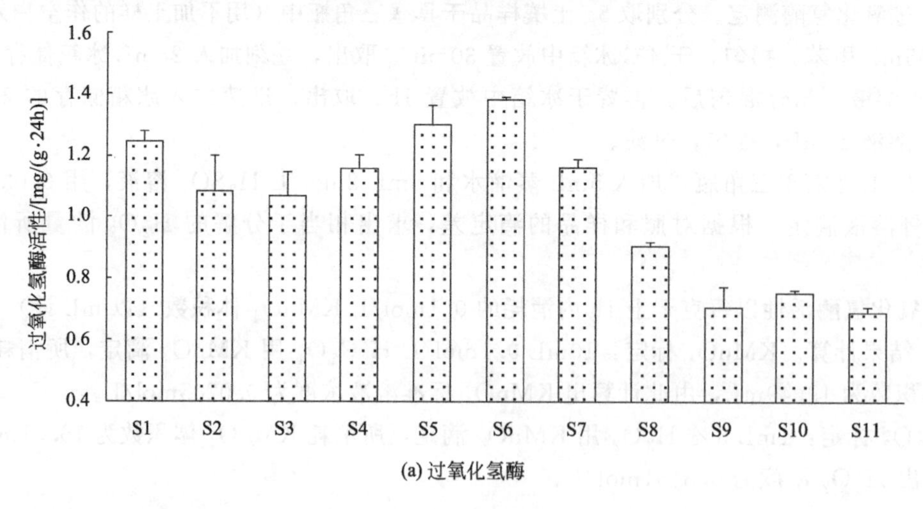

(a) 过氧化氢酶

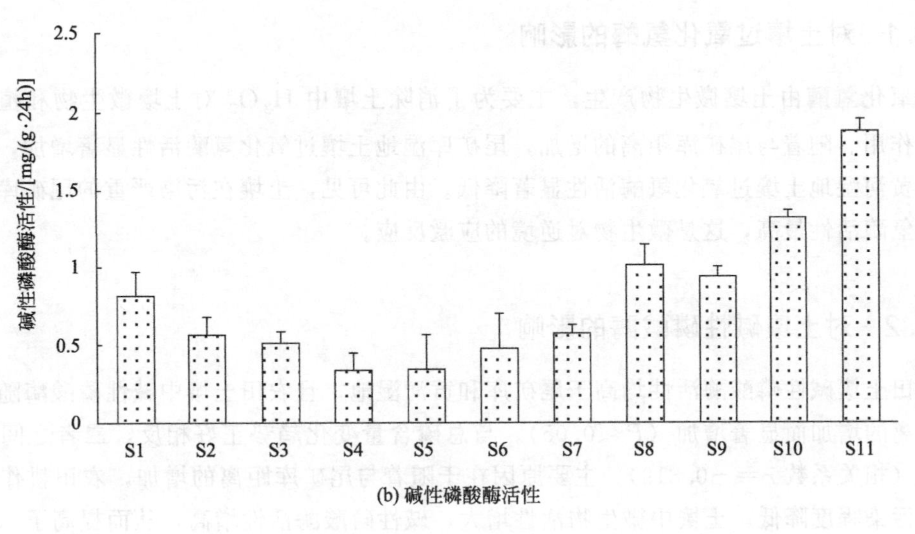

(b) 碱性磷酸酶活性

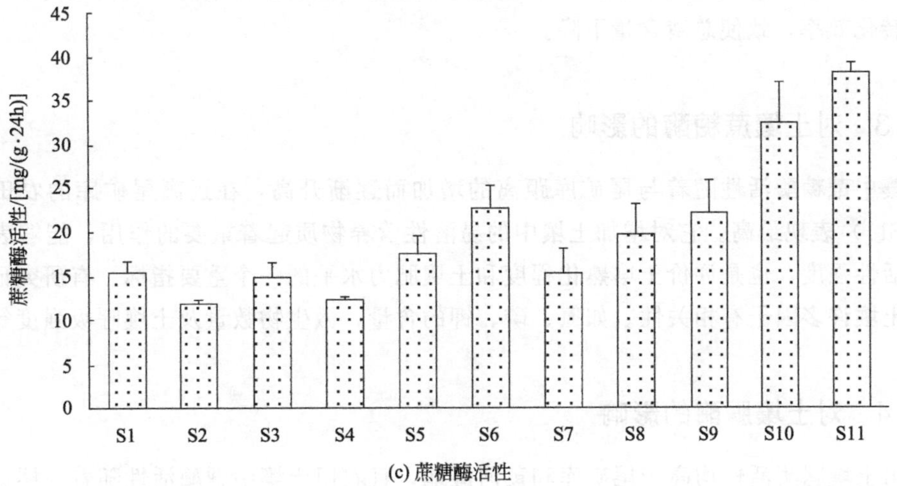

(c) 蔗糖酶活性

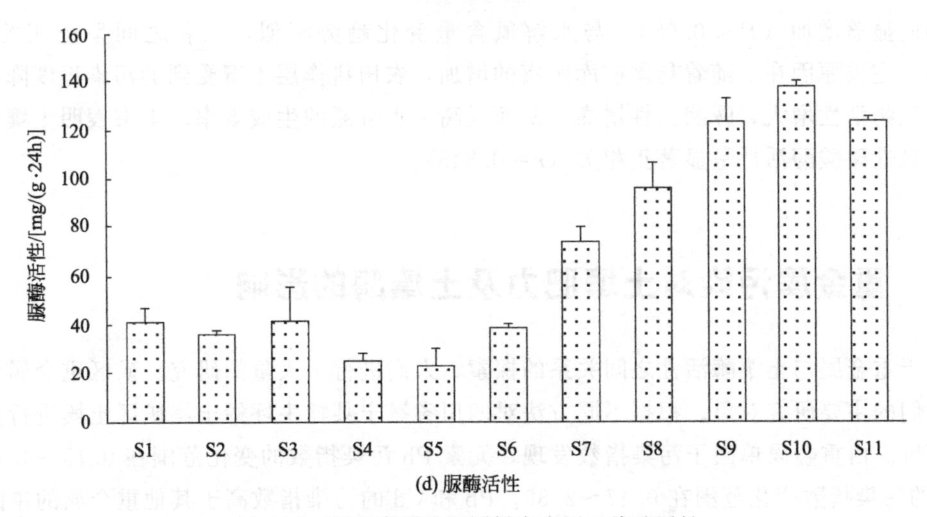

(d) 脲酶活性

图 2-21　尾矿库周边不同样点表层土壤酶活性

2.5.3.1 对土壤过氧化氢酶的影响

过氧化氢酶由土壤微生物产生，主要为了消除土壤中 H_2O_2 对土壤微生物和植物根系的毒害作用。随着与尾矿库距离的增加，尾矿库湿地土壤过氧化氢酶活性显著增加，而农田土壤和黄河湿地土壤过氧化氢酶活性显著降低。由此可见，土壤在污染严重的尾矿库湿地中过氧化氢酶活性最高，这是微生物对逆境的应激反应。

2.5.3.2 对土壤碱性磷酸酶的影响

农田土壤碱性磷酸酶活性均高于尾矿库和黄河湿地，且农田土壤中碱性磷酸酶随着与尾矿库距离的增加而显著增加（$P<0.05$）。与总磷含量变化趋势正好相反，二者之间呈显著负相关（相关系数 $r=-0.819$）。主要原因在于随着与尾矿库距离的增加，农田耕作层土壤受到的污染程度降低，土壤中微生物活性增大，碱性磷酸酶活性增高，从而提高了总磷向速效磷的转化效率，致使总磷含量下降。

2.5.3.3 对土壤蔗糖酶的影响

土壤中蔗糖酶活性随着与尾矿库距离的增加而逐渐升高，在远离尾矿库的农田土壤中（S10、S11）表现最高。它对增加土壤中的易溶性营养物质起着重要的作用，能够表征土壤生物学活性强度，也是评价土壤熟化程度和土壤肥力水平的一个重要指标。有研究证明，蔗糖酶与土壤许多因子有相关性。如氮、磷、钾的含量，微生物数量及土壤呼吸强度等。

2.5.3.4 对土壤脲酶的影响

农田土壤脲酶活性均高于尾矿库和黄河湿地，且农田土壤中脲酶活性随着与尾矿库距离的增加而显著增加（$P<0.05$）。与水解氮含量变化趋势相似，二者之间呈正相关（$r=0.664$）。主要原因在于随着与尾矿库距离的增加，农田耕作层土壤受到的污染程度降低，土壤中微生物活性增大，脲酶活性增高，从而提高了水解氮的生成效率。本书表明土壤中脲酶活性与碱性磷酸酶活性呈显著正相关（$r=0.845$）。

2.6 重金属污染对土壤肥力及土壤酶的影响

对于重金属与土壤酶活性之间关系的探索，人们进行了大量的研究。矿区重金属污染也是学者们的主要研究对象。根据不同方法对四川省冕宁县牦牛坪稀土尾矿区土壤进行重金属污染评价。由重金属单因子污染指数发现，元素 Pb 污染指数的变化范围在 0.15～4.10，元素 Cd 的污染指数变化范围在 0.47～2.89。Pb 和 Cd 的污染指数高于其他重金属的单因子污染指数，尾矿区污染为中度。土壤重金属对土壤酶活性具有一定的抑制或激活作用，他们之间存在着一定的相关性。通过室内模拟重金属污染土壤发现 Hg、Cd、Hg＋Cd 浓度与脲酶、脱氢酶活性之间存在着显著的相关性，并认为脲酶和脱氢酶活性均可以反映土壤 Hg、

Cd及Hg+Cd污染程度，且复合污染对土壤酶的抑制作用最大，这说明复合污染对土壤造成的影响更为严重。

重金属在土壤中积累将占据土壤胶体的吸附位，影响K在土壤中的吸附、解吸和形态的分配。土壤中N的矿化受重金属的含量的影响较为严重，同时土壤对P的保持能力也受到重金属的影响；导致土壤性质、土壤肥力指标均发生变化。土壤单一脱氢酶、脲酶、酸性磷酸酶以及蛋白酶活性与重金属含量之间存在显著线性关系，重金属污染会导致土壤酶合成作用降低。土壤微生物量及酶活性的降低，一定程度上也会削弱矿区土壤中C、N营养元素的周转速率和能量循环，重金属含量的增加可能是导致其土壤肥力较低的原因之一。

本章分析了尾矿库区及其影响区域的土壤养分以及土壤酶活性相互之间的相关性。整体来看（见表2-9），除有机质外，其他土壤养分之间、土壤酶之间以及土壤养分与土壤酶之间均成中度或高度相关。重金属元素与土壤养分、土壤酶之间有一定的相关性且重金属元素与土壤酶的相关性高于重金属元素与土壤养分的相关性。本书关注尾矿库的污染危害，通过不同的评价方法进行重金属污染评价。同时选取土壤养分、土壤酶指标来对该研究区域进行土壤肥力评价，并分析重金属污染与土壤养分、土壤酶之间的相关性。以便为今后尾矿库的环境治理与修复提供理论基础和科学依据。

表2-9　污染元素和养分、土壤酶活性的相关性

	水解氮	全磷	速效钾	有机质	过氧化氢酶	碱性磷酸酶	脲酶	蔗糖酶
全磷	−0.506							
速效钾	0.639	−0.755						
有机质	0.098	0.254	−0.456					
过氧化氢酶	−0.738	0.680	−0.880	0.397				
碱性磷酸酶	0.798	−0.819	0.805	−0.081	−0.815			
脲酶	0.664	−0.800	0.984	−0.365	−0.896	0.845		
蔗糖酶	0.590	−0.819	0.729	0.092	−0.649	0.876	0.779	
As	−0.48	0.11	−0.34	0.37	0.62	−0.38	−0.38	0.02
Cd	−0.48	0.34	−0.46	0.5	0.6	−0.48	−0.48	−0.15
Cr	0.18	−0.26	0.46	0.13	−0.41	0.36	0.5	0.64
Cu	0.75	−0.32	0.49	0.2	−0.46	0.57	0.52	0.58
Ni	0.66	−0.41	0.53	−0.12	−0.6	0.58	0.53	0.59
Pb	−0.57	0.64	−0.86	0.71	0.87	−0.69	−0.84	−0.43
Zn	0.08	−0.03	0.02	0.63	0.21	0.08	0.04	0.43

第3章 尾矿库周边环境污染的人体健康风险评价

人体健康风险评价主要是对环境中有毒、有害因子，如重金属等污染物对人体造成不良影响发生概率的估算，评价暴露于一种或多种有害环境因子的个体健康受到影响的风险。早在20世纪60年代，学者们就开始使用数学模型预测健康风险，通过动物染毒实验剂量-效应关系曲线估算人终身暴露后的致癌风险。80年代以后，学者们对化学物质危害的评定开始向定性发展，经反复研究认为健康风险评价是保护公众免受化学物质的危害，以及为危险管理提供重要科学依据的最适合方法。1983年，学者们提出了健康风险评价的方法和基本步骤，被广泛应用于致癌物的健康风险评价中。目前，非致癌物的健康风险评价也基本遵循该评价步骤。

3.1 环境污染的人体健康风险评价方法

人体健康风险评价主要是为了预测环境污染物对人体健康产生有害影响可能性的过程。包括致癌风险评估、致畸风险评估、化学品健康风险评估、发育毒物健康风险评估、生殖环境影响评估和暴露评估等。国际化学品安全规划署从1993年起多次召开专门会议，最后将危害识别、暴露评价、剂量-效益评价、风险表征这四步作为人体健康风险评价标准化的基本框架。我国学者也开展了诸多相关研究，形成了一些国家和地方标准，如卫生行业标准、《大气污染人群健康风险评估技术规范》(WS/T 666—2019)。评估流程中的实施过程同样包含了这四步。该过程同样适合于其他暴露途径的人体健康风险评价，如水污染和土壤污染。

3.1.1 危害识别和暴露评价

暴露评价中暴露途径的识别见表3-1。

表3-1 暴露评价中暴露途径的识别

接收媒介	排放机理	污染源
空气	挥发	表面废物——泻湖、池塘、坑等
	飞灰聚集	污染的地表水、表层土、湿地 污染的表层土；废弃土堆
地表水	地表径流	污染的表层土
	零散陆上溢流	泻湖泛滥；容器泄漏
	地下水渗流	污染的地下水
地下水	泄漏	地表或填埋废弃物；污染的土壤

续表

接收媒介	排放机理	污染源
土壤	泄漏	地表或填埋废弃物
	地表径流	污染的表层土
	零散陆上溢流	泻湖溢流;容器泄漏
	飞灰聚集/沉淀	污染的表层土;废弃土堆
	踪迹	污染的表层土
沉积物	地表径流	表面废物——泻湖、池塘、坑等
	零散陆上溢流	污染的表层土
	地下水渗流	污染的地下水
	泄漏	地表或填埋废弃物;污染的土壤
生物体	接收(直接接触、摄取、吸入)	污染的土壤、地表地下水、沉积岩、空气;其他生物体

3.1.1.1 危害识别

危害识别也称危害鉴定，是风险评价的第一阶段，它需要识别的是接受评价的化学物质对人体健康和环境潜在的影响和危害。这些危害包括：短期内暴露在某一种化学物质下发生的急性或亚慢性的毒性反应，或者长期暴露在某一种化学物质下发生的慢性毒性反应。

3.1.1.2 暴露评价

暴露是指化学品与人体外界面（如皮肤、鼻、口）的接触。通常情况下这些化学品是存在于空气、水、土壤、产品或交通与载体等介质中，接触面的化学品浓度即暴露浓度。暴露与剂量信息通常采用暴露-效应或剂量-效应相关的形式来评价健康风险与可能产生的不良效应。作为健康风险评价的一部分，暴露评价提供暴露或剂量值以及对它们的解释。通过提供的暴露与剂量信息，允许对个体风险与人群风险进行评估。

在暴露评价中根据持续时间不同可以分为三类。

① 急性暴露：一般指与某种化学物质一次性的接触，通常接触时间小于1d。

② 慢性暴露：指长时间暴露在某种化学物质的作用下，通常暴露时间为几年、十几年甚至是人的一生。

③ 亚慢性暴露：暴露时间介于急性与慢性之间。

尾矿库污染物迁移和暴露途径如图 3-1 所示。

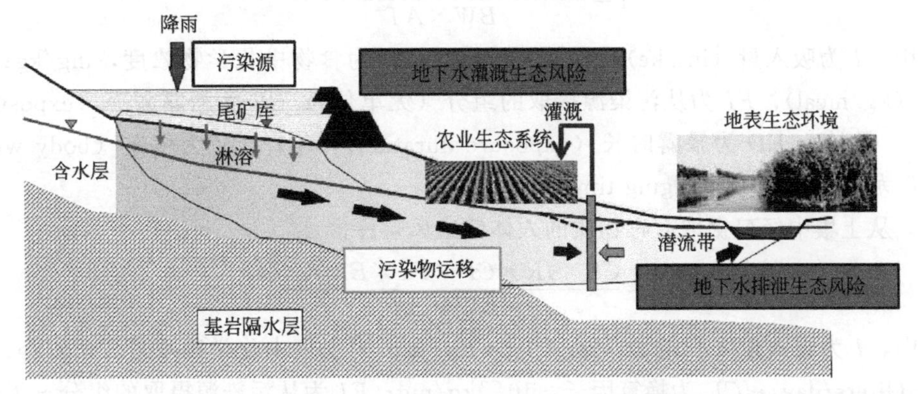

图 3-1　尾矿库污染物迁移和暴露途径（见彩插）

3.1.2 有毒物质的暴露量计算

在确认已经污染和将要污染的介质之后通过可能的暴露群体确认感染点。结合个人位置和活动情况，任何潜在与污染物接触的地方都是一个感染点。在可能暴露化学物含量最高的位置进行确认。经过确定暴露点，接下来进行对暴露路径的确定。根据污染介质和地方群体先前的活动来进行分析。一个完整的途径应具备以下条件：污染物从一个源头被排放；在一个感染点发生接触；在感染路径发生接触。

在所有完整的暴露路径中选择几个途径去进行暴露评估。所有的路径都需要进行进一步的评估，除非有正当解释来排除这些路径，其中包括：在相同介质和相同暴露点，这个介质比另一个介质暴露程度低；从一个路径潜在暴露的级别低；暴露可能性低并且发生风险不高。

在对暴露路径进行总结时，列出所有完整的途径，包括潜在暴露群体、暴露介质、暴露点以及暴露线路。同时，注明用于定量分析的路径，指出排除某些路径的理由。对暴露级别、频率和周期的量化也是进行定量评估的过程，这一步通常被分成两个阶段：预测暴露浓度；量化与现场有关路径的污染物吸收量。

如果暴露的时间过长，总共的暴露情况将被时间划分而获得一个平均的暴露率。这个平均的暴露率可以用于暴露时间和暴露体重的标准化计算，将时间周期和体重标准化。

在所有的有毒物质暴露引起的人体健康风险中，以饮用水、食物和土壤直接经口进入人体最为严重，其次为经皮肤进入人体，因此本书主要列举这三种摄入方式摄入量的计算方法。

（1）从饮用水中摄取有毒物质的人体健康风险评价

$$I=\frac{CW\times IR\times EF\times ED}{BW\times AT}$$

式中，I 为吸入量（intake），mg/(kg·d)；CW 为水中化学物浓度，mg/L；IR 为摄取率，L/d；EF 为暴露频率（exposure frequency），为每平暴露的天数，d/年；ED 为暴露时长（exposure duration），年；BW 为体重（body weight），kg；AT 为平均时间（averaging time），d。

（2）从食物中摄取有毒物质的人体健康风险评价

$$I=\frac{CF\times IR\times FI\times EF\times ED}{BW\times AT}$$

式中，I 为吸入量（intake），mg/(kg·d)；CF 为食物中化学物浓度，mg/kg；IR 为摄取率（kg/meal）；FI 为从污染源摄取的组分（无单位）；EF 为暴露频率（exposure frequency），餐/年；ED 为暴露时长（exposure duration），年；BW 为体重（body weight），kg；AT 为平均时间（averaging time），d。

（3）从土壤中经口摄取有毒物质的人体健康风险评价

$$I=\frac{CS\times IR\times CF\times FI\times EF\times ED}{BW\times AT}$$

式中，I 为吸入量（intake），mg/(kg·d)；CS 为土壤中化学物浓度，mg/kg；IR 为摄取率（liters/day）；CF 为换算因子，10^{-6} kg/mg；FI 为从污染源摄取的组分（无单位）；EF 为暴露频率（exposure frequency），为每平暴露的天数，d/年；ED 为暴露时长（exposure duration)，年；BW 为体重（body weight）；AT 为平均时间（averaging time）。

在上述这些变量中，浓度是暴露周期内接触的平均浓度。尽管不是最高可接触的浓度，但它被认为是在暴露时间内合理估计的接触浓度。

接触率反映出平均每段时间或每个事件接触的污染介质的总量。如果统计数据对于接触率可行，使用95%置信区间来分析这个变量；如果统计数据不可行，应当运用专业的判断去估计一个与置信度为95%的相似数值。

暴露频率和周期是用来估计总的暴露时间。它们是基于现场特点决定的。如果统计数据有效，使用95%置信区间的暴露时间数值；如果缺乏统计数据，暴露时间就用合理保守的估计去决定。

体重的数值是平均人体质量与暴露周期的比值，如果暴露仅发生在幼年时期，少年在平均暴露周期内的体重将被用于摄入量的估计。终身暴露的计算是根据所有群体的年龄时间加权平均值进行估计的。

选择的平均时间将取决于评估的毒性影响类型。当评估不断加强的毒性暴露时，吸入量的计算是根据每个暴露事件平均进行的。对于急性有毒物，吸入量是通过在产生反应的最短暴露周期的平均值，通常是一个暴露事件或一天；当评估更长时间的非致癌有毒物时，吸入量是计算暴露周期的平均吸入量；对于致癌物，吸入量是根据寿命周期分配积累的总共剂量。

3.1.3 有毒物质的人体健康评价方法

在对风险进行量化分析的时候，致癌风险和其他风险进行分别计算和叠加。

计算过程中，关于致癌风险：

$$风险(Risk)=斜率系数(SF)\times慢性日常吸入量(CDI)$$

关于其他风险：

$$非致癌风险系数(\text{Noncancer Hazard Quotient})=\frac{暴露级别(\text{Exposure Level},E)}{参考计量(RfD)}$$

致癌和非致癌对各种化学品的风险分别进行叠加便得出相应的风险系数。其中有必要根据感染时长细分为慢性、次慢性，还有少于2周的暴露分别进行计算。

一个个体可能通过多种渠道暴露在一种物质或混合物中，因此，要结合多种化学品的风险预测需要与哪些途径进行交叉分析，具体分2步：确定合理的感染途径合并；检验同样个体在多种途径下是否始终面临合理估计的最大暴露程度。

风险的量化分析当中，致癌风险和非致癌风险均可用风险指数来表示。

3.1.3.1 致癌风险计算公式

线性低剂量癌症风险公式：

$$Risk=CDI\times SF$$

高致癌风险级别公式：　$Risk=1-\exp(-CDI\times SF)$。

式中，$Risk$ 为一个个体引发癌症的可能性（无单位）；CDI 为平均超过70年的慢性日常吸入量，mg/(kg · d)；SF 为斜率因子，mg/(kg · d)。

多项物质的癌症风险公式：　　$Risk_T = \sum Risk_i$

式中，$Risk_T$ 为总共的癌症风险（无单位）；$Risk_i$ 为第 i 种物质估计的风险。

经过多种途径的癌症风险公式：

$$总体暴露致癌风险 = 风险(暴露途径_1) + 风险(暴露途径_2) + \cdots + 风险(暴露途径_i)$$

3.1.3.2 非致癌风险计算公式

$$非致癌风险商 = \frac{E}{RfD}$$

式中，E 为暴露级别（或吸入量）；RfD 为参考剂量

$$风险指数 = \frac{E_1}{RfD_1} + \frac{E_2}{RfD_2} + \cdots + \frac{E_i}{RfD_i}$$

式中，E_i 为第 i 种有毒物质的暴露级别（或吸入量）；RfD_i 为第 i 种有毒物质的参考剂量。E 和 RfD 在表达时为相同的单位并且代表相同的暴露周期（比如慢性、次慢性或短期）。

$$慢性风险指数 = \frac{CDI_1}{RfD_1} + \frac{CDI_2}{RfD_2} + \cdots + \frac{CDI_i}{RfD_i}$$

式中，CDI_i 为第 i 种有毒物质的慢性日常吸入量，mg/(kg · d)；RfD_i 为第 i 种有毒物质的参考剂量。

$$次慢性风险指数 = \frac{SDI_1}{RfD_1} + \frac{SDI_2}{RfD_2} + \cdots + \frac{SDI_i}{RfD_i}$$

式中，SDI_i 为第 i 种有毒物质的次慢性日常吸入量，mg/(kg · d)；RfD_i 为第 i 种有毒物质的参考剂量。

经过多种途径的风险指数公式为：

$$总体暴露风险指数 = 风险指数(暴露途径_1) + 风险指数(暴露途径_2) + \cdots + 风险指数(暴露途径_i)$$

总体暴露风险指数的计算针对慢性、次慢性和短期暴露是分别进行的。

传统的相加模型在对有毒物质混合物暴露进行风险评价时，可能得到的评价结果略低。此外，敏感人群选取的代表性是另一个将导致对实际风险过低估计的因素。

需要注意健康评价是一个反复的过程。风险评价的四个阶段是建立在一系列假设的基础上的。通过分析，计算好风险度对这些假设的敏感度，可以显示出是否需要重新考虑或修改这些假设。因为健康风险最初是由空气、土壤、地下水和地表水监测数据计算得到的，所以需要经常更新监测数据，需要新增采样点来填补数据之间的间隔，从而代表一个更可信的最后情境评价。

3.2 稀土尾矿库区周边地下水污染的人体健康风险评价

我国的地下水污染健康风险评价基于保护人类健康，以地下水质量标准和风险评价的健康基准值为基础，客观、科学定量化地评价地下水污染对人体健康的潜在影响，主要关注化

学性污染物。化学性污染物主要指进入水体的无机和有机化学物质，按照其效应和危害程度又可分致癌毒害效应和非致癌毒物效应。

3.2.2.1 致癌风险评价

通常认为人体在低剂量化学致癌物暴露条件下，暴露剂量率和人体致癌风险之间呈线性关系；当高剂量导致高致癌风险时，暴露剂量率和人体致癌风险之间呈指数关系。具体计算公式为：

$$R = SF \times CDI_{ca} \quad R < 0.01$$
$$R = 1 - \exp(-SF \times CDI_{ca}) \quad R \geqslant 0.01$$

式中，R 为致癌风险，表示人体终生超额患癌的概率；SF 为化学致癌物的致癌斜率系数，表示人体终生暴露于剂量为每日每千克体重1mg化学致癌物时的终生超额患癌风险度；CDI_{ca} 为致癌暴露剂量，表示单位体重人体日均摄入的评价污染物质量。

① 饮水途径，致癌暴露剂量为：

$$CDI_{ca\text{-}ing} = \frac{C \times EF_r \times IFW}{AT \times LT}$$

$$IFW = \frac{ED_c \times IRW_c}{BW_c} + \frac{(ED_r - ED_c) IRW_a}{BW_a}$$

式中，$CDI_{ca\text{-}ing}$ 为饮水途径的致癌暴露剂量；C 为水源中污染物浓度；EF_r 为暴露频率，表示评价时段内年均人体摄入评价污染物的天数IRIS（Integrated Risk and Information System，风险与信息综合管理系统）建议350d/a，因饮水为每日必须，365d/a也可；IFW 为入口因子；LT 为人均寿命（取70a）；ED_c 为儿童暴露时间（IRIS建议取6a）；ED_r 为成人暴露时间（IRIS建议取30a）；IRW_c 为儿童饮水量（IRIS建议取1L/d）；IRW_a 为成人饮水量（IRIS建议取2L/d）；BW_c 为儿童人均体重（我国适合取15kg）；BW_a 为成人人均体重（我国适合取59kg）。

② 皮肤接触途径，致癌暴露剂量率为：

$$CDI_{ca\text{-}der} = \frac{C \times EF_r \times DFW \times K_p \times CF}{AT_r \times LT}$$

$$DFW = \frac{ED_c \times SA_c \times ET_c \times EV_c}{BW_c} + \frac{ED_r \times SA_a \times ET_a \times EV_a}{BW_a}$$

式中，$CDI_{ca\text{-}der}$ 为皮肤接触途径的致癌暴露剂量；DFW 为皮肤接触因子；K_p 为皮肤入渗系数，与污染物有关；CF 为转换因子（取0.001L/cm^3）；SA_c 为儿童人均皮肤表面积（我国适合取8215cm^2）；SA_a 为成人人均皮肤表面积（我国适合取16140cm^2）；ET_c、ET_a 分别为儿童和成人洗澡时间（取0.4h/次）；EV_c、EV_a 分别为儿童和成人洗澡频率（取0.3次/d）。

$$总致癌风险为：R_{总} = R_{ing} + R_{der}$$

式中，R_{ing}、R_{der} 分别为饮水途径和皮肤接触途径的致癌风险。

根据王宗爽等对我国居民的统计年鉴，对IRIS模型参数适当调整，得出适合我国居民特点的健康评价参数，见表3-2。

3.2.2.2 非致癌物风险评价

化学污染物对人体的非致癌慢性毒害一般以参考剂量为衡量标准。暴露水平高于参考剂量则为可能有危险者；暴露低于或等于参考计量者为不大可能有危险者。通常用危害指数TTHQ（Total Target Hazard Quotients）来表示。

$$TTHQ=\frac{CDI_{nc}}{RfD}$$

式中，CDI_{nc} 为非致癌暴露剂量率；RfD 为参考剂量。

① 饮水途径，非致癌暴露剂量率为：

$$CDI_{nc-ing}=\frac{C\times EF_r\times ED_r\times IRW_a}{AT_r\times ED_r\times BW_a}$$

② 皮肤接触途径，非致癌暴露剂量率为：

$$CDI_{nc-der}=\frac{C\times EF_r\times ED_r\times SA_a\times EV_a\times ET_a\times K_p}{1000AT_r\times ED_r\times BW_a}$$

当某一具体的暴露途径没有毒性数据时，可以通过外推的方法获得。根据EPA的研究结果，皮肤暴露途径的非致癌参考剂量 RfD_{ABS} 和致癌斜率因子 SF_{ABS} 可以采用经口摄入途径的非致癌参考剂量 RfD_O 和致癌斜率因子 SF_O 来推算，公式为：

$$RfD_{ABS}=RfD_O\times ABS_{G1}$$

$$SF_{ABS}=\frac{SF_O}{ABS_{G1}}$$

式中，ABS_{G1} 为肠胃吸收的污染物分数。

$$\text{非致癌风险 } TTHQ_{总}=TTHQ_{ing}+TTHQ_{der}$$

式中，$TTHQ_{ing}$，$TTHQ_{der}$ 分别为饮水途径和皮肤接触途径的非致癌风险。

表 3-2 健康风险评价参数

污染物	斜率系数 SF	参考计量 RfD	肠胃吸收污染物分数 ABS_{G1}	污染物皮肤人渗系数 K_P
硫酸盐		1.60	1	0.001
氟化物		0.06	1	0.001
亚硝酸盐氮		0.1	1	0.001
氨氮		0.1	1	0.001
六价铬	0.5	0.003	0.025	0.001
砷	1.5	0.0004	1	0.001
铅	0.055	0.0035	1	2.08×10^{-5}
镉		0.0004	0.05	0.0149
汞		0.0003	0.07	0.001
铁		0.7	1	0.001
铜		0.04	1	0.001
锌		0.3	1	0.0006
硒		0.005	1	0.001
钼		0.005	1	0.001
镍		0.02		
锰		0.14		

3.3 稀土尾矿库区水生生物食用的人体健康风险评价

目前看来，尾矿库区地表地下水污染已经成为突出的生态环境问题之一，不仅使周边区域水生生物受影响，也会通过食物链的传递、累积，对生态系统产生影响。科学认识污染物在食物链中的污染特征及其生态环境效应对合理保护当地生态安全、科学管理生物资源以及安全风险防控等方面都具有重要的意义。

生态环境中有很多的污染物如重金属等不会被自然降解和消失，它会在动植物及水体沉积物中富集、迁移。也可以沿食物链传递，对人体健康造成威胁，甚至会对整个生态系统造成严重的威胁。底泥是水体污染物累积的主要场所，了解湿地环境中水体和底泥的重金属含量及其在动植物中的分布特征，对于合理评价尾矿库区食用水生生物的人体健康风险，保障当地居民健康生活具有重要意义。

3.3.1 重金属的生物富集作用研究

环境中的重金属污染很难被环境自身减弱或消失，它只会从一种形态转变成另一个形态，期间在悬浮物或者沉积物中不断累积。重金属可以通过微生物、植物、鱼类、贝类、大型水鸟等生物的摄食、吸收与同化等方式进入其体内累积、富集。很多水生与湿生植物生长速度快，能从水环境中和土壤环境中吸收和积累超量重金属，而被用来净化水体，如芦苇、香蒲等。

当重金属的摄取大于排出时，便会在动植物体内积聚下来。骨组织、贝类等都是重金属的储存组织，还有重金属与其金属硫蛋白结合，累积在细胞中，随着时间的流逝，积累量会越来越大。加之重金属有沿着食物链放大的效应，导致食物链顶端的动物体内重金属含量往往会达到一个很高的浓度。如：日本在调查导致水俣病的原因时曾发现，海水中的Hg含量仅有$10^{-4}\mu g/g$，而经过从浮游生物到大鱼等生物体内时，鱼体内的浓度是海水中的$1\times10^3\sim5\times10^3$倍。水环境中的重金属及杀虫剂等都很容易在蝌蚪、蟾蜍或蛙成体的体内富集达到一个较高的浓度值。

重金属的特性使其在环境中很难被减弱和消除，它会依附在水体悬浮物或者在水体的底泥沉积物中，抑或是在动植物的体内累积，在达到生物的承受范围时，对生物造成遗传损伤，其危害性严重且不易被发现。降解和消除重金属的污染，对生态环境保护和物种多样性的维持都有着至关重要的作用。

3.3.1.1 重金属的生物富集作用研究现状

目前，我国相关学者对重金属污染的关注度越来越高，相继在长江、黄河、淮河、海河、太湖、巢湖等地进行了大量重金属污染的研究工作，主要针对水体、底泥以及动植物的污染程度、污染来源、动植物体内的富集特征和污染防控进行相关研究工作。重金属是生态系统中一种非常普遍的污染物，它在自然界中有较强的稳定性，很难被降解且容易在环境中累积。当水环境中重金属的含量达到其阈值后，会对整个水生生态系统造成极其严重的危害。通过饮水以及食物链（网）等途径，最终影响到处于食物链顶端人类的身体健康。

国外学者的研究成果主要集中在水体表层的重金属分布特征，国内开展的湿地研究主要集中在不同类型湿地的重金属污染特征研究及污染评价，其中关于湖泊湿地的研究报道较其他湿地更多。简敏菲、胡春华等人研究了鄱阳湖湿地水体的重金属污染状况，岳荣利用相关性和主成分法在乌梁素海对比表层水体重金属污染特征进行了分析，吴彬研究克钦湖水体发现了较严重的As污染；王伟针对江苏五大湖泊水体进行了长达10年之久的研究，孙清展采用较通用的方法研究仙鹤湖水体中重金属，表明模糊综合法和分级评价法评价的结果能客观真实地反映重金属污染状况。

此外，国内外关于湿地沉积物和水生生物重金属污染的评价和富集研究也越来越多。如国内的鄱阳湖、宁夏黄河流域湖泊、黄河渭南段、紫湖区等湿地的底泥重金属研究。对太湖、鄱阳湖、拉萨河、赤水河等湿地水生生物的生物富集进行研究，表明各地湿地沉积物中都存在Cr、Cu、Pb、Cd、Hg和As的累积现象，其中在紫湖区污染最为严重，Cu、Cd和Zn含量分别达我国土壤背景值的6.25倍、8.53倍和18.89倍。上述研究显示以上重金属更易在鱼的肝脏和鳃等组织中富集。国外相关学者通过研究墨西哥圣路易斯波拖西人工湖、幼发拉底河、塔斯基吉湖等地的湿地沉积物及水生动植物发现，重金属在鱼组织内的浓度与营养水平呈现显著负相关，其中肝脏和鳃中的重金属含量显著高于其他组织，植物根系中重金属显著高于茎和叶。

有学者研究铜矿附近的河流沉积物中重金属的污染和来源时曾发现，沉积物中的Cu和Pb富集明显，且随着据排污口距离的增加，其浓度呈下降趋势，可见其污染物主要是受矿上和城市的影响；对湖体表层水体中的污染物分布特征和来源进行评价时发现，同一水体，不同位置污染物的分布没有差异，而不同湖水中污染物浓度存在明显差异；以雷山为参考点研究万山汞矿区污染物沿食物链传递规律时发现，参考点的Se、Hg的浓度显著低于汞矿区，且无论是参考点还是矿区内肉食性动物体内污染物的含量显著高于植食性动物，表现出明显的生物累积放大效应；对植物重金属富集研究发现，Pb、Cd、Cr、Mn、Fe在研究的植物中，根系对重金属的富集大于茎和叶；在实验室中模拟环境中的食物链对重金属在食物链中的迁移和富集进行研究，发现Cu、Pb和Ca在小球藻中的富集系数远大于菲律宾蛤仔；还有研究发现Cd在小白菜、大白菜和苋菜中的富集性较高，不建议将其种植在Cd的高污染土壤中。

3.3.1.2 重金属的理化特性和致毒机理

环境中的重金属主要包括Cr、Zn、Cu、Cd、Hg，Pb、Ag等。对生物的毒性来说，环境中的有害元素还包括Al以及类金属As与Se元素。生物体身体内各种酶催化的反应以及大分子蛋白质的合成阶段，都需要上述微量元素Zn、Cu与Cr参与，其在维持动植物和其他生物体生命活动中发挥着至关重要的作用。但是，生物体对重金属是有一定的耐受性的，当生物体内重金属含量达到其阈值时，生物体会出现不同程度的中毒现象。由于此类重金属在生物体内不存在有效的降解、调控和代谢的机理，往往很小的剂量就会对生物体造成很强的生物性毒性作用。

生物致毒性、污染持久性以及生物体内的积累有效性，是重金属污染的三个主要的特点。当重金属污染物通过各种途径进入水环境中后，随着水体条件的变化（如动力条件），大部分重金属在水环境中，吸附在水体悬浮物和颗粒物中经长时间的沉淀进入水体沉积物中并在其中累积，导致沉积物中的含量远大于水体。当水中动力条件等变化或者发生扰动的时候，会再次释放出二次污染。水环境中的重金属污染物会对生活在该环境中的水生生物造成较严重的威胁，而且它会直接作用于该环境中的植物或经济作物，使其产量及质量受到严重影响，并通过动植物和作物所处的食物链，对高营养级的生物造成威胁。重金属在食物链中迁移累积，会使重金属的污染蔓延整个生态环境。因此，需要对典型污染场地的人体健康风险进行及时合理地评价，以保障当地居民的饮食健康。

3.3.2 稀土尾矿库区污染物生物富集与健康风险评价

以昆都仑水库湿地区域、黄河湿地为对照，研究尾矿库南侧湿地重金属分布水平，以分布较广泛的花背蟾蜍为试验动物，同时采集水体、底泥、水藻为研究样品进行重金属 Cd、Fe、Pb、Cu、Cr、Mn、Ni、Zn 等元素的测定，研究各湿地重金属在水体、底泥中的分布和在食物链中的富集特征。

3.2.2.1 样品采集与数据分析

选择尾矿库南侧水域湿地作为重点研究样地。黄河湿地自然保护区属于半自然状态的河流湿地，水草丰美，污染较轻，然而当地的旅游业发展使得黄河湿地受到较多的人为扰动，且在其黄河上游有昆都仑河和部分企业的废水排放，对其水质有一定的影响，但其影响程度不明，作为生活旅游区湿地研究样地之一。昆都仑水库湿地（自然保护区）作为包头市饮用水源地，地处大青山深处，环境保护较好，上游没有其他污染源，作为对照样地。

(1) 样品采集与预处理

以昆都仑水库湿地（桃儿湾）区域和黄河湿地（黄河）以及尾矿库湿地（尾矿库南侧）为研究样地，以分布较广泛的花背蟾蜍为研究动物，在各样地随机捕捉同龄的体格大小相近的雄性花背蟾蜍 8 只，同时在附近采集藻类各 3 份，用捕虫网捕捉昆虫各 3 份。藻类主要是绿藻纲（Chlorophyceae），其中包括团藻属（*Volvox*）、衣藻属（*Chlamydomonas*），虫类主要有昆虫纲（Insecta）和甲壳纲（Crustacea）。底泥混合样品取表层 0～1.5cm 各 3 份。底泥、水藻每份样品分别不少于 0.5kg、0.1kg，样品用聚乙烯塑料袋装好，实验室待测。

① 将底泥样品中的碎石和植物残骸去除，置于通风处阴干之后研磨，过 200 目筛子（用国家统一标准检验筛），装入聚乙烯塑料袋放置备用。

② 水藻样品用去离子水冲洗其表面的泥土等，再用蒸馏水清洗数次，确保其表面其他污染源被清洗干净，晾干后测鲜质量，装于纸袋中，置于鼓风干燥箱中 60℃烘干，粉碎备用。

③ 昆虫样品清洗表层污垢，然后用蒸馏水清洗，按照甲壳虫、蚊虫分别进行分类，在风干鼓风干燥箱中烘干，粉碎备用。

④ 蟾蜍样品使用双毁髓法处死，取其皮、肌肉、后腿骨、心、肝、胃、肠等组织，用蒸馏水冲洗，在鼓风干燥箱中烘干。

本书采用湿法消解，电感耦合等离子体原子发射光谱法，进行重金属 Cd、Fe、Pb、Cu、Cr、Mn、Ni、Zn 的含量测定。

（2）样品消解与分析

准确称取过100目筛的土壤样品0.2000g（精确到0.0001g）于干净的聚四氟乙烯消化管中并做空白对照样，并迅速加入3mL HCl、9mL HNO_3、10mL HF。将各消化管放入到通风橱中的消化炉上，用聚四氟乙烯的盖子盖好，自消化炉温度达到200℃开始计时2h，直到消解管中的消解液剩余2～3mL（或者近干），溶液呈透明状态，再次向消解管中添加3mL左右 $HClO_4$，继续加热消解1h左右。观察消解管中冒白烟的情况，当不再有白烟时，取下消解管冷却至室温，用蒸馏水将消解管口的结晶冲洗到消解管中，放到消解炉内继续200℃开盖消解40min，直到溶液近干时再次冲洗。当溶液再次近干时，将消解管从消解炉取下后冷却至室温，然后配置浓度为0.2% HNO_3，加入45mL配好的 HNO_3 定容至50mL装入塑料瓶中待测，可采用电感耦合等离子体原子发射光谱法测定。

3.3.2.2 生物富集与健康风险评价方法

（1）富集系数法

富集系数（Bioconcentration Factors，*BCF*）能反映动植物对不同元素具有选择性吸收的能力，生物富集系数越高则表示生物对重金属的富集能力大。

$$BCF=\frac{Z_i}{T_i}$$

式中，Z_i 为研究营养级中重金属元素的含量；T_i 为上一营养级中重金属元素的含量。

（2）比重富集法

比重富集法适用于动植物摄取来源非单一时，按照动植物摄取来源的比重计算动植物的比重富集系数（Gravity Enrichment Factor，*GEF*）。

$$GEF=\frac{Z_i}{Xa+Yb+Wc}$$

式中，Z_i 为研究营养级中重金属元素 i 的含量；X，Y，W 分别为摄取的不同途径；a、b、c 为在所摄取途径的比重，%。

（3）目标风险系数法

目标风险系数（Target Hazard Quotients，*THQ*）是美国国家环保局用于评估人体摄食重金属的风险值。

$$THQ=\frac{E_F E_D E_{IR} C}{RfDW_{AB} T_A \times 10^{-3}}$$

式中，E_F 为食用人暴露的频次，365d/a；E_D 为食用人群暴露的时间，70a；E_{IR} 为摄入的质量，儿童92.6g/d，成人57.5g/d；C 为食品中重金属的含量，mg/kg；RfD 为口服参考剂量，Cd为 1×10^{-3}mg/(kg·d)，Cu为0.04mg/(kg·d)，Zn为0.3mg/(kg·d)，Pb为0.004mg/(kg·d)；W_{AB} 为人群平均的体重，儿童为32.7kg，成人为55.9kg；T_A 为非致癌性暴露平均时间，365d×70a。当 $THQ<1$ 时，认为食用品对暴露人群无风险。此外，当所摄食的食品中有多种重金属元素存在时，总的目标危险系数为单个系数的风险值之和：

$$TTHQ=\sum THQ$$

3.3.3 栖息地水体重金属污染评价

三个研究样地水体中的重金属 Cd、Cr、Cu、Ni、Zn 和 Pb 含量的范围分别是 0.002～0.029mg/L、0.06～0.188mg/L、0.003～0.014mg/L、0.017～0.259mg/L、0.006～0.018mg/L 和 0.008～0.042mg/L。而 Fe 和 Mn 含量的范围分别是从未检出到 0.008mg/L 和 0.042mg/L。

根据《内蒙古水功能区划》，湿地环境中的水体执行此文件中的Ⅱ类标准，参照国家标准《地表水环境质量标准》（GB 3838—2002）对三类湿地中的水体重金属元素的污染进行评价（Cr 参照 Cr^{6+} 标准，按 $Cr^{3+}:Cr^{6+}=1:1$ 计算），结果见表 3-3。

表 3-3 三大湿地水质评价

样地	Cd	Cr	Cu	Fe	Mn	Ni	Zn	Pb
昆都仑水库湿地	Ⅱ	Ⅱ	Ⅰ	<限值	<限值	<限值	Ⅰ	Ⅰ
黄河湿地	Ⅱ	Ⅴ	Ⅰ	>限值	>限值	>限值	Ⅰ	Ⅲ
尾矿库南侧湿地	>Ⅴ	>Ⅴ	Ⅱ	>限值	>限值	>限值	Ⅰ	Ⅲ

只有 Cd、Cr 和 Ni 含量出现超出限值的情况，其中 Cd 含量在尾矿库湿地超出Ⅴ类水标准，Cr 含量在黄河湿地达Ⅴ类水标准，尾矿南侧湿地超出Ⅴ类水标准。黄河湿地和尾矿库南侧湿地 Ni 含量超出标准限值。Cu、Fe、Pb 和 Mn 含量均未超出限值，且 Fe 和 Mn 的含量远低于限值，总体来看，只有黄河湿地和尾矿库南侧湿地出现 Cr 和 Ni 含量超标出现污染情况，其他区域和元素均未出现污染状况。

3.3.3.1 污染指数评价

利用单因子污染指数法对三大湿地的水质进行评价，结果显示：Cd 在黄河湿地水体中为轻微污染，在尾矿库南侧湿地水体中为重度污染；Cr 在黄河湿地水体中为轻微污染，在尾矿库湿地水体中为轻度污染；Ni 在黄河湿地和尾矿库南侧湿地均达到重度污染。

内梅罗综合指数法评价结果显示，昆都仑水库湿地的水体污染等级为清洁（安全），黄河湿地与尾矿库南侧湿地水体污染等级为重度污染。而污染负荷指数法评价结果显示三类湿地的水体均未受到上述重金属污染。这是由于两类评价方法的侧重点和算法不同所致。污染负荷指数法更加注重各个污染因子之间的均衡，而内梅罗指数法更注重的是单因子污染指数较大的元素，因此出现了不同的评价结果。

3.3.3.2 潜在生态风险评价

根据生态风险的计算方法，选择用重金属 Cd、Pb、Cu 和 Zn 对湿地水体进行风险评价，见表 3-4，其毒性系数分别为 30、5、5、1。

表 3-4 研究样地重金属潜在风险评价

样地	Eri_{Cd}	Eri_{Cu}	Eri_{Zn}	Eri_{Pb}	RI
昆都仑湿地	14.00±4.00	0.020±0.005	0.0100±0.0002	0.83±0.50	14.85
黄河湿地	32.00±2.00	0.0200±0.0015	0.0100±0.0003	1.73±0.17	33.76
尾矿库湿地	126.00±40.00	0.070±0.002	0.020±0.005	4.20±1.20	130.29

研究样地水体中 Cd 和 Pb 的潜在生态风险等级较高，除尾矿库湿地的 Cd 达到较高污染等级外，其余均为低风险等级。从多种金属潜在生态危害指数来看，昆都仑水库湿地、黄河

湿地和尾矿库湿地均为低生态风险。

3.3.4 栖息地底泥重金属分析

3.3.4.1 栖息地底泥重金属污染评价

与我国土壤环境背景值比较发现，昆都仑水库湿地底泥中只有Cd含量超过背景值，而黄河湿地和尾矿库湿地底泥中除Mn以外均不同程度地超出了土壤环境背景值。其中尾矿库湿地和黄河湿地的Cr含量分别达到背景值的2.63倍和2.62倍、Cu含量分别达到1.24倍和1.12倍、Ni含量分别达到3.03倍和3.05倍、Zn含量分别达到4.01倍和1.41倍。总体来看，尾矿库湿地与黄河湿地重金属含量均显著高于昆都仑水库湿地，其中尾矿库湿地的Mn和Zn含量显著高于黄河湿地（$P<0.05$）。黄河湿地Ni和尾矿库Cd、Ni含量超出国家土壤环境背景值的二级标准。

依据单污染因子等级划分，除Cd以外所有重金属元素在昆都仑水库湿地底泥中无污染，而在黄河湿地与尾矿库湿地底泥中均出现不同程度的污染，其中尾矿库南侧湿地底泥中的Cd、Zn污染最严重，其单因子污染指数的范围分别为11.05～12.11和3.65～4.01，分别达重度污染、中度污染。在黄河湿地达均为轻微污染。Cr和Ni在黄河湿地和尾矿库南侧湿地分别为轻度和中度污染。而Cu在黄河湿地和尾矿库湿地均属于轻微污染。除尾矿库南侧湿地1、2号点外，Mn含量均低于土壤环境背景值。

昆都仑水库湿地作为自然保护区和包头市水源地，处于大青山（阴山山脉）深处，其底泥重金属测定显示Cu、Cr、Mn、Ni、Zn和Pb含量均低于土壤环境背景值，污染负荷指数和内梅罗综合污染指数均小于1，表明湿地底泥仍处于自然状态，未受到上述重金属的污染。

黄河湿地与尾矿库湿地底泥重金属的污染负荷指数和内梅罗综合指数分别为1.24、2.85和2.42、8.62，按污染等级划分达到轻度、中度和中度、重度。黄河湿地自然保护区的水源主要来自黄河，上游昆都仑河的排污对其水质影响较大，加之当地人类活动比较频繁，导致重金属浓度较高。而污染最严重的是尾矿库南侧湿地，为尾矿库渗漏所致。

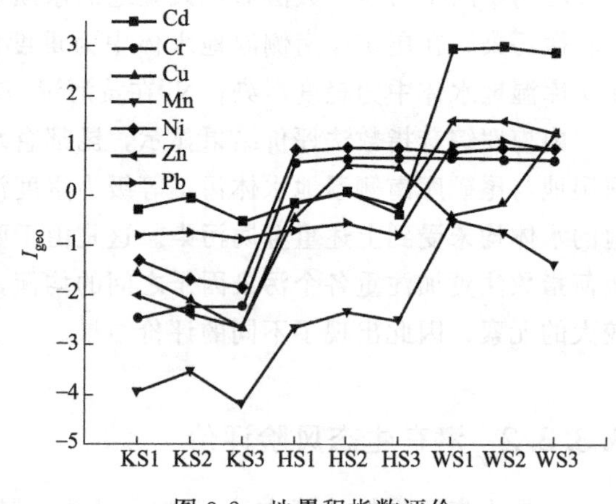

图3-2 地累积指数评价

KS—昆都仑水库湿地；HS—小白河湿地；WS—尾矿库湿地；1、2、3—样点编号

地累积指数显示昆都仑水库的各种重金属（Cd、Cr、Cu、Mn、Ni、Zn和Pb）含量均小于零，为无污染（图3-2）。黄河湿地的Cr、Cu和Ni均达轻度～中度污染，尾矿库湿地的Cr和Ni达轻度～中度污染、Zn和Pb达中度污染、Cd达中度～强污染。

3.3.4.2 潜在生态风险评价

对研究样地的底泥重金属潜在风险进行评价，见表3-5。评价结果显示潜在生态风险等级：尾矿库湿地＞黄河湿地＞昆都仑水库湿地。从单项风险系数来看，研究样地底泥中污染最严重的为Cd，其污染度显著大于其他元素。根据潜在生态风险等级划分，昆都仑水库湿地和黄河湿地的风险等级为“低”，尾矿库湿地的风险等级为“较高”。

表 3-5 研究样地底泥中重金属潜在风险评价

样地	Eri_{Cd}	Eri_{Cr}	Eri_{Cu}	Eri_{Ni}	Eri_{Zn}	Eri_{Pb}	RI
昆都仑湿地	37.70	0.65	1.88	2.65	0.31	4.31	47.49
黄河湿地	40.95	5.18	5.60	15.29	1.41	4.69	73.12
尾矿库湿地	347.43	5.27	6.18	15.16	4.01	15.13	393.18

黄河湿地与尾矿库湿地底泥重金属的污染负荷均值和内梅罗综合指数分别为1.24、2.85和2.42、8.62，按污染等级划分达到轻度污染、中度污染和中度污染、重污染。昆都仑水库湿地底泥中重金属的含量未超出土壤环境质量标准二级标准；黄河湿地底泥中重金属中Ni含量超出土壤环境质量标准二级标准；尾矿库湿地底泥中重金属均超出国家土壤环境背景值，其中Cd、Ni含量超出国家土壤环境质量标准的二级标准。整体而言，昆都仑水库湿地和黄河湿地的重金属潜在风险等级为“低”。而尾矿库湿地底泥重金属风险等级为“较高”，其中主要以Cd、Ni污染较为主。

3.3.5 重金属在花背蟾蜍食物链上的富集

现场双毁髓法处死蟾蜍，取出花背蟾蜍的胃含物带回实验室计算比重，确定花背蟾蜍的捕食比重、食性和食物链分析。结果显示胃含物以藻类、昆虫纲、甲壳纲为主。其中甲壳纲所占比重最大，均超过50%。

表 3-6 蟾蜍胃含物的种类和数量

样地	藻类/g	昆虫纲/g	甲壳纲/g	藻类∶昆虫纲∶甲壳纲
昆都仑水库湿地	0.0146	0.164	0.2364	4%∶39%∶57%
黄河湿地	0.0153	0.078	0.238	5%∶23%∶72%
尾矿库南侧湿地	0.0179	0.1178	0.1736	6%∶38%∶56%

3.3.5.1 不同水生生物重金属含量

生物富集采用重金属干重计算，结果见表3-7。各类样品的重金属含量显示除了昆虫纲和花背蟾蜍肌肉的Cu含量以外，其余均随湿地底泥*PLI*指数的增大呈上升趋势，随着环境中重金属含量的提高，动植物体内积累的重金属含量随之升高。花背蟾蜍肝脏中的Cr、Cu、Mn的含量高于肌肉，肝脏作为动物主要的解毒器官，重金属等污染物质更容易在其中富集放大，涂宗财、蔡深文也发现鱼体内重金属Cu、Cr在肝脏中的含量超过肌肉组织中的含量。

表 3-7 各样地藻类、昆虫纲、甲壳纲体内重金属含量 单位：mg/kg

类别		Cr	Cu	Mn	Ni	Zn
藻类	KS	22.18 ± 2.34^{b}	3.75 ± 0.42^{b}	42.23 ± 4.52^{c}	3.36 ± 0.50^{b}	26.93 ± 4.70^{c}
	C.V	10.55%	11.46%	10.70%	15.17%	17.48%
	HS	145.23 ± 5.39^{a}	22.57 ± 3.16^{a}	50.60 ± 2.07^{b}	58.21 ± 3.40^{a}	72.24 ± 4.30^{b}
	C.V	3.71%	14.00%	4.09%	5.84%	5.96%
	WS	142.59 ± 3.78^{a}	23.01 ± 3.09^{a}	68.96 ± 4.00^{a}	57.14 ± 2.30^{a}	108.9 ± 12.31^{a}
	C.V	2.65%	13.45%	5.80%	4.02%	11.3%

续表

类别		Cr	Cu	Mn	Ni	Zn
昆虫纲	KS	28.66 ± 0.48^{c}	8.69 ± 0.04^{c}	27.67 ± 0.32^{b}	8.99 ± 0.15^{c}	43.83 ± 1.00^{c}
	C.V	1.67%	0.46%	1.15%	1.68%	2.30%
	HS	152.50 ± 1.45^{b}	25.83 ± 1.02^{a}	29.72 ± 1.22^{b}	61.67 ± 2.00^{b}	174.17 ± 3.10^{b}
	C.V	0.95%	3.95%	4.10%	3.25%	1.78%
	WS	162.36 ± 0.65^{a}	21.10 ± 1.66^{b}	40.72 ± 1.59^{a}	67.17 ± 0.52^{a}	215.66 ± 7.05^{a}
	C.V	0.40%	7.86%	0.39%	0.77%	3.27%
甲壳纲	KS	19.88 ± 0.22^{c}	8.62 ± 0.12^{c}	8.83 ± 0.02^{c}	4.12 ± 0.11^{c}	35.74 ± 1.14^{c}
	C.V	1.10%	1.39%	0.22%	2.67%	3.18%
	HS	113.45 ± 2.12^{b}	10.71 ± 0.53^{b}	17.44 ± 0.32^{b}	46.22 ± 0.96^{b}	53.36 ± 1.15^{b}
	C.V	1.87%	4.94%	1.83%	2.09%	2.15%
	WS	160.79 ± 2.32^{a}	24.04 ± 0.34^{a}	40.55 ± 1.12^{a}	68.51 ± 0.53^{a}	203.02 ± 5.12^{a}
	C.V	1.44%	1.41%	2.76%	0.78%	2.52%
花背蟾蜍肝脏	KS	98.61 ± 13.04^{c}	23.61 ± 3.46^{c}	—	19.72 ± 2.04^{b}	34.17 ± 4.59^{b}
	C.V	13.22%	14.66%	—	10.35%	13.42%
	HS	109.04 ± 7.00^{b}	200.6 ± 28.41^{b}	23.35 ± 0.71^{b}	56.19 ± 0.77^{a}	93.58 ± 2.53^{a}
	C.V	6.40%	14.16%	3.02%	1.37%	2.70%
	WS	139.60 ± 1.99^{a}	313.4 ± 13.91^{a}	22.47 ± 0.26^{a}	55.58 ± 1.87^{a}	90.51 ± 0.73^{a}
	C.V	1.43%	4.44%	1.14%	3.36%	0.81%
花背蟾蜍肌肉	KS	47.56 ± 7.13^{b}	4.29 ± 0.72^{c}	—	16.75 ± 2.45^{b}	18.76 ± 2.60^{c}
	C.V	15.00%	16.79%	—	14.65%	13.84%
	HS	94.9 ± 21.56^{a}	5.82 ± 0.66^{a}	21.80 ± 1.47^{a}	57.98 ± 1.44^{a}	95.90 ± 8.03^{b}
	C.V	15.98%	11.32%	6.74%	2.49%	8.37%
	WS	129.21 ± 4.50^{a}	4.91 ± 0.41^{b}	21.63 ± 0.14^{a}	57.08 ± 0.80^{a}	133.64 ± 8.85^{a}
	C.V	3.48%	8.36%	0.64%	1.40%	6.62%

注：KS为昆都仑水库湿地；HS为黄河湿地；WS为尾矿库南侧湿地；C.V为变异系数。不同小写字母表示同一物种体内的相同元素在不同样地间差异显著 $P<0.05$（Duncan法）。

3.3.5.2 不同重金属在各组织中的生物富集

如图3-3所示，花背蟾蜍肝脏对Cu的富集系数介于0.25～13.49，除对藻类以外，富集系数均在1.06以上，说明金属Cu相对于其他金属元素易在蟾蜍肝脏中富集。昆都仑水库湿地中，Cr和Ni相对于Cu、Mn、Zn更容易在花背蟾蜍肌肉中富集。对花背蟾蜍肝脏富集能力分析发现，Cu在三个主要食物来源中，除藻类以外富集系数均大于1，且Cu的含量大于Cr、Mn、Ni、Zn，这可能是因为Cu不仅在生物体内具有血液、生物酶和部分黑色素形成的催化作用，而且Cu是生物体所需的必需元素，存在主动吸收的机理，这与涂宗财等人研究发现Cu在鱼体肝脏中含量最高相吻合。三类主要食物来源中对藻类的富集较弱。综上可见，重金属Cu和Cr更易在花背蟾蜍体内中富集。

3.3.5.3 重金属元素在不同组织中的生物富集

解剖花背蟾蜍，取其肝脏、肌肉、皮肤、心脏和肺等器官，通过测定组织器官中的重金属含量，对包头三类湿地中的两栖类动物花背蟾蜍各器官中的重金属含量进行分析，结果见图3-4。

（1）Cd在不同组织器官中的富集

Cd在花背蟾蜍组织器官中的富集规律是：昆都仑水库湿地中，肝＞骨＞肌肉＞皮；黄河湿地中，肝＞皮＞骨＞肌肉；尾矿库湿地中，肝＞骨＞皮＞肌肉。在三个研究样地中，肝

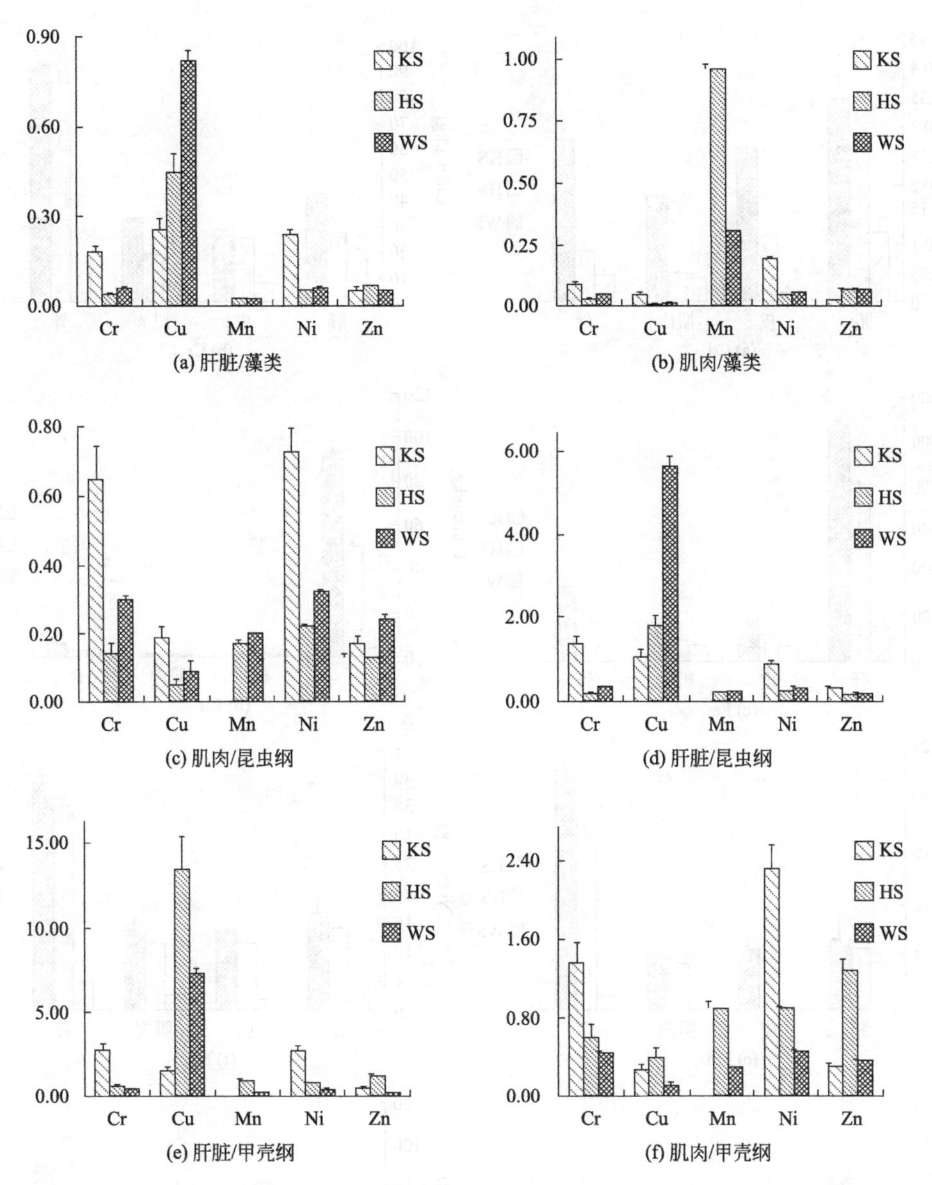

图 3-3 花背蟾蜍肝脏和肌肉相对藻类、昆虫纲、甲壳纲的重金属富集系数

KS—昆都仑水库湿地；HS—黄河湿地；WS—尾矿库南侧湿地

脏中 Cd 的含量最多，说明 Cd 相对于皮、肌肉和骨更易在肝脏中富集。除此之外，在各个器官中，表现出相同的规律：尾矿库湿地＞黄河湿地＞昆都仑水库湿地。随着污染程度的加深，花背蟾蜍体内重金属 Cd 的含量也随之增加。

（2）Cr 在不同组织器官中的富集

Cr 在花背蟾蜍组织器官中的富集规律是：昆都仑水库湿地中，肝脏＞骨＞肌肉＞皮；黄河湿地中，骨＞肝脏＞皮＞肌肉；尾矿库南侧湿地中，骨＞肝脏＞肌肉＞皮。除昆都仑水库湿地以外，骨组织中的重金属含量大于本书中的其他组织。只有在昆都仑水库湿地中肝脏中的重金属含量大于其他组织。在不同样地中，表现出相同的规律：尾矿库湿地＞黄河湿地＞昆都仑水库湿地，组织器官中重金属 Cr 的含量随着湿地水体和底泥中重金属的污染水平的升高而增大。

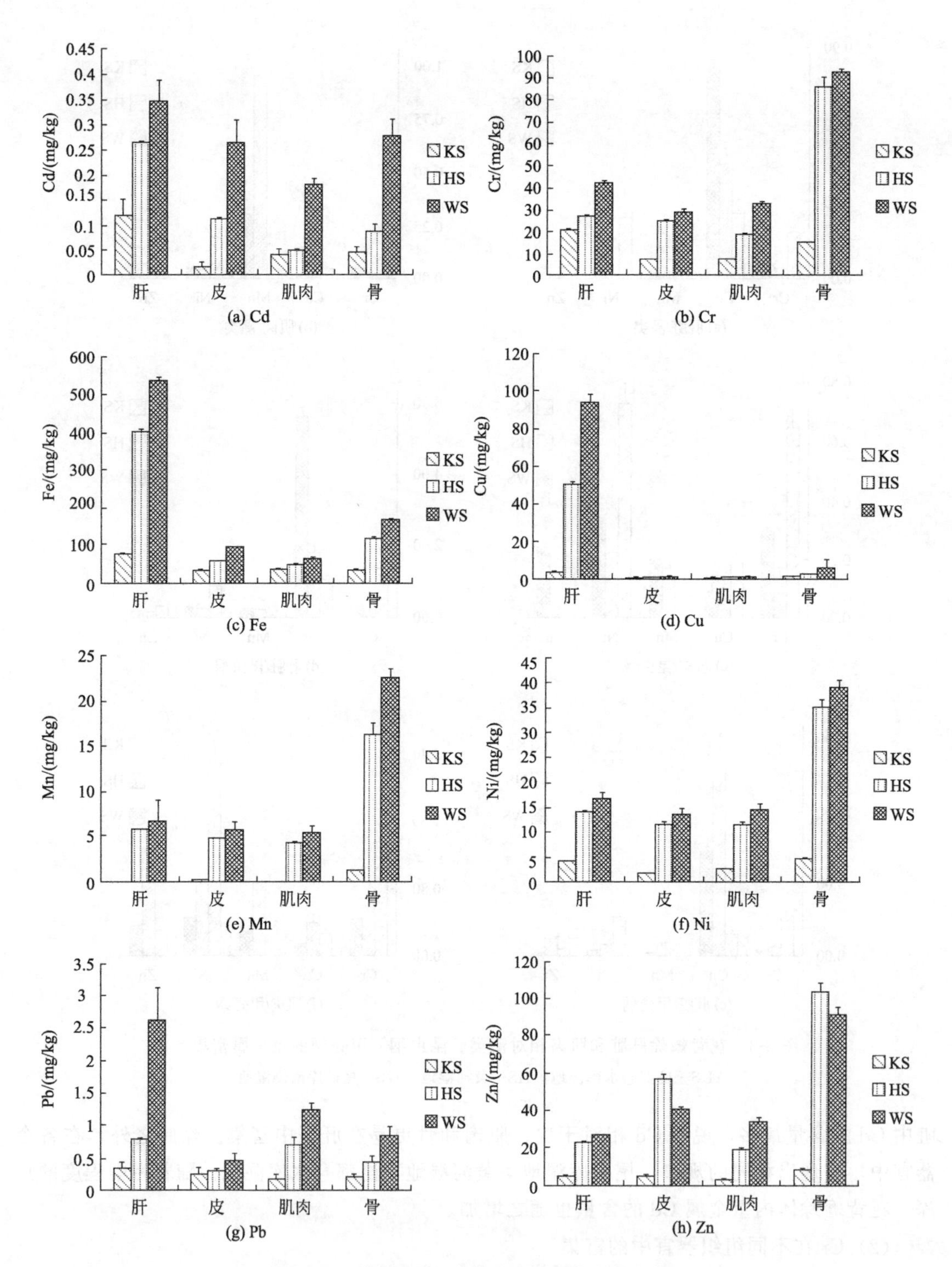

图 3-4 重金属在花背蟾蜍组织器官中的含量

(3) Cu 在不同组织器官中的富集

Cu 在花背蟾蜍组织器官中的富集规律是：昆都仑水库湿地中，肝脏＞骨＞肌肉＞皮；黄河湿地中，肝脏＞骨＞肌肉＞皮；尾矿库南侧湿地中，肝脏＞骨＞皮＞肌肉。图 3-4 中明显可以看出，Cu 在三类湿地花背蟾蜍的组织器官中表现出明显的富集，在肝脏中的含量明显大于其他组织器官，且 Cu 含量随着污染程度的加深，呈增长趋势。

（4）Fe 在不同组织器官中的富集

Fe 在花背蟾蜍组织器官中的富集规律是：昆都仑水库中，肝脏＞肌肉＞皮＞骨；黄河湿地中，肝脏＞骨＞皮＞肌肉；尾矿库南侧湿地中，肝脏＞骨＞皮＞肌肉。随着湿地水体和底泥污染程度的增大，花背蟾蜍组织器官中 Fe 的含量呈上升趋势。黄河湿地和尾矿库南侧湿地肝脏中 Fe 的含量明显高于其他组织器官。

（5）Mn 在不同组织器官中的富集

Mn 在花背蟾蜍组织器官中的富集规律是：昆都仑水库湿地中，骨＞皮＞肝＝肌肉；黄河湿地和尾矿库南侧湿地中，骨＞肝脏＞皮＞肌肉。在三大湿地中表现出相同的规律：骨组织中的重金属含量大于其他组织中的重金属含量，说明 Mn 元素相对于肝、皮和肌肉易在骨组织中富集。

（6）Ni 在不同组织器官中的富集

Ni 在昆都仑水库湿地中的含量明显低于黄河湿地和尾矿库南侧湿地，说明环境中重金属的污染会导致机体对重金属的代谢能力减弱，最终导致重金属含量异常累积。三个样地中骨组织的重金属含量大于其他组织中的重金属含量。三大湿地中表现出相同的规律：骨＞肝脏＞肌肉＞皮。

（7）Zn 在不同组织器官中的富集

Zn 在花背蟾蜍组织器官中的富集规律：昆都仑水库湿地中，骨＞肝脏＞皮＞肌肉；黄河湿地中，骨＞皮＞肝脏＞肌肉；尾矿库南侧湿地中，骨＞皮＞肌肉＞肝脏。

（8）Pb 在不同组织器官中的富集

Pb 在花背蟾蜍组织器官中的富集规律：尾矿库湿地＞黄河湿地＞昆都仑水库湿地。Pb 在花背蟾蜍组织器官中的富集规律：昆都仑水库湿地，肝＞皮＞骨＞肌肉；黄河湿地中，肝＞肌肉＞骨＞皮；尾矿库湿地中，肝＞肌肉＞骨＞皮。肝脏中的 Pb 含量相对于皮、肌肉和骨组织含量最高，表明 Pb 相对于皮、骨和肌肉易在肝脏中富集。

3.3.5.4 与其他研究的对比分析

表 3-8 对比研究了样地肌肉中的重金属含量，发现昆都仑水库湿地中花背蟾蜍肌肉重金属含量均未超出水产品限量标准；而尾矿库湿地花背蟾蜍肌肉中的 Cd 和 Pb 分别达到 0.182mg/L 和 1.230mg/L，超出了食品中污染物限量标准与无公害食品普通淡水鱼限量标准。水生生物体内重金属的积累可能对其产生有害影响，特别是 Pb、Cd 等有毒重金属，外源性农药、重金属、化学诱变、辐射及各种应激因素可导致自由基和氧化应激增加，由于这些压力的增加，生物体内的细胞会发生脂质过氧化、蛋白质变性和 DNA 损伤等，这些变化对它们的生存有很大的风险。

表 3-8 研究样地花背蟾蜍组织器官重金属含量与报道、标准对比分析 单位：mg/kg

样本		组织	Cd	Cu	Zn	Pb	超标数
昆都仑水库湿地	花背蟾蜍	肝	0.12±0.032[a]	3.512±0.515[a]	5.08±0.68[b]	0.321±0.101[a]	1
		皮	0.018±0.008[c]	0.689±0.092[c]	5.10±0.43[b]	0.236±0.091[a]	0
		肌肉	0.042±0.010[b]	0.696±0.117[c]	3.04±0.42[c]	0.151±0.085[a]	0
		骨	0.048±0.009[b]	1.327±0.093[b]	8.40±0.51[a]	0.189±0.039[a]	0

续表

样本		组织	Cd	Cu	Zn	Pb	超标数
尾矿库南侧湿地	花背蟾蜍	肝	$0.348\pm0.082^{a*}$	$94.27\pm4.184^{a*}$	$27.23\pm0.22^{d*}$	$2.619\pm0.502^{a*}$	3
		皮	$0.266\pm0.091^{a*}$	$1.256\pm0.094^{c*}$	$40.76\pm1.06^{b*}$	0.434 ± 0.113^{c}	1
		肌肉	$0.182\pm0.031^{a*}$	$1.245\pm0.104^{c*}$	$33.89\pm2.24^{c*}$	$1.230\pm0.099^{b*}$	2
		骨	$0.278\pm0.085^{a*}$	$6.208\pm3.805^{b*}$	$90.94\pm4.03^{a*}$	$0.832\pm0.132^{d*}$	3
赤水河	黄颡鱼	肝脏	0.070±0.043	2.63±1.10	19.65±4.00	0.403±0.299	0
		肌肉	0.039±0.037	0.359±0.081	7.86±3.07	0.233±0.130	0
	大口鲇	肝脏	0.138±0.057	4.20±1.735	39.96±10.40	0.642±0.550	2
		肌肉	0.061±0.046	0.373±0.121	14.2±3.88	0.306±0.237	0
兰州市黄河段	黄河高原鳅	肝脏	0.031±0.004	22.543±3.406	4.734±0.698	0.088±0.015	0
		肌肉	0.024±0.003	1.280±0.262	4.327±0.327	0.061±0.009	0
	黄河鮈	肝脏	0.027±0.005	2.486±0.330	6.314±0.535	0.117±0.025	0
		肌肉	0.030±0.001	1.715±0.079	5.668±0.372	0.059±0.011	0
多瑙河流域提萨河运河	青蛙	皮	0.09 ± 0.013^{b}	2.12 ± 0.22^{a}	188.4 ± 21.9^{a}	0.417±0.117	1
		肌肉	0.401±0.193	2.64 ± 1.29^{a}	21.5 ± 1.9^{b}	—	1
Ponjavica 塞尔维亚	青蛙	皮	0.021±0.005	2.3 ± 0.38^{a}	179 ± 19.0^{a}	—	1
		肌肉	—	1.83 ± 0.29^{a}	19.4 ± 2.7^{b}	—	0
吴城鄱阳湖	鲤鱼	肌肉	0.11±0.06	1.49±0.92	9.27±0.77	0.20±0.11	1
	草鱼	肌肉	0.12±0.00	0.35±0.01	6.72±0.11	0.27±0.05	1
三峡水库长江上游地区	鲤鱼	肌肉	0.003	0.24	5.88	0.017	0
	鲤鱼	肌肉	0.015±0.002	0.39±0.11	29.83±3.31	0.12±0.02	0
	大口鲇	肌肉	0.039±0.012	0.53±0.11	31.78±1.54	0.35±0.29	0
参考标准		NSMD	0.1	50	50	0.5	

注：同一列，同一地点花背蟾蜍器官中不同字母表示差异显著（Duncan法）；*表示不同地点同一器官中显著差异；NSMD为《食品安全国家标准　食品中污染物限量》（GB 2762—2017）中食品中的污染物限量与《无公害食品　普通淡水鱼》（NY 5053—2005）中的污染物限量。样本如下：鲤鱼（*Cyprinus carpio*）、黄河高原鳅（*Triplophysa pappenheimi*）、黄河鮈（*Gobio huanghensis*）、青蛙（*Pelophylax ridibundus frogs*）、草鱼（*Ctenopharynodon idellus*）、大口鲇（*Silurus meridionalis Chen*）、黄颡鱼（*Pelteobagrus fulvidraco*）。

不同小写字母表示同一物种相同元素在不同组织中差异显著（邓肯法．$P<0.05$）。

将花背蟾蜍组织中的重金属含量与其他研究报道进行对比，可以看出除尾矿库湿地的Zn和兰州市黄河段黄河鮈体内的Cd元素，其他元素（Cd、Cu、Zn和Pb）在本书赤水河及兰州市黄河段相关研究中动物肝脏中的含量都高于肌肉中的含量。整体来看，Cd、Cu、Zn和Pb相对于肌肉更易在肝脏中富集。

将不同研究动物肌肉中的重金属含量进行对比，发现尾矿库湿地的花背蟾蜍、多瑙河的青蛙以及鄱阳湖的鲤鱼和草鱼肌肉中都出现不同程度重金属超标现象，且这些肌肉中Cd元素均超标。本章尾矿库湿地和鄱阳湖水体中的重金属含量分别达0.021mg/L、0.08×10^{-3}mg/L，其中尾矿库湿地水体Cd元素超出《地表水环境质量标准》（0.005mg/L），而鄱阳湖远低于标准限值；底泥中的Cd含量分别达0.857mg/kg和1.54mg/kg，都不同程度的超出国家标准（0.074mg/kg），这说明环境中的Cd元素超标后容易在肌肉中富集，导致肌肉中的重金属含量超标。所有肌肉中重金属Cu和Zn的含量均高于Cd和Pb，可能是因为Zn和Cu是生物体的必需微量元素，生物体对其存在主动吸收的过程，从而导致肌肉中Zn和Cu的含量大于Cd和Pb的含量。

3.3.6 食用受污染水生动物的人体健康风险评价

目标风险系数法是一种评价人群健康风险的方法，可以评价单一或多种重金属的暴露风险。当 THQ 小于1时，对暴露的人类无风险，大于1时，值越大风险越大。我国《食品安全国家标准　食品中污染物限量》(GB 2762—2017) 的污染物限量与《无公害食品　普通淡水鱼》规定的污染物含量（湿重）范围：Cd<0.1mg/kg、Cu<50mg/kg、Zn<50mg/kg、Pb<0.5mg/kg。按此标准评价尾矿库两栖类食用的健康风险。

结果如表3-9所示，三个湿地花背蟾蜍器官中单一的重金属暴露风险只有黄河湿地和尾矿库南侧湿地肝脏中的 $THQ_{Cu}>1$，其他元素器官对暴露的人群没有风险。而 $TTHQ$ 在尾矿库南侧湿地肝脏和骨及黄河湿地的肝脏中大于1，而且在黄河湿地和尾矿库南侧湿地肝脏中 $TTHQ$ 分别达2.95和4.22，会对暴露人群的健康造成威胁。

重金属Cd、Cu、Fe、Pb在花背蟾蜍的肝脏、肌肉、皮和骨组织中，肝脏中的重金属含量最高，而重金属元素Cr、Mn、Ni、Zn在研究组织中，骨组织的含量最高。在本书的所有重金属含量研究都表现出相同的规律：尾矿库湿地>黄河湿地>昆都仑水库湿地。尾矿库南侧湿地肝脏、骨及黄河湿地的肝脏的 $TTHQ$ 大于1，在黄河湿地和尾矿库南侧湿地肝脏 $TTHQ$ 分别达2.95和4.22，会对暴露人群的健康造成威胁，而各样地上肌肉的目标风险系数小于1。

综上所述，本书的所有组织中Cd、Cu、Fe、Pb更易在花背蟾蜍肝脏中富集，Cr、Mn、Ni、Zn易在花背蟾蜍的骨组织中富集。并且随着生态环境中重金属元素污染程度的增加，花背蟾蜍各组织中的重金属含量呈上升趋势。研究样地中花背蟾蜍肌肉中的重金属对暴露人群无风险。

表3-9　花背蟾蜍各组织中重金属的 *THQ* 与 *TTHQ* 值

样地	组织器官	THQ_{Cd}	THQ_{Cu}	THQ_{Zn}	THQ_{Pb}	$TTHQ$
昆都仑水库湿地	肝脏	1.47×10^{-1}	1.07×10^{-1}	2.07×10^{-2}	9.81×10^{-2}	0.37
	皮	2.20×10^{-2}	2.10×10^{-2}	2.08×10^{-2}	7.21×10^{-2}	0.14
	肌肉	5.13×10^{-2}	2.13×10^{-2}	1.24×10^{-2}	4.61×10^{-2}	0.13
	骨	5.87×10^{-2}	4.05×10^{-2}	3.42×10^{-2}	5.77×10^{-2}	0.19
黄河湿地	肝脏	3.25×10^{-1}	2.30①	9.54×10^{-2}	2.35×10^{-1}	2.95①
	皮	1.37×10^{-1}	4.64×10^{-3}	2.33×10^{-1}	8.74×10^{-2}	0.46
	肌肉	6.23×10^{-2}	3.53×10^{-2}	7.75×10^{-2}	2.00×10^{-1}	0.47
	骨	1.09×10^{-1}	9.06×10^{-2}	3.38×10^{-1}	1.30×10^{-1}	0.67
尾矿库南侧湿地	肝脏	4.25×10^{-1}	2.88①	1.11×10^{-1}	8.00×10^{-1}	4.22①
	皮	3.25×10^{-1}	3.84×10^{-2}	1.66×10^{-1}	1.33×10^{-1}	0.66
	肌肉	2.22×10^{-1}	3.80×10^{-2}	1.38×10^{-1}	3.76×10^{-1}	0.77
	骨	3.40×10^{-1}	1.90×10^{-1}	3.70×10^{-1}	2.54×10^{-1}	1.15①

① 表示存在风险。

注：$TTHQ$ 表示总的风险。

3.4 稀土尾矿库区周边农田污染的人体健康评价

在尾矿库南侧是黄河，我国北方重要的淡水资源，承担着本流域的农田灌溉任务。然而由于近年来工农业的快速发展，黄河流域各地污水排放严重，导致黄河水质逐年下降，尤其是在包头地区的水体重金属污染不容小觑。包头市以钢铁炼制、稀土生产为主，大量的工业废水和生活废水直接或间接地进入黄河，给黄河包头段造成了严重的污染。由于当地农业用水完全依靠黄河，继而使得农田土壤中重金属的含量显著增加，产生很多生态安全和粮食安全问题，对当地居民的身体健康造成威胁。

3.4.1 粮食和蔬菜作物选择

本书对尾矿库周边农作物中的重金属污染程度和人群健康风险进行评价，对当地农业环境保护、农产品清洁生产和居民健康饮食具有重要意义。本书以尾矿库影响区和黄河沿岸小麦（*Triticum aestivum*）、芹菜（*Apium graveolens*）、叶用莴苣（*Lactuca sativa*）、菠菜（*Spinacia oleracea*）、芫荽（*Coriandrum sativum*）、油麦菜（*Lactuca sativa*）、大白菜（*Brassica rapa pekinensis*）、普通白菜（*Brassica campestris*）七种生产量和消费量都较大的蔬菜为研究对象，采用实地采样调研结合实验室分析的方式，综合评估当地农作物重金属污染及其当地居民的人群健康风险。

小麦和玉米作为当地的主要粮食作物和经济作物年产量位居前列，并经常被用作牲畜饲料的制作原料以及人们的主食之一，如面条、面包、玉米油等。蔬菜为人们提供了必需的营养物质和微量元素，是人们日常饮食必不可少的食物之一。有研究表明，蔬菜中重金属的富集与蔬菜的品种、蔬菜对重金属的吸收速率以及重金属在土壤-蔬菜间的转移因子都有很大关系。

3.4.2 小麦食用的人群健康风险评价

以黄河包头段的黄河三大国控断面（昭君坟、画匠营子、磴口）为研究样地，其位置见图 3-5。其中昭君坟是黄河流入包头的地点，可视为对照样地；画匠营子位于包头段中部，接纳了包头市主要的工业废水，可视为控制样地；磴口为黄河流出包头的地点，可视为消减样地。在三地分别选择了 3 块实验田，以黄河沿岸农田土壤、玉米和居民作为调查和研究对象。玉米籽采样后带回实验室后依次用自来水、蒸馏水和去离子水进行清洗，70℃烘干至恒重备用。土壤和玉米样品在包头市环境监测站利用电感耦合等离子体原子发射光谱仪（ICP-MS）

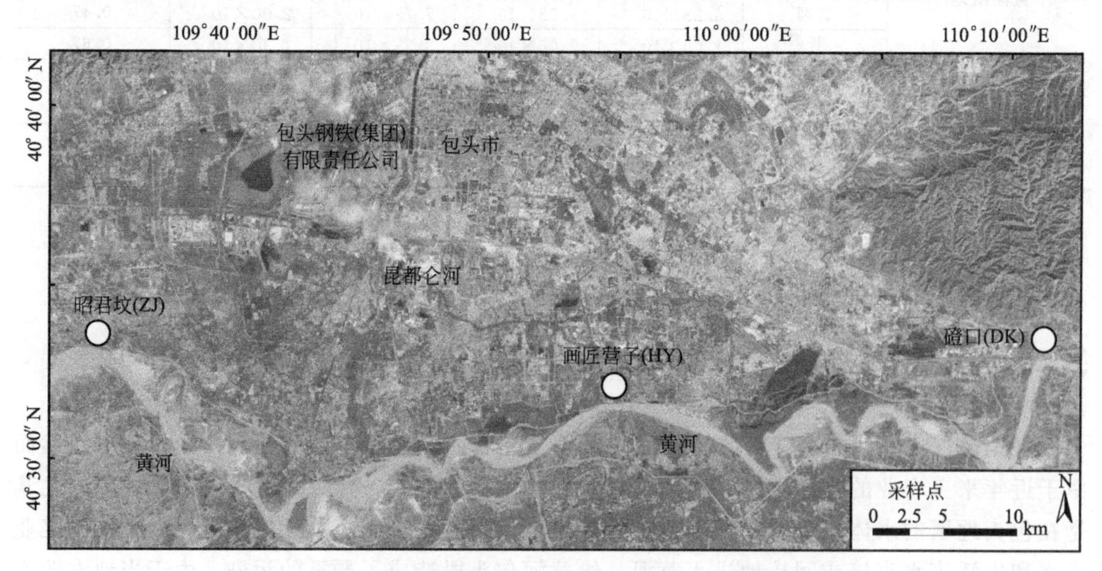

图 3-5　黄河包头段的昭君坟、画匠营子、磴口的地理位置示意

进行重金属 Cu、Zn、Pb、Cd 和 Mn 含量的测定。测定前使用标准品进行质量控制，回收率控制在 100% 10%以内。利用 SPSS 17.0 进行数据统计与分析，数据均以平均值±标准偏差表示。利用 One-way ANOVA 进行数据比较。

（1）人体健康评价基础数据获取

本研究对当地 100 户居民进行了问卷调查，统计并计算出成人（18～60 岁）和儿童（3～6 岁）的粮食日进食量分别为 0.47kg/d 和 0.16kg/d。2010 年国民体质调查报告显示，内蒙古地区成人和儿童的平均体重分别为 63.1kg 和 18.9kg。*RfD* 代表在人的一生当中，每天摄取而不会造成明显的毒性风险的安全剂量，其中 Cu、Zn、Pb、Cd 和 Mn 的 *RfD* 值分别为 0.04mg/(kg・d)、0.3mg/(kg・d)、0.004mg/(kg・d)、0.001mg/(kg・d)、0.14mg/(kg・d)。

（2）水体污染元素含量和污染程度分析

在昭君坟、画匠营子和磴口的黄河国控断面水体中，昭君坟、画匠营子和磴口的金属浓度变化范围较大，其中画匠营子水体中 Hg、Pb 和 Mn 的含量均显著高于昭君坟和磴口。Cu 含量依次为磴口＞画匠营子＞昭君坟；Zn 和 Se 含量依次为画匠营子＞磴口＞昭君坟，差异均有统计学意义（$P<0.05$）。NCI（内梅罗综合污染指数法）的水质评估显示，金属浓度在进入包头地区时增加，在离开该地区时减少。包头地区的年污染与当地工农业生产废水排放密切相关，最终表现为 *F*（NCI）值依次为磴口＞画匠营子＞昭君坟。

（3）土壤污染元素含量和污染程度分析

画匠营子和磴口的土壤中存在污染元素富集现象。随着黄河流入包头地区，土壤中 Hg、Cu、Zn、Pb、Cd、Se 和 Mn 含量均显著高于昭君坟的土壤（$P<0.05$）。*Cf*s 值表明，除画匠营子（$Cf_{Se}=6.173$）和磴口（$Cf_{Se}=7.453$）的 Se 污染程度较高外，大部分污染处于轻、中度水平。大部分金属的 *Cf*s 和 PLIs 在进入包头地区后显著增加，并在画匠营子达到峰值。在所有考虑的污染元素中，本研究所涉区域农田土壤的高硒污染在以往的研究中未见报道。

（4）小麦污染元素生物富集

春小麦的污染元素含量变化范围很广。对比表明，画匠营子和磴口处理的作物中 Cu、Zn、Pb、Cd、Se 和 Mn 的含量显著高于昭君坟（$P<0.05$）。不同元素的浓度依次为 Zn＞Mn＞Cu＞Pb＞Cd＞Se＞Hg。结果表明，随着黄河进入包头地区，画匠营子和磴口两种春小麦中均存在污染元素的富集。春小麦的金属含量不仅与土壤中的金属含量有关，还与土壤向作物的传递效率有关。这是人类通过食物链接触金属的关键指标之一，常被用于研究环境污染。Hg、Cu、Zn、Pb、Cd、Se、Mn 的 BCF 均值范围分别为 0.042～0.043、0.162～0.223、0.176～0.245、0.002～0.002、0.565～0.761、0.059～0.068 和 0.018～0.022。3 个研究区污染元素的富集系数（*BCF*）变化趋势均为 Cd＞Cu 和 Zn＞Se＞Hg＞Mn＞Pb。春小麦的 *BCF*s 依次为 Zn＞Cd＞Cu＞Pb，香蒲的 *BCF*s 依次为 Cd＞Zn＞Cu＞Pb。我国京津冀城市群蔬菜的 *BCF*s 排序为 Cd＞Zn＞Cu＞Pb＞As＞Cr。最高的 *BCF* 值表明，与其他元素相比，Cd 更容易从土壤转移到作物。

对饮用黄河水和食用春小麦引起的 *TTHQ* 进行了评估。昭君坟、画匠营子和磴口儿童和成人食用春小麦各金属的 *THQ* 均低于 1。对于不同的元素，*THQ* 的顺序是 Cu＞Zn＞Mn＞Cd＞Hg＞Pb＞Se（图 3-6）。*THQ* 远远高于学者们对南方地区的研究结果，这是因为目前所有研究地区的小麦谷物日摄入量都高于南方城市地区，而南方城市的小麦日摄入量低于大米和蔬菜日摄入量。春小麦中金属元素的 *THQ* 值为儿童高于成人。在昭君坟、画匠营子和磴口，儿童的 *TTHQ* 分别为 1.876、2.486 和 2.285，成人的 *TTHQ* 分别为 1.466、1.944 和 1.788。结果表明，长期消费这三个地区的小麦谷物可能会造成上述金属污染对人体健康的不利影响。这些地区春小麦对人们的 *TTHQ* 值依次为画匠营子＞磴口＞昭君坟，与饮用黄河水的 *TTHQ* 值是一致的。相比春小麦的食用，这三个地区饮用水引起的 *THQ* 是很小的。结果表明，各种金属的综合风险程度主要取决于当地居民对春小麦的摄入量。

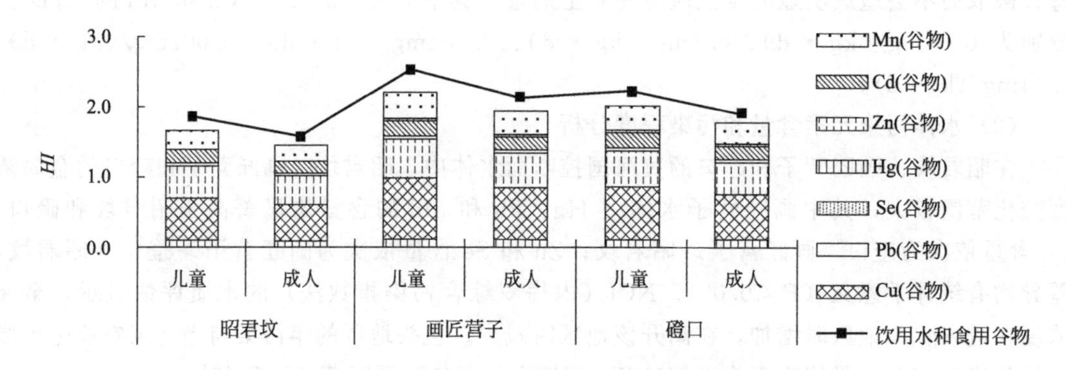

图 3-6 饮用黄河水和食用春小麦的 *TTHQ* 值

土壤中污染元素含量与春小麦可食部位的 Pearson 相关系数均为显著正相关 Zn（$r=0.875$）；Cu（$r=0.714$）；Pb（$r=0.886$）；Cd（$r=0.773$）；Se（$r=0.827$）；Mn（$r=0.817$）。这些金属的贡献大小来自黄河水饮用的为：Se＞Pb＞Hg＞Mn＞Cu＞Zn＞Cd，而来自春小麦食用的是 Cu＞Zn＞Mn＞Cd＞Hg＞Pb ＞Se（图 3-7）。这种不一致的原因主要在于不同元素的 *BCF* 和 *RfD* 值不同。污染元素从水到土壤，最后进入作物，它们的迁移和富集过程各不相同。*BCF* 值越高，*RfD* 值越小，贡献率越高。贡献率较高的污染元素容易对人体健康造成不良影响，应引起我们的重视。

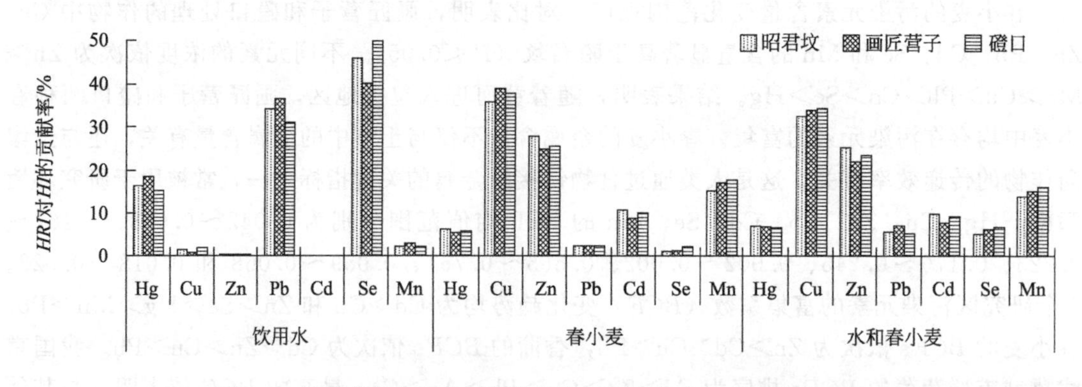

图 3-7 饮用黄河水和食用春小麦的 *THQ* 值对 *TTHQ* 值的贡献

由于金属在水-土-植物系统中的迁移转化，长期使用污水灌溉导致农田土壤和小麦中重金属元素的不断积累。这种水、土壤和春小麦的综合污染增加了单个金属的健康风险和多种金属对当地居民的累积风险。但总体而言，各种金属的综合风险主要取决于当地居民对春小麦的摄入。研究结果强调了对黄河水进行常规监测和预处理的必要性，尽可能地避免当地黄河水灌溉系统对农作物的污染。

3.4.3 玉米食用的人群健康风险评价

如表 3-10 所示，本研究同时对当地的玉米中重金属含量和食用风险进行了评价，在三个样点的儿童和成人的单一重金属危害商数（*THQ*）和综合重金属危害指数（*TTHQ*）表现出相似的趋势，总体上综合重金属危害指数为画匠营子＞昭君岛＞磴口。三个样点的单一重金属危害商数 *THQ* 均小于 1。综合重金属危害指数只有在磴口成人及儿童小于 1，其他样点的 *TTHQ* 均大于 1。表明昭君岛和画匠营子的居民摄食玉米存在重金属潜在健康风险。并且发现相同样点中儿童的 *THQ* 和 *TTHQ* 值均大于成人。

表 3-10　玉米中重金属之于成人和儿童的 *THQ* 值和 *TTHQ* 值

危害指数		昭君岛		画匠营子		磴口	
		成人	儿童	成人	儿童	成人	儿童
THQ	Cu	0.28	0.32	0.36	0.41	0.16	0.19
	Zn	0.46	0.53	0.51	0.58	0.39	0.44
	Pb	0.03	0.03	0.05	0.05	0.03	0.03
	Cd	0.06	0.07	0.1	0.11	0.01	0.01
	Mn	0.29	0.32	0.35	0.4	0.25	0.28
TTHQ		1.12	1.27	1.36	1.55	0.84	0.95

由表 3-11 所示，在不同样地的玉米中，四种重金属的 *THQ* 值对于 *TTHQ* 的贡献度存在差异。整体而言，Cu、Zn 和 Mn 的贡献度最大，均在 20%以上，Cd 次之，Pb 的贡献度较小。

通过对比分析发现，三大样地的农田土壤受到了一定程度的污染，并且已经通过农作物对当地居民造成了一定的健康风险。与昭君坟地区相比较，在画匠营子的土壤和玉米中 5 种重金属含量均显著升高（$P<0.05$），这与黄河在画匠营子接纳了包头市大量的工业废水后灌溉有直接的关系。而黄河流出包头的磴口地区远离市区，土壤和玉米中五种重金属含量又显著降低（$P<0.05$）。磴口地区玉米重金属含量也要低于昭君坟地区，其中 Cu、Zn、Cd 和 Mn 元素达到了显著水平。主要原因是在黄河包头段画匠营子到磴口断面之间排污口较少，距离较远，黄河自净能力使得水体中污染含量逐渐降低，进一步使得磴口地区农田土壤和玉米中重金属含量降低。

表 3-11　三大样地玉米中重金属 *THQ* 对 *TTHQ* 的贡献度　　单位：%

样地	Cu	Zn	Pb	Cd	Mn
昭君岛	25.08	41.37	2.33	5.73	25.57
画匠营子	26.35	37.56	3.41	6.99	25.67
磴口	19.60	46.64	3.12	1.34	29.53

在风险评价中发现，只有磴口地区综合健康危害指数小于 1，而昭君岛和画匠营子均大于 1，表明目前磴口地区的玉米食用尚不构成成人和儿童的健康风险。儿童的 *THQ* 值和 *TTHQ* 值均要大于成人，这和诸多前人研究结果一致。这与儿童的摄入量/体重较大的原因。土壤 *Cf* 值和 *PLI* 值以及健康风险评估的 *THQ* 值和 *TTHQ* 值显示结果基本一致，均以画匠营子污染危害最高，且以 Cu、Zn 和 Mn 为主。已经有研究表明，Cu 和 Zn 的过量摄入会干扰肝肾和大脑等器官的正常功能。这提示我们更应该注重包头段画匠营子地区居民尤

其是儿童的饮食健康，尤其加强对当地与 Cu、Zn 和 Mn 相关疾病的关注，防止地方性流行病的出现。

3.4.4 蔬菜作物食用的人体健康风险

3.4.4.1 生物富集程度分析

元素在各种蔬菜中的含量排序均为：Zn＞Mn＞Cu＞Se、Pb＞Hg、Cd，其中 Zn 在除大白菜外的 6 种蔬菜中含量均超标。Cu 含量：油麦菜＞菠菜＞叶用莴苣＞芫荽＞普通白菜＞芹菜＞大白菜，在油麦菜中含量超标。Zn 含量：叶用莴苣＞油麦菜＞芫荽＞普通白菜＞菠菜＞芹菜＞大白菜，仅在大白菜中含量不超标。Mn 含量：普通白菜＞芹菜＞叶用莴苣＞芫荽＞菠菜＞油麦菜＞大白菜。Hg 含量：芹菜＞油麦菜＞菠菜＞叶用莴苣＞普通白菜＞芫荽＞大白菜，在芹菜、油麦菜和菠菜中含量超标。Pb、Cd、Se 在 7 种蔬菜中含量均未超标。油麦菜、菠菜和芹菜中的 Cd 含量高于植株根部土壤中的 Cd 含量，说明这 3 种蔬菜对重金属 Cd 有较强的富集能力。

如表 3-12 所示，不同元素在不同蔬菜中的迁移率不同。Cu、Zn、Cd 在蔬菜中的富集系数较大，其中 Cu 在油麦菜、菠菜、叶用莴苣和芫荽中富集指数较高；Zn 在叶用莴苣中富集指数最高，达到 1.441，其次是油麦菜、芫荽和普通白菜；Cd 在油麦菜、菠菜和芹菜中富集指数较高，均大于 1，说明这三种蔬菜易于富集重金属 Cd。Se、Pb、Hg 在蔬菜中的富集指数较小。结合前人研究表明，Cu、Zn 易通过蔬菜富集而对人体造成潜在伤害，属于高富集元素。

表 3-12 各种蔬菜中的 *BCF* 值

蔬菜种类	Hg	Cu	Zn	Pb	Cd	Se	Mn
芹菜	0.055	0.388	0.688	0.0027	1.200	0.091	0.179
叶用莴苣	0.022	0.774	1.441	0.0014	0.267	0.033	0.169
菠菜	0.050	0.837	0.709	0.0041	1.267	0.120	0.152
芫荽	0.010	0.769	0.882	0.0014	0.133	0.009	0.166
油麦菜	0.050	0.999	0.981	0.0055	1.267	0.080	0.114
大白菜	0.008	0.282	0.301	0.0014	0.067	0.023	0.055
普通白菜	0.020	0.479	0.849	0.0014	0.067	0.041	0.191

3.4.4.2 蔬菜食用健康风险评估

通过调查统计，当地成人（18～60 岁）和儿童（3～6 岁）的粮食日进食量分别为 0.47kg/d 和 0.16kg/d。根据 2010 年国民体质调查报告显示内蒙古地区成人和儿童的平均体重分别为 63.1kg 和 18.9kg。Hg、Cu、Zn、Pb、Cd、Se 和 Mn 的 *RfD* 值分别为 0.0003mg/(kg·d)、0.04mg/(kg·d)、0.3mg/(kg·d)、0.004mg/(kg·d)、0.001mg/(kg·d)、0.005mg/(kg·d)和 0.14mg/(kg·d)。

由图 3-8(a) 可知，Cu、Zn、Mn 的 *THQ* 值较高，除大白菜中 Cu、Zn、Mn 及芹菜中 Cu 的 *THQ* 值小于 1 外，其他均大于 1；Hg、Pb、Cd、Se 的 *THQ* 值均小于 1。大白菜的 *TTHQ* 值最小，约为 1.7；叶用莴苣的 *TTHQ* 值最大，达到 6.5；芹菜、菠菜、芫荽、油

麦菜和普通白菜的 *TTHQ* 值在 4～6。这 7 种蔬菜的 *TTHQ* 值均大于 1，对人体健康均存在一定的风险；儿童的 *TTHQ* 值均高于成人，说明儿童对污染更为敏感。

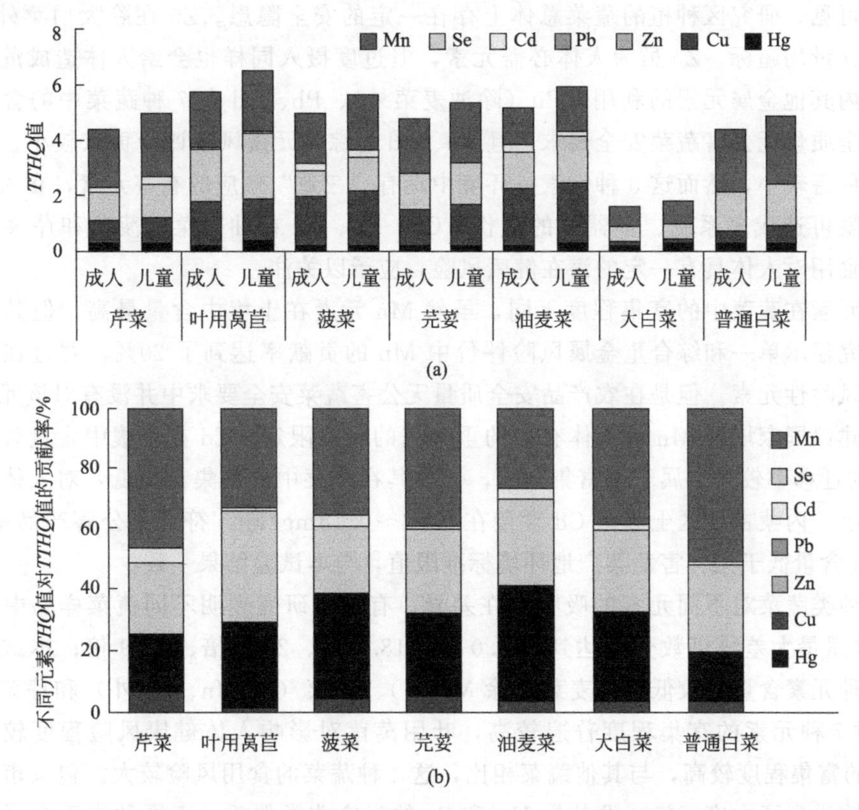

图 3-8　蔬菜中污染元素的 *THQ* 和 *TTHQ* 值（见彩插）

由图 3-8(b) 可知在不同种类蔬菜中，不同元素的 *THQ* 值对 *TTHQ* 值的贡献度各不相同。其中 Cu、Zn、Mn 的贡献度较大，均在 20% 以上，Mn 在芹菜中达到最大贡献度 (42.58%)，Cu 在油麦菜中达到最大贡献度 (38.14%)，Zn 在叶用莴苣中达到最大贡献度 (36.00%)；Pb、Cd、Se 的贡献度较小。

对各种金属和蔬菜进行聚类分析。采用欧式距离法，利用非加权分组平均法聚类方法对 7 种蔬菜中污染元素浓度的 *THQ* 值进行聚类，如图 3-9 所示。7 种蔬菜对人体健康风险的大小可分为 3 类，如图 3-9(a) 所示，其中大白菜为一类，对人体的健康风险最小；叶用莴苣、油麦菜、菠菜和芫荽为一类；芹菜和普通白菜为一类，对人体的健康风险较大。图 3-9(b) 将

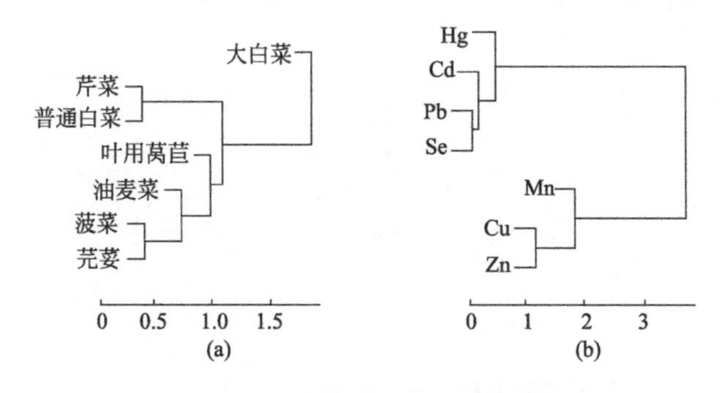

图 3-9　不同元素和蔬菜致毒性聚类图

污染元素通过蔬菜对人体的健康风险分为 2 类，其中 Zn、Cu、Mn 是对人体健康风险较大的一类重金属；Hg、Cd、Pb、Se 是对人体健康风险较小的一类元素。

综上可见，研究区种植的蔬菜总体上存在一定的安全隐患。Zn 在除大白菜外的其他 6 种蔬菜中含量均超标。Zn 虽为人体必需元素，但过度摄入同样也会给人体造成危害，并且会抑制体内其他金属元素的利用。Cu（除油麦菜外）、Pb、Cd 在 7 种蔬菜中的含量均低于农产品安全质量无公害蔬菜安全要求，且 Pb、Cd 对综合元素风险评价贡献较小，摄食时带来的健康危害较小，然而这 3 种元素是环境中具有“三致”效应的有害元素，在人群中的低剂量暴露就可造成多系统、多器官的损伤。Cu、Pb、Cd 在油麦菜、菠菜和芹菜中含量较高，经常食用对人体具有一定的潜在健康风险，应予以关注。

不同元素在蔬菜中的富集程度不同，虽然 Mn 元素在土壤中含量最高，但其迁移性不大。本研究显示单一和综合重金属风险评价中 Mn 的贡献率达到了 20%，并且在聚类分析中属于高风险性元素。但是在农产品安全质量无公害蔬菜安全要求中并没有对该元素进行规定，因此建议国家增加 Mn 对人体有害的重金属的标准限定。Cd 在土壤中含量较低，因此虽然 Cd 的迁移率较大、属于高富集元素，但是其在蔬菜中的富集量较低，对人体造成的健康风险较小。内蒙古地区土壤中 Cd 含量在 0.02～0.18mg/kg，符合无公害产品基地要求。蔬菜中 Cd 含量低于无公害蔬菜产地环境标准限值，与本试验结果一致。

不同种类蔬菜对不同元素的吸收存在差异，有学者研究表明不同蔬菜样品中 Pb、Cd、Zn、Cu 含量最大差异倍数分别达到 105.0 倍、18.0 倍、29.8 倍、25.9 倍；本试验中，大白菜中 7 种元素含量均较低；油麦菜（除 Mn 外）、菠菜（除 Mn、Zn 外）和芹菜（除 Zn、Cu 外）对 7 种元素的富集程度普遍较高，叶用莴苣对影响人体健康风险程度较大的 Cu、Zn、Mn 的富集程度较高，与其他蔬菜相比，这 4 种蔬菜的食用风险较大。包头市南海子工业区的土壤受到了中度污染，尤其是 Hg 和 Se 的污染非常严重。不同种类重金属向蔬菜中的迁移能力不同，导致蔬菜污染的程度不同，以叶片分散型蔬菜的食用风险较大。建议当地居民调整蔬菜摄食种类，以减少污染元素的摄入。

第4章 尾矿库区污染的生态毒性效应

生态毒性学是应用毒理学的一个重要研究领域，隶属于毒理学研究范畴。毒理学是研究化学物质对生物体毒作用性质和机理、对机体发生这些毒作用的严重程度和频率进行定量评价的科学。它已从单纯研究毒物的学科，飞速发展成为一门现代的综合性的学科。生态毒理学是20世纪70年代初期发展起来的一个毒理学分支，是生态学与毒理学之间相互渗透的一门边缘学科，生态毒理学是研究有毒有害物质以及各种不良生态因子对生命系统产生毒性效应以及生命系统反馈解毒与适应进化及其机理与调控的一门综合性科学。它的出现在很大程度上是由于环境污染促使传统的毒理学从研究个体效应扩大到群体效应而产生的。我国生态毒理学的研究起步相对较晚，到80年代中期，随着环境保护事业的迅速发展，我国许多高等院校和科研机构逐步开展了生态毒理学的研究。到目前为止已积累了大量经验，取得了丰硕的成果。

4.1 生态毒理学研究基本原理

(1) 环境毒物的剂量-效应关系原理

环境毒物的剂量-效应关系原理是指污染物对生物危害的程度取决于污染物的毒性和进入机体的剂量，它们具有一定的相关关系，即定量个体剂量-效应关系和定性群体剂量-效应关系。其中定量关系描述不同剂量的环境毒物所引起的生物“个体”的某种生物效应的强度以及两者之间的依存关系。定性关系反映不同剂量环境毒物引起的某种生物效应在一个群体(试验动物或植物群落)中的分布情况，即该效应的发生率，实际上是环境毒物的剂量与生物体的质效应之间的关系。

(2) 环境毒物的结构-活性相关原理

首先，环境毒物的结构-活性相关原理是指化学结构功能团与毒性的关系：无机毒物随着相对分子质量的增加，其毒性增强；有机毒物中的氢原子被卤族元素取代，其毒性增强，取代得越多，毒性也就越大；芳香族环境毒物引入羟基后，由于极性增强而使其生物毒性提高，而且羟基越多，毒性越大：苯中引入羟基而成为苯酚，易与蛋白质中的碱性基团发生反应，导致其与酶蛋白有较强的亲和力，促使其生物毒性增强；多羟基芳香族环境毒物的生物毒性很大。

其次，环境毒物的结构-活性相关原理是指结构-活性相关的广义性：不仅指化学结构本身，还涉及毒物的物理化学特性、量子化学特性和立体化学特性。其中物理化学特性包括水溶性、脂溶性、熔点、沸点、蒸汽压力、电离常数、辛醇-水分配系数、活化能、反应热、氧化-还原电位、介电参数、偶极力矩、电荷比等，量子化学特性包括相对原子质量、键能、共振能和电子密度等，立体化学特性包括分子容积、形状及表面积、次结构形状和分子反应能力等。此外，光学异构体具有明显的毒性差异，一般左旋异构体对生物机体的作用较大。

(3) 毒理作用的多层次效应原理

生态系统尤其是生物组分对环境毒物作用的反应，表现为产生各种不同类型的毒性效应甚至相反的解毒作用。毒性效应包括急性中毒效应、亚急性中毒效应和慢性中毒效应，或者是个体、种群和系统水平的不良效应，或者是分子、细胞和器官水平的不良效应，包括基因突变或基因表达的改变，在基因、mRNA、蛋白或代谢水平引起的改变，表现在细胞水平如细胞增殖或分化等的改变或细胞代谢能力的改变等。动物和人体发生的一些疾病，通常也是环境毒物作用的结果，由于环境条件不同以及生物体各组织器官的不同，发生疾病的类型差异很大。

(4) 毒理生态动力学原理

生态系统是一开放系统，毒物能够从外界进入生态系统，并在系统内与各组分之间进行各种化学的或生物化学的反应，将会可逆地或不可逆地干扰系统正常的循环规律和生态化学过程，甚至造成细胞的损伤或对系统的破坏。毒物进入生态系统与各组分的毒性反应，大致可分为暴露阶段、化学动力学阶段和生物动力学阶段三个阶段。

① 暴露阶段。暴露阶段的反应包括了各种毒物彼此之间的影响以及温度、光和湿度等生态因子对其所造成的影响的所有过程，包括化学转化与分解以及微生物生物降解等过程对毒物毒性产生的影响，还包括毒物经由皮肤黏膜或呼吸道及肠胃道上皮细胞进入生物体的过程。

② 化学动力学阶段。毒物化学动力学阶段的反应，也称毒理宏观动力学，包括毒物至生态系统生命组分或生物体、机体体液的运输、组织及器官内的分布及累积、毒物的生物学转化与代谢、毒物的排除以及有机体代谢物的排除等。

③ 生物动力学阶段。毒物生物动力学阶段的反应，也称毒理微观动力学反应，是指以包含了分子、离子或胶体形式存在的毒性物质与细胞上或细胞内部的特定作用部位（即受体）的交互作用，最后产生毒性效应。

毒理宏观动力学主要研究毒物或污染物与生物体相互作用时与毒物有关的5个依赖时间的过程，即吸收过程（污染物如何进入生物体的过程）、再分布过程（污染物在生物体内如何迁移的过程）、贮藏过程（一些组织是如何优先截留污染物的过程）、生物转化过程（生物体中的污染物是如何经过化学的或生物化学变化改变其毒性的过程）和排泄过程（如何从生物体内去除污染物的过程）。

毒理微观动力学主要探索生物体内环境毒物或污染物产生独特细胞效应的机制。正如人们所期望的，如果毒物在细胞水平上发挥影响作用，其机制将涉及细胞组分。所包括的毒性作用机制涉及细胞原生质膜、细胞器官、细胞核、细胞质、酶系统、生物合成支路、发育与生殖等方面的改变。细胞损伤是否为可逆，将取决于污染物暴露的持续时间以及毒物的特定毒微观动力学特征。

(5) 环境毒物的生态适应性原理

环境毒物的生态适应性原理涉及以下几个方面。

① 回避反应。鱼类、虾、蟹、水鸭、鹅和一些水生昆虫经常具有避开水中毒物或污染

物，游向非污染清洁区的行为和能力。一些植物的叶子呈针状、鳞片状，或者叶片覆盖蜡质，叶面密生叶毛，以及气孔凹陷或者气孔及时关闭等反应，都在一定程度上减少或阻止了环境毒物进入生物机体，或者避免有害气体的侵袭。

② 抗性。抗性指生物体抵御环境毒物导致的不良效应的能力。生物体本身具有的抵御能力为天然抗性；生物体在经受环境毒物的暴露后，经过一段时间的适应，后天获得的抵御能力，为获得性抗性。

③ 交互抗性。交互抗性指生物体不仅对接触过的毒物产生一定程度的抗性，而且对未曾接触过但结构相似的毒物也表现有一定程度的抗性，这种现象称为交互抗性。

④ 耐性。生物体具有其生理生化特性保护机制，避免和减轻环境毒物危害的能力，即耐性，又称为生理学抗性。

⑤ 耐污性。耐污性指生物有机体对污染物所产生的一种耐受和适应的能力。

⑥ 耐受力。耐受力指生物对进入其体内的有害物质积累的忍耐能力。

⑦ 耐毒性。耐毒性指生物在有毒物存在时仍能生长的一种能力。

⑧ 脱毒作用与脱毒过程。生物体将环境中有毒物质转化为无毒或低毒物质的作用或过程称为脱毒作用或脱毒过程。

⑨ 生物脱毒作用。生物体或其酶系将有毒物质转化为无毒或毒性较低的物质的作用或过程等称为生物脱毒作用。

4.2 动物生态毒理学研究内容与方法概述

近年来，随着工农业生产的发展，越来越多的外源环境污染物直接排放、转换、迁移进入生态环境当中，使我国很多主要水体和土壤环境出现了不同程度的污染现象，如较大面积的水环境灾害性事件时有发生。水环境中氮、活性磷酸盐、石油类、芳烃类、农药类、有害合成聚合物或中间体类等有害物质已成为产生我国水环境灾害的主要污染物。

4.2.1 动物生态毒理学研究内容概述

（1）我国对动物生态毒理学的研究的几个方面

① 研究环境毒物与机体相互作用的一般规律，包括毒物接触机体后的吸收、分布、代谢转化、排泄等过程和毒作用机理。

② 研究环境毒物对机体影响的作用条件及其影响因素，通过动物试验，结合现场调查，观察环境毒物在环境中的浓度、分布、变迁、侵入方式、接触时间以及其他作用条件对动物机体反应的影响。

③ 研究环境毒物及其转化产物的毒性和评定方法，主要包括各种毒性试验，以测定其急性、蓄积性、亚急性、亚慢性、慢性毒性和“三致性”，以及多种有毒物质共存时的联合毒性。从剂量-反应关系中得出对动物机体作用的相对安全界限（最大无作用水平）。

（2）具体研究情况

① 对家养动物的生态毒理学研究开始较早，这方面的研究以饲料毒理学研究最多，并

且已取得了不少成果，如开展并建立了饲料安全性评价、饲料有毒有害成分检测方法体系，进行了饲料霉菌污染调查等工作。为加强这方面的工作，我国还专门成立了饲料毒理专业学会。

② 对土壤动物的生态毒理研究主要限于蚯蚓，因为蚯蚓在土壤中存在数量大，范围广，对蚯蚓的生态监测与毒理研究既可反映土壤污染状况，又能鉴定鉴别各种有害物质的毒性。

③ 以实验动物小鼠作为对象的生态毒理研究在我国比较普遍，且研究深度已从普通急性致死试验扩展到了细胞或更微观的水平，如进行了单甲脒对大鼠的毒性机理试验。

④ 对浮游生物生态毒理的研究在各国都比较多。我国在这方面也展开了一些针对性研究工作，如李文权等针对我国海域 Zn 和 Cu 污染比较严重的现状，研究了在 EDTA、腐殖酸、水合氧化铁等不同介质存在条件下，Zn 对聚生角毛藻的毒性效应。

⑤ 对鱼虾类水生生物的生态毒理研究主要限于室内试验，试验物质有重金属、农药、有机化合物等，试验对象有虾、蛤、鱼等。

⑥ 水体酸化问题引起了世界各国的高度重视，这是因为全球有许多地方因酸沉降而导致水体酸化。我国目前虽没有发现大面积酸化水体，但这种潜在危险不容忽视，为此我国从“七五”期间开始较为详尽地研究了水体酸化对鱼类、两栖类及藻类的影响。

⑦ 水温的变化对水生生物的影响。因随电力工业的发展，循环冷却水使用量日益增大，热排放水对水生生物的影响也日益突出。驯化试验研究结果表明，鱼对水温的适应能力与水温变化有密切关系。不过鱼对水温变化有一定适应能力，经过驯化后，鱼对热冲击的适应能力增强。

⑧ 水体富营养化对水生生物群落的影响。浮游动物在水体中的数量与水体富营养程度呈密切相关，一般情况下，水体中浮游动物数量越少，水体富营养化程度越低。就浮游动物种类变化而言，随富营养化程度加重，原生动物数量增多，而轮虫和棱角类、棱足类动物减少或消失。总体来看，我国目前富营养化对水生生物的生态毒理研究集中在对浮游动植物数量和类型变化方面，而对各种水生生物的毒性效应研究较少。

4.2.2 生态毒理学研究方法概述

面对复杂污染物的环境隐患，环境工作者准确评价其生态风险的技术和方法也在不断更新和完善。生态毒理学是生态学与毒理学之间相互渗透的一门边缘学科。它主要研究环境污染物以及各种不良生态因子的暴露对生命系统产生的毒性效应，以及生命系统反馈解毒与适应进化的机制及调控作用，其特征是将宏观生态理论与微观机制结合起来。

（1）常规群体暴毒试验

环境污染物在生态系统中经历一系列复杂的理化和生物的变化，产生固有毒性、积累毒性、生物放大毒性和潜在毒性等，要正确评价其环境安全效应，最基本的方法就是对生物群体进行体内或体外的暴毒试验，这种方法从宏观角度、群体水平上，能更客观直接地评价污染物的环境安全性和毒性效应。

（2）生物标志物的研究

污染物对生物体的毒性效应必然是从作用于分子的水平开始的，然后逐步在细胞、器官、个体、种群、群落、生态系统各个水平上反映出来。在分子毒理学研究中，许多研究者首先从生物化学方面探索能反映污染物对生物早期影响的参数，其中，生物标志物法因为测定指标全面、准确且系统而得到了学者的公认。美国科学院生物标志物委员会于1987年对生物标志物进行系统论述，将生物标志物定义为个体暴露于次生物质后发生的亚致死性生物化学变化，这种变化的检测结果可作为生物体暴露效应及易感性的指示物，可作为环境质量退化的早期警报，而且可以特异性地检测到环境中致癌、致畸、致突变化合物的生物可利用性。

① 行为标志物的检测可反映环境影响因子发生在细胞或分子水平上的综合效应。通常，随着环境内某一种影响因子浓度或影响力的升高，对个体的影响中最先发生变化的是生物的行为。其运动行为的变化不仅能反映环境污染物质对机体造成的代谢、神经和肌肉等组织或器官功能的毒性，而且能改变生物个体的捕食、躲避敌害等的生存能力，从而对生物个体乃至整个生物群落的健康与环境适应能力造成严重影响。

行为标志物检测采用计算机辅助生物测试系统，运动行为反应较传统的急性毒性指标快速且敏感。因此，运动行为可以作为环境污染早期预警的生物在线监测指标。行为标志物检测的另一大优点是对生物不产生损害。故污染物的行为学研究与生物信息学的有机结合得到发展。

② 生化标志物是生物体中最早可测得的污染物诱导反应，可为更高水平的生物损害提供信息。生化变化常涉及蛋白水平的变化、酶活性改变或DNA分子的变化等。污染物进入机体后，一方面在生物酶的催化作用下进行代谢转化，另一方面也导致生物本身的酶活性改变。

在环境污染物的生态毒理学研究中，细胞色素P450酶和谷胱甘肽转移酶（GST）作为外源物质的主要代谢酶被视为指示环境污染物毒性效应的重要生化标志物。抗氧化防御系统是生物体内重要的活性氧清除系统，过氧化氢酶（CAT）与超氧化物歧化酶（SOD）、过氧化物酶（POD）共同组成了生物体内活性氧防御系统，因此，成分的改变也可作为机体遭受氧化胁迫的早期预警生物标志物。

许多环境毒物与DNA形成DNA加合物，对DNA的结构和稳定性产生影响，导致DNA分子的各种损伤，包括DNA链的断裂、交联、烷化，以及DNA加合物、PAH-DNA加合物、环化加合物等的形成。彗星试验是近年发展起来的一种快速检测哺乳动物细胞DNA损伤的试验方法。

应激蛋白又称热休克蛋白（HSP），包括HSP家族及分子伴侣，是细胞保护机制的重要部分。近年来，很多研究用将其作为环境效应的生物标志物。脊椎动物金属硫蛋白（MTs）的合成可被金属、有机化合物或其他应激因素诱导，其浓度不仅可反映急性毒性、污染物长期作用的动态过程和累积情况，还可反映该动物对污染物胁迫的解毒机制与解毒容量。

传统毒理学的毒性测试研究使用的动物多、试验周期长、工作量大，表型改变、形态学指标等较为复杂，并不能揭示污染物对生物体的损害作用以及提供预警信息，所以需要一个综合的、全面性和准确性的环境监测体系来高效、准确地对污染物的生态效应进行评估，而生物标志物检测特别是在分子水平上（DNA、RNA、离子通道和酶活性等）的变化，为揭示和预测污染物对个体的早期影响和对群体以至整个生态系统的影响提供了重要信息。

（3）免疫组织化学研究

免疫组织化学或称免疫细胞化学，是指利用抗原与抗体特异性结合的原理，借助于光学、荧光或电子显微镜观察其性质定位，还可以利用细胞分光光度计、图像分析仪、共聚焦显微镜等进行细胞原位定量测定，来检查细胞及组织上原位抗原或抗体成分的方法。通过把免疫反应的特异性、组织化学的可见性巧妙结合起来，在微观上原位地确定组织结构的化学成分乃至基因表达。由于其原位性、直观性和特异性的优点，被迅速扩展应用于污染物毒理学的研究上。免疫组织化学技术具有特异性强、灵敏度高、定位准确和简便快速等优点，这是较之其他化学方法不可替代的优越性，又能够有机地同形态、功能及代谢的研究结合起来，用以研究其他技术（如化学、生化、免疫和生理等）难以深入的领域。

(4) 组学技术在系统毒理学研究中的应用

近年来兴起的功能基因组学，为环境污染物的生态毒理学的研究提供了良好的契机。组学研究不仅可能发现一些与该类药物污染相关的差异表达的新基因、新蛋白，而且可对整个转录的基因进行高度动态的时空监测。其中代谢组学的方法则可与污染因子胁迫下生物体代谢物含量变化与生物表型变化建立直接相关性，能系统地掌握污染物的分子致毒机制。

① 蛋白质组学。当从 mRNA 水平考虑和对单个蛋白质进行研究已无法满足后基因组时代的要求时，蛋白质组学应运而生。它以直接参与生命活动的蛋白质为研究目标，界定表达蛋白质过程中涉及的影响因素，已广泛融入环境科学、生态毒理学等领域。毒理蛋白质组学是在整体的蛋白质水平上，探讨生物接触不同毒物或环境胁迫下，细胞蛋白质的存在及其活动方式（蛋白质谱）的变化，在更加贴近生命本质的层次上探讨和阐明有毒污染物及其浓度变化所致蛋白质谱改变的“指纹特征”，也可作为有效表征污染物暴露的生物标志物。

② 转录组学。污染物的毒性效应和生物应答无疑是基因表达调控协同运作的反应信号，即使我们对每个生物标志物的功能都已确定，有关致毒机制问题也不能得到很好的解答。采用新一代高通量 RNA-seq 测序技术并借助于生物信息学分析软件，对染毒和对照生物品系进行转录组和转录后的调控差异分析，寻找隐藏在基因组内 microRNA 的调控网络，是实现系统毒理学研究的关键，也是比较不同物种对环境污染敏感的多样性、解毒代谢途径多样性的重要手段。目前，转录组调控网络的研究成为人们深入毒理分子机制的最有效手段，也是生物领域崭新的研究热点。

③ 代谢组学。转录组学可对整个转录的基因进行高度动态的时空监测，而代谢组学方法则可为污染因子胁迫下生物体代谢物含量的变化与生物表型的变化建立直接相关性。通过代谢物化学分析技术及数据分析技术的综合运用，使得代谢组研究在疾病诊断、药理研究以及毒理学等研究中发挥了极为重要的作用。比较分析健康状态与疾病状态下小分子代谢物表达的差异，这有助于人们寻找各种疾病早期诊断的生物标志物，可用于疾病预后及治疗效果的评判。而在毒理学研究中，利用代谢组技术分析代谢物组分的变化，可直接反映毒物胁迫对机体造成的最终影响。与其他毒理学研究方法一样，代谢组学技术并不能解决所有问题，但能为生物学多个领域的研究提供有用信息。比如，将蛋白质组学数据与代谢组学数据进行整合，生物代谢的终点有助于验证基于蛋白质组学研究提出的假设。代谢组学研究使得代谢物含量变化与生物表型变化建立了直接相关性，极大促进了后基因组学时代功能基因组研究的发展。

4.2.3 生态毒理学模式动物研究概述

水体中毒性污染物的富集，会对水生生态系统造成影响，有些毒性物质在很低浓度水平时亦显示出对生物强烈的毒害作用，因此，以水生生物为受试对象的生物毒性测试研究日益重要。近年来，大量基于动物、植物及处于不同营养级微生物的生物毒性测试方法开始建立并迅速发展。近年来，随着本领域研究范围的拓展，已成功应用于野外和实验室研究的受试生物种类和数量日益庞大，本书择要介绍在水污染生态毒理学研究中使用较为频繁的一些生物。

（1）传统模式生物

生物学研究中有一个被科学家们所普遍认同的观点：基础问题可以在最简单和最容易获得的系统中得以回答。由于进化的原因，细胞在发育的基本模式方面具有相当大的同一性，所以利用位于生物复杂性阶梯较低级位置上的物种来研究发育的共同规律是可能的。尤其是当在不同发育特点的生物中发现共同形态形成和变化特征时，发育的普遍原理也就得以建立。因为对这些生物的研究具有帮助人们理解生命世界一般规律的意义，所以称其为“模式生物”。模式生物作为研究材料不仅能回答生命科学研究中最基本的生物学问题，对人类一些疾病的治疗也有借鉴意义。目前，在重要杂志上刊登的有关生命过程和机理的重大发现，大多都是通过模式生物来进行研究的，常见的模式生物有病毒中的噬菌体（*Bacteriophage*），原核生物中的大肠杆菌（*Escherichia coli*），真菌中的酿酒酵母（*Sacharomyces cerevisiae*），低等无脊椎动物中的秀丽新小杆线虫（*Caenorhabditis elegans*），昆虫纲的黑腹果蝇（*Drosophila melanogaster*），鱼纲的斑马鱼（*Danio rerio*），哺乳纲的小鼠（*Mus musculus*）以及植物中的拟南芥（*Arabidopsis thaliana*）等。模式生物在生命科学研究中有一些共同的优点，例如：有利于回答研究者关注的问题，能够代表生物界的某一大类群；对人体和环境无害，容易获得并易于在实验室内饲养和繁殖；世代短、子代多、遗传背景清楚；容易进行试验操作，特别是具有遗传操作的手段和表型分析的方法等。不同的模式生物由于其各自的遗传生长特点及其在进化过程中的地位，而又具有各自独特的特点。

其中比较典型的传统模式生物如下。

① 秀丽隐杆线虫。线虫之所以能在经典模式生物中占据重要位置，与它的形态特点有密切关系，它是唯一一个身体中的所有细胞能被逐个盘点并各归其类的生物。只要把线虫浸泡到含有核酸的溶液中，就可以用这种方式将基因导入。线虫还可以冷冻储存。秀丽隐杆线虫因易于进行遗传学操作，在早期 mi RNA 的发现中就起着关键作用，是发育生物学史上具有里程碑性质的发现，随后秀丽线虫在胚胎发育、性别决定、细胞凋亡、行为与神经生物学等方面研究中得到广泛应用。

② 斑马鱼。斑马鱼是高等脊椎动物，它的神经中枢系统、内脏器官、血液以及视觉系统，在分子水平上 85%与人相同，尤其是心血管系统，早期发育与人类极为相似。近年来斑马鱼已成为研究动物胚胎发育的优良材料，成为人类疾病起因探索的最佳模式生物之一。斑马鱼胚胎和幼鱼对有害物质非常敏感，已被广泛地运用在医药卫生、食品和生活用品的安全性测试方面，显示出其在科学研究中的巨大潜力。

③ 小鼠。小鼠享有一个特殊的待遇：它是哺乳动物，因此和人类有极近的亲缘关系。当然，黑猩猩和其他的灵长类与人类之间有更近的亲缘关系，但是我们不容易用它们进行若干在小鼠中能够进行的试验。在哺乳类试验动物中，由于小鼠体型小，饲养管理方便，易于控制，繁殖速度快，研究最深，有明确的质量控制标准，已拥有大量的近交系、突变系和封闭群，因此小鼠成为公认的最好的模式哺乳动物。小鼠对于生命科学研究的贡献还要得益于小鼠日益丰富的生理生化数据。各种专门用于小鼠的代谢、心血管、呼吸、骨骼、血液、行为等生理功能检测的仪器设备和方法在过去几十年中得到迅速发展，比较医学的研究使得我

们可以将小鼠的特定生理生化功能和人类进行比较分析。

(2) 其他常见模式动物

① 鱼类。鱼类是水生食物链的重要环节，也是水体中重要的经济动物。鱼类毒性试验在研究水污染及水环境质量中占有重要地位。通过鱼类急性毒性试验可以评价受试物对水生生物可能产生的影响，以短期暴露效应表明受试物的毒害性，其基本原理是利用鱼类在不同浓度的毒物或废水中短期暴露（一般为24～96h）时产生的中毒反应，以50%受试鱼的死亡浓度给出半数致死浓度值（LC_{50}），以 LC_{50} 值大小来表示被测毒物或污染物的毒性大小，LC_{50} 越小则毒性越大。在鱼类急性毒性试验中，受试鱼的选择很重要，其选择原则一般为对污染物敏感、在生态类群中有一定代表性、来源丰富、饲养方便、遗传稳定和生物学背景资料丰富的种类。目前，除了国际通用的急性毒性试验的标准用鱼斑马鱼外，国内常用的试验鱼有鲢鱼、鳙鱼、草鱼、青鱼、金鱼、鲤鱼、食蚊鱼、非洲鲫鱼、尼罗罗非鱼、马苏大马哈鱼和泥鳅等。

② 两栖类动物。近年来，世界范围内两栖类动物种群数目减少而畸形青蛙大量增加的现象引起生态学家、环保主义者和政府管理部门的高度重视。寄生虫、细菌和真菌感染、栖息地数量减少和质量下降、气候的变化、化学污染物等都可能损害两栖类动物的适应能力，但又都不能完全解释所有的异常，有关两栖类的室内毒性试验和野外调查的文献报道日益增多。两栖类动物在食物链中具有水陆两栖的独特地位，其生活周期比较复杂，幼体生长速度快，卵、鳃和皮肤具有渗透性，污染物能在其体内富集和放大，这些特性使其成为监测环境污染的前哨物种。其中非洲爪蟾作为发育生物学模式生物，其生长发育、形态发生、生殖生理等多方面的基础知识已有大量的积累，近年来在毒理学尤其是生态毒理学中得到越来越多的应用。两期类动物中的蝌蚪以及成体主要生活在水中，可以很容易地吸收水体中外源性激素或其他化合物，对水体污染物的敏感性比其他动物更高。一般可从以下几个方面判断蝌蚪中毒后的异常表现：进食情况，生长发育状况，死亡率，畸形，如尾巴弯曲、不对称、水肿等；游泳异常，表现为蝌蚪躺在缸底，上下游泳、侧泳、呈圆周状游泳等。

③ 爬行类动物。目前，对于毒理学的研究多集中于环境污染物对无脊椎动物、鱼类、鸟类和哺乳动物的影响。爬行动物作为食物链中的重要组成部分，目前国内外关于其他毒理学的研究报道却相对偏少，尤其缺乏爬行动物暴露在已知污染物下的基础研究。然而爬行动物作为最为原始的陆生脊椎动物，世代久远，种类在陆生脊椎动物中仅次于鸟类。而且，随着栖息环境的缺失、寄生疾病的暴发、全球气候变化以及环境污染的发生，爬行动物已被认为是全球衰退的生物物种，而人类活动诸如农业生产、森林伐木和城市化等会造成外源化学物质进入生态环境中，人为污染物已经成为野生爬行动物的巨大威胁。因此，研究外源污染物对爬行动物的毒理学效应对保护爬行动物和维持全球生态平衡都具有重大意义。而过去的爬行动物毒理学主要集中在检测污染地区爬行动物体内污染物负荷，以了解污染物对爬行动物的暴露历史情况，但关于污染物对爬行动物急性毒性以及种群级别影响的研究却相对缺乏。因此，具体污染物诸如农药、重金属、内分泌干扰物质等对爬行动物的急慢性毒性作用、中毒症状及机理的研究，已成为当前爬行动物毒理学研究的热点。关于爬行动物的毒理学研究，通过体形、习性和可操作性等综合因素的考虑，最常见于报道的受试动物为蜥蜴和龟，也有少量关于蛇和鳄等其他爬行动物的报道。

4.3 尾矿库区水污染的生态毒理学研究方法

近年来，我国系统的水环境污染的生态毒理学研究进步迅速，在污染物化学、生态毒理学研究方面已有很多优秀成果，部分研究测试方法如 BCF，K_{ow} 测定及多种健康毒理学试验指标（LC_{50}、LDS_{50}、ECS_{50}、LOEC、Ames 试验、SCE 试验、微核试验等）和一些特效研究技术，如 DNA 碱基测定技术、PCR 扩增技术、质粒基因片段分子克隆技术、原生质与细胞的酶融合技术、印迹分子杂交鉴定技术及同位素原子示踪电镜观测等技术已被学者们广泛使用。

尾矿库区水中污染物的毒理学效应显著，例如致癌、致畸、诱变效应，而且水中有机和无机化合物常联合作用于人体，按量效关系可能为协同作用、相加作用、独立作用或拮抗作用。由于污废水中致癌物和诱变物之间存在高度相关性，故通常用检测水中混合有机物诱变性的方法来推测其致癌的可能性，因此，Ames 试验、微核试验、V79 细胞诱变试验都可应用于尾矿库水污染的诱变性评价。诸多研究从原核细胞、真核细胞、动物试验等实验室水平证实了很多矿区湿地都不同程度地受到了有机物和无机物的污染，引起饮用水源水体的诱变活性增强，最终引起饮用水的致癌和致畸效应。

本章重点介绍两栖类、鱼类和微生物生态毒理学研究方法。

4.3.1 动物生态毒理学研究方法

（1）两栖类动物野外调研方法

两栖类种群生态学调查从每年出蛰开始，至繁殖活动结束为止。在研究样地上设置调查样方。选择天气情况良好的白天观察蟾蜍求偶、抱对、产卵，同时通过背部色斑、婚垫及是否鸣叫等雄性的第二性征辨别雌雄，捕捉雌雄蟾蜍测量其体重、体长，统计两个样地的种群密度和雌雄比例，并计算抱对率，收集卵带对受精率进行统计。

（2）产卵量和孵化率统计

待蟾蜍产完卵后，在野外使用白板或者白瓷盘置于卵带下方拍照记录［图 4-1(a)］，统计每条完整卵带的卵粒数，即产卵量。定时观察卵带发育情况，用已孵化完的一个完整的卵带中孵化出的蝌蚪的数量来计算孵化率。具体方法是：将用已孵化完的一个完整的卵带轻轻放置于白色托盘中，并照相，回到实验室在相片中数未孵化的数量［箭头所指黑点为孵化失败的卵粒，见图 4-1(b)］即可。

$$蝌蚪的孵化率=未孵化的数量/卵粒总数\times 100\%$$

（3）蟾蜍的解剖方法

使用双毁髓法处死蟾蜍。将蟾蜍正面放置在解剖盘上，压住蟾蜍以防其乱动，拇指与食指按住蟾蜍吻端使其头部上下活动，用毁髓针沿着蟾蜍头背部中间部分向下移动，直到一个凹陷处，这就是枕骨大孔。随后用力压住蟾蜍，将毁髓针插入凹陷处大约 3mm，快速左右搅动，然后将针从凹陷处平行刺入蟾蜍颅腔内快速搅动几下，再反方向快速搅动几下，使蟾蜍的脑组织彻底受到破坏，若蟾蜍四肢无知觉则表明毁髓成功。

将蟾蜍放于解剖盘里，使之腹部向上，用镊子夹起蟾蜍的腹部表皮，用解剖剪剪开，在剪的过程中要以防蟾蜍内脏被剪破。用解剖剪解剖完毕之后，使蟾蜍内脏暴露出来，观察各

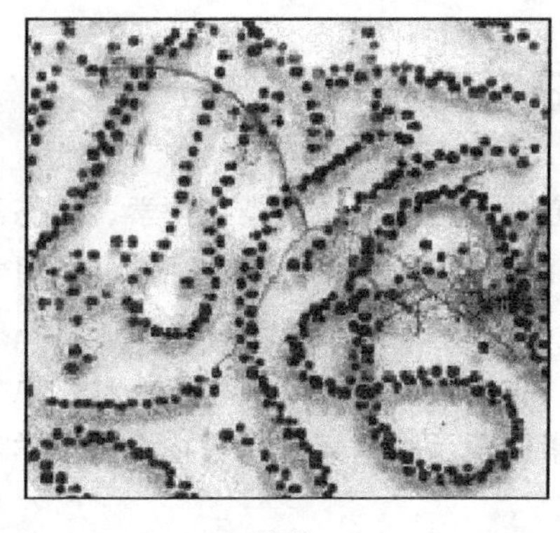

(a) 卵带

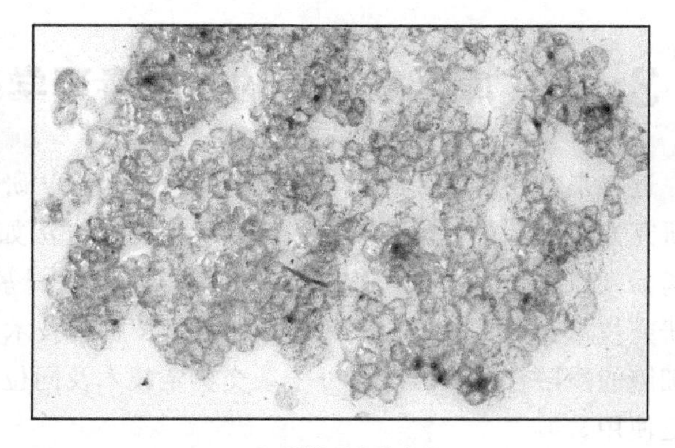

(b) 孵化后的空卵泡

图 4-1 蟾蜍卵带和孵化后的空卵泡（见彩插）

箭头所指黑点为孵化失败的卵粒

个器官位置、形状、大小与个数。观察可知蟾蜍心脏位于腹腔前端，在心脏外部有一层薄包裹；肝脏一般为深红色，有两个，位于心脏后部；花背蟾蜍有 1 对精巢，呈淡黄色，为长椭圆形，在肾脏后方。

观察完毕后，小心用镊子和解剖剪配合将所需器官取出，迅速放入装有 PBS（磷酸盐缓冲溶液）的培养皿内，将这些培养皿放在冰上保存。对所需器官称重，计算雄性生殖腺指数。最后将蟾蜍残体合理处理，仪器清洁干净，整理实验台。

(4) 精子动态参数的测定方法

运用双毁髓法处死，解剖，迅速取出精巢，精巢呈现淡黄色，分别置于 2mL 生理盐水中 37℃保存，检测前使用解剖剪剪碎，使精子游离出来，制成精子悬液，使用彩色精子质量检测系统分析。

(5) 性激素水平的测定方法

双毁髓法处死蟾蜍后，快速从心脏处取全血 2mL，放于 Eppendorf 管中自然凝血，取上层血清使用免疫放射计量测定法测定。

(6) 抗氧化酶活性和丙二醛含量测定

抗氧化酶活性和丙二醛含量均可使用对应的试剂盒测定。包括：过氧化氢酶（Catalase，CAT）、谷胱甘肽-S 转移酶（Glutathione S- Transferase，GST）、谷胱甘肽还原酶（Glutathione Reductase，GR）、谷胱甘肽酶（Glutathione，GSH）、谷胱甘肽过氧化物酶（Glutathione Peroxidase，GPx）、超氧化物歧化酶（Total Superoxide Dismutase，T-SOD）、总抗氧化能力（Total Antioxidant Capacity，T-AOC）、丙二醛（Malonic Dialdehyde，MDA）。步骤如下。

① 蟾蜍组织样品的制备。蟾蜍解剖后，准确称量精巢、卵巢、肝脏和肾脏组织，按照 1∶99 的比例加 PBS，用匀浆器迅速匀浆（冰浴），置于 50mL 的 EP 管中，4℃离心 10min。吸取上清液，放在冰上，待用。

② 测定方法。按照试剂盒操作手册依次加试剂耗材进行测定。其中，一个样本测定管做 3 个平行管，对照管做 3 个平行管，对照管最后取平均数即可。测定各类生物酶活性的同时需要同步测定样本蛋白浓度。

(7) 动物组织蛋白质含量测定

蛋白质含量可使用考马斯亮蓝法测定。

① 定蛋白试剂

a. 0.9%NaCl。准确称取氯化钠 0.9g，加蒸馏水溶解并定容至 100mL。

b. 标准蛋白液。牛血清白蛋白（0.1mg/mL），准确称取牛血清白蛋白 0.2g，用 0.9% NaCl 溶液溶解并稀释至 200mL。

c. 考马斯亮蓝染液。准确称取考马斯亮蓝 0.05g，加 95%乙醇 25mL 溶解，加 85%磷酸 50mL，加蒸馏水定容至 500mL，过滤去除少量未溶解物，储于棕色瓶中，4℃保存备用。

② 标准曲线的制备

a. 取 7 支干净的试管置于试管架上，按表 4-1 进行编号并加入试剂。

b. 混匀，室温放置 3min，以第一管为空白，于波长 595nm 处比色，读取吸光度，以吸光度为纵坐标，各标液浓度作为横坐标作图得到标准曲线。

表 4-1 标准曲线的制备

试剂	1	2	3	4	5	6	7
标准蛋白液/mL	0.0	0.1	0.2	0.3	0.4	0.6	0.8
0.9%NaCl/mL	1.0	0.9	0.8	0.7	0.6	0.4	0.2
考马斯亮蓝染液/mL	4.0	4.0	4.0	4.0	4.0	4.0	4.0
蛋白质浓度/(μg/mL)	0	10	20	30	40	60	80
吸光度	0.000	0.124	0.249	0.359	0.488	0.694	0.935

③ 样品溶液蛋白浓度的测定。另取数支干净试管，加入样品液 1.0mL 及考马斯亮蓝染液 4.0mL（一个样品液测定 3 个平行管），混匀，室温静置 3min，于波长 595nm 处比色，读取吸光度，由样品液的吸光度查标准曲线即可求出蛋白含量。

(8) DNA 损伤程度鉴定

DNA 损伤程度使用彗星试验（单细胞凝胶电泳技术，Single Cell Gel Eletrophoresis，SCGE）测定。

① 单细胞凝胶电泳试剂

a. 细胞裂解液 500mL。2.5mol/L NaCl 73.05g；0.1mol/L Na_2EDTA 18.612g；10mmol/L Tris-HCl 0.6057g；1%十二烷基肌氨酸钠 5g。调 pH 值至 10（用 NaOH 调，或直接加 4g NaOH)。使用前加 1%的 Triton X-100 5mL，10%的 DMSO 50mL。细胞裂解液配好后置于 4℃预冷，备用。

b. EB（溴化乙啶）溶液。准确称取 EB 0.0005g，加蒸馏水至 10mL，避光贮存。

c. PBS 500mL（pH=7.4）。NaCl 0032g；KCl 0.1006g；Na_2HPO_4 1.4504g；KH_2PO_4 1.0205g。

d. 电泳缓冲液（pH=13）。准确称取 NaOH 12g，Na_2EDTA 0.372g，蒸馏水溶解并定容至 1000mL。

e. 中和液（pH=7.5）。准确称取 Tris 24.25g，NaCl 0.108g，蒸馏水溶解并定容至 500mL。

f. 凝胶。0.6% NMA[1]（pH=7.4）。准确称取 NMA 0.036g，溶于 6mL PBS。0.75% LMA[2]（pH=7.4)：准确称取 LMA 0.045g，溶于 6mL PBS。0.5%LMA（pH=7.4)：准

[1] NMA：正常熔点琼脂糖，Normal Melting Point Agarose。

[2] LMA：低熔点琼脂糖，Low Melting Point Agarose。

确称取 LMA 0.030g，溶于 6mL PBS。

② SCGE 技术原理。SCGE 技术是一种在单细胞水平上检测有核细胞 DNA 损伤和修复的方法。该技术的原理是基于有核细胞的 DNA 相对分子质量很大，DNA 超螺旋结构附着在核基质中，用琼脂糖凝胶将细胞包埋在载玻片上，在细胞裂解液作用下，细胞膜、核膜及其他生物膜破坏，使细胞内的 RNA、蛋白质及其他成分进入凝胶，继而扩散到裂解液中，唯独核 DNA 仍保持缠绕的环区附着在剩余的核骨架上，并留在原位。如果细胞未受损伤，电泳中核 DNA 因其相对分子质量大而停留在核基质中，经荧光染色后呈现圆形的荧光团，无拖尾现象。

③ SCGE 试验步骤

a. 样品液的制备。取 5mL 的 EP 管，加入 100μL 肝素钠溶液和 1mL PBS，蟾蜍解剖后取血液或精子，血液样本最后用显微镜调至浓度为一个视野 5～8 个细胞即可。

b. 精子悬样本前期处样品处理。精巢取出后，放入装有适量 PBS 的 Appendorf 管中，用解剖剪剪碎精巢，4000r/min 离心 30s，取上清液，用适量的 PBS 将细胞浓度调制到大约 100 个/mL。

以下步骤除中和及染色以外，均应在暗处进行操作。

c. 胶板的制备。常熔琼脂糖凝胶 NMA（0.6%）：称取 0.12g 正常熔点的琼脂糖（NMA）倒入 50mL 烧杯中，加入 1×PBS 缓冲液定容至 20mL，微波炉加热溶解。

低熔点的琼脂糖凝胶 LMA（0.75%）：称取 0.0225g 低熔点的琼脂糖（LMA）放入 10mL 的 EP 管，加入 3mL 的 1×PBS 缓冲液，将 EP 管放入 1000mL 烧杯中用电炉子在 100℃沸水中加热 2h。

第一层胶的制备：在 45℃下将正常溶点的琼脂糖的磷酸缓冲液浇注到磨粗的载玻片上，置于 4℃下 10min 使得琼脂糖固化。

第二层胶的制备：在 37℃下，将约 1000 个悬于 10μL 的 PBS 中的受检细胞与 75μL 0.5%的低熔点琼脂糖相混。轻轻移开盖玻片，将细胞悬滴在第一层琼脂糖上，盖上盖玻片，让其均匀铺开，置于 4℃下 10min 使得琼脂糖固化。

第三层胶的制备（可省略）：等到第二层胶固化后，缓慢地移开第二层胶上的盖玻片，将 100μL 0.5%低熔点的琼脂糖凝胶均匀滴加在第二层胶上，盖上盖玻片，4℃固化 10min。

d. 裂解液裂解。量取预冷的裂解液 40mL，倒入裂解槽中，移开第三层胶上的盖玻片，然后按顺序胶面朝上平放到裂解槽中，4℃裂解 20min。

e. 电泳。将载玻片移出，放于水平凝胶电泳槽中的阳极端，电泳槽中置新配制的电泳缓冲液覆过载玻片约 0.25cm，高 pH 值电泳液中放置 20min，便于 DNA 在电泳前解旋。盖上黑布进行电泳即可。在室温下，通过调整电泳槽中缓冲液液面的高度来控制电泳仪电源的电流和电压为 300mA、25V，电泳 20min。

f. 中和。在电泳后将载玻片置于托盘并置于冰箱中，用 pH 值 7.5、0.4mol/L 的 Tris 中和约 15min。

g. 染色。待中和呈中性后，将载玻片用 50～100μL 2mg/L 的 EB 水溶液染色，再盖上盖玻片，放置 4℃避光环境下处理 7min 左右。

h. 检测。用 100W 汞灯作为荧光光源，在荧光显微镜下观察，即损伤的细胞 DNA 呈现由圆形、致密的红色核心（慧头）与朝向阳极的尾部的 DNA 碎片（慧尾）构成的“慧星”。常用 DNA 断裂分级作为观察指标。DNA 断裂分级是按彗星尾端与头部直径的比例判断，分为 5 个等级（分别给予 0～4 分值），见图 4-2。

零级损伤：正常的，没有彗尾即无明显的断裂损伤，计 0 分。

一级损伤：有轻微但不很明显的彗尾，彗尾的直径小于彗星的头部直径的 1/4，计 1分。

二级损伤：彗尾的直径大于彗星头部的直径的 1/4，并且彗尾的直径小于彗星头部的直径，计 2 分。

三级损伤：彗尾的长度大于彗星头部的直径，计 3 分。

四级损伤：彗星仅有很小的头部，计 4 分。

每一个测定样本做 3 张平行片。每张片子随机观察 250 个细胞，分别统计并记录各级彗星的细胞数量，用各级彗星的细胞数量乘以各级对应分值并累加起来，最后用累加值除以数的细胞总数除以 1000，即为该样本的整体 DNA 损伤程度。

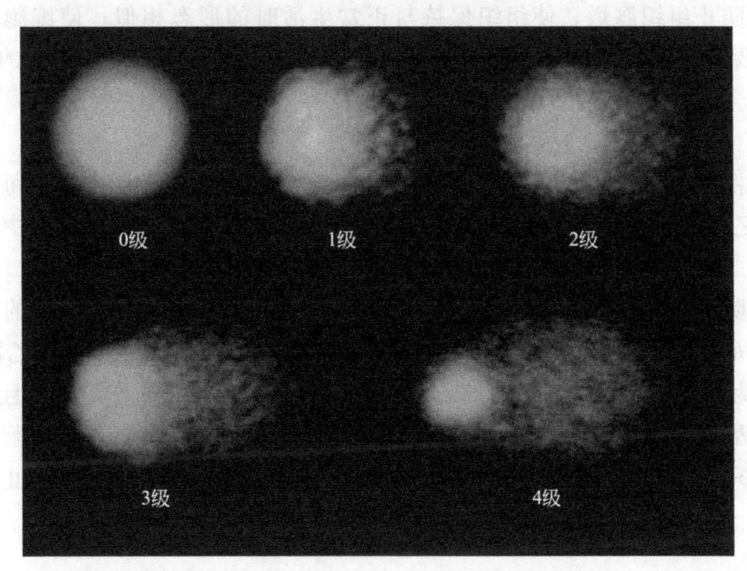

图 4-2　DNA 损伤程度分级标准（见彩插）

(9) 蟾蜍细胞核异常率

① 血液样品液的制备。取 5mL 的 EP 管，加入 100μL 肝素钠溶液和 1mL PBS，蟾蜍解剖后取心脏血。

② 做血涂片。用移液枪吸取 80～100μL 的血液样品滴于载玻片上，做成均匀涂片（每个样品液做 3 个平行片）。

③ Giemsa 染色。用移液枪吸取配好的 Giemsa 染液于载玻片上，染色约 5～8min 后轻轻盖上盖玻片。

④ 镜检。制好的片子使用实验室的光学显微镜 100 倍镜头观察即可。

每张片子观察的红细胞应不少于 1000 个，并记录具有微核和核异常的细胞总数。观察结果用千分比率表示。计算公式为：

$$\text{成熟红细胞核异常率} = \frac{\text{具有微核和核异常的细胞总数}}{1000}$$

(10) 组织结构分析

细胞核被苏木精染成鲜明的蓝色，软骨基质、钙盐颗粒呈深蓝色，黏液呈灰蓝色。细胞浆被伊红染成深浅不同的粉红色至桃红色，胞浆内嗜酸性颗粒呈反光强的鲜红色。胶原纤维呈淡粉红色，弹力纤维呈亮粉红色，红细胞呈橘红色，蛋白性液体呈粉红色。

石蜡包埋步骤包括：取材、固定、脱水、透明、浸蜡和包埋。组织结构分析步骤如下。

① 取材。注意：取材时不能破坏组织，大块组织需要进行切割，如肝脏组织，一般取的是纵切面 2～3mm，不能太大或是太小。取出后的组织放于石蜡包埋盒中，且一定要放在10%缓冲液福尔马林中进行固定，不能放入生理盐水中，否则会将组织泡大，影响试验结果。

② 固定

a. 方法。将组织放入包埋盒中，然后在 10%缓冲液福尔马林中进行固定，一般大组织固定 4h，小组织固定 2～3h。注意，一定要在包埋盒上用铅笔做好标记，标明组织名称和来源。

b. 目的。防止组织腐烂，使组织保持与正常生活时的形态相似；使细胞内的物质变为不溶性物质，保持它原有的结构；固定剂甲醛具有硬化作用，能够增加组织的硬度，从而有利于制片。

③ 脱水

a. 方法。将组织在 3 份 95%乙醇溶液中脱水各 1h，注意：不严格要求每份乙醇中都是1h，只要 3 份乙醇中共 3h 即可；将 95%乙醇脱水后的组织在 3 份无水乙醇中脱水：第一份乙醇中 1h，第二份、第三份各 1.5h。即从低浓度酒精到高浓度酒精。

b. 目的。除去组织中的水分，便于后续透明、浸蜡和包埋等各个步骤的进行，因为在这些步骤中，所用的试剂都不能与水混合，所以必须要进行脱水。其中，乙醇可作为脱水剂，又可以作为固定剂，但是高浓度的乙醇对组织有收缩和硬化的作用，并且乙醇和水能发生物理反应，因此，在整个脱水过程中，必须以从低浓度到高浓度的梯度进行脱水，以乙醇来逐步取代组织中的水分，从而使组织中的水分彻底被脱去，这样还可以防止组织发生收缩和硬化。

④ 透明

a. 方法。将脱水后的样本在 2 份二甲苯溶液中各浸泡各 20min。透明剂二甲苯是一种既能与脱水剂乙醇混合，又能够与包埋剂石蜡混合的试剂。注意：在二甲苯中浸泡的时间不宜过短或过长。时间过短会引起透明不充分，影响后面的浸蜡包埋；时间过长则引起组织变脆。

b. 目的。将脱水剂从材料中除去，使材料变透明；同时便于下面的浸蜡和包埋等过程的进行（因为酒精不能溶解石蜡）。

⑤ 浸蜡

a. 方法。将透明后的样本在 2 份切片石蜡溶液中各浸泡 1h。注意：在此过程中，浸蜡的温度一般要高于石蜡硬度的 10～15℃为宜，如硬度为 60%～62%的切片石蜡在 70～75℃下浸蜡适宜。

b. 目的。除去透明所用的二甲苯，并且使石蜡慢慢地代替透明剂，最终使透明剂完全被石蜡所取代，有利于切片。

⑥ 包埋

a. 方法。将透明好的组织从石蜡包埋盒中取出，将其纵切面朝下放置，平放于石蜡包埋模具里，这样便于后续切片和观察，再将石蜡包埋盒的上盖取下，将盒子放于模具上，接着把溶好的液体石蜡倒入模具里，先将其静置一会儿，待石蜡凝固后，把它放在相对较平的冰块上，加速冷却，等到蜡块能够自己脱落模具时，将其取出，并用小刀除去蜡盒周围多余的石蜡即可。

b. 目的。将组织固定在石蜡中，易于切片。

c. 注意事项。倒蜡时一定要连续，不然会出现气孔，还有倒的蜡一定不能太多或是太少，太多的话会浪费石蜡，并且蜡块不容易从模具上脱落；石蜡太少的话，包含组织的石蜡块和蜡盒之间容易出现很大空隙，这样在切片时，组织容易脱落。

⑦ 切片。将切片刀装在刀片机的刀架上并且固定紧后，再固定蜡块于切片机上，刀刃与蜡块表面呈5°，然后进行对刀，粗修，最后切片，一般切片厚度为4μm，切片时要匀速、连续，若在切片中出现断裂或是裂缝，则将组织包埋盒放于冰袋上冷却一下，再进行切片，这样切出来的片子才会连续，褶皱才会减少。

⑧ 展片

a. 方法。在试验过程中可以用水浴锅代替展片仪，在45℃水温中进行展片，展片时将切好的组织片用镊子从毛笔上轻轻取下，再平铺于水浴锅中即可，一定要挑选组织上无褶皱或褶皱最少的片子。

b. 目的。目的是使组织平展，便于后期的染色和观察。

⑨ 捞片。捞片时一定要选择褶皱少且组织完整的片子，在此过程中，若有多余的片子黏在一起，则用镊子的尖垂直切入两片切缝中，轻弹开，丢弃多余的切片即可。一般的载玻片在捞片时要用到蛋白质黏附剂（蛋清＋甘油＝1∶1均匀混合），一滴蛋白质黏附剂可涂多个片子，也就是说黏附剂不宜过多，否则会污染片子。

⑩ 烘烤

a. 方法。大多采用在90℃烘箱中放置30min的方法，而不是直接在酒精灯上进行烤干，特别是在做多个片的时候，在烘箱中烤得要更均匀、彻底和有效。

b. 目的。除去捞片过程中的水分，并使组织和载玻片黏合得更加紧密，防止在染色过程中脱片。

⑪ 脱蜡

a. 方法。取出片子后，放入载玻片架上后，直接放入二甲苯中脱蜡3次，每次5min。

b. 目的。脱去切片上的石蜡，有助于后续步骤的进行，并且易于观察。

c. 注意事项。当多个片子时，脱蜡时间不能低于15min，否则脱蜡不完全；同时不能超过25min，否则会脱片。

⑫ 水化。方法：脱蜡后的切片浸入2次无水乙醇、2次95%乙醇，每次约1min。

⑬ 水洗。方法：将水化后的切片在一个大盆中浸泡水洗2次，每次约2～3min。

⑭ 苏木精染色。方法：染色时间视情况而定，小组织一般为3～5min，大组织约15min，注意着色不能太深或太浅，否则会影响观察结果。

⑮ 水洗。方法：将切片浸泡水洗1min。

⑯ 分化。方法：将切片放入1%盐酸乙醇液（盐酸∶70%乙醇＝1∶99，体积比）中褪色分化，一般5s左右，视实际情况而定，见切片变微微红即可。

⑰ 水洗。方法：将切片浸泡水洗1min。

⑱ 蓝化。方法：蓝化视组织大小定时间，一般大组织为1min，小组织为几秒。

⑲ 水洗。方法：将切片浸泡水洗1min。

⑳ 伊红染色。方法：将组织在伊红染液中浸一下即可。

㉑ 水洗。方法：浸泡水洗 1min。

㉒ 脱水。方法：将切片浸入 85%乙醇 5s，95%乙醇 5s，无水乙醇 5s，无水乙醇 10s。

㉓ 透明。方法：将切片分别浸入二甲苯 3 次透明，每次约 5min。

㉔ 封片

a. 方法。取一滴中性树胶滴于载玻片的组织上，将盖玻片从一端逐步盖下去，一般情况下不会出现气泡，因为树胶的平铺力很强。用中性树胶封固时，不能过稠、过稀和过多。过稠时树胶不易分开，过稀、过多时盖玻片周边容易溢胶，且盖片应该轻拿轻放。

b. 目的。用中性树胶进行封片，一方面有利于观察，另一方面，经过观察后，若有相对好的片子也可以长期保存，以便后续再用。

c. 注意事项。封片分为干封和湿封两种。第一种，干封：不经过二甲苯透明步骤，脱水后直接滴加一滴中性树胶，盖上盖玻片进行封片。第二种，湿封：经过二甲苯透明步骤后，再滴加一滴中性树胶，盖上盖玻片进行封片。一般湿封效果要比干封好，且中性树胶的用量不宜过多，一滴即可，否则会对后续的观察和保存造成污染。

㉕ 显微镜下观察。先在 4 倍显微镜下观察组织的外形结构，再在 10 倍的显微镜下观察组织的大致结构，最后在 40 倍显微镜下观察组织的形态结构。

㉖ 拍照记录做比较，注意此石蜡包埋切片做出的片子和包埋好的组织可以长期保存，便于后续的使用和观察，且在试验操作过程中要注意自身的安全，因为二甲苯挥发性较强，还有致癌性。

(11) 蝌蚪生长发育测定

分别在每个生长期期测定蝌蚪的体重、全长（即自吻端到尾末端的长度）、体长（自吻端到肛管基部的长度）、尾长（即自肛管基部到尾末端的长度）、体宽（即体两侧的最大宽度），并计算其平均数作为其最终结果。其中，测定全长、体长、尾长、体宽的方法是：将蝌蚪置于干净的培养皿中，将培养皿放置在测量纸上测量即可。测定体重的方法是：放置一个干净的培养皿于电子天平上并归零，用镊子夹取蝌蚪于培养皿中称重并记录数据即可。蝌蚪其他指标测定方法同蟾蜍成体。

4.3.2 土壤微生物生态毒理学研究方法

土壤微生物（细菌、真菌、重要功能菌群）是土壤生态系统的重要组成部分，它通过分泌各种酶参与土壤中有机质的分解、腐殖质的形成、土壤元素循环等过程，对于土壤环境改善和生态环境恢复具有不可替代的作用。同时，由于其对重金属污染的敏感性，土壤微生物群落结构的变化常作为评估重金属污染的生物指标，在重金属胁迫下也会富集各种重金属耐性细菌和真菌。微生物群落组成是最为敏感的早期环境预警因子之一，研究土壤及湿地环境中的微生物多样性及其功能菌群对于监测土壤及湿地生态环境的结构和服务功能具有重要意义。

4.3.2.1 样品采集技术

(1) 土壤及沉积物样品采集前准备的材料

灭菌的细镊子和小剪刀（用于掐断和剪断植物幼根）；无菌的 50mL 离心管（保证根样

数量尽量相同，便于后续离心)；大量灭菌水（清洗镊子、剪刀及底泥过多的根样品)；75%的酒精（用于镊子、剪刀消毒)；纸巾（Kimtech science，kimwipes，Kimberly-Clark)；装有干冰、冰袋的保温箱；土壤采样器；无菌自封袋。

（2）沉积物样品野外采样

① 现场采样开始前将 50mL 离心管分别倒入 40mL 的灭菌水放置冰袋中预冷。

② 采样时将湿地植物用铁锹连根全部挖起，去掉上层带水的底泥，带回岸边将最外层没有根生长的底泥去掉，露出植物根须即可，以防非根际沉积物的干扰。

③ 把带泥植株根系垂直用力掰成两块，暴露内部的根。尽量掐或剪掉完全暴露的幼根，并将表面的松散底泥抖掉，部分难以直接抖掉的底泥可以在预备的无菌水中涮洗，注意保留紧贴根的底泥（根际沉积物)，装入之前预冷的 50mL 离心管中，暂存干冰保温箱中。

④ 采尽完全暴露的根，分别将之前掰成两块的根系同样再一次掰成两块（四分法)，重复同样的采样方法进行采样。考虑到每个离心管内根际沉积物收集的量较少，每个管内装根样不能太多，否则后续超声与离心效果不好，因此尽量多采重复样。

⑤ 采样时保温箱避免阳光直射。

⑥ 短时间内将样品带回实验室，最好当天通过图 4-3 所示的步骤分离根与根际沉积物样品。

所有植物样品在生长区域内随机采集，选择长势良好，植株外观基本一致的植物，每 4 棵作为一个混合样品，每种植物均采集 3 个平行样品。芦苇、香蒲、蔗草的根系（Root，R)、根际沉积物（Rhizosphere Sediment，RS）样品分别标记为：PAR，TAR，STR；PARS，TARS，STRS。

在样地范围内无植物生长的区域采集沉积物（Unvegetated Sediment)，标记为 S。采用带有刻度的管形取土器采集 0～20cm 的底泥，采集 3 个平行样品，样品中心间隔为 50m，在 5m×5m 的样方内，每个平行样品由 5 点混合而成。采用四分法分取后，少部分装入 50mL 无菌离心管中，暂存于上述的保温箱中，用于后续的分子分析。其余大部分装入无菌自封袋内，作为沉积物样品，用于理化分析。

（3）植物根圈样品室内分离

依据文献报道，主要采用离心-超声振荡-离心的方法来分离根系、根际沉积物样品（见图 4-3)。具体步骤如下。

① 将放置于干冰保温箱中的样品室温解冻后，用无菌水配平，在 4℃、8000g，离心 10min；然后，用长镊子将根转移到新的装有 40mL 无菌水的 50mL 离心管中。

② 超声波（90W 左右）处理 10～20min 后，按照上述程序再次离心。然后，将根转移到新的装有灭菌水的离心管中，再次离心，去除多余水分和土。最后将干净的根小心转移到干燥的无菌离心管中，标记后，于－80℃超低温保存。

③ 三次离心后的底泥合并后用 15mL 无菌离心管或者更小的离心管，再次离心，倒掉上清液为根际沉积物样品，标记后，于－80℃超低温保存。

4.3.2.2 微生物宏基因组 DNA 提取方法

湿地植物根圈样品（根系、根际沉积物）和无植被区沉积物样品基因组 DNA 抽提采用试剂盒 Fast DNA SPIN Kit for Soil（MP Biomedicals，Solon，OH，USA)，具体步骤按照试剂盒说明书进行，稍有改动，见表 4-2。

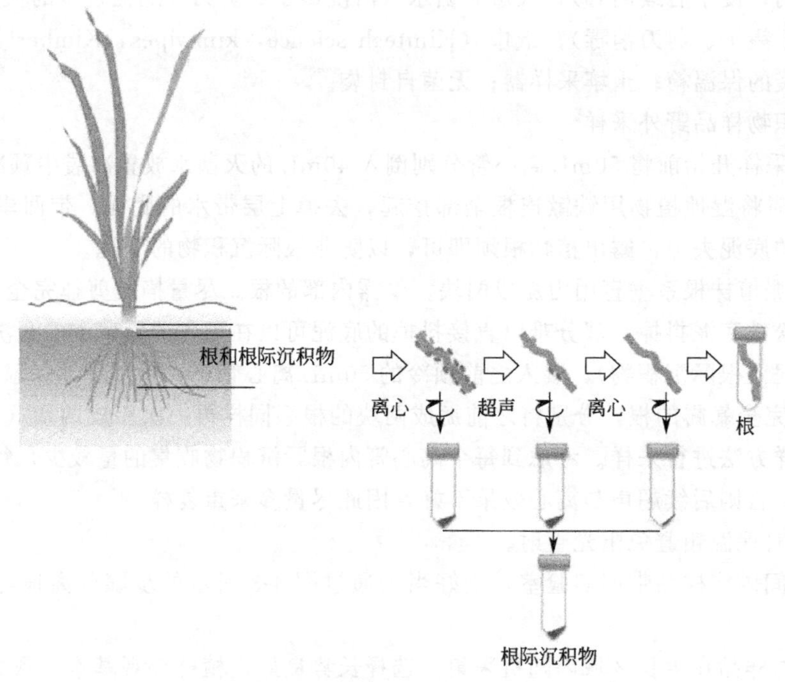

图 4-3　植物根及根际沉积物样品分离方法（见彩插）

表 4-2　宏基因组 DNA 提取步骤

序号	步骤
1	称取 0.4～0.5g 样品加入 Lysing Matrix E Tube 中
2	使用移液枪在 Lysing Matrix E Tube 中加入 978μL SPB 和 122μL MT buffer
3	确保 Lysing Matrix E Tube 的盖子旋紧，将其放置于涡旋混合仪上，对管内物质进行震荡破碎均匀化，时间设定为 40～50s
4	8000r/min，离心 15min(去除体积较大或具有复杂细胞壁结构的样品)
5	用大口枪头将上清液转入灭菌的 1.5mL 微离心管中，加入 250μL PBS，手持离心晃动缓慢地晃动 10 次混匀
6	8000 r/min，离心 15min，用大口枪头将上清液转入灭菌的 5mL 离心管中
7	吸取摇匀后的 Binding Matrix 1.0mL 到上一步的 5mL 离心管中
8	上下颠倒离心管 2min，静置 5min，使 DNA 附着于结合载体(Binding Matrix)上，并等待 SiO_2 充分沉淀
9	小心移除 600μL 上清液(注意：避免吸出沉淀物)
10	吸取 600μL 混匀后的上清液与沉淀物的混合物转入 SPIN Filter(加滤膜的收集管)中，8000 r/min，离心 1min
11	倒掉收集管中的液体，重复上一步操作直至 5mL 离心管中液体全部转移到收集管中
12	加入 500μL 制备好的 SEWS-M 溶液，用小枪头小心混匀其与收集管中滤膜上的白色固体，8000 r/min，离心 1min 将收集管中的液体弃去
13	重复上一步操作，更好地去除杂离子
14	8000r/min，离心 2min
15	将 SPIN Filter 中带滤膜的管拿出，超净台风干 5min
16	将带滤膜的管放入灭菌的 1.5mL 微离心管中，加入试剂盒自带的 DES 溶液 80μL，用小枪头将其与 Binding Matrix 混匀，65℃水浴 15min。8000 r/min，离心 2min
17	将离心管中所的 DNA 溶液反吸到滤膜上，重复第 16 步；步弃去滤膜，将提取的 DNA 存于－20℃冰箱

其中，根际沉积物与无植被区沉积物样品直接提取，称取 0.5～0.7g；植物根系样品先用液氮进行充分研磨破碎后采用试剂盒进行提取，称取 0.8g（由于含水量较大，经过多次尝试，称取样品多一些提取效果更好）。宏基因组 DNA 的主要用途见图 4-4。

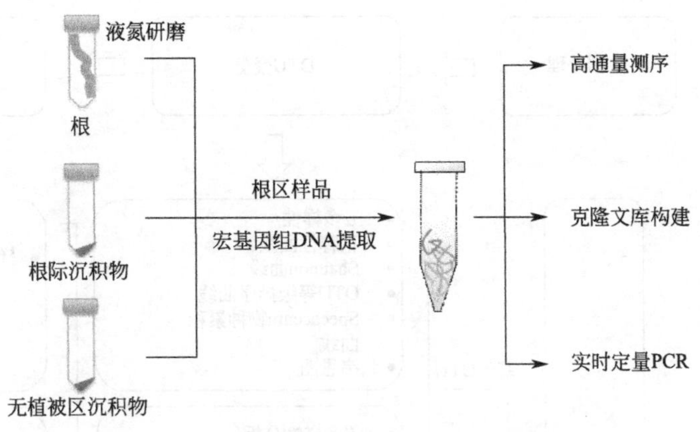

图 4-4　宏基因组 DNA 的主要用途（见彩插）

基因组 DNA 提取效果用 0.8%的琼脂糖凝胶电泳（100V，45min）检测，凝胶成像仪（GBOX/HR-E-M，Syngene，UK）扫描拍照，浓度用 NanoPhotometer P-Class P330C 超微量紫外分光光度计（IMPLEN，Munich，Germany）测定。将提取好的 DNA 溶液保存于 −20℃冰箱用于后续分子实验分析。

4.3.2.3　高通量测序技术

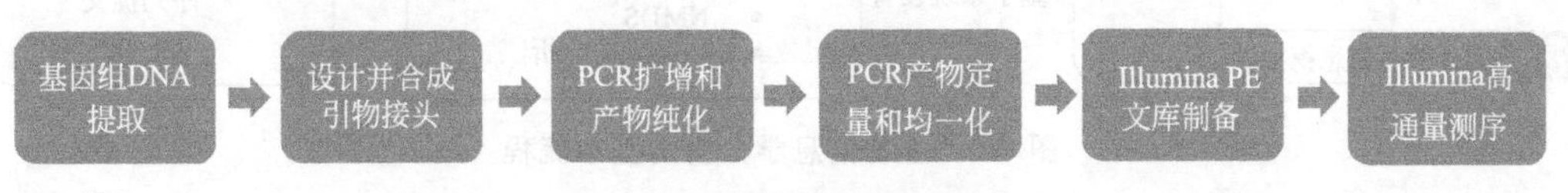

图 4-5　高通量测序流程

（1）16S rRNA、18S rRNA 基因和功能基因高通量测序

高通量测序流程见图 4-5。提取植物根圈和沉积物样品的宏基因组 DNA，干冰寄送测序公司。公司重新检测 DNA 质量后进行后续试验。全部样本按照正式试验条件进行，每个样本 3 个重复。测序数据分析流程如图 4-6 所示。

原始测序序列使用 FLASH 软件进行拼接，Qiime 软件质控：下机数据中拆分测序数据→截去 Barcode 和引物序列→reads 进行拼接（FLASH 软件）→Raw Tags→过滤处理→去除嵌合体序列（UCHIME Algorithm）→得到有效序列（Effective Tags）。

a. OTU 聚类和物种注释。根据 97%的相似度利用 UPARSE 软件，对有效序列进行可操作分类单元（Operational Taxonomic Units，OTU）聚类；用 Mothur 软件与 SILVA 中的 SSUrRNA 数据库进行物种信息注释（比对阈值=80%）。基于 MUSCLE 软件中的多序列比对，分析每个 OTU 代表序列的系统发育信息。

b. 样品多样性分析（α 多样性）。通过每个样品的多样性分析（α 多样性）可以反映细菌群落的丰度和多样性。基于 Qiime 软件计算 Chao1、Ace 等丰富度指数，Shannon、Simpson 等多样性指数，Coverage 等测序深度指数和 PD _ whole _ tree 系统发育多样性指数。利用 *R* 绘制稀疏曲线、Venn 图（韦恩图）。

c. 多样品比较分析（β 多样性分析）。β 多样性分析反映不同样本间群落组成和相似性和差异性。主要包含 Unifrac 距离、UPGMA 层级聚类树、Heatmap，PCA、PCoA 和

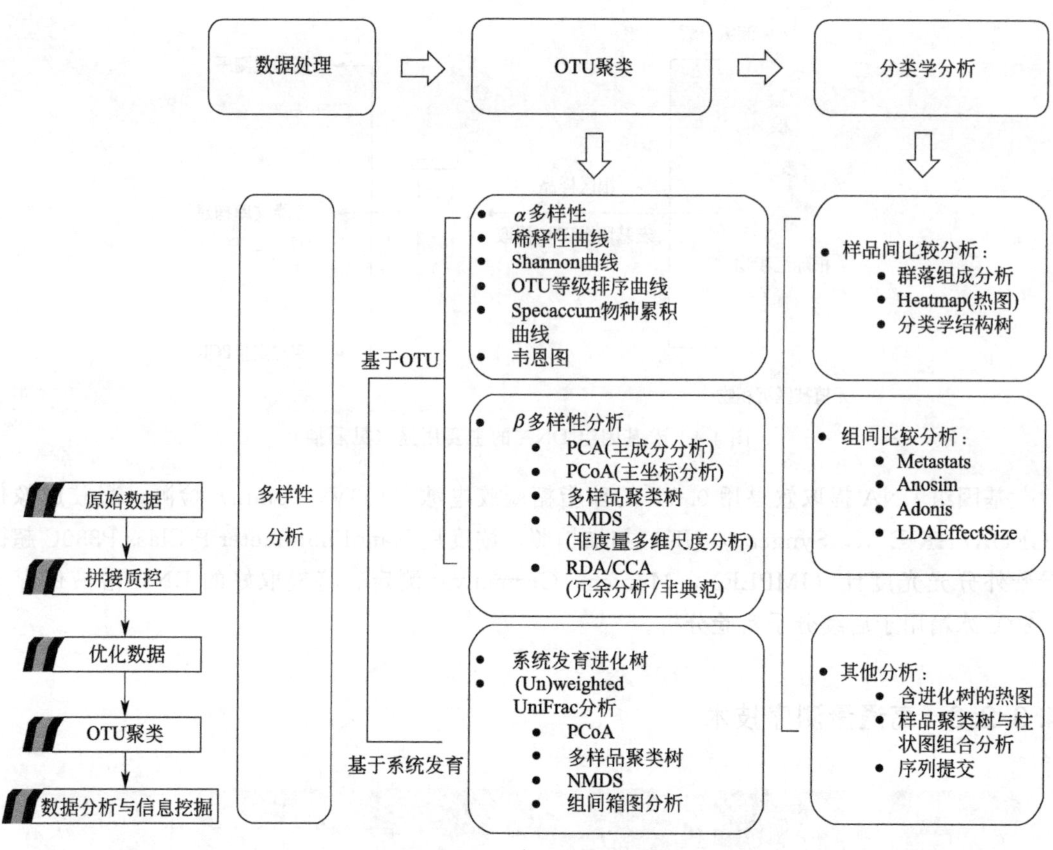

图 4-6　生物信息学分析的基本流程

NMDS 图，以及 Anosim、Adonis 等检验。16S rRNA 基因的 V4-V6 区 PCR 扩增及产物纯化与高通量测序及数据分析信息见表 4-3。

表 4-3　16S rRNA 基因的 V4-V6 区高通量测序信息汇总

项目	16S rRNA 基因的 V4-V6 区	功能基因测序
引物	515F(5'-GTGCCAGCMGCCGCGG-3') 907R(5'-CCGTCAATTCMTTTRAGTTT-3')	
公司	诺禾致源(Novogene)	上海美吉(Majorbio)
平台	Illumina HiSeq2500 PE250	Illumina Miseq 2500 PE300 * 2
纯化	AxyPrepDNA Gel Extraction kit(Axygen Biosciences, CA, USA)	AxyPrepDNA Gel Extraction kit(Axygen Biosciences, CA, USA)
原始数据质控	Qiime, FLASH	Trimmomatic, FLASH
OTU 聚类	UPARSE(7.1 版 http://drive5.com/uparse/)	
OTU 划分阈值	0.97	
多序列快速比对	MUSCLE (3.8.31 版 http://www.drive5.com/muscle/)	
数据库比对	Silva(SSUrRNA)	

续表

项目	16S rRNA 基因的 V4-V6 区	功能基因测序
多样性指数计算、Unifrac 距离、UPGMA 层级聚类树	Qiime 软件(Version 1.7.0)	
稀疏曲线绘制、Venn 分析、heatmap、PCoA 分析、Anosim 分析	R 软件(Version 2.15.3)的 WGCNA，stats，ggplot2，vegan 软件包及 anosim 函数	

(2) 高通量测序原始数据提交数据库

NCBI（National Center for Biotechnology Information）成立于 1988 年 11 月 4 日，旗下囊括众多数据库，包括专门用于存储高通量测序原始数据的 SRA（Sequence Read Archive）数据库以及存储 DNA 数据的 GenBank 和 EST 数据库等。利用高通量测序技术研究微生态，在文章发表过程中，为便于进行学术监督与交流，许多期刊要求提供原始序列登录号（Accession number）。测序平台不同，所产出的原始数据格式亦不同，此次以 Illumina 测序平台产出的 fq 格式的原始数据为例进行演示。

① 进入 NCBI 首页，注册账号并激活，登录 NCBI，见图 4-7。

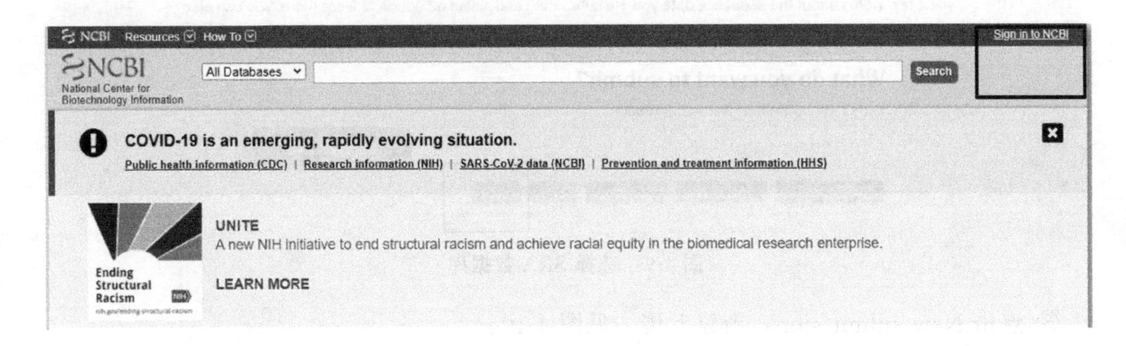

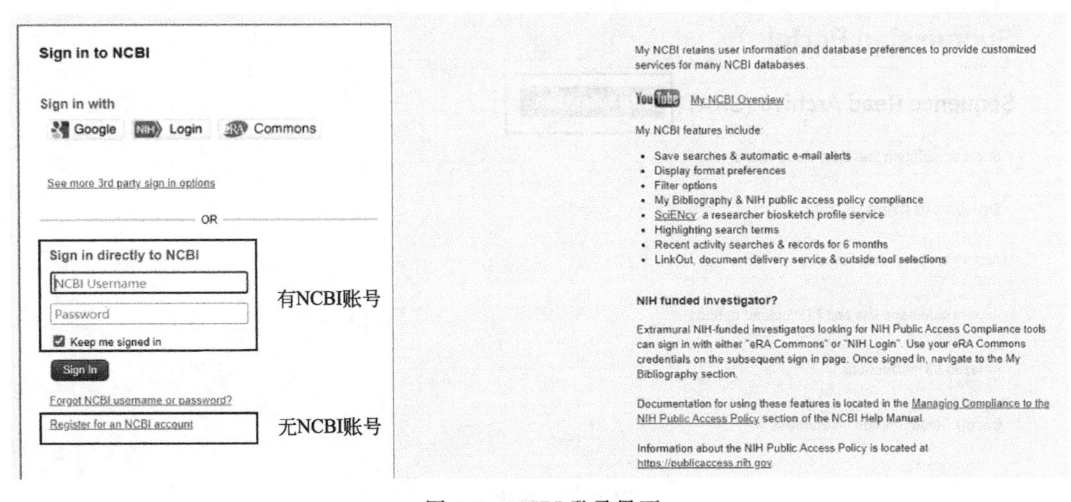

图 4-7　NCBI 登录界面

② 进入数据上传页面，选择 SRA 数据库，见图 4-8、图 4-9。

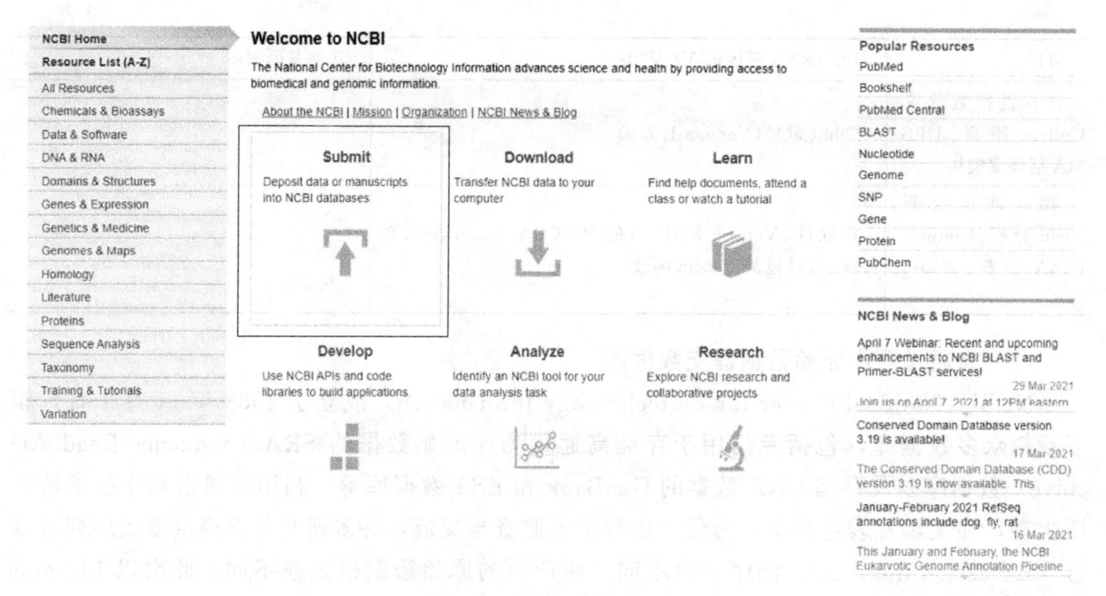

图 4-8 数据上传页面

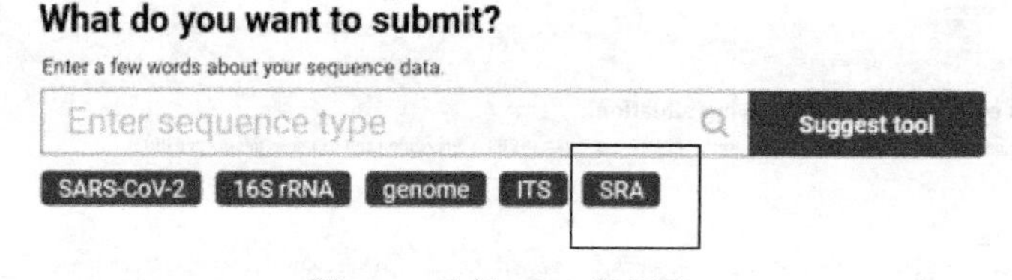

图 4-9 选择 SRA 数据库

③ 点击 New submission，新建上传，见图 4-10。

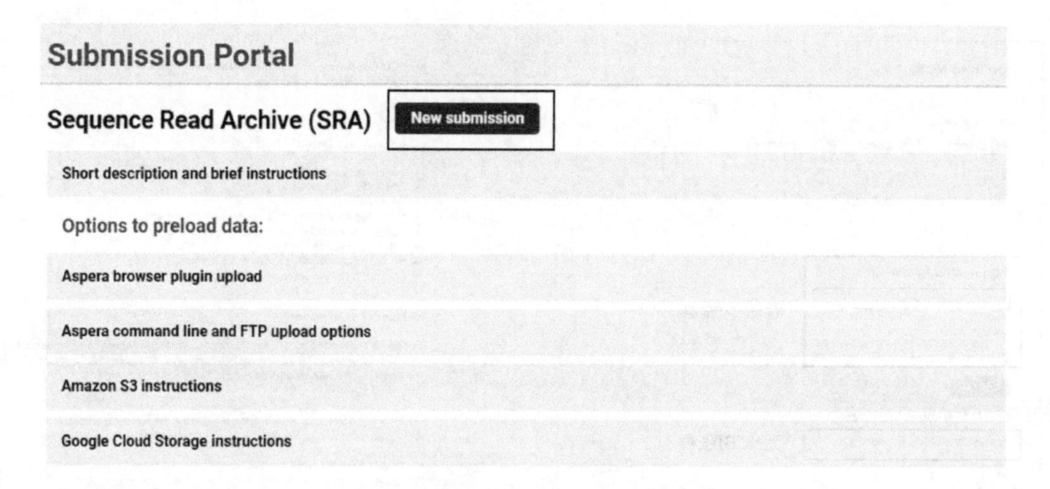

图 4-10 新建上传

④ 填写上传者个人信息，带 * 的必填，见图 4-11，Continue 下一步。

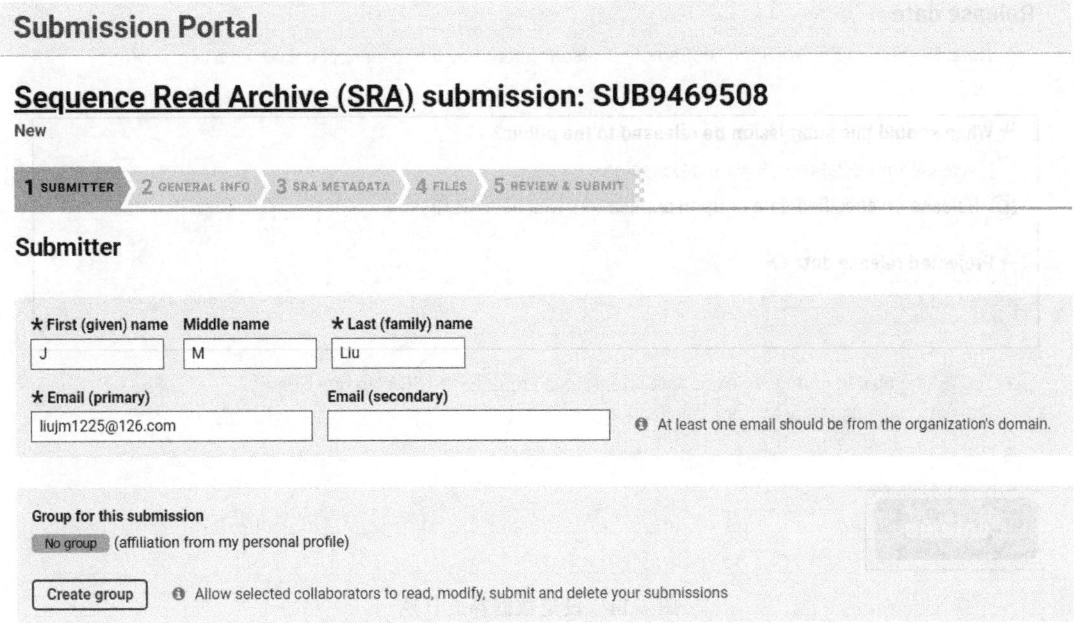

Submission Portal
Sequence Read Archive (SRA) submission: SUB9469508
New
1 SUBMITTER
2 GENERAL INFO
3 SRA METADATA
4 FILES
5 REVIEW & SUBMIT
Submitter
★ First (given) name
Middle name
★ Last (family) name
J
M
Liu
★ Email (primary)
Email (secondary)
liujm1225@126.com
At least one email should be from the organization's domain.
Group for this submission
No group
(affiliation from my personal profile)
Create group
Allow selected collaborators to read, modify, submit and delete your submissions

图 4-11　填写上传者个人信息

⑤ 确定是否已新建 BioProject、BioSample 及数据释放时间，Continue 下一步。

由于 NCBI 的页面会不定期更新，请仔细阅读选项内容进行选择，此处选择没有 BioProject（图 4-12）、BioSample（图 4-13），并设定数据释放日期（图 4-14）。

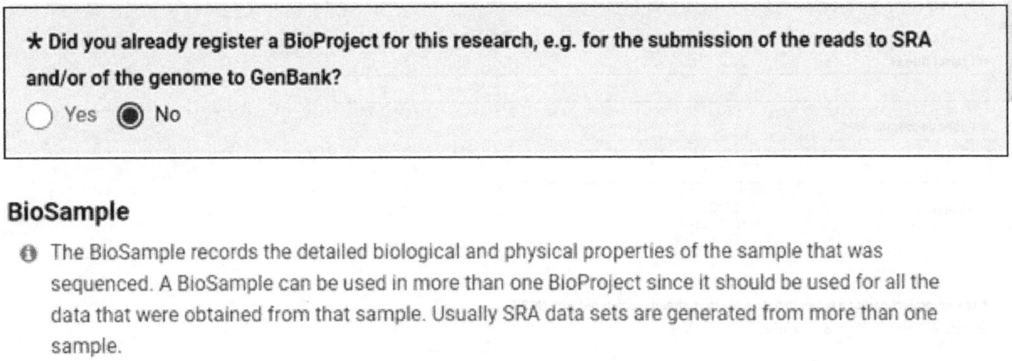

★ Did you already register a BioProject for this research, e.g. for the submission of the reads to SRA and/or of the genome to GenBank?
Yes
No
BioSample
The BioSample records the detailed biological and physical properties of the sample that was sequenced. A BioSample can be used in more than one BioProject since it should be used for all the data that were obtained from that sample. Usually SRA data sets are generated from more than one sample.

图 4-12　选择是否新建 BioProject

★ Did you already register a BioSample for this sample, e.g. for the submission of the reads to SRA and/or of the genome to GenBank?
Yes
No

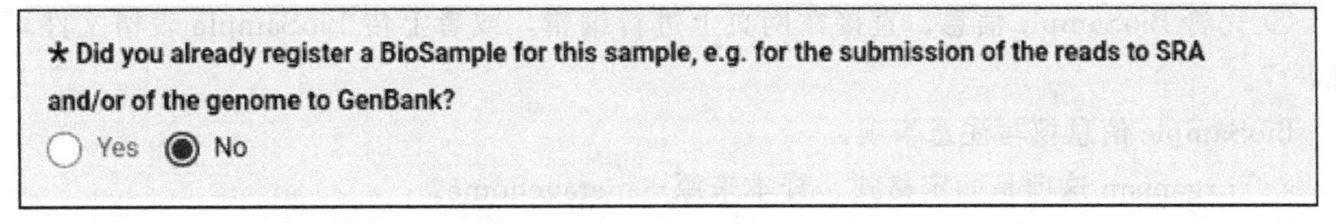

图 4-13　选择是否新建 BioSample

Release date
Note: Release of BioProject or BioSample is also triggered by the release of linked data.
★ When should this submission be released to the public?
Release immediately following processing
Release on specified date or upon publication, whichever is first
★ Projected release date
YYYY-MM-DD
You will be able to change release date later (please refer to the SRA Update Guide).
The data must be released upon publication.
Continue

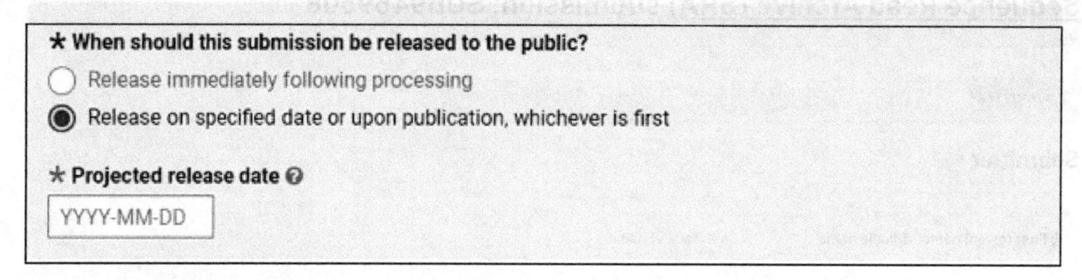

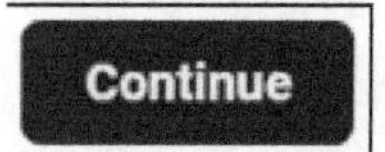

图 4-14　设定数据释放日期

⑥ 填写项目信息（标题与描述），见图 4-15，带 * 的必填，Continue 下一步。

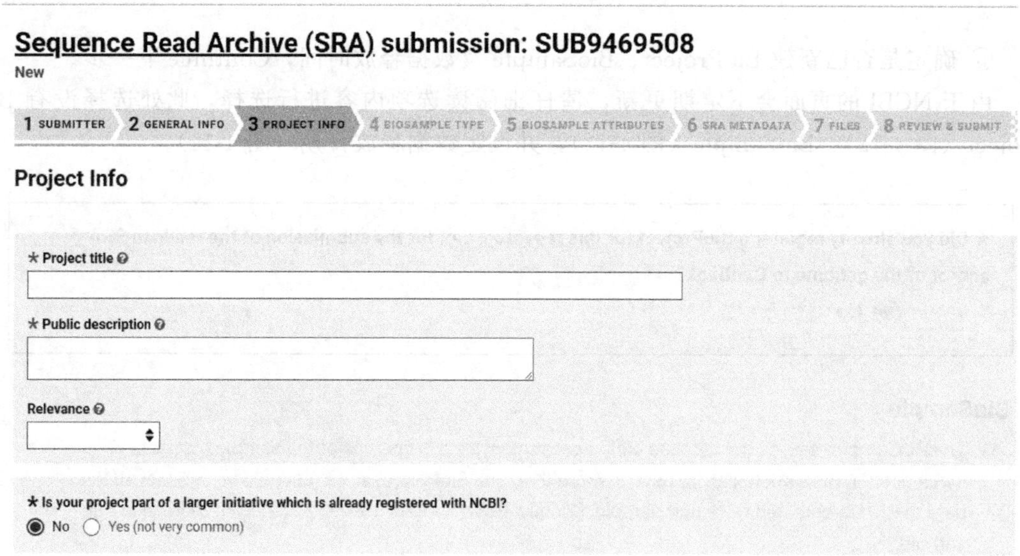

Sequence Read Archive (SRA) submission: SUB9469508
New
1 SUBMITTER
2 GENERAL INFO
3 PROJECT INFO
4 BIOSAMPLE TYPE
5 BIOSAMPLE ATTRIBUTES
6 SRA METADATA
7 FILES
8 REVIEW & SUBMIT
Project Info
★ Project title
★ Public description
Relevance
★ Is your project part of a larger initiative which is already registered with NCBI?
No
Yes (not very common)

图 4-15　填写项目信息

⑦ 选择 BioSample 类型（以环境样本为例），见图 4-16，Continue 下一步。

⑧ 完善 BioSample 信息。直接在网页上进行编辑，或者上传 BioSample 表格文件，见图 4-17。

BioSample 信息填写注意事项。

a. * organism 这项是固定格式：样本来源＋metagenome。

b. 绿色区域带 * 为必填内容；信息不完全可填 missing，not collected。

c. 蓝色区域为至少填一项内容；信息不完全可填 missing，not collected。

1 SUBMITTER　2 GENERAL INFO　3 SAMPLE TYPE　4 ATTRIBUTES　5 COMMENTS　6 OVERVIEW

Attributes

选择文件　未选择任何文件

Template for BioSample package **Metagenome or environmental; version 1.0**

Download Excel Download TSV

For more information, please see creating sample attribute file.

图 4-16　选择 BioSample 类型

Continue

Copyright | Disclaimer | Privacy | Accessibility | Contact

National Center for Biotechnology Information | U.S. National Library of Medicine

NIH　USA.gov

This is a submission template for batch deposit of 'Metagenome or environmental; version 1.0' samples to the NCBI BioSample database (http://www.ncbi.nlm.nih.gov/biosample/).

GREEN fields are mandatory. Your submission will fail if any mandatory fields are not completed. If information is unavailable for any mandatory field, please enter 'not collected', 'not applicable' or 'missing' as appropriate.

BLUE fields indicate that at least one of those fields is mandatory. If information is unavailable, please enter 'not collected', 'not applicable' or 'missing' as appropriate.

YELLOW fields are optional. Leave optional fields empty (or delete them) if no information is available.

You can add any number of custom fields to fully describe your BioSamples, simply include them in the table.

Hover over field name to view definition, or see http://www.ncbi.nlm.nih.gov/biosample/docs/attributes/.

CAUTION: Be aware that Excel may automatically apply formatting to your data. In particular, take care with dates, incrementing autofills and special characters like / or -. Doublecheck that your text file is accurate before uplo

TO MAKE A SUBMISSION:

1. Complete this template table.
2. Upload the file on the 'Attributes' tab of the BioSample Submission Portal at https://submit.ncbi.nlm.nih.gov/subs/biosample/.

If you have any questions, please contact us at biosamplehelp@ncbi.nlm.nih.gov.

*sample_name	sample_title	bioproject_accession	*organism	host	isolation_source	*collection_date	*geo_loc_name	*lat_lon	ref_biomaterial
S1	SAHN_1	PRJNA578005	rhizosphere metagenome		rice root 1	2015-09-20	China: Nanjing	32.58 N 119.7 E	
S2	SAHN_2	PRJNA578005	rhizosphere metagenome		rice root 2	2015-09-20	China: Nanjing	32.58 N 119.7 E	

图 4-17　完善 BioSample 信息

d. 黄色区域为可选内容，可不填。

e. 注意除了绿色强制栏，其他非强制栏的信息不能完全一样（当然可以都填 missing），比如 isolation source 不能都写 reactor sample，最简单的要后面加 1，2，3，…区分，否则 BioSample 检查通不过。

⑨ 完善 Metadata 信息（同上一个步骤一样），见图 4-18，直接在网页上进行编辑，或者上传表格文件，见图 4-19。

图 4-18　完善 Metadata 信息

⑩ 上传数据。上传数据可选 4 种方法分别为网页 http、软件 Aspera、服务器和数据存储云 Amazon S3，见图 4-20、图 4-21。单端测序的要求每个样本对应一个 fq 文件，双端测

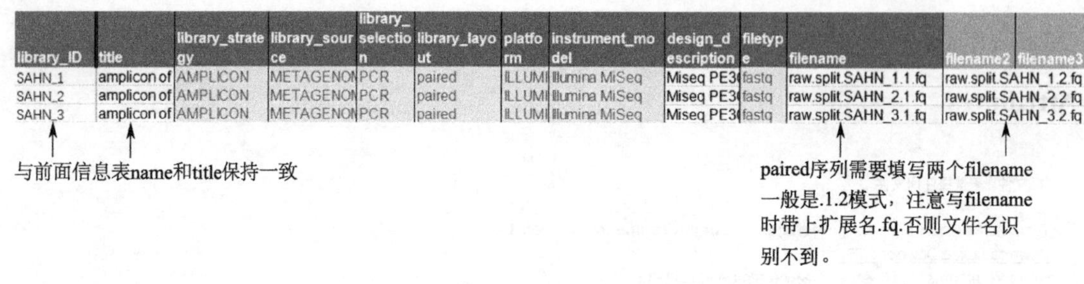

library_ID	title	library_strategy	library_source	library_selection	library_layout	platform	instrument_model	design_description	filetype	filename	filename2	filename3
SAHN_1	amplicon of	AMPLICON	METAGENOM	PCR	paired	ILLUMI	Illumina MiSeq	Miseq PE3(	fastq	raw.split.SAHN_1.1.fq	raw.split.SAHN_1.2.fq	
SAHN_2	amplicon of	AMPLICON	METAGENOM	PCR	paired	ILLUMI	Illumina MiSeq	Miseq PE3(	fastq	raw.split.SAHN_2.1.fq	raw.split.SAHN_2.2.fq	
SAHN_3	amplicon of	AMPLICON	METAGENOM	PCR	paired	ILLUMI	Illumina MiSeq	Miseq PE3(	fastq	raw.split.SAHN_3.1.fq	raw.split.SAHN_3.2.fq	

图 4-19　编辑信息

序的要求每个样品对应 2 个 fq 文件。

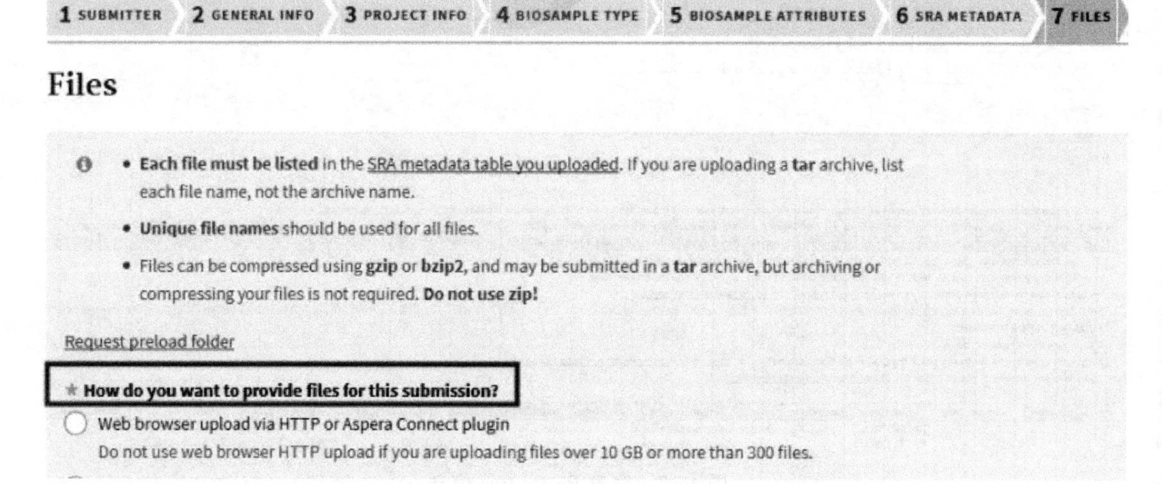

图 4-20　选择数据上传方法

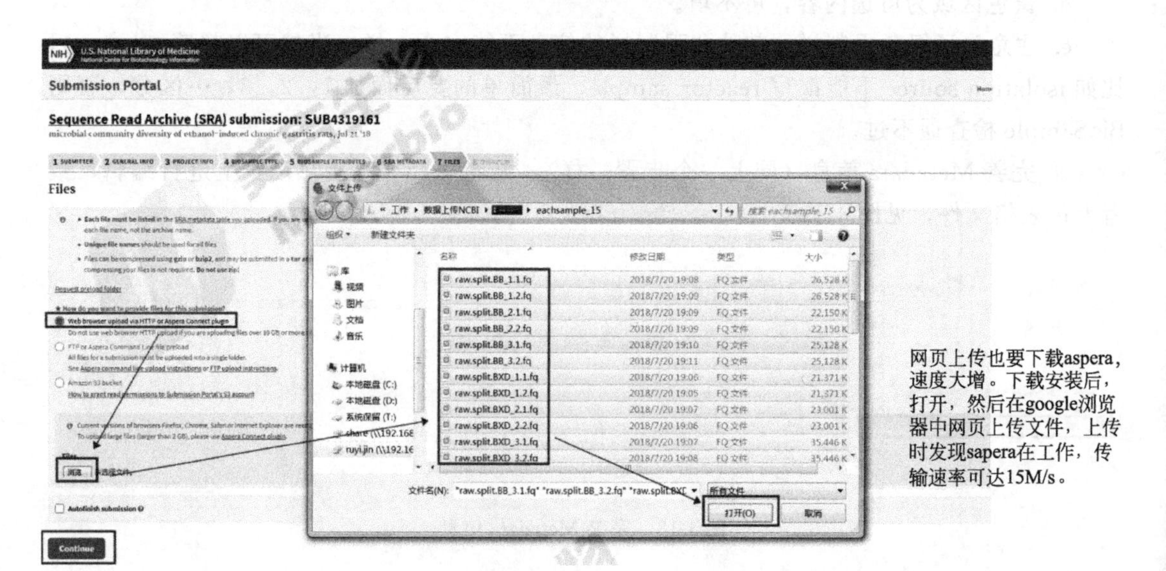

图 4-21　网页 http 上传

⑪ 检查信息填写是否正确并进行提交，见图 4-22。

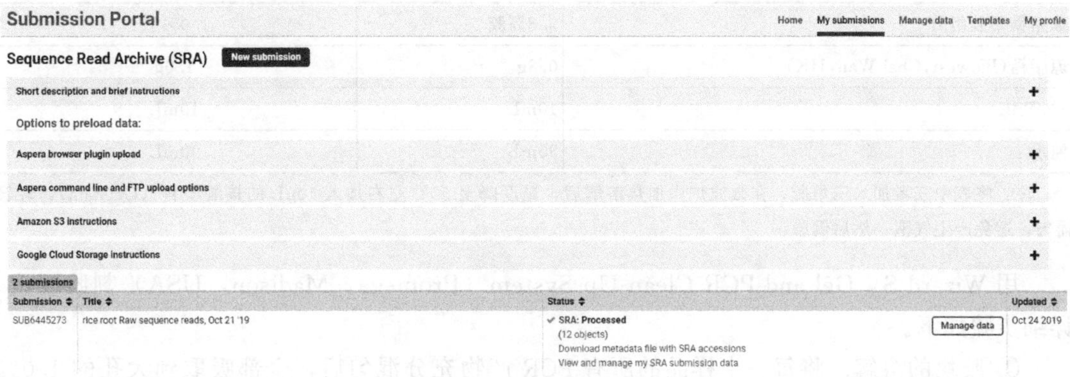

图 4-22 检查和提交数据

4.3.2.4 克隆文库构建方法

基于功能基因的克隆文库技术测序片段长、准确性高，应用较为广泛，但是通量有限，反应功能菌多样性方面可能有一定的局限性；基于功能基因的高通量测序技术通量大，多样性信息较全面，但测序片段短，准确度有所降低，且其可靠性还受到数据分析等因素的影响。所以，通常的研究中将克隆文库和高通量测序技术结合，二者相互补充印证，对所关注生境中的微生物多样性进行分析。

（1）目的基因扩增与纯化

以下内容以植物根圈和沉积物样品的甲烷氧化菌群的功能基因 *pmoA* 为例讲述。首先进行 PCR 扩增，引物分别为 A189F/mb661R，由上海生工（Sangon，Shanghai，China）合成。引物信息，常规 PCR 扩增条件具体见表 4-4。实验室常用琼脂糖凝胶配制方法见表 4-5，PCR 反应同时做阴性对照，用灭菌的超纯水作为 DNA 模板。便于后续足够量的 PCR 产物用于纯化，每个样品同时扩增 3 个 PCR，保证 PCR 产物在 100μL 左右。吸取 4μL PCR 扩增产物用 1.0%的琼脂糖凝胶电泳验证（100V，15min），凝胶成像仪（GBOX/HR-E-M，Syngene，UK）扫描拍照。用 Gelstain（Transgen，Beijing，China）染色，制胶时加入，实验室常用琼脂糖凝胶配制方法见表 4-5。如果电泳结果目的条带特异，后续 PCR 产物直接纯化；如果电泳结果有杂带，后续用胶回收纯化。

表 4-4 常规 PCR 扩增条件

体系组分(初始浓度)	体积 1/μL	体积 2/μL
10×Ex Taq Buffer(20mmol/L Mg^{2+} plus)	5.0	2.5
dNTP Mixture(各 2.5mmol/L)	4.0	2
上游引物(10μmol/L)	1.0	0.5～0.8
下游引物(10μmol/L)	1.0	0.5～0.8
BSA(20mg/mL)(牛血清蛋白,减少腐殖酸的抑制)	1.0	0.5
TaKaRa Ex Taq(5U/μL)	0.4	0.2
模板 DNA(10～20ng/μL)	1.0	1.0
dd H_2O 补充至总体积	50.0	25.0

表 4-5 实验室常用琼脂糖凝胶配制方法

琼脂糖凝胶组分	0.8%胶	1.0%胶
琼脂糖(Biowest,Chai Wan,HK)	0.8g	1.0g
5×TBE	10mL	10mL
纯水	90mL	90mL

注：将表中三者加入三角瓶，在微波炉中加热溶解后，温度降至 50℃左右加入 10μL 的核酸染料（Gelstain），轻轻摇匀，避免产生气泡，然后倒胶。

用 Wizard SV Gel and PCR Clean-Up System（Promega，Madison，USA）割胶回收。详细步骤如下。

① 胶块的溶解。将每一个样品的所有 PCR 产物充分混匀后，全部吸取到大孔的 1.0% 的琼脂糖凝胶中电泳。电泳结束后，在紫外切胶仪中用无菌刀片迅速切下含有目的片段的胶块（注意胶块不能超过 300mg），放入 1.5mL 的无菌离心管中；每 10mg 胶加入 10μL 的膜结合液。振荡混匀，在 65℃水浴 10min，可以适当延长时间，直至胶完全溶解。

② 结合 DNA。收集管中插入微量纯化柱；将上述溶解混合液吸入微量纯化柱内，室温孵育 1min 后 14000r/min（16000*g*）离心 1min，倒掉滤液。

③ 洗涤。吸取 700μL 加入 95%的乙醇的膜清洗液第 1 次清洗，14000r/min（16000*g*）离心 1min，倒掉滤液；再吸取 500μL 膜清洗液第 2 次清洗，仍以 14000r/min（16000*g*）离心 5min，倒掉滤液，再次离心 1min 去除乙醇。

④ 洗脱。将微量纯化柱小心转移到无菌 1.5mL 离心管中（可以将微量纯化柱在室温放置 5～10min，以更好地去除乙醇），加入 50μL RNA-free water，室温放置 1min 后 14000r/min 离心 1min（可以将洗脱液再次吸到微量纯化柱中，洗脱 2 次）；得到 PCR 胶回收产物。

⑤ 电泳验证和回收浓度测定。回收的 PCR 产物吸取 4μL 用 1%的琼脂糖凝胶电泳检测，并用 NanoPhotometer P-Class P330C 超微量紫外分光光度计（IMPLEN，Munich，Germany）测定浓度，保存于－20℃。

(2) 克隆-筛选

将纯化好的 *pmoA*-PCR 产物三个平行之间等物质的量混合为一个混合 PCR 产物，进行克隆文库构建，主要包括 PCR 产物克隆-转化-筛选-鉴定。克隆用的载体为 pGEM-T easy vector（Promega，Madison，USA），感受态细胞为 Trans1-T1 Phage Resistant Chemically Competent Cell（Transgen，Beinjing，China），具体步骤如下。

① 在提前制备好的固体 LB 培养皿（加氨苄青霉素，Amp）上，加 8μL 500mmol/L IPTG 和 40μL 20mg/mL X-gal（Transgen，Beinjing，China），均匀地涂开，恒温培养箱 37℃放置 30min。

② 克隆的连接反应液总量为 10μL，详见表 4-6，轻轻混匀，在室温 20℃（也可放在冰上）放置 1h。

③ 超低温冰箱－80℃中取出感受态细胞，立即至于冰上融化。

④ 吸取 50μL 刚刚解冻的感受态细胞，加入连接反应液中，小心轻柔混匀，冰上放置 20min。42℃水浴中热激 30s 后快速置于冰上 2min。在超净台内向反应液中加入 250μL 不含 Amp 的 LB 液体培养基，混匀，37℃，200r/min 振荡培养 1h，使细胞复苏，达到正常生长状态。

⑤ 取 100μL 转化菌液涂布于①准备好的筛选平皿上，待菌液完全被培养基吸收后，37℃恒温培养箱中倒置培养 12～14h。

⑥ 将上述长好菌落的平皿放入 4℃冰箱 1～2h，使蓝斑充分显现。

⑦ 观察平皿上的克隆子，用灭菌牙签挑取白色克隆子在装有 10～15μL 左右灭菌水的 PCR 管中。

⑧ 菌落 PCR 鉴定阳性克隆子。反应体系、反应条件、引物见表 4-6，模板采用阳性克隆菌落水溶液代替。初步鉴定为阳性克隆子的剩余菌落水溶液接种于新鲜的 LB（含 Amp）液体培养基中 37℃，200r/min 过夜培养，以达到对数生长期。

⑨ 上述得到的菌液送上海美吉生物进行 Sanger 法测序，引物 $M13^+/M13^-$，基因序列两端测试通过。

表 4-6 克隆连接反应体系

体系组分	样品 1/μL	样品 2/μL	阴性对照/μL
2×Rapid ligation Buffer(用前充分混匀)	5	5	5
P^{GEM}-T Easy vector(50ng/μL)	1	1	1
DNA(PCR products)	1(约 50ng/μL)	2(约 25ng/μL)	—
Control insert DNA	—	—	2
T4 DNA ligase(3 Weiss unit/μL)	1	1	1
dd H_2O	2	1	1

（3）测序数据分析

测序获得各基因的序列通过 CLC Sequence Viewer 6 去除载体，将目的序列保存为 *. fasta 文件。用 Cluster X 或者 Mega 5 软件对齐序列，删除低质量的目的基因序列，获得有效序列（注意：先提交有效序列，再进行后续的分析）。然后采用 Mothur 和 DNAdist 软件对有效序列进行 OTU 的划分，计算香农威纳指数（Shannon）、辛普森指数（Simpson）、Chao Ⅰ、覆盖度（Coverage）等多样性指数以及稀疏曲线的绘制等。使用 Mothur 软件操作指令如下。

① 用 reverse 指令将所有待分析的基因序列进行反向互补识别。

mothur>reverse. seqs（fasta＝ *. fasta）

② phy 文件制作。ClustalW>meg. fasta 格式转换输出后，再读 meg 文件输出 phy 格式，去除第二行的空格后保存（. txt），格式名修改成 . phy 后拷贝到 DNAdist 软件里；用 DNAdist 计算距离矩阵：outfile 的格式名改成 . dist。

③ groups 文件制作。

mothur>list. seqs（fasta＝X. fasta）

生成 . accnos 文件，在 Excel 中打开，加 groups 后保存为 . txt 文件后，改成 . groups 文件。

④ OTU 分型。

mothur>cluster（phylip＝X. dist，method＝）

这里有三种方法：an（average），fn（furthest），nn（neareast）。如果不设置，默认为 an。生成 X. an. list 文件。

mothur>make. shared（list＝X. an. list，group＝X. groups）

生成 X. an. shared 文件。

⑤ OTU 分型结果的输出

a. 多样性指数的计算。

mother＞summary. single（shared＝X. an. shared，calc＝sobs-chao-shannon-simpson-coverage，groupmode＝t，label＝cutoff 值）

注：基于 pmoA 基因的序列 cutoff 值为 0.09。

b. 选出每个 OTU 代表序列。

mothur＞get. oturep（phylip＝X. dist，fasta＝X. fasta，list＝X. an. list，label＝cutoff 值）

c. 稀疏曲线输出。

mothur＞rarefaction. single（freq＝1）

（4）克隆子有效序列提交

通过 Sequenin 软件整理有效序列，并提交至 NCBI 数据库，获得基因登录号。提交流程如下：NCBI→Nucleotide→Submit to GenBank→Sign in to use Banklt→Submissions。这属于在线提交，需要提前准备好所需材料。

① 整理好所有需要提交的有效序列，以 . fasta 命名文件名。格式举例如下。

＞Seq1［organism＝Uncultured bacterium］Uncultured bacterium pmoA gene for particulate methane monooxygenase alpha subunit，partial cds，clone：PA-R1

GGTGACTGGGACTTCTGGACCGACTGGAAAGATAGACGTCTGTGGGTAACCG
TAGCACCTATCGTTTCTATTACTTTCCCTGCGGCTGTTCAAGCTTGCTTGTGGTGG
AGATACAAACTGCCAGTTGGCGCAACTCTGTCTGTAGTTGCTCTGATGATCGGTG
AGTGGATCAACCGTTATATGAACTTCTGGGGTTGGACTTACTTCCCAGTAAACAT
TTGCTTCCCATCAAACTTGCTGCCAGGCGCTATCGTTCTGGACGTAATCCTGATGC
TGGGCAACAGCATGACTCTGACTGCTGTTGTTGGTGGTTTGGCTTATGGCTTGCT
GTTCTACCCAGGCAACTGGCCAATCATTGCTCCTCTGCACGTTCCTGTTGAATACA
ACGGCATGATGATGACTCTGGCTGACTTGCAAGGTTACCACTATGTTCGTACCGG
TACACCTGAGTACATCCGTATGGTAGAGAAAGGTACATTAAGAACTTTCGGTAA
AGACGTTGCTCCGG

＞Seq2［organism＝Uncultured bacterium］Uncultured bacterium pmoA gene for particulate methane monooxygenase alpha subunit，partial cds，clone：PA-R2

GGTGACTGGGACTTCTGGTCAGACTGGAAAGACAGGCGTCTGTGGGTAACAG
TACTGCCAATCATGGCTATTACTTTCCCTGCAGCAGTTCAAGCAAGCTTGTGGTG
GCGTTATCGAATTGCGTTCGGTTCGACATTGTGTGTATTGGGTCTTTTATTTGGT
GAGTGGGTCAACAGATACTTCAACTTCTGGGGCTGGACATACTTCCCAATTAATT
TCGTTTTCCCATCACAATTAATTCCAGGCGCTATCGTACTCGACGTTGTATTGTT
AGTATCTAATAGTATGCAGTTGACAGCAGTCGTTGGTGGTTTGGGCTTTGGGTTG
TTGTTCTACCCAGGCAACTGGCCAATGATGGCTCCTTTACATTTGCCTGTTGAAT
ACAACGGTATGATGATGACCTTGGCTGACTTGTCAGGTTACCATTACGTAAGAAC
CGGTATGCCTGAGTACATTCGTATGGTTGAAAAAGGTACACTGAGAACTTTCGGT
AAGGACGTTGCTCCGG

② 整理所有序列的基本属性。先在 Excel 中整理好后，保存为 . txt 格式，格式如下。

Sequence_	Collected_by	Collection_date	Country	Isolation_source	Isolate	
Seq1	J.M. Liu	14-Jul-15	China	Phragmites australis root in Wuliangsuhai Lake	clone	PA-R1
Seq2	J.M. Liu	14-Jul-15	China	Phragmites australis root in Wuliangsuhai Lake	clone	PA-R2

③ 将所有能够上传的 DNA 序列利用 Mega5.0 转换为氨基酸序列。以 .fasta 命名文件名，格式如下。

>Seq1：

GDWDFWTDWKDRRLWVTVAPIVSITFPAAVQACLWWRYKLPVGATLSVVALMIGEWINRYMNFWGWTYFPVNICFPSNLLPGAIVLDVILmLGNSMTLTAVVGGLAYGLLFYPGNWPIIAPLHVPVEYNGMMMTLADLQGYHYVRTGTPEYIRMVEKGTLRTFGKDVAP

>Seq2：

GDWDFWSDWKDRRLWVTVLPIMAITFPAAVQASLWWRYRIAFGSTLCVLGLLFGEWVNRYFNFWGWTYFPINFVFPSQLIPGAIVLDVVLLVSNSMQLTAVVGGLGFGLLFYPGNWPMMAPLHLPVEYNGMMMTLADLSGYHYVRTGMPEYIRMVEKGTLRTFGKDVAP

……

注意提交过程中，有一些序列可能存在终止密码子或者移码突变等原因，没有办法提交，可以借助于 NCBI 中 ORFs 小程序来识别并矫正。最终获得克隆子序列的登录号（Accession number）。

（5）系统发育树分析

将抽取的每个 OTU 代表序列在 NCBI 中进行 BLAST（用 blastx 数据库）比对。将 OTU 代表序列转换为氨基酸序列（Mega 5.0）和下载的对应功能基因的可参考的蛋白序列（Reference proteins，ref _ seq protein），或最相似的不可培养的蛋白序列（Non-redundant protein seqences，nr），导入 Mega 5.0 软件中构建系统发育树。首先进行序列的多重对齐，选用 Neighbor-Joining 法，步长分析 Bootstrap 值为 1000，选择 Kimura 2 参数模型，最后形成关于各功能基因 OTUs 的系统发育进化树。

4.3.2.5 DGGE 技术

变性梯度凝胶电泳（Denaturing Gradient Gel Electrophoresis，DGGE）技术相比较高通量测序技术，通量较低，相对丰度低于 1%的微生物类群也检测不到，但是它与克隆文库技术类似，准确性要高一些。能够准确地鉴定在自然生境或人工生境中微生物种群，并进行复杂微生物群落结构演替规律，微生物种群动态、基因定位、表达调控的评价分析。尤其在从环境样品中分离微生物的过程，可以借助 DGGE 来解析分离体系中微生物种群的动态变化过程。

（1）DGGE 原理

变性梯度凝胶电泳技术是一种根据 DNA 片段的熔解性质而使之分离的凝胶系统。核酸的双螺旋结构在一定条件下可以解链，称之为变性。核酸 50%发生变性时的温度称为熔解温度（T_m），T_m 值主要取决于 DNA 分子中 GC 含量的多少。DGGE 将凝胶设置在双重变性条件下：温度 50～60℃，变性剂 0～100%。一个特定的 DNA 片段由其特有的序列组成，其序列组成决定了其解链区域和解链行为。当一双链 DNA 片段通过一变性剂浓度呈梯度增加的凝胶时，此DNA片段迁移至某一点变性剂浓度恰好能引起此段DNA的低熔点区熔解解链，链成单链DNA分子，而高熔点区仍为双链。这种局部解链的DNA分子迁移率发生改变，达到分离的效果。T_m值的改变依赖于DNA序列，即使一个碱基的替代就可引起T_m值的升高和降低。因此，DGGE可以检测DNA分子中的任何一种单碱基的替代、移码突变以及少于10个碱基的缺失突变。为了提高DGGE的突变检出率，可以人为地加入一个高熔点区——GC夹（GC clamp）。GC clamp就是在一侧引物的5′端加上一个30～40bp的GC结构，这样在PCR产物的一侧可产生一个高熔点区，使相应的感兴趣的序列处于低熔点区而便于分析。

通过各种染色的方法在凝胶成像系统中观察DGGE胶中DNA条带。最常用的染色方法有溴化乙啶（EB）法、SBR Green Ⅰ法、SBR Gold法和银染色法。其中EB法染色是灵敏度最低的，SBR Green Ⅰ法、SBR Gold法相比EB法，能更好地消除染色背景，因此它们的检测灵敏度比EB法高很多。但是EB法和两种SBR法染色时，双链DNA能很好地显色，单链DNA基本上不能显色。而银染色法的灵敏度最高，而且单、双链DNA都能染色，但是它的缺点是染色的胶不能用于随后的杂交分析。

（2）DGGE技术在微生物生态学中的应用

① 分析微生物群落结构，扩增功能基因来研究功能基因及功能菌群的多样性。

② 快速同时对比分析大量的样品中不同微生物群落之间的差异，同一微生物随时间或外部环境压力的变化过程。

（3）DGGE技术操作步骤

①配制试剂见表4-7～表4-14。

表4-7　40%丙烯酰胺/甲叉双丙烯酰胺（37.5∶1）

试剂	剂量	试剂	剂量
丙烯酰胺	38.93g	补加超纯水至	100mL
亚甲基双丙烯酰胺	1.07g		

注：4℃保存，≤1个月。这两种试剂有神经毒性，粉末易飘散，注意不要吸入口鼻或沾染皮肤。

表4-8　50×TAE buffer

试剂	剂量	试剂	剂量
Tris碱	121g	0.5mol/L EDTA pH8.0	50mL
冰醋酸	28.55mL	补加超纯水至	500mL

注：室温保存，6个月。

表4-9　0%的变性剂的胶母液　　单位：mL

试剂	胶浓度			
	6%	8%	10%	12%
40%丙烯酰胺/甲叉双丙烯酰胺	15	20	25	30
50×TAE buffer	2	2	2	2
超纯水	83	78	73	68
总体积至	100	100	100	100

注：4℃保存在棕色瓶内，≤1个月。

表 4-10　100%的变性剂的胶母液

试剂	胶浓度			
	6%	8%	10%	12%
40%丙烯酰胺/甲叉双丙烯酰胺/mL	15	20	25	30
50×TAE buffer/mL	2	2	2	2
甲酰胺(去离子)/mL	40	40	40	40
尿素/g	42	42	42	42
补加超纯水至/mL	100	100	100	100

注：4℃保存在棕色瓶内，≤1个月。100%的变性剂胶母液在低温下容易结晶，用前可用水浴加热溶解。

表 4-11　其他浓度的变性剂胶母液配方

试剂	变性剂浓度								
	10%	20%	30%	40%	50%	60%	70%	80%	90%
甲酰胺(去离子)/mL	4	8	12	16	20	24	28	32	36
尿素/g	4.2	8.4	12.6	16.8	21	25.2	29.4	33.6	37.8

注：TAE buffer（2mL）和超纯水加入至100mL，与100%的变性剂加入量一样。

表 4-12　10%过硫酸铵（APS）

试剂	剂量	试剂	剂量
过硫酸铵	0.1g	超纯水	1.0mL

注：－20℃保存一周，最好现配现用。

表 4-13　1×TAE Running buffer　　　　单位：mL

试剂	剂量	试剂	剂量
50×TAE buffer	140	总体积至	7000
超纯水	6860		

注：室温保存，6个月。

表 4-14　2×Gel Loading Dye

试剂	剂量	试剂	剂量
2%溴酚蓝	0.25	超纯水	2.5
2%二甲苯青	0.25	总体积	10.0
100%甘油	7.0		

注：1. 室温保存，6个月。

2. 2%二甲苯青：0.1g溶于水中，定容至5mL。

3. 2%溴酚蓝：0.1g，先溶于75μL左右的无水乙醇，再溶于水定容至5mL。

② 带GC夹的PCR。为了DGGE技术能更好地分析，目的基因的大小不应超过500bp。DGGE-PCR与普通PCR反应体系和程序都一样。

除了所用引物，一般是上游引物的5’带有30～50个碱基的GC夹。例如：氨氧化功能基因*amoA*基因的引物：

上游引物：*amoA*-1F-GC（GGG GTT TCT ACT GGT GGT-cgcccgccgcgccccgcgcccggcccgccgcccccgcccc）。

下游引物：*amoA*-2R（CCC CTC KGS AAA GCC TTC TTC）。

③ 电泳准备

a. 先将两块DGGE原配玻璃板一大一小洗干净晾干，必要时以95%乙醇擦洗玻璃板以彻底去除油脂。

b. 打开电泳仪控制装置，预热电泳缓冲液58℃（注意：电泳液体积是6.5L的1×TAE缓冲液，建议两次电泳后更新缓冲液）。

c. 取出制胶架，放在比较平整的桌面，然后调节水平仪，让其水平。

d. 两片玻璃板，一大一小，垫上两片同样型号的SPACER（垫片），然后在两边装上塑料玻璃板夹，形成"三明治"结构的玻璃板夹子（注意：适当夹紧，注意松紧度很关键）。

e. 检查"三明治"结构，确定玻璃板底部SPACER能触到底，与玻璃板切面平齐，确定白色划片竖直，与夹子保持平行，最后双手同步旋紧旋钮（注意：必须平齐，否则会漏胶）。

f. 将海绵垫固定在制胶架上，把"三明治"垂直放在海绵上方，用两侧偏心旋钮固定好制胶架系统（注意：一定是短玻璃一面向着自己）。

④灌胶

a. 配制变性剂。用两个洗净的50mL离心管装各种比例混合的变性剂，每块胶总体积25mL，高低浓度各一半。适当震荡混匀，加入30μL APS（促凝剂），15μL TEMED（交联剂），混匀，等待凝固（注意：在冬天，APS和TEMED体积翻倍，凝固时间2.5h以上）。

b. 检查半自动灌胶装置（注意：连通器必须关闭，才能倒入变性剂），将两管变性剂，各抽入到高低两个针筒中，按照位置放好两针筒，转动大板，灌胶的针头安夹在长玻璃板的上端中央位置，对准两块玻璃板的中央位置，胶就会自动渗入两块玻璃板之间，注意匀速。

c. 轻轻摇动胶板，小心保持液面平整，晾干使胶凝固。

d. 配制上层胶液共5mL胶液。3.9mL去离子水，1mL 40%丙烯酰胺，100μL TAE缓冲液，40μL APS，8μL TEMED混匀，用针管吸收转移至以凝固的胶板上，至与短玻璃板平齐，插入梳子。

e. 等待至上层胶凝固，小心拔出梳子，确保每个上样孔都是竖直平行的，如果有余胶或者上样孔扭曲，可用一次性针头矫正（注意：不正的上样孔会影响条带宽度和走向）。

⑤ 胶板装配槽架

a. 在灌胶之前开启DGGE仪，打开power与heater，将电泳缓冲液预加热至58℃。

b. 把制好的DGGE胶板（带夹子），推入电泳槽架中。保证短玻璃板与电泳夹子上的白色垫片压紧，以防电泳液从缝隙中漏出（注意：如果发现漏水，可以在缝隙涂上凡士林）。

c. 每次可同时跑两块胶，如果只有一块胶，另一块的中间不要垫SPACER，两块玻璃板直接合并后放入槽架，两块胶之间一定要形成回路。

d. 把电泳架放置入电泳槽中盖上电泳槽顶盖，开启加热器和水泵，保证电泳液被泵到长玻璃上端，没过电泳夹子上的电极丝（注意：也可以再放入电泳架时，接出一部分缓冲液，在放入电泳架后，直接加到长玻璃的上端）。

⑥ 点样

a. 事先检测DNA的浓度，确定上样的体积（注意：点样量保持一致，通常DNA总量为200ng）。

b. 上样液一般为10μL总体积，上样buffer：样品DNA＝1∶1；一般DGGE上样buffer（2×loading dye）5μL，样品DNA不足的体积用无菌纯水补足。三者混匀后上样（注意：枪头伸入短玻璃处，慢慢松开枪柄，上样液缓缓流入对应的样孔内。一般一块胶两边的各两个孔不上样，可以上DGGE上样缓冲液。如果有maker，中间的上样孔上maker，这样maker较直，分离效果好，适用于对比样品条带，最外侧的泳道也可以为maker，共3个

maker，利于胶数读取的准确性）。

⑦ 电泳

a. 插上电极，检查线路，打开电泳控制器。先把电压调到 200V，再调时间到 240min，打开开始按钮（电压和时间根据目的基因而具体调整，例如 16S rRNA 的 V3 区程序为 200V，60℃，4h；16S rRNA 的 V6-V8 区程序为 50V，58℃，18h；反硝化基因 *nosZ* 程序为 100V，60℃，20h）。

b. 时间到后，先关闭电泳仪。然后关闭电泳槽顶盖的开关，过 15min 后再取出电泳夹子。防止电泳加热器干烧。

⑧ 剥胶与染色、拍照。应戴好手套、口罩，避免染色液直接接触。

a. 小心取下“三明治”玻璃板夹子，迅速把两块玻璃板放入，盛有 1×TAE buffer 的盒子（铁盘）中，短玻璃板朝上放置。在玻璃板温度降下来后，撬动 SPACER，把短玻璃板撬起来；小心晃动，使胶从长玻璃板上脱落下来（注意：小心处理，胶薄且易破）。

b. 用蓝色塑料薄板小心托起胶片。放入 EB 染色盒中（避光），染色 15min。也可以用 SBR Gold 染色，操作如下：按 1∶10000 稀释 SBR Gold 3μL 到 30mL 1×TAE buffer 缓冲液（也可 25mL）中，混匀后用 1mL 的移液枪均匀喷洒胶的表面。确保所有表面都覆盖到。每次用量 10mL。间隔 15min。共三次。将染色液均匀分布在胶表面（注意：避光，用纸遮盖一下盘子）。

c. EB 染色完成后，再用蓝色塑料薄板小心托起胶片。放入 1×TAE buffer 中脱色 5min。如果用 SBR Gold 染色完成后，在染色盘中倒入清水，使胶再次悬浮起来。清洗完毕后，再次用蓝色塑料薄板小心托起胶片。放入/滑入照胶仪平台上，小心调整胶片的位置，使胶在平台图像摆正，拍照记录（注意：为了得到更好的照胶结果，可以事先把照胶平台用酒精清洗，再洒纯水，保持一定的湿度；图片保存为 tif 格式）。

⑨优势条带切取

a. 凝胶成像分析系统拍照后，在紫外灯照射下切取 DGGE 图谱的优势条带于 1.5mL 离心管中，加 30μL 的无菌去离子水，4℃浸泡过夜，使胶中 DNA 溶解，之后取 1μL 溶解 DNA 作为模板进行一次无 GC 夹的 PCR 扩增（注意：引物为目的基因无 GC 夹的引物），反应体系和条件同带 GC 夹的 PCR。

b. DGGE 再次检查回收条带的纯度和分离情况。

⑩克隆测序

a. 对 DGGE 胶片上切割的条带，采用胶回收 DNA，用 Wizard SV Gel and PCR Clean-Up System（Promega，Madison，USA）割胶回收，详细步骤见 4.3.2.4。

b. 回收条带的 DNA 样品进行克隆测序分析。克隆用的载体为 pGEM-T easy vector（Promega，Madison，USA），感受态细胞为 Trans1-T1 Phage Resistant Chemically Competent Cell（Transgen，Beinjing，China），详细步骤见 4.3.2.4。阳性克隆子的过夜菌液送第三方测序公司进行 Sanger 法测序。通过测序获得的 DGGE 条带所代表的基因序列，用 CLC Sequence Viewer 软件进行序列分析，去除载体序列，将所得正确长度的序列通过 Blast 工具与 NCBI 基因库（http：//www.ncbi.nlm.nih.gov）中的序列进行比对，获取与优势条带亲缘关系最近的序列，然后构建系统发育树。

⑪ DGGE 图谱多样性和典型对应分析

a. DGGE 图谱采用用 Quantity One 软件（Bio-Rad Laboratories）分析，根据条带的强

度和位置，将不同泳道通过 UPGMA 算法进行聚类，计算各个样品的多样性指数，包括香农-威纳指数（Shannon-Wiener，H）、均匀度（Evenness，E）、丰富度（Richness，S）、Simpson 指数（D_S），计算公式如下：

$$H=-\sum(P_i)(\log_2 P_i)=-\sum(N_i/N)\log_2(N_i/N)$$

$$E=H/H_{max}$$

$$H_{max}=\log_2 S$$

$$D_S=1-\sum P_i^{\ 2}$$

式中，P_i 为样品中单一条带的强度在该样品所有条带总强度中所占的比率；N_i 为单一条带的峰面积；N 为所有峰的总面积；N_i 为第 i 条带的峰面积；H 为 Shannon-Wiener 指数；S 为丰富度，即每一泳道的条带数目。

b. 将 Quantity one 软件导出的各个泳道的所有条带的数字化结果用 CANOCO for Windows 4.5 软件进行典型对应分析（Canonical Correspondence Analysis，CCA）或者功能冗余分析（Redundancy analysis，RDA）。

（4）DGGE 经验总结

① 夹板：玻璃板干净，表面无水、无凝胶块。

② 漏胶现象的原因：两块玻璃板夹不紧；玻璃板-夹条-玻璃板低端不平整，即夹条靠上；玻璃板与夹子之间有空隙。

③ 灌胶：梯度高低正确；注射器内无气泡，注射器夹在推进器之前将气泡弹出；推进器位置正确；灌胶连续，不要间断，速度适当，勿太快太慢。

④ 点样：上样总量是一致；点样针抓住玻璃板注射器，以免针在点样孔中摆动搅乱点样液；点样针在点样孔底部，推进时样品是上涌而不是下落；点样时勿多，以免样品溢出造成交叉污染。

⑤ 跑胶：架子放入时遵循左黑右红原则；搅拌棒不要靠太近玻璃板；打开电源后，稍等一会儿，等仪器稳定后再操作；设定温度，再开 heater，再开 pump，等抽水一定时间后（液面接近黑色顶部）开电压，按 run；一定要等到 60℃再开始电泳。

⑥ 仪器出现下列错误的解决策略

a. E1 对策：加减缓冲；保确证接触良好（尤其是盖子）；确保架子上的液面盖过内槽。

b. E9 对策：电泳液混匀。

c. E10 对策：电压正确。

d. 浆胶：20～30min 即可，不可太短；事先将托盘洗净，以免挂胶，导致摇胶不匀，胶断裂。

e. 切胶：利用画图工具，从上而下依次切回；每切一条带，需酒精棉擦拭净切胶刀。

4.3.2.6 定量 PCR 技术

（1）含目的基因的重组质粒的制备

实时荧光定量 PCR 包括相对定量和绝对定量。一般环境样品的基因丰度测定，通常采用绝对定量。绝对定量是用已知高浓度的标准品，通常需要制备含有目的基因的重组质粒。目的基因的克隆转化及阳性克隆子的鉴定方法如前文所述。克隆用的载体为 pGEM-T easy vector (Promega, Madison, USA), 长度为 3016bp。重组质粒用试剂盒 TIANprepmini Plasmid Kit (Tiangen Biotech, Beijing, China) 提取，并对产物进行电泳验证和浓度测定，存于－20℃备用。

(2) 标准曲线构建

绝对定量 PCR 的标准曲线制作分别用对应功能基因克隆后的重组质粒 10 倍梯度稀释后作为模板进行试验。重组质粒梯度稀释用 EASY Dilution (Takara Biotech, Dalian, China)。

计算标准品目的基因初始拷贝数公式如下：

目的基因初始拷贝数$=6.02\times10^{23}\times$浓度$/MW$

$MW=$(dsDNA length 碱基数)$\times660$

式中，目的基因初始拷贝数单位为 copies/μL；6.02×10^{23} 为每摩尔拷贝数，copies/mol；浓度单位为$\times10^{9}$ng/μL；MW 为平均分子量，g/mol；dsDNA length 为目的基因片段长度与载体长度之和；660 为每个碱基对的平均相对分子量。

① 反应条件的优化。本书采用 SYBR@Green I 检测法，以扩增效率 E (0.8～1.2)，R^2 (0.990～1.000) 和溶解曲线分析中不产生非特异性峰值 (60℃处无峰值) 为标准，在同一重组质粒 10 倍梯度稀释下作为模板，对退火温度在适当范围内进行优化，并确定反应程序，本书中定量 PCR 反应程序详见表 4-3。

② 标准曲线制作。选用目的基因拷贝数量级为 10^3～10^8 的质粒作为模板制作标准曲线，并以 RNA-free H_2O 作为模板设置空白组。同一模板都设置 3 个技术重复。定量 PCR 所用仪器为 CFX Connect Optical Real-Time Detection System (Bio-Rad Laboratories, Hercules, USA)。反应体系为 20μL，包括 2× *SYBR Premix Ex Taq* (Takara Biotech, Dalian, China) 10μL，上下游引物 (10μmol/L) 各 1μL，基因组 DNA 1μL (1～10ng/μL)，BSA (20mg/mL) 0.2μL，其余的用 RNA-free H_2O 补足。

(3) 不同植物根圈样品中各功能基因拷贝数

通过运行定量 PCR 程序 Bio-Rad CFX Manager 3.0 软件绘制标准曲线和溶解曲线。标准曲线以标准品 (梯度稀释的重组质粒) 的拷贝数的对数值为横坐标，以测得的荧光阈值 Cq 值为纵坐标。根据根圈样品的 Cq 值，Bio-Rad CFX Manager3.0 软件即可自动在标准曲线中计算得到根圈样品的拷贝数，并以 Excel 的格式将数据导出，单位为 copies/μL。需要进一步计算为 copies/(g 样品干重)。

单位质量拷贝数＝拷贝数×80 μL/样品质量× (1－样品的含水率)

式中，单位质量拷贝数单位为 copies/g 样品干重；拷贝数单位为 copies/μL，由 Bio-Rad CFX Manager3.0 软件导出；80μL 为用 Fast DNA SPIN Kit for Soil 提取宏基因组 DNA 的洗脱液 DES 的体积；样品质量为提取 DNA 时称取的样品的实际质量，一般在 0.5～0.8g。

此外，定量 PCR 试验操作时有几点注意。

① 将上述选取的制作标准曲线的梯度稀释的质粒和待测样品同一批配制定量 PCR 体系进行试验。

② 配制 PCR 大体系，快速分装，尽量避免 2×*SYBR Premix Ex Taq* 的反复冻融。

③ 操作过程中将 8 联管放置在提前预冷的 96 孔的铝块中以保证低温；关灯，尽量避免强光照射以保证荧光的有效性。

④ 每个模板对应的三个平行在同一个8联管内。

4.4 尾矿库区湿地污染对两栖类的生态毒性效应

两栖类是湿地生态系统的重要组成部分，在农、林、牧业生产和维护自然生态平衡中起重要作用，两栖类种群数量的迅速下降乃至灭绝已成为一个备受关注的现象。环境污染是导致两栖类种群数量下降的重要原因。近年来，随着全球生态环境质量的下降，两栖类的生存空间逐渐减少，两栖类的正常繁衍受到了极大的威胁。两栖动物类的灭绝速度是正常速度的200倍，已成为一个全球关注的热点问题。

导致两栖类种群数量下降的原因较多，目前公认的最重要的影响因素有环境污染特别是水环境污染导致的两栖类栖息地水体功能下降、自然资源过度利用和两栖类栖息地的缩减。大量的有机污染物，重金属如Cu、Cr和Pb，农药如DDVP和阿特拉津等均具有难降解、随水体流动性高、生物毒性持久等特点，对自然环境中尤其是水生生境中的生物造成的毒性胁迫非常长久。诸如此类的外界因素导致的两栖类精、卵细胞DNA突变、生殖器官病变、性腺结构畸变等均可降低其生殖力。同时，环境因素导致的个体畸变，如延迟变态、不完全变态发育、肢体畸变，也会影响其交配及繁殖行为，进而波及种群出生率甚至种群数量。

据统计，全球约有1/3的两栖类正在遭受此类环境污染胁迫，其中有80%以上的受胁迫两栖类都分布在天然或人工湿地区域。随着我国经济的快速发展，各地生态环境污染问题也日益突出，许多物种的栖息地环境遭到破坏，两栖类的生存和繁殖也正在面临前所未有的挑战。

4.4.1 两栖类生态毒理学研究现状

环境污染、生境质量下降、捕杀、疾病感染等因素均能导致两栖类个体死亡率的增加。两栖类出生率的降低和死亡率的升高是其种群数量下降的直接原因。诸多研究报道显示，环境污染等因素可引发两栖类的群体性死亡和种群的衰退。其中环境污染对两栖类新生个体的负面作用对其整个种群的动态变化有着极为重大的影响，两栖类新生个体长期生活在水中，与成体相比接触污染物的机会更大、更持久，且对各种污染物的耐受性较成体要低，更容易遭受到不可逆的遗传损伤。同时，能够影响两栖类成体正常生活的环境因素基本上都能够影响到其新生个体，反之则不尽然。具有遗传毒性的环境污染物和激素类污染物能够对长期暴露其中的两栖类成体造成不可见的遗传损伤，进一步影响到两栖类的繁殖能力。

4.4.1.1 环境污染物对两栖物的生态毒性研究现状

两栖类长期生活在受污染水体当中，由于其皮肤裸露且渗透性强，极其容易遭受水、土污染物不可逆的遗传损伤。即使在较低的污染水平下也能很快表现出受害症状，尤其是免疫系统尚不完善的新生个体。低剂量有害污染物便可强烈刺激其肠道、呼吸和中枢神经系统、肝肾等解毒器官，改变肠道微生物群落结构、肌肉总ATP和乙酰胆碱酯酶活性，影响其摄食、避敌、繁殖或其他行为。国内外关于水污染对两栖类的遗传毒性效应研究比较全面，技术成熟，简要综述如下。

① 影响繁殖策略和生殖投入。水污染使两栖类生殖投入提高，能耗增加，持久的慢性毒害作用会逐渐降低其生殖能力，改变其繁殖对策和生殖投入。根据进化论的宗旨，对生物体来说更重要的是传递基因，以繁殖为目的，而不是克服由污染造成的不利条件，如机体排毒等，因此繁殖季节其抵抗污染物的能力会有所下降，造成恶性循环。

综上可见，近年来由于环境污染问题而引发的两栖类种群数量下降现象日益明显。因此越来越为国内外学者所关注，特别是对两栖类幼体的影响研究方面。然而目前，此类报道多以室内染毒试验为主，集中于某一类型或某一种具体的污染物对两栖类的生殖毒性研究。而在野外自然环境中，往往是多种污染物复合污染，且体现为长期积累的慢性毒性作用，这是与室内实验最。

② 影响性腺分化和繁殖行为。污染物通过扰乱两栖类控制繁殖的激素系统或激素水平来影响两栖类个体的性腺分化和性别逆转；导致其性腺发育不完整或出现兼性个体；过早的性成熟致使两栖类幼体快速蜕变而体格偏小，从而扰乱两栖类的求偶、抱对行为，导致繁殖季节两栖类产卵总量减少。

③ 影响胚胎和个体发育。污染物也可直接被机体吸收进入胚胎富集；损害胚胎正常发育，降低卵孵化率；或致蝌蚪体格发育不良，变态不完全、延迟或停止，幼体畸形率升高；从而导致其反应迟缓，捕食和避敌能力下降，增加了死亡风险。

④ 造成组织和遗传物质损伤。污染物可通过食物链富集和代谢作用进入机体并在组织器官中大量累积；影响肝脏、肾脏和生殖腺的抗氧化能力；导致生精细胞损伤和睾丸细胞凋亡；攻击遗传物质，使其 DNA 断裂或错配而发生遗传突变和细胞凋亡。影响精子的质膜结构，运动性和顶体反应；降低两栖类精子活力和运动能力，增加精子畸形率，影响生殖细胞的成熟，降低受精率。

4.4.1.2 两栖动物生态毒理研究目前存在的问题

伴随着利用两栖动物指示生物来监测水体的广泛应用，国内开展了不少关于两栖动物生态毒理研究的工作，并也取得了一些成果。但关于污染物对两栖动物生态毒性效应研究的科学数据还非常有限。大概存在以下的几个问题。

① 标准化的问题。所选择两栖动物生活于一定生态系统环境中，除了受到污染物影响外，同时还受到气候、季节、地域、土壤等其他的因素影响。需要建立标准化监测方法以及评价体系。

② 系统性的问题。国外对化学品的评价两栖动物生态的毒理研究大都选用本地种属进行评价，我国这方面缺乏一家研究机构或单位能提供出本土的两栖动物的模式生物，主要原因在于对本土的两栖动物种，生物学的背景资料不够全面，缺少系统性的研究。

③ 关于两栖动物野外生态的毒理研究存在严重不足。国外有关化学品对于两栖动物的生态风险的评价有一套比较完整体系，并且开展了大量野外生态的毒理调查，国内在这方面的技术力量较为薄弱，这方面的研究非常少。

④ 环境低浓度分子的毒理学试验的方法研究和应用比较缺乏。目前，化学品以及农药可以通过种种渠道（食物、药物、空气或饮用水）以相当低剂量悄悄进入人们的生活。需要寻找更为敏感的试验终点，以此来检测低剂量的条件下的两栖动物细微的生态毒性的效应。

⑤ 低剂量的混合的污染物对于两栖动物研究还不够深入，因此无法从分子方面阐释污

染物和两栖动物机体之间相互作用的规律。

4.4.2 种群和个体水平的生态毒性效应

本章使用花背蟾蜍（*Bufo raddei*）作为两栖类代表性研究物种，花背蟾蜍（图 4-23）属于两栖纲无尾目的蟾蜍科，广泛分布在青海和北方多省，白天生活洞内，黄昏觅食。体长约 60mm，最长可达到 80mm。头宽一般大于头长；吻棱端圆，吻棱明显；鼻孔略近于吻端；颊部大都向外倾斜但无凹陷；鼻间距一般小于眼间距以及上眼的睑宽；鼓膜圆形，略小于眼半径的一半。前肢粗短，指细，指端尖圆，深褐色。第一、二指几乎是等长，第四指短，末端仅达到第三指的远端的第二关个节下瘤；第二、三指具有缘膜；关节下有单个瘤，内掌突小，外掌突大且圆，后肢短，左右跟部不相遇；足比胫长；趾端较尖，深褐色；趾侧都具缘膜，基部互相连成半蹼；关节下瘤较小；内跖突大，外跖突小。

花背蟾蜍对于环境适应能力比较强，在海拔 3300m 以下的各环境中，如农田、森林或荒漠边缘、山脉或河湖岸边都有它们的活动踪迹。白天隐匿于农作物、草丛下、石块下以及土洞内，黄昏后出外活动。但是，在产卵的季节，它们昼夜都处于活动状态。产卵期约在 4～5 月，6 月也存在少数抱对产卵个体，产卵时间在全国各地区有差异。卵带一般是挂在水塘、水坑边水草或漂浮水面的枯枝和烂叶下。蝌蚪大多群集于岸边的水草间的腐殖质较丰富的地方。6 月的下旬以后，逐渐出现变态完成的幼蟾。花背蟾蜍生活史如图 4-24 所示。

图 4-23 花背蟾蜍（见彩插）

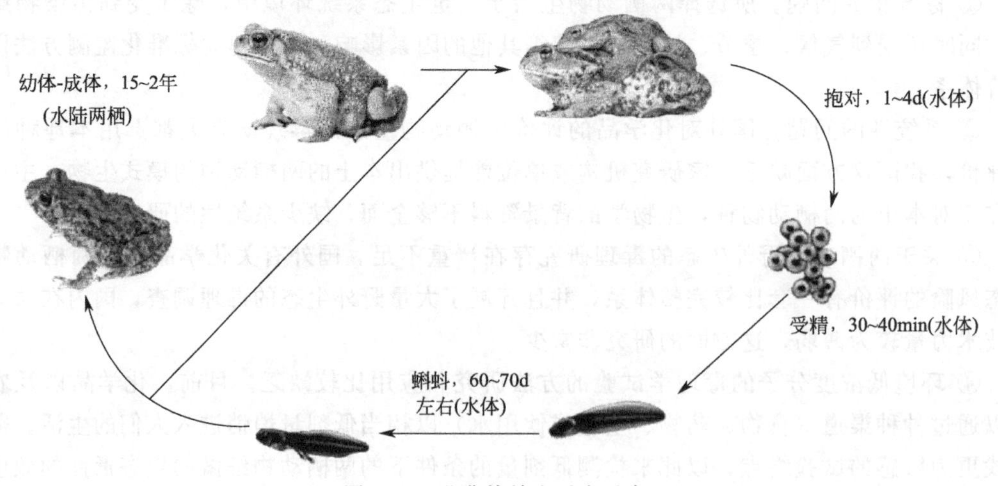

图 4-24 花背蟾蜍生活史示意

4.4.2.1 蟾蜍种群密度与性比

在尾矿库和黄河湿地各设置三个统计样地，面积均为10000m^2。五个人缓慢走过，以惊扰的方式梳理统计花背蟾蜍成体数量，各样地分别随机抓取200只花背蟾蜍，识别雌雄，全部统计后原地放生。

统计结果显示尾矿库湿地中花背蟾蜍种群密度为0.012只/m^2，黄河湿地为0.038只/m^2。尾矿库湿地中花背蟾蜍的雌雄性别比例为0.681，而黄河湿地中为0.939。可见尾矿库水环境污染对花背蟾蜍种群数量和性别比例具有一定的毒性影响。尾矿库湿地蟾蜍数量较低与较低的性别比例也有一定的关系。

4.4.2.2 体重、体长与雄性生殖腺指数

通过背部色斑、婚垫及是否鸣叫等雄性的第二性征辨别雌雄，选择3龄的雌雄蟾蜍各12只测量其体长、体重，解剖后测量计算雄性生殖腺指数。结果显示：尾矿库和黄河湿地中，花背蟾蜍平均体重分别为（27.25±3.04）g和（15.92±2.35）g；平均体长分别为（6.767±0.535）cm和（5.39±0.318）cm；雄性生殖腺指数分别为0.41±0.11和0.55±0.05。上述三个指标在两地间的差异均较显著（$P<0.05$）。

4.4.2.3 抱对率、受精率、产卵量和孵化率

花背蟾蜍一般在抱对后24h内完成产卵和受精。如果受到外界干扰，抱对行为可持续3～4d左右。无法完成产卵受精，抱对就会分开。在蟾蜍产卵后跟踪观察并记录第一批卵带数量作为统计两样地的抱对率的依据，见表4-15。这个数据统计有所偏差，但基本上可以反映出两地蟾蜍抱对率的差异。尾矿库湿地中的花背蟾蜍的抱对率和受精率都要低于黄河湿地。

表4-15 两样地花背蟾蜍产卵量和孵化率统计

采样地点	抱对率	受精率	单卵带卵粒数量	孵化率/%
尾矿库湿地	67.24%	95.86%	5298±803**	96.88±0.85
黄河湿地	78.65%	98.98%	3421±295	97.90±0.73

注：**表示尾矿库和黄河两样地相比差异极显著（$P<0.01$）。

精子相对于卵细胞而言，没有卵膜或其他附属物质保护，因此，精子对于外界环境中的污染物反应敏感，诸多污染物都能降低精子活力，从而导致受精率和受精卵质量下降，受精卵的孵化率也随之降低。尾矿库湿地中蟾蜍产卵量要显著高于黄河湿地，推测可能与尾矿库湿地中某些类激素污染物有一定关系，但尚未明确，还需进一步的研究证实。

4.4.2.4 花背蟾蜍精子动态参数

将花背蟾蜍带回实验室，置于装有各样地水的玻璃缸中适应数小时。运用双毁髓法处死，解剖，迅速取出精巢。精巢呈现淡黄色，分别置于2mL 37℃的生理盐水中暂存，检测时使用解剖剪剪碎精巢，使精子游离出来制成精子悬液。在彩色精子图像分析系统（Computer Assisted Sperm Analysis System，CASAS）中分析精子动态参数。结果见表4-16，显

示尾矿库湿地和黄河湿地中蟾蜍 a 级和 b 级精子的占比在抱对前要显著高于抱对后（$P<0.05$），在抱对前后尾矿库湿地中蟾蜍 a 级和 b 级精子占比均低于黄河湿地。

表 4-16 尾矿库湿地和黄河湿地蟾蜍精子质量统计

精子类别	尾矿库湿地		黄河湿地	
	抱对前	抱对后	抱对前	抱对后
a 级精子	0.00%	0.84%	0.00%	0.99%
b 级精子	56.25%	0.84%	65.22%	1.49%
c 级精子	12.50%	19.41%	17.39%	28.22%
d 级精子	31.25%	78.90%	17.39%	66.83%
a+b 级精子	56.25%	1.69%	65.22%	2.48%
a+b+c 级精子	68.75%	21.10%	82.61%	30.86%

注：a 级精子是指精子活力很好，快速向前运动；b 级精子是指精子活力较好，慢或呆滞地前向运动；c 级精子是指精子活力一般，非向前运动；d 级精子是指精子活动能力差，原地蠕动。

通过对精子的平均路径速度、精子的鞭打频率、精子的向前运动力、精子的非向前运动力和精子总活力评价了尾矿库湿地和黄河湿地花背蟾蜍精子的动态参数，结果见表 4-17，探究重金属复合污染对花背蟾蜍精子动态参数的影响。尾矿库花背蟾蜍精子的平均路径速度与黄河湿地差异不显著。尾矿库花背蟾蜍精子的鞭打频率和非向前运动力显著高于黄河湿地（$P<0.05$），这与精子畸形率提高有直接关系，导致原地打转的精子数量增加。然而，黄河湿地中花背蟾蜍的精子向前运动力和总活力显著高于（$P<0.05$）尾矿库湿地，这非常有助于提高受精率。研究表明，诸多重金属元素如 Hg、Pb、Cd 等均具有生殖毒性。长时间接触这些重金属能够导致睾丸萎缩、阻碍精子生成、导致精子活力下降、畸形精子比例增加以及精子坏死等现象的发生。结果表明该尾矿库重金属复合污染对花背蟾蜍的精子质量产生了明显的负面影响，导致尾矿库湿地中花背蟾蜍的精子畸形率（6.72‰）显著高于黄河湿地（3.05‰）（$P<0.05$）。

表 4-17 尾矿库湿地和黄河湿地花背蟾蜍的精子动态参数统计分析

样地	平均路径速度 VAP/(μm/s)	鞭打频率 BCF/Hz	向前运动力 PR/%	非向前运动力 NP/%	精子总活力 $PR+NP$/%	畸形率 /‰
黄河湿地	12.79±1.62	6.67±0.73**	32.36±0.12**	5.12±0.04**	37.48±0.11**	6.72±0.20**
尾矿库湿地	11.70±1.22	8.22±1.56**	15.76±0.11**	12.41±0.09**	28.17±0.15**	3.05±0.19**

注：**表示同一指标不同样地之间差异显著（$P<0.05$）。不同小写字母表示同一参数在不同样地间差异显著，$P<0.05$（Duncan 法）。

精子产生在睾丸的曲细精管中。睾丸的各个组成部分以及整体的功能都受到下丘脑-脑垂体内分泌腺体的影响。精子相对于卵细胞而言，其外没有卵膜或其他附属物质的的保护，精子对于外界环境中的污染物反应敏感、快速而且容易检测。早在 20 世纪 80 年代，水生动物的精子就被应用于水体污染物的毒性研究，而且通过计算机精子辅助分析系统，精子的运动参数的变化能得到较快的监测。主要发挥作用的阶段是在花背蟾蜍的受精阶段，而在抱对期间蟾蜍个体的暴露将不会对其睾丸内的精子产生不利影响。环境污染物所造成的急性或慢性中毒，均可使睾丸中酶的活性降低，影响生精过程，畸形精子比例增高，其活力、穿透力、受精率均在下降。这也是尾矿库湿地蟾蜍的精子活力要比黄河湿地低的主要原因。

4.4.2.5 蝌蚪的密度及各期比例

从蟾蜍产卵开始，在四个不同的生长期统计了蝌蚪密度，结果见图 4-25。由图可见尾

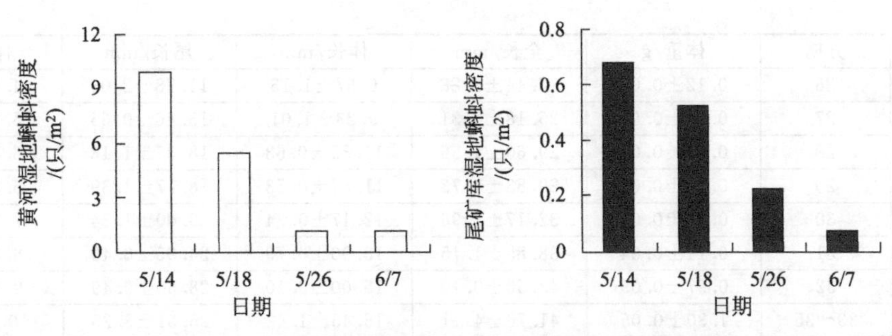

图 4-25　不同时期尾矿库湿地和黄河湿地中蝌蚪密度

矿库湿地中蝌蚪密度显著低于黄河湿地（$P<0.01$），尾矿库湿地的蝌蚪密度仅约为黄河湿地的3.57%。尾矿库湿地蝌蚪发育相对黄河湿地较晚（图4-26），五月中旬尾矿库湿地蝌蚪只有21～23期，而黄河湿地蝌蚪已有26～27期。随着蝌蚪的变态和发育，到六月上旬时，黄河湿地蝌蚪已是38～39期占很大百分比，而尾矿库湿地中的蝌蚪发育到38～39期的只占10%。推测尾矿库周边湿地中的环境污染物对蝌蚪的生长发育有一定的抑制作用。

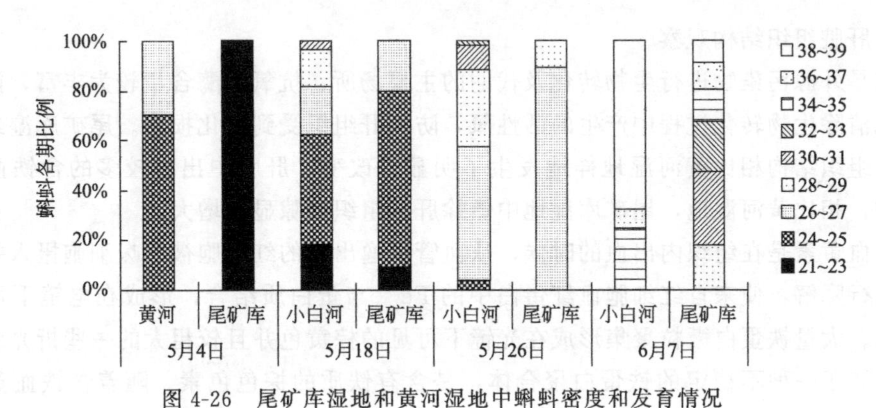

图 4-26　尾矿库湿地和黄河湿地中蝌蚪密度和发育情况

4.4.2.6　蝌蚪的形态学分析

对尾矿库湿地和黄河湿地各期蝌蚪的形态学指标进行了测量（表4-18），包括体重、全长、体长、尾长和体宽等。其中尾长和全长低于黄河湿地，而体宽大于黄河湿地，尾矿库湿地的蝌蚪肥满度较高。

表 4-18　两样地各期蝌蚪体重、全长、体长、尾长和体宽

样地	分期	体重/g	全长/mm	体长/mm	尾长/mm	体宽/mm
尾矿库	26	0.14±0.06	20.2±2.71	7.25±0.89	13.01±2.19	4.55±0.45
	27	0.22±0.08	24.73±1.89	9.09±0.79	15.64±1.19	5.50±0.48
	28	0.48±0.11*	27.67±1.25	12.67±0.47	15.67±0.47*	7.00±0.04
	29	0.57±0.09*	28.32±1.56	11.86±0.96	16.46±1.06*	7.02±0.34
	30	0.62±0.29*	32.08±2.34	12.34±1.24	19.74±0.56	7.48±0.32
	31	0.93±0.58*	36.60±2.34*	16.30±0.80*	20.30±2.35	8.24±0.30
	32	1.14±0.89*	41.30±1.30*	17.12±0.98*	24.18±1.09	9.80±0.10
	33～35	1.56±0.06*	43.32±3.24	19.30±1.36	30.05±1.89*	10.41±0.34
	36～37	1.10±0.03*	35.56±3.16*	18.38±1.98	17.18±2.08	8.90±0.24
	38～39	0.74±0.03	18.50±1.60*	16.90±1.58*	1.60±0.09	6.31±0.15

续表

样地	分期	体重/g	全长/mm	体长/mm	尾长/mm	体宽/mm
黄河	26	0.12±0.08	18.44±2.88	6.67±1.15	11.78±2.06	4.38±0.70
	27	0.22±0.09	25.18±1.31	9.23±1.01	15.86±0.65	5.50±0.35
	28	0.29±0.01	29.60±1.56	11.35±0.63	18.35±1.18	6.60±0.37
	29	0.35±0.05	29.83±1.73	11.67±0.53	18.17±1.39	6.89±0.21
	30	0.46±0.02	32.17±1.96	12.17±0.34	20.00±1.84	7.23±0.26
	31	0.71±0.04	38.85±1.15	13.90±0.79	24.95±0.45	8.00±0.10
	32	0.97±0.09	43.50±0.10	15.00±0.10	28.50±0.49	9.50±0.10
	33～35	1.30±0.05	41.76±4.11	16.45±1.42	25.31±3.25	10.10±0.13
	36～37	0.99±0.07	34.95±2.46	17.50±1.98	16.70±2.12	8.56±0.06
	38～39	0.68±0.01	17.00±2.92	15.50±2.69	1.50±1.66	6.06±0.07

注：* 表示各期蝌蚪在两样地间相比，$P<0.05$。

4.4.3 组织和生理生化水平的生态毒性效应

4.4.3.1 花背蟾蜍组织结构分析

(1) 肝脏组织结构观察

肝脏是外源污染物进行生物转化及代谢的主要场所，抗氧化酶含量较为丰富，能够及时且有效地清除生物转化过程中产生的活性氧，防止肝组织受到氧化损伤。尾矿库湿地的花背蟾蜍肝脏组织结构相比黄河湿地样地发生了明显的改变。肝脏中出现较多的含铁血黄素沉着。同时，相比黄河湿地，尾矿库湿地中蟾蜍肝脏组织间隙显著增大。

含铁血黄素是在组织内出血的时候，从血管中逸出来的红细胞被巨噬细胞摄入并由它的溶酶体进行降解，使来自红细胞血红蛋白中的 Fe^{3+} 与蛋白质结合，形成在电镜下可见的铁蛋白微粒。大量铁蛋白微粒聚集形成在光镜下可见的棕黄色并且较粗大的一些折光颗粒，含铁血黄素属于一种不稳定的铁蛋白聚合体，是含有铁质的棕色色素。随着含铁血黄素的积累，肝纤维组织出现增生现象，且入侵肝细胞中，破坏了肝组织的正常结构，最终形成由纤维组织包绕的大量结节，造成肝脏质地变硬，即所说的肝硬化，也称之为“色素性”肝硬化。

(2) 肾脏组织结构观察

在相同的切面条件下，与黄河湿地花背蟾蜍比较，尾矿库湿地雌性花背蟾蜍肾脏中出现晶体状玻璃样变性。玻璃样变是在细胞或间质中出现的半透明均质、红染或无结构物质，又叫透明变。这种现象一般情况下是在细胞内发生肾小球肾炎时才会出现。此外肾脏中也有少量的含铁血黄素沉着。

尾矿库污染物大量富集能让蟾蜍肾功能受到损伤（肾脏的主要功能：排泄代谢废物，调节体液的酸碱度，调节钠、钾以及氯等电解质、调节体内水和渗透压的平衡等作用），最终导致其部分缺氧、炎症等发生，造成其局部 pH 值升高，体温上升，致使原来的胶原蛋白分子变性成明胶，且相互融合而出现玻璃样变性。

尾矿库湿地花背蟾蜍的肝脏和肾脏脏器系数明显高于黄河湿地，可能原因是：肝脏和肾脏是动物体内解毒、排毒和排泄体内代谢废物的重要组织，是维持机体钠、钾、钙等电解质稳定及酸碱平衡的器官。尾矿库湿地污染严重，一方面，污染物能严重影响其肝脏和肾脏的代谢功能，导致其功能紊乱，发生充血、水肿；另一方面因污染物浓度和数量增加，解毒排毒需求增大，肝脏和肾脏的功能代偿作用促使其增生肥大，从而增加其脏器系数。

(3) 心脏组织结构观察

尾矿库湿地中花背蟾蜍的心肌组织间隙比黄河湿地中的大且心脏切片中有不明黑色块状物出现，推测为污染物累积所致。尾矿库湿地中污染物成分复杂，如稀有元素、重金属元素以及有机污染物等毒性物质，过量富集能破坏心肌组织和 ATP 酶活性，增大组织间隙，影响肌肉收缩功能。

(4) 卵巢组织结构观察

正常情况下，卵细胞有卵膜或其他附属物质的保护，外界的有害物质很难进入其内部，但是尾矿库水体中的稀有元素和重金属离子具有很强的穿透力，它能透过卵细胞的卵膜和其他附属物质，对卵细胞造成严重的伤害，甚至是杀死它，使其无法排出体外，即使被排出去，也是死亡细胞，从而导致尾矿库湿地花背蟾蜍卵巢中出现组织坏死现象。

(5) 精巢组织结构观察

重金属元素如 Hg、Pb、Cd 等均具有一定的生殖毒性，长期接触会导致精子活力降低、一次排精量减少、畸形精子比例增加。尾矿库湿地水体中的稀有元素和重金属离子含量较多，它们能够进入蟾蜍精巢，诱发精子畸变或致死。

结果显示，两个湿地花背蟾蜍的精巢中均出现了各类畸形精子，如原地打转运动的精子、鞭打频率相对较高的精子以及坏死的精子。但尾矿库湿地花背蟾蜍精巢的畸形率以及精子总活力低的精子数量远大于黄河湿地。

蟾蜍各组织结构观察见图 4-27。

4.4.3.2 花背蟾蜍性激素水平分析

花背蟾蜍带回实验室后用双毁髓法处死，解剖后用一次性真空采血管（抗凝剂）迅速取心脏血液 1mL，1000r/min 低温离心 10min，取上层黄色血清，使用试剂盒测定性激素含量，分析蟾蜍体内雌二醇、睾酮和促黄体生成素水平。

雌二醇是雌激素中最主要、活性最强的激素，是性腺功能启动的标志，雄性雌二醇主要由睾丸间质细胞合成分泌。其主要生理作用为：促使雌性生殖器官和第二性征的发育；通过正反馈和负反馈作用调节下丘脑和垂体的功能；促进骨骼的生长，加速骨骼的融合，并可影响机体脂蛋白及水、盐代谢。

睾酮的主要作用是维持雄性性功能和副性特征、维持雄性攻击意识，同时还刺激组织摄取氨基酸，促进核酸与蛋白质合成，促进肌纤维和骨骼生长，刺激促红细胞生成素分泌等。睾酮还可以促进机体的合成代谢，促进肌肉和力量的增长。对于雌性动物而言，睾酮是卵巢内雌二醇合成的前体，对雌性动物性腺功能的维持有一定作用。如果睾酮分泌过少，性器官发育就会延迟，甚至身体出现异常。

促黄体生成素是由腺垂体细胞分泌的一种糖蛋白类促性腺激素，可促进胆固醇在性腺细胞内转化为性激素。对雌性动物而言，与促卵泡激素共同作用促进卵泡成熟，分泌雌激素、帮助排卵以及黄体的生成和维持，分泌孕激素和雌激素。对于雄性动物而言，促黄体生产素能帮助促成睾丸间质细胞的合成和睾酮雄性激素的释放。

外源性化学污染物可调节脑垂体促性腺激素的分泌或者直接作用于生殖器官，使雌性和雄性生殖器官发育不全，如卵巢和睾丸附睾的大小异常等。尾矿库湿地花背蟾蜍的雌二醇水

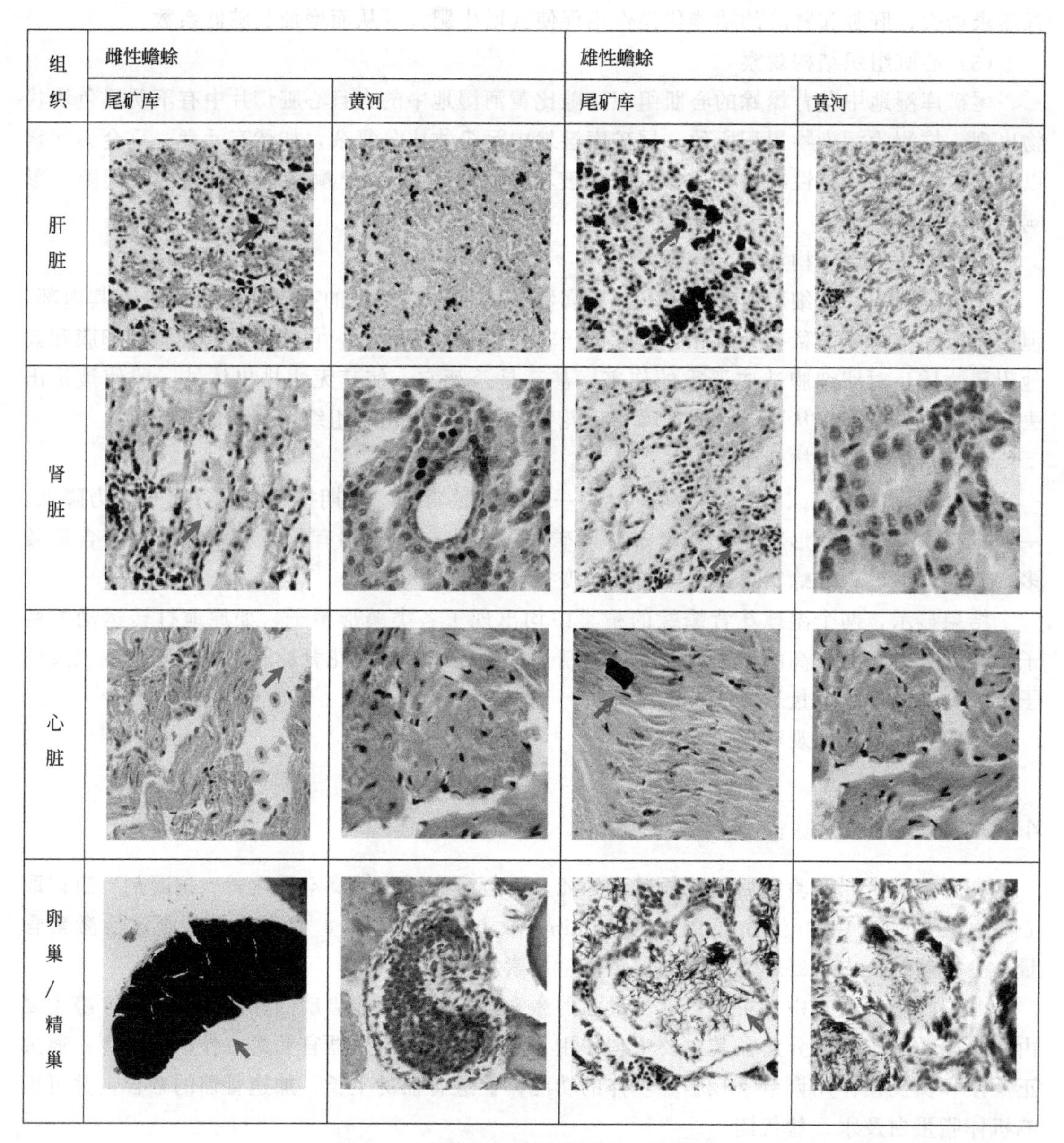

图 4-27　蟾蜍各组织结构观察（见彩插）

平显著低于黄河湿地（$P<0.05$）、睾酮水平显著高于黄河湿地（$P<0.05$）。尾矿湿地花背蟾蜍促卵泡生成素的水平与黄河湿地无显著差异。性激素在花背蟾蜍的繁殖和求偶过程中具有关键作用，重金属会导致性激素的分泌水平失衡。本章中尾矿库湿地的花背蟾蜍体内性激素含量与黄河湿地相比出现了明显差异（表 4-19）。这与长期受到尾矿库重金属复合污染胁迫致使性激素分泌紊乱有直接关系，这也是造成当地花背蟾蜍的精子质量降低的潜在原因之一。

表 4-19　花背蟾蜍血清中的性激素含量

样地	雌二醇/(μg/L)	睾酮/(μg/L)	促卵泡生成素/(IU/L)
尾矿库湿地	10.67±1.53**	16.10±1.85**	0.21±0.02**
黄河湿地	21.00±2.00**	11.08±1.13**	0.19±0.02**

注：* * 表示相同指标在不同湿地中差异显著，$P<0.01$。

4.4.3.3 花背蟾蜍性腺抗氧化能力分析

由自由基介导的蛋白质氧化产物作为体内氧化性损伤的特异性标志物，是近几年自由基生物学研究的热点之一。在细胞内、外环境中，蛋白质都是自由基和其他氧化剂作用的主要目标。据估计，在细胞内的大分子中，由蛋白质清除的自由基占活性自由基总量的50%～75%。由于某些蛋白质具有较长的半衰期，容易造成氧化性损伤的积累，因此，蛋白质氧化性损伤的形成可能是动物氧化性损伤的高度敏感指标。

生物体通过酶系统与非酶系统产生氧自由基，后者能攻击生物膜中的多不饱和脂肪酸，引发脂质过氧化作用，并因此形成脂质过氧化产物。脂质过氧化作用不仅把活性氧转化成活性化学剂，即非自由基性的脂类分解产物，而且通过链式或链式支链反应，放大活性氧的作用。因此，初始的一个活性氧等自由基能导致很多脂类分解产物的形成，这些分解产物中，一些是无害的，另一些则能引起细胞代谢及功能障碍，甚至死亡，氧自由基不但通过生物膜中多不饱和脂肪酸的过氧化引起细胞损伤，而且还能通过脂氢过氧化物的分解产物引起细胞损伤。

国内外学者的不断研究总结表明，自由基的种类很多，并且大多数是瞬间产生的。其中对生物体能产生重大影响的有5种。

① 超氧化物自由基。这是最早也是最多的自由基。

② 过氧化氢。这是产生破坏性大的羟基自由基。

③ 羟基自由基。这是最活跃的自由基。主要会造成体内脂质过氧化而破坏细胞，也会和糖类、氨基酸、磷脂质、核酸、有机酸等任何生物体内的物质反应，特别是和DNA中的嘌呤、嘧啶作用，导致细胞死亡或突变。

④ 单线态氧。体内稳定的氧受紫外线照射后会产生大量不稳定的单线态氧，单线态氧和氯反应，造成自由基物或脂质氧化。

⑤ 过氧化脂质。这是许多自由基物反应后的产物，且多半发生在细胞膜上，导致细胞膜失去功能或死亡，另外也会直接和蛋白质核酸作用，导致细胞甚至器官的病变或死亡。

生物体内主要通过抗氧化酶系统和清除剂来清除氧自由基。超氧化物歧化酶（SOD）、过氧化氢酶（CAT）和谷胱甘肽过氧化酶（GPx）是抗氧化系统的三种重要酶。SOD和谷胱甘肽（GSH）都是生物体内重要的抗氧化剂和自由基清除剂，当生物体受到外界胁迫，体内产生大量有害自由基后，就可通过这两种酶以及相关酶的联合作用来消除。其中SOD是生物个体在清除体内由新陈代谢产生的自由基的主要物质，主要催化过氧化氢反应将体内多余的超氧自由基还原，继而由CAT和GSH-Px进一步还原为无害的水。

谷胱甘肽（GSH）作为体内一种重要的抗氧化剂，能够清除生物体内的自由基，如H_2O_2、LOOH、活性氧（Reactive Oxygen Species，ROS）。GSH是谷胱甘肽过氧化物酶（GPx）和谷胱甘肽硫转移酶（GST）的酶底物，是这两种酶分解H_2O_2所必需的物质。它能稳定含巯基的酶，防止血红蛋白和其他辅助因子的氧化损伤。GPx酶能催化GSH（还原型谷胱甘肽）生成氧化型谷胱甘肽（GSSG），清除H_2O_2、LOOH、ROS自由基等有害离子。GST是一种肝脏解毒酶，在这种酶的催化下，GSH可以与体内过多的自由基、过氧化物等有害物质结合，并将它们排出体外。谷胱甘肽还原酶（GR）是一种核黄素酶，它能催化GSSG转化为还原型谷胱甘肽，是机体具有充足谷胱甘肽的重要保证。

总抗氧化能力（T-AOC）代表机体中酶和非酶抗氧化能力的总体水平，与生物机体的健康密切相关。通常情况下，生物体内氧自由基的生成与清除处于动态平衡。如果体内产生的自由基得不到及时有效的清除，就会通过损伤生物大分子来破坏细胞的结构和功能，造成氧化损伤。氧化损伤是环境污染物引起生物毒性一个重要机理。其中丙二醛（MDA）是生物体内的脂质过氧化产物，可以很好地反映生物体内的氧化损伤程度。脂质氧化终产物MDA在体外影响线粒体呼吸链复合物及线粒体内关键酶活性，它的产生还能加剧膜的损伤，因而测试MDA的含量可反映生物机体脂质过氧化的程度，间接地反映出细胞损伤的程度。MDA还会引起蛋白质、核酸等生命大分子的交联聚合，且具有细胞毒性。

由试验结果（图4-28）可知，尾矿库湿地蟾蜍精巢和卵巢中MDA含量都高于黄河湿地，可能与水体和底泥污染程度高有很大关系。精巢和卵巢长期受到污染胁迫，导致体内脂质过氧化反应加重。Mendoza-Wilson等人研究泥鳅的抗氧化能力表明，当抗氧化系统长期不能及时清除自由基而或超过一定阈值，就会对机体造成脂质过氧化反应。另外精巢中的脂质过氧化水平显著高于卵巢（$P<0.01$），表明精巢受到的毒害效应更加严重。

通过两个湿地比较发现，稀土尾矿库湿地花背蟾蜍精巢中SOD、GSH-Px、GST和CAT活性都显著高于黄河湿地，这与湿地中各类污染物质的诱导作用有直接关系，是一种典型的氧化应激反应。尾矿库样地花背蟾蜍精巢和卵巢中GSH含量低于黄河样地，而与其相关的酶类GSH-Px和GST含量与黄河相比均有所升高，并且GR活性小于GSH-Px和GST活性，可见GSH生成速度小于其消耗速度，表明稀土尾矿库湿地水体污染对花背蟾蜍精巢和卵巢的抗氧化能力有明显的抑制作用。

尾矿库湿地蟾蜍精巢中SOD、CAT活性和MDA含量均显著高于卵巢（$P<0.01$），表明蟾蜍精巢主要通过SOD和CAT来应对外界污染胁迫。而卵巢中的GSH含量和GST活性显著高于精巢（$P<0.01$）。与精巢相比，卵巢内涉及的GSH家族抗氧化酶系统普遍有较高的浓度或活性，表明在受到在外界环境胁迫时，精巢可能更倾向于采用SOD-CAT系统抗氧化，而卵巢中GSH系统发挥的作用更大一些。这表明当受到环境污染胁迫时，花背蟾蜍体内氧化应激系统具有一定的组织差异性，这可能与精巢、卵巢的结构和功能不同有很大关系。同时当地复合污染中不同污染物质对精巢、卵巢中各类抗氧化物酶活性的影响作用也存在差异。

T-AOC代表机体内各种酶性和非酶性抗氧化能力的总体水平，其强弱与生物体自身的健康程度有着直接关系。尾矿库样地精巢和卵巢T-AOC能力与黄河样地相比较大，但差异不显著。整体而言，可以看出花背蟾蜍在长期受到尾矿库湿地水体污染的影响下，机体内部受到了氧化损伤，能够通过多种应激途径共同作用来对污染胁迫做出响应，增强自身的氧化能力，调整机体更好地去适应生存环境。

尾矿库周边湿地水土复合污染对本土花背蟾蜍的精巢和卵巢组织造成了明显的氧化损伤，具有显著的生态毒性效应。在逆境对抗中，蟾蜍精巢和卵巢对污染胁迫的响应方式和应激途经具有组织差异性，精巢更倾向于SOD-CAT系统的抗氧化机制，而卵巢中GSH系统发挥作用更大。

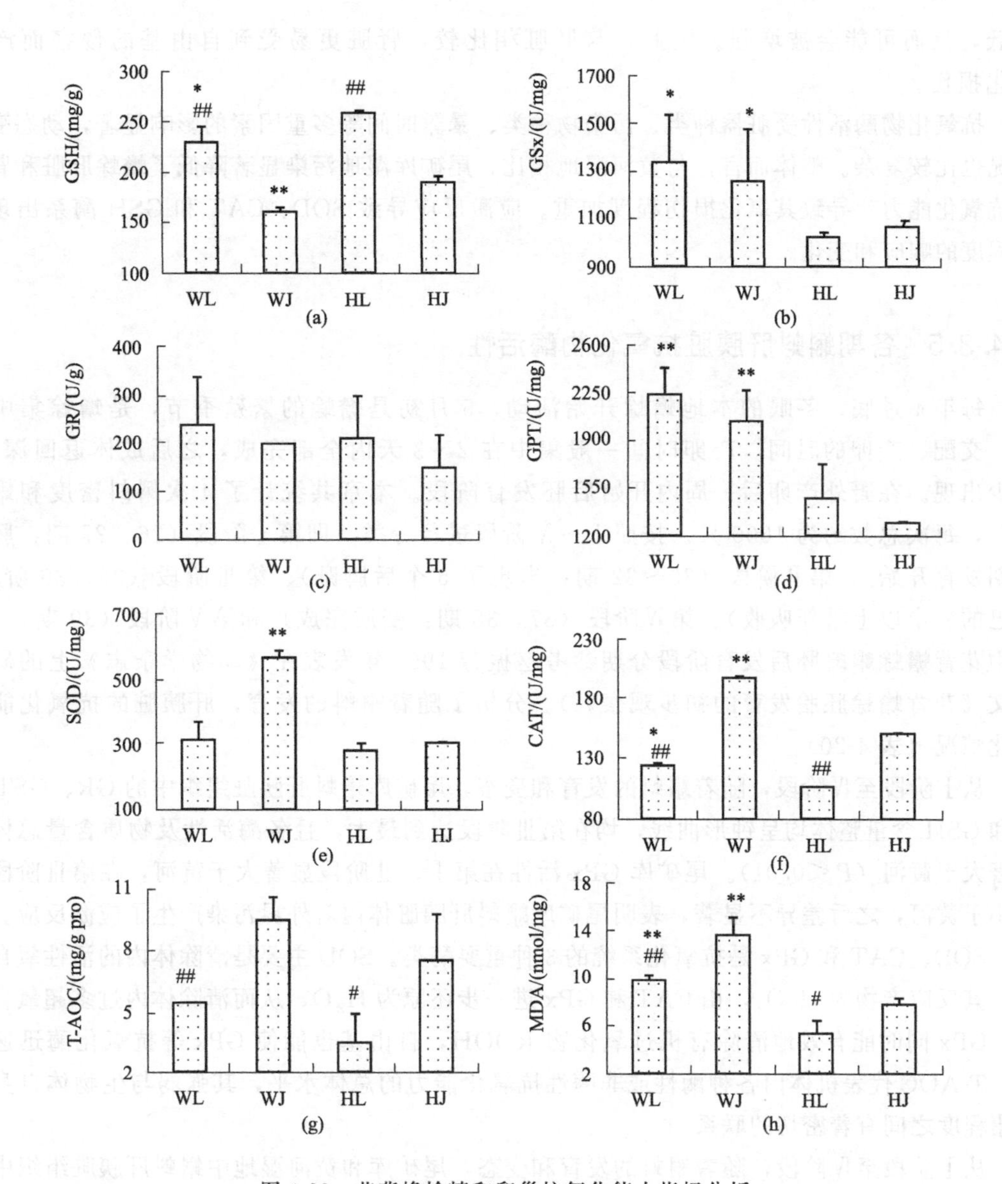

图 4-28　花背蟾蜍精和卵巢抗氧化能力指标分析

注：WL 表示尾矿库蟾蜍卵巢；WJ 表示尾矿库蟾蜍精巢；HL 表示黄河蟾蜍卵巢；HJ 表示黄河蟾蜍精巢。

*表示相同性腺组织不同湿地间相比差异显著，$*P<0.05$；$**P<0.01$。

#表示相同湿地不同性腺组织间相比差异显著，$\#P<0.05$；$\#\#P<0.01$

4.4.3.4　花背蟾蜍肝脏和肾脏抗氧化酶活性

本章同时分析了尾矿库湿地和黄河湿地蟾蜍肝脏和肾脏的抗氧化能力，数据显示出蟾蜍的抗氧化酶活性变化具有显著的器官差异性，这与蟾蜍肝脏和肾脏在机体代谢过程的所执行的不同生理功能和花背蟾蜍的生理活动有直接关系。

肝脏是外源污染物进行生物转化和代谢的主要场所，抗氧化酶含量十分丰富，能够及时有效地清除生物转化过程中产生的活性氧，防止肝组织受到氧化损伤。肾脏是机体最重要的排泄器官，但由于某些污染物经过生物转化后，其代谢产物毒性非但没有降低，反而可能会被增强。因此，与肝脏相比较，肾脏更易受到自由基的侵害而产生氧化损伤。

抗氧化物酶活性受脏器种类、污染物种类、暴露时间等多重因素的影响显著，动态变化情况也比较复杂。整体而言，与黄河湿地相比，尾矿库湿地污染显著降低了蟾蜍肝脏和肾脏的抗氧化能力，导致其氧化损伤程度加重。应激反应导致 SOD、CAT 和 GSH 酶系出现不同程度的响应和变化。

4.4.3.5 各期蝌蚪肝胰脏抗氧化物酶活性

每年 4 月底，冬眠的本地蟾蜍开始活动，5 月初是蟾蜍的繁殖季节，是蟾蜍集中求偶、交配、产卵的时间。产卵时间一般集中在 2～3 天内全部完成，之后成体返回深水，很少出现。在野外产卵后一周内开始后胚发育阶段。本章共统计了 4 次蝌蚪密度和蝌蚪比例，每次总数约为 1000 只。按照Ⅰ～Ⅴ阶段进行分类，即第Ⅰ阶段（26、27 期：胚胎后期发育开始）、第Ⅱ阶段（30～32 期：出现了 5 个后脚趾）、第Ⅲ阶段（35、36 阶段：尾巴的一半以上重新吸收）、第Ⅳ阶段（37、38 期：变质完成）和第Ⅴ阶段（39 期）（本书中花背蟾蜍蝌蚪胚后发育阶段分期参考赵振芳 1991 年发表在《动物学杂志》上的研究论文《花背蟾蜍胚胎发育的初步观察》）。分析了随着蝌蚪的发育，肝胰脏的抗氧化能力变化情况（表 4-20）。

从Ⅰ阶段至Ⅳ阶段，随着蝌蚪的发育和变态，尾矿库蝌蚪肝胰脏组织中的 GR、GST 活性和 GSH 含量整体均呈钟形曲线，均在第Ⅲ阶段达到最大，且各酶活性及物质含量总体上显著大于黄河（$P<0.01$）。尾矿库 GPx 活性在第Ⅰ、Ⅱ阶段显著大于黄河，在第Ⅲ阶段显著小于黄河，之后差异不显著，表明尾矿库蝌蚪肝胰脏体内对外界污染产生了应激反应。

SOD、CAT 和 GPx 是抗氧化系统的 3 种重要酶类。SOD 主要是清除体内的活性氧自由基，其反应产物为 H_2O_2，由 CAT 和 GPx 进一步还原为 H_2O，从而清除体内过多超氧自由基。GPx 同时能有效地清除有机过氧化物 ROOH，自由基也能使 GPx 等抗氧化酶迅速失活。T-AOC 代表机体内各种酶性或非酶性抗氧化能力的总体水平，其强弱与生物体自身的健康程度之间有着密切的联系。

从Ⅰ阶段至Ⅳ阶段，随着蝌蚪的发育和变态，尾矿库和黄河湿地中蝌蚪肝胰脏组织中的 GPx 活性逐渐降低，SOD 活性逐渐增大，CAT 活性先升高后下降。T-AOC 呈现先下降再上升的趋势，在第Ⅲ阶段达到最小。这四种指标在Ⅰ～Ⅲ阶段尾矿库大于黄河，而在Ⅳ～Ⅴ阶段以后小于黄河。丙二醛（MDA）是机体内脂质过氧化反应的重要产物，同时又可与蛋白质的游离氨基作用，引起蛋白质分子内与分子间的交联，导致细胞损伤，其含量可间接反映脂质过氧化程度。在本章中，在Ⅰ～Ⅳ阶段，随着蝌蚪的发育和变态，MDA 含量呈现钟形趋势，在第Ⅲ阶段达到最大。

推测由于随着蝌蚪发育，尾矿库周边湿地污染致使其蝌蚪体内的氧化胁迫加重，最终导致其组织的脂质过氧化程度增加，抗氧化能力逐渐下降。在第Ⅲ阶段接近变态临界期，对环境胁迫更加敏感，从以上六种抗氧化物质也可以得出此结论。随着蝌蚪的发育，Ⅲ阶段以后蝌蚪逐渐离开水体，受到污水影响的时间逐渐缩短，蟾蜍幼体体内各种组织重整，免疫、呼吸、消化和神经系统也逐渐完善，对外界污染胁迫有了一定适应和免疫，发生的脂质过氧化程度逐渐降低，总体抗氧化能力逐渐增大。

表 4-20　尾矿库湿地和黄河湿地中蝌蚪五个生长阶段的各指标统计

酶系	Sites	Ⅰ(24-25)	Ⅱ(26-27)	Ⅲ(34-35)	Ⅳ(36-37)	Ⅴ(38-39)
GSH	TW	94.18±1.55^{d**}	87.03±2.42^{e**}	148.08±6.39^{a**}	115.02±4.56^{c**}	129.28±7.94^{b**}
/(mg/g)	YW	40.59±0.58^{e}	60.36±0.81^{d}	67.64±1.91^{c}	79.46±1.95^{b}	113.69±1.64^{a}
GPx	TW	1148.67±37.38^{a*}	1096.13±34.97^{ab*}	1093.68±34.58^{ab}	955.85±31.84^{b*}	944.13±19.93^{b*}
/(U/mg)	YW	1073.16±18.60^{ab}	988.25±11.51^{b}	1257.45±63.25^{a}	1032.62±18.54^{ab}	886.71±29.70^{b}
GR	TW	24.84±0.73^{e}	47.20±3.26^{d**}	146.95±3.93^{a*}	65.59±0.41^{b}	53.09±1.67^{c**}
/(U/g)	YW	57.89±0^{d}	45.24±1.41^{c}	87.32±1.32^{a}	54.98±2.18^{b}	40.94±0.61^{e}
GST	TW	11.64±0.36^{e**}	28.19±0.66^{d**}	49.06±1.40^{a**}	34.19±1.55^{c**}	35.78±0.97^{b**}
/(U/mg)	YW	6.58±0.35^{e}	19.96±0.83^{c}	28.43±0.42^{a}	23.81±0.50^{b}	11.37±0.22^{d}
SOD	TW	148.84±7.74^{b}	167.27±0.93^{b**}	206.16±6.09^{a}	162.61±2.95^{a**}	212.66±4.28^{a}
/(U/mg)	YW	148.50±2.49^{c}	205.10±2.92^{b}	212.00±2.82^{b}	278.27±6.27^{a}	228.82±5.41^{b}
CAT	TW	296.81±2.86^{b**}	291.67±5.87^{b**}	379.15±3.40^{a**}	253.25±4.24^{d**}	276.44±1.83^{c**}
/(U/mg)	YW	162.52±3.62^{d}	259.10±16.75^{c}	318.84±2.16^{a}	299.78±0.51^{b}	256.77±0.75^{c}
TAOC	TW	3.74±0.14^{a**}	4.21±0.21^{a**}	2.47±0.02^{c**}	2.65±0.06^{b**}	3.81±0.14^{a**}
/(mg/g)	YW	3.09±0.10^{c}	2.83±0.14^{d}	1.92±0.06^{e}	4.02±0.11^{b}	5.42±0.16^{a}
MDA	TW	4.45±0.35^{c}	4.27±0.30^{c**}	8.40±0.29^{a**}	6.69±0.25^{b}	6.83±0.38^{b**}
/(n/mol/mg)	YW	4.52±0.36^{d}	5.27±0.47^{c}	7.18±0.07^{a}	6.33±0.20^{b}	3.80±0.30^{e}
DNA 损伤	TW	23.93±0.21^{b**}	20.40±0.37b**	21.25±0.51^{b**}	28.22±0.39^{a**}	11.06±0.39^{c**}
程度/%	YW	11.01±0.40^{a}	7.63±0.22^{b}	8.75±0.10^{ab}	5.32±0.13^{b}	1.13±0.01^{c}

注：1. 不同字母表示同一指标在同一样地蝌蚪的不同生长阶段差异显著 $P<0.05$ (Duncan 法)。* 表示相同生长阶段蝌蚪的同一指标在两样地间相比差异显著，* $P<0.05$，** $P<0.01$。

2. TW 为尾矿库湿地；YW 为黄河湿地。

4.4.4　细胞水平的生态毒性效应

水和废水中具有遗传毒性的各类污染物对环境和人类的影响已引起人们的极大关注。细菌学试验（如 Ames 试验）是最常用的检测致突变性和遗传毒性的标准方法，但它的缺点是使用原核生物，只能检测点突变。

微核是真核类生物细胞经辐射或化学诱变剂的作用产生的一种游离于主核之外的微小染色质块。微核来源于染色体断裂的片段或整条染色体，其形成机理一般认为是具有遗传毒性的物质作用于染色体，导致染色体断裂，或作用于纺锤体，导致纺锤体功能不全，在细胞分裂时，断片或整条染色体移动滞后，从而形成大小不同的微核。

微核试验是检查环境污染物对细胞染色体损伤效应的一种简便、快速而有效的致突变性筛选方法。利用微核试验在我国水环境监测中有不少报道，鱼类微核试验常用于检测水体中的致突变污染物。蝌蚪是两栖类动物变态前的幼体阶段，细胞分裂旺盛，研究表明用蝌蚪红细胞检测水体的环境污染物时，其灵敏度要高于鱼类微核试验。

单细胞凝胶电泳是另外一种快速、敏感、简便、廉价的在单个细胞水平上检测诱变物引起 DNA 单链断裂的技术。目前 SCGE 已广泛应用于检测过氧化、紫外线、电离辐射、化学物质及吸烟、老化引起的遗传损伤研究。而应用水生生物血红细胞的 SCGE 分析结果检测水质取得了很好的效果。

(1) 细胞核异常率分析

如图 4-29 所示，尾矿库湿地中花背蟾蜍成体和蝌蚪血细胞的核异常率都显著高于黄河湿地（$P<0.01$），但在同一样地，花背蟾蜍成体雌雄个体之间的血细胞核异常率差异并不显著（$P>0.05$）。表明尾矿库周边湿地水体污染物质对两栖类成体具有显著的遗传损伤作

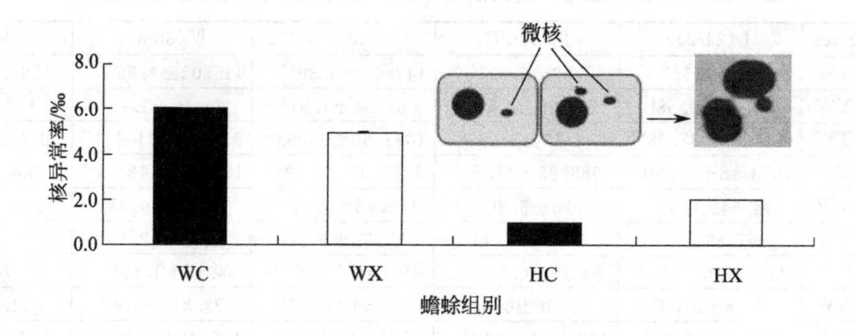

图 4-29　不同性别花背蟾蜍血细胞微核率

W—尾矿库湿地；H—黄河湿地；C—雌性；X—雄性

用。由于成体在尾矿库湿地受污染环境中生存时间较长，体内污染物富集和毒性作用时间长，因此，遗传损伤作用相比蝌蚪更加明显。

(2) 花背蟾蜍及其蝌蚪血细胞 DNA 损伤程度分析

如图 4-30 所示：尾矿库各期蝌蚪血细胞的 DNA 损伤程度均显著高于黄河（$P<0.01$），在 26～39 期之间，随着蝌蚪的发育和变态结束，尾矿库蝌蚪血细胞的 DNA 损伤程度在 36、37 期达到最高，而黄河湿地中蝌蚪血细胞的 DNA 损伤程度整体呈现下降趋势。

成体试验显示，尾矿库湿地蟾蜍血细胞的 DNA 损伤程度都显著高于黄河湿地（$P<0.01$），黄河湿地中花背蟾蜍血细胞的 DNA 损伤程度仅为尾矿库湿地中的 35.67%。在同一样地中，蟾蜍雄性个体血细胞的 DNA 损伤程度均显著高于雌性个体（$P<0.01$）。

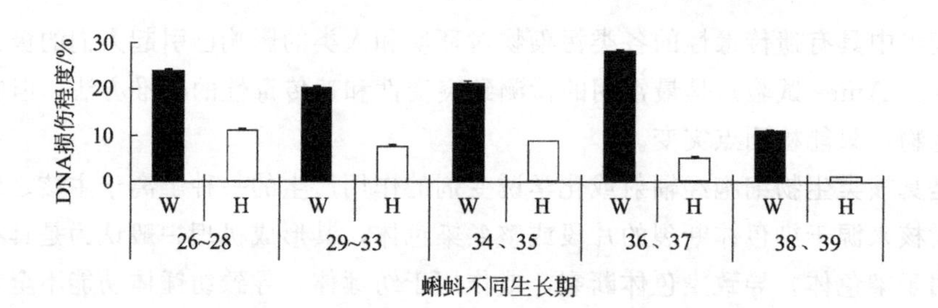

图 4-30　尾矿库和黄河湿地蟾蜍血细胞和精子 DNA 损伤程度比较

注：* 表示两样地同一生长期内花背蟾蜍蝌蚪 DNA 损伤率相比差异显著，** $P<0.01$

4.4.5　分子和基因水平的生态毒性效应

DNA 测序技术是在分子和基因水平上开展生态毒性效应研究的有效手段，该技术最先由 Sanger 在 1973 年发明并提出，其原理是利用双脱氧链终止法，也称为第一代测序技术。Sanger 法有很多优点，如操作简单、准确。同时也有很多缺陷，如测序量小、耗时耗力、有放射性等。人们利用 Sanger 法完成了人类基因组计划，推动了人类社会向前发展。

21 世纪以后，第二测序技术即高通量测序技术迅速发展，第二代测序技术的优点比 Sanger 测得的数据量更大、省时省力、资金花费相比于 Sanger 法也更少。目前世界上有三大测序平台，即 Roche 454 FLX，Illumina/Solexa 和 Applied Biosystems/SOLIDTM。

近几年又出现了新的测序平台，称第三代高通量测序，该平台不需要 PCR 扩增反应，能够针对单个 DNA 分子进行测序，其通量相比二代测序也大大增加。目前三代测序有 2 个平台，分别是：Helicos/Heli Scop 和 Pacific Biosciences/SMRT（single-molecule real-time）技术。

（1）RNA-seq 技术的概述

RNA-seq 的中文名称是高通量转录组测序，可用于分析样本中的差异表达基因、信息通路、找到与转录组中相似的表达基因。提取组织中的总 RNA 后，利用 mRNA 的结构特点设计一段引物，mRNA 序列的 3′端有多 A 结构，利用这一特性将 mRNA 从总 RNA 中纯化出来。当然在反转录之前将样本的 mRNA 进行片段化处理，然后构建 cDNA 文库，使物种信息完整保存到文库中，再对构建后的 cDNA 文库进行 PCR 扩增，把扩增的序列上机器测序，最后利用生物信息学的知识拼接各片段，形成完整的基因片段。

（2）RNA-seq 技术研究基因差异表达的优势

RNA-Seq 技术主要有如下功能：发现新的转录本或基因、定量基因表达量水平、不同样本间基因的差异表达情况、转录本或基因的结构变异研究及非编码区的功能研究等。其中应用最多的是差异表达基因的筛选，即通过定量不同样本中各基因的表达量，然后比较样本间的变化情况，得到有显著性差异表达变化的基因。通过分析表达量变化情况，研究其对生物体的毒性，因此 RNA-Seq 技术得到了更好的应用。

20 世纪 90 年代，人们对基因表达方面的研究主要集中在测定序列短的片段，方法是利用 DNA 芯片技术，该技术是基于已知的基因序列设计探针进行扩增，针对小样本，况且如果样本中浓度和纯度低的基因无法获取其序列，即丰度太低，也不能分析基因发生微小变化后的差异性，不同组织中的基因也无法研究。近几年，高通量测序技术和生物信息学的迅速发展，不仅能解决以上问题，还能研究新基因功能，而且能将高通量测序技术应用于生态环境研究方面，在未来有很大的应用前景。

4.4.5.1 花背蟾蜍基因差异表达

（1）总 RNA 的提取

① 提取总 RNA。从−80℃超低温冰箱中取尾矿库和黄河湿地中花背蟾蜍肝脏各 3 个平行样品，提前将液氮倒入一个大盆中，然后将拿出的组织置于液氮中，对组织进行速冻。使用总 RNA 试剂盒提取样本的总 RNA，提取后的总 RNA 用 Nanodrop 2000 超微量分光光度计测定提取效果，一般过程是用琼脂糖凝胶电泳监测。上机检测的总 RNA 最少要用 1μg，OD260 与 OD280 的比值位于 1.8～2.2 之间。

② Oligo dT 富集 mRNA。本次测序对 mRNA 纯化的方法是使用带有 Oligo dT 的磁性珠作为富集载体与 mRNA 结合形成配对，这样就能把 mRNA 从总 RNA 中富集出来，用于分析差异基因的表达信息。

③ 片段化 mRNA。片段化 mRNA 是利用一些方法将较长的 mRNA 片段随机打断成 100～300bp 的片段，本次测序是用 fragmentation buffer 来进行。

④ 反转录成 cDNA。片段化后的 mRNA 利用反转录试剂盒来合成 cDNA。首先是 cDNA 第一链的合成：利用 mRNA 作为模板，加入反转录酶、原料等物质，合成 cDNA 第一链。其次进行 cDNA 第二链的合成，模板是随机六聚体引物，原料、酶与第一链合成相同。

⑤ 连接 adaptor。首先将 cDNA 黏性末端补齐，然后在末端加接头，接头要加在 cDNA

两端都加，接头中要含有特定的酶切位点。

⑥ Illumina Hiseq 上机测序。首先要对文库进行富集，PCR 扩增 15 个循环。胶回收：琼脂糖凝胶电泳后利用胶回收试剂盒，回收基因条带。定量分析：用 TBS380 对目的片段定量，检测结果后，按照比例大小顺序先后上机测序。

（2）测序数据质量控制

运用统计学方法对所有测序序列的每个测序循环进行碱基分布和质量波动的统计，可以从宏观上直观地反映测序样本的文库构建质量和测序质量，并对每个样本的碱基质量、碱基错误率以及碱基分布进行分析。

① 碱基质量分布。碱基质量分布（Q-Score）能反映测序时的错误率，进而能确定本次测序的结果是否可靠。碱基质量分布的回馈是所得的分值，如果得分越高说明本次测序结果越可靠。Q20 和 Q30 的得分两者都能反映碱基质量分布。Q20 表示每测定 100 个碱基，会有 1 个出错；Q30 表示每测定 1000 个碱基有 1 个错误，这样就能计算本次测序的错误率。

② 碱基错误率分布。上机测序时，测序长度越长，出错率越高。通常序列 5′端前几个碱基的错误率相对较高，随着测序的进行，酶的活性及其他物质的灵敏度也会下降，因此达到一定测序长度后，测序质量值也随之下降。整个测序结果一般要求错误率小于 0.1%。

③ 碱基含量分布。碱基含量分布能确定碱基的分离现象。本次测序用的随机六聚体引物会有碱基偏好性，每次测序都有结果得到的 AT 和 GC 含量基本相等，如果差异较大则说明碱基出现分离现象。

（3）RNA-seq 测序数据从头组装

本次测序的样品没有所比对的参考基因组。国际上针对无参考基因组的测序，要对测序结果从头组装，从头组装是将测序所得结果组装形成一个重叠群或一条完整的单条基因序列，从头组装可以用软件 Trinity 进行分析，它是目前该测序平台从头组装的一个比较权威的软件，可以完整地针对 RNA-seq 测序数据拼接。利用它对测序后所有短片段分析，并完成从头组装这一过程。该软件由两家公司 Broad Institute 和 Hebrew University of Jerusalem 合作研发。

（4）RNA-seq 文库质量的评价

RNA-seq 文库质量评估可以直接影响后续测序过程能否成功，评估文库质量可以从三方面进行。

① mRNA 片段化是否具有随机性及 mRNA 是否被降解。

② 插入片段的离散性。

③ 文库容量大小评估。

（5）RNA-seq 从头组装

Trinity 拼接组装后需要对其结果进行评估。一般要评估两次，分为初始组装和优化、组装。一般情况下是要优化以后才能评估。其过程为：使用软件 TransRate、CD-HIT 进行优化过滤；使用软件 BUSCO（Benchmarking Universal Single-Copy Orthologs）进行组装评估。

（6）基因表达量分析

① Venn 分析。Venn 分析展示样本间或组别间共有和特有表达的基因/转录本，可简单呈现样本间的相关性，同一组别样本表达基因/转录本的数目不应差别很大。（注意该项分析需要对表达的基因或转录本指定表达的指标，一般无参转录组中认为表达量＞1，即认为该

基因或转录本发生了表达。)

② 相关性分析。生物学重复样本之间的相关性分析，一方面检验生物学重复之间的变异是否符合实验设计的预期，另一方面为差异基因分析提供基本参考。相关系数越接近于1，表明基因/转录本在样本间的表达量相似度越高，即样本间相关性越好。

(7) 差异表达基因分析

差异表达分析过程是指分析处理那些基因表达量具有显著性差异的基因或具有显著性差异的转录本（Differentially Expressed Gene or Transcript，DEG or DET）时，为获得这些基因和转录本的过程。

(8) 差异表达基因 KEGG 注释

KEGG（Kyoto encyclopedia of genes and genomes）数据库可以对基因注释、联系基因之间的关系，分析差异表达基因的通路。可以更精确地挖掘基因功能。在生物体内，不同基因可通过相互作用或调节来完成其生物学功能，对差异表达基因的通路（Pathway）注释分析有助于进一步解读基因的功能。KEGG（Kyoto encyclopedia of genes and genomes）库可以系统地分析基因功能、联系基因组信息和功能信息的知识库。利用 KEGG 库，可将基因按照其参与的通路或功能进行注释分类，从而分析不同样品的差异表达基因可能参与哪些通路的改变。

(9) NR 数据库比对结果

NCBI _ NR（NCBI 非冗余蛋白库）为综合数据库，其中包含 Swiss-Prot、PIR（Protein Information Resource）、PRF（Protein Research Foundation）、PDB（Protein Data Bank）等蛋白质数据库中非冗余的数据以及从 GenBank 和 RefSeq 的 CDS 数据库中翻译所得的蛋白质数据。通过与 NR 库的比对，可以查看本物种转录本序列与相近物种的相似情况，以及同源序列的功能信息。

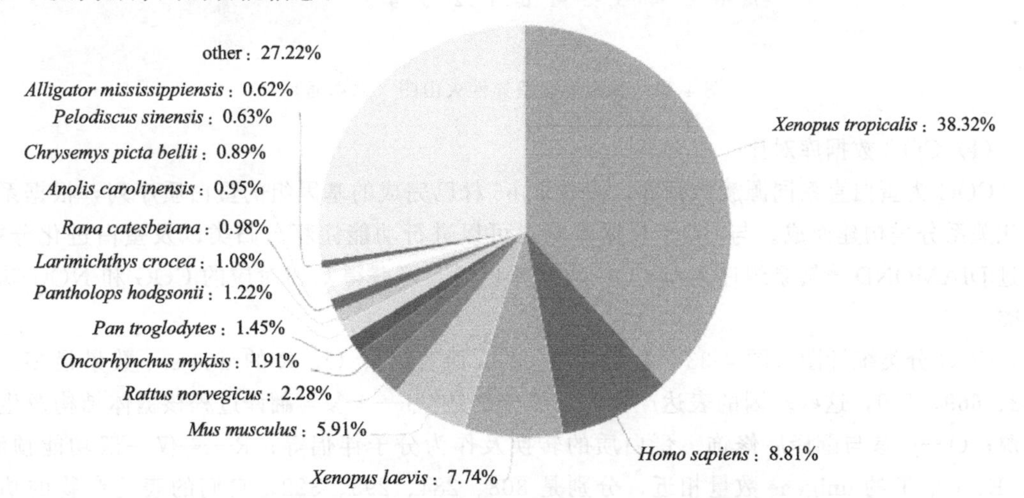

图 4-31 测序样本与 NR 数据库对比后的注释物种分布（见彩插）

Xenopus tropicalis——热带爪蟾；*Homo sapiens*——智人；*Mus musculus*——家鼠；*Xenopus laevis*——爪蟾；*Rattus norvegicus*——褐家鼠；*Oncorhynchus mykiss*——麦奇钩吻鳟；*Pan troglodytes*——黑猩猩；*Pantholops hodgsonii*——藏羚羊；*Larimichthys crocea*——大黄鱼；*Rana catesbiana*——牛蛙；*Anolis carolinensis*——北美绿蜥蜴；*Chrysemys picta belli*——锦龟；*Pelodiscus sinensis*——中华鳖；*Alligator mississippiensis*——密西西比鳄

通过与NCBI比对后的物种注释分布如图4-31所示，结果显示，花背蟾蜍与热带爪蟾的物种类别更加接近，有38.32%同源基因；与人类有8.81%同源基因；与家鼠有5.91%同源基因；与褐家鼠有2.28%基因同源；与麦奇钩吻鳟有1.91%同源基因；与黑猩猩有1.45%同源基因；与藏羚羊有1.22%同源基因；与大黄鱼有1.08%基因同源；与其他物种基因的同源性小于1%。

4.4.5.2 细胞损伤与致癌相关基因分析

采集尾矿库湿地中的花背蟾蜍肝组织进行RNA-seq分析，与正常对照（采自黄河湿地）相比，笔者一共发现了2768个差异表达的unigene（$FDR<0.05$，$|\log FC|\geqslant 1$），其中1288个表达上调，1480个表达下调（图4-32）。

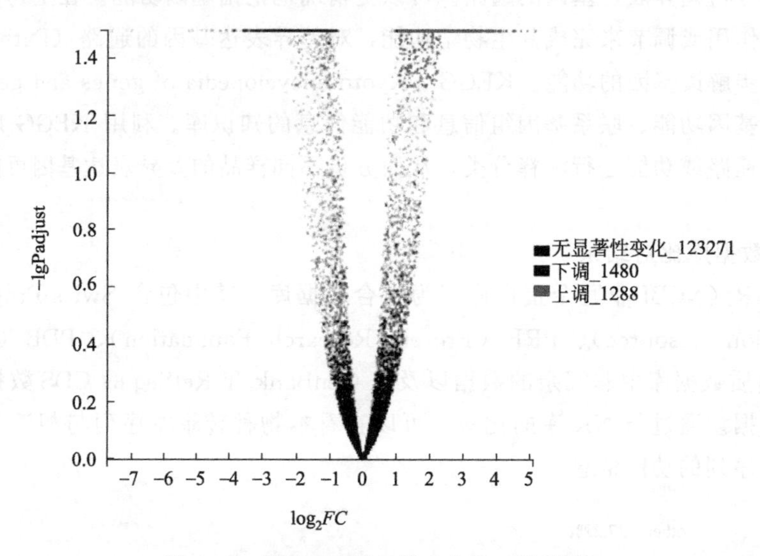

图4-32 基因表达差异性火山图（见彩插）

（1）COG数据库对比

COG为蛋白直系同源簇数据库，是选取66株已完成的基因组的蛋白质序列，根据系统进化关系分类构建而成。与COG数据库比对可以进行功能注释、归类以及蛋白进化分析。通过DIAMOND将转录组序列与COG数据库比对，可获得基因对应的COG和NOG功能归类。

COG分类统计图（图4-33）显示：就COG而言，J、O、R的unigene数量最多，为643、669、729，这些基因的表达产物的功能分别是：J——参与翻译过程核糖体结构及生物起源；O——参与翻译后修饰、蛋白质的转换及作为分子伴侣等；R——仅一般功能预测。C、E、G、T的unigene数量相近，分别是308、284、293、322，它们的表达产物的功能为：C——参与ATP的产生和转化；E——氨基酸的运输与代谢；G——糖类运输和代谢；T——参与细胞的信号转导。A、B、D、F、H、I、K、L、M、N、P、Q、S、U、V、Z的基因数目相比前两者数目很小，分别是34、106、148、152、115、259、227、208、83、8、168、165、201、180、28、221，表达产物参与的功能分别是：A——RNA加工与修饰；B——染色质结构和动力学特征；D——参与细胞周期调控、细胞分裂、染色体分裂；F——

核酸运输和代谢；H——47 辅酶运输和代谢；I——脂质运输和代谢；K——参与基因转录；L——参与 DNA 复制、基因重组、DNA 修复；M——与细胞壁、细胞内膜、细胞膜的生源有关；N——与细胞活性有关；P——参与无机离子的代谢和运输；Q——参与次生代谢；S——功能未知；U——细胞运输；V——与机体免疫有关；Z——与细胞骨架有关。

就 NOG 值而言，unigene 数量较多地集中在 R 和 S 中。O 和 U 中集中的 unigenes 数量也相对较多，分别为 882 和 1021。K 和 T 中的基因数分别为 227 和 322。NOR 字母与 COR 相同字母代表的功能相同。

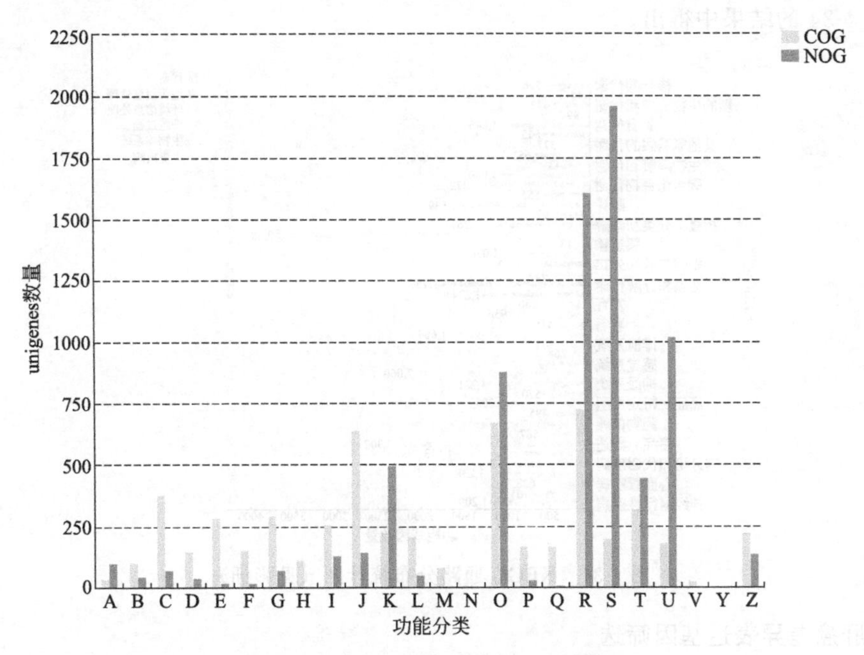

图 4-33 COG 分类统计图（见彩插）

（2）KEGG 通路分析

KEGG（京都基因和基因组百科全书）是系统分析基因功能、联系基因组信息和功能信息的大型知识库。在生物体内，基因产物并不是孤立存在起作用的，不同基因产物之间通过有序的相互协调来行使其具体的生物学功能。因此，KEGG 数据库中丰富的通路信息将有助于从系统水平去了解基因的生物学功能。通过与 KEGG 数据库比对，获得基因或转录本对应的 KO 编号，根据 KO 编号可以获得某基因或转录本参与的具体生物学通路情况。

图 4-34 展示了基因参与的生物学通路情况，结果显示了本次测序结果基因可能参与 6 种大的代谢通路，它们分别是：代谢、遗传信息处理、环境信息处理、细胞过程、生物体系统、人类疾病。参与上述代谢通路的基因总数分别为：代谢——4794；遗传信息处理——3548；环境信息处理——4254；细胞过程——3594；生物体系统——5294；人类疾病——5707。

就代谢而言，与糖代谢有关的基因有 1272 条、与氨基酸代谢相关的基因有 1080 条、与脂代谢相关的基因有 1045 条。以上的代谢通路是基因数目最多的三条，其余通路的基因数均小于以上基因数：432 条基因富集到与糖合成和分解的代谢途径中；545 条富集到能源代谢途径中；651 条富集到辅因子和维生素上。其他基因由于数量较少不做一一阐述。就遗传信息处理方面，与翻译过程相关的基因有 1539 条富集；与 DNA 复制和修复相关的基因有

392 条富集；与转录过程相关的基因有 555 条富集。就环境信息处理方面而言，与信号传导相关的基因有 3680 条；与膜转运相关的基因有 113 条富集；有 1056 条基因与信号分子的互作用有关。就细胞过程方面而言，与细胞生长和死亡有关的基因有 983 条富集；与细胞活力有关的基因有 458 条富集；与运输和分解代谢有关的基因有 1756 条富集；与细胞群体有关的基因有 1274 条富集。就生物系统方面而言：有 2060 条基因与免疫系统相关；有 1664 条基因与内膜系统有关；有 1221 条基因与神经系统有关；956 条富集到消化系统的通路中；556 富集到与发育相关的通路中；416 条基因富集到年龄组成上。其他基因不做具体分析，可以从图 4-34 的结果中得出。

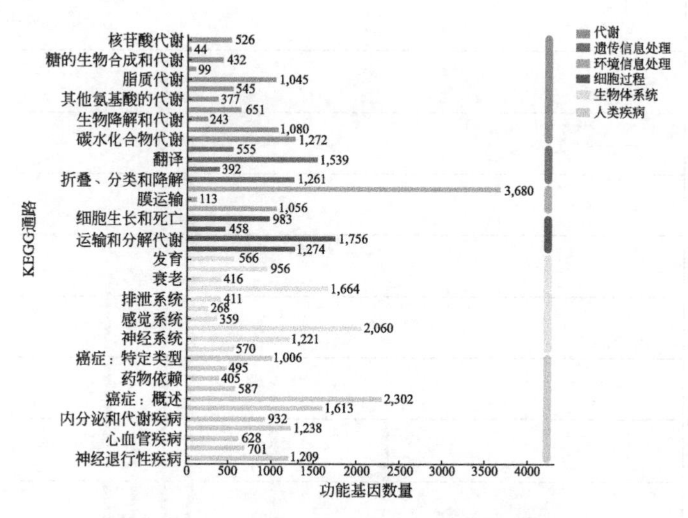

图 4-34　KEGG 通路分布统计图（见彩插）

（3）肝癌差异表达基因筛选

根据测序结果统计，本次所得结果中可能与肝癌发生相关的基因有 65 条，这些基因的表达产物参与的通路可能与内质网应激、DNA 修复、细胞分裂等有关。统计了它们的基因长度及转录本数，对其发挥的功能也进行了阐述，摘录了 10 条数据呈现在表 4-21 中。

表 4-21　差异表达基因筛选

基因简称	基因描述	基因长度/bp	转录本总数
HSP90B	预测为内质网应激	3425	2
CTSL	未命名的蛋白产物，不完全的	1558	6
FLT3LG	鱼类相关酪氨酸激酶 3 配体同种型 X1	1593	4
IGF2	胰岛素样生长因子Ⅱ同种型 X2	3158	1
RAD51	DNA 修复蛋白 RAD51	1734	1
DOT1L	甲基转移酶，H3 赖氨酸 79 特异性	6525	7
HNRNPK	异质性胞核核糖核蛋白 K	3582	4
ACTB_G1	actin，cytoplasmic 1	844	2
CASP9	Casp9-A protein	1793	1
pfkA，PFK	phosphofructokinase，platelet type isoform X5	3031	1

4.5　稀土尾矿库区地下水污染对 SD 大鼠的生态毒性效应

SD 大鼠与人类具有高度同源性，广泛用于药理学、肿瘤学、发育生物学和神经生物学领域。它是评估人类疾病健康状况的一种极其有效的试验动物。本书在 SD 大鼠个体、组织和细胞水平上研究尾矿库周边地下水污染的生态毒性效应，探讨了尾矿库周边地下水中主要污染物质对 SD 大鼠的遗传损伤作用机制。

在距尾矿库西侧不同距离处选择了 5 个采样点，见图 4-35，从近到远排列为：尾矿库内水（S1）、尾矿库外渗水（S2）、打拉亥上村浅层井水（S3）、达拉亥下村浅层井水（S4）以及作为标准对照组的城市自来（S5）。水质监测显示 F^-、Cl^-、SO_4^{2-} 等阴离子显著高于Ⅲ级水质标准和对照组，值得重点关注。

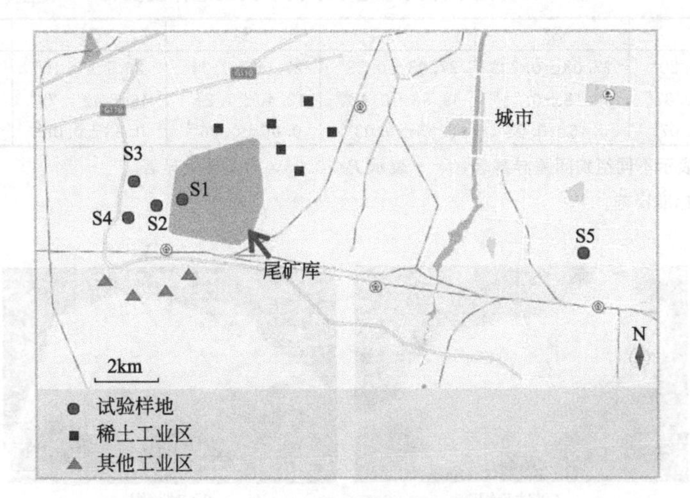

图 4-35　采样点的空间分布

表 4-22　尾矿库周围地下水质量参数的测量（n=3）　　单位：mg/L

污染物	Ⅲ	S1	S2	S3	S4	S5
Na^+	200	2780±560.7**	67±22.9*	328±2.8	212±77.2	142±50.8
K^+		178±37.4**	49.6±12.0*	13.3±0.64	14.50.4	6.5±3.9
F^-	1	1.89×102±2.5**	9.6±0.3**	9.0±0.29**	8.50.26**	0.67±0.98
Cl^-	250	9417±1693**	1690±71.9**	368±36.9*	26476.3	180±93.6
SO_4^{2-}	250	2645±45.7**	378±3.25**	350±60.4*	27892.0	227.9±108.9
CN^-	0.05	0.013±0.021	0.004±0.000	0.004±0.000	0.004±0.000	0.004±0.000
As	0.05	0.0167±0.004**	0.0027±0.001	0.0081±0.001**	0.0045±0.001*	0.0001±0.000
Cd	0.05	0.0008±0**	0.0001±0.000	0.000±0.000	0.0001±0.000	0.0001±0.000
Pb	0.05	0.0027±0.002	0.0036±0.001	0.0027±0.000	0.0022±0.000	0.0019±0.000
Cu	1	0.0263±0.005	0.0067±0.011	0.013±0.014	0.01230.015	0.0104±0.017
Hg	0.05	0.0002±0.000**	<0.0001±0.000	<0.0001±0.000	<0.00010	<0.0001±0.000

注：* 表示与对照组相比差异显著，* $P<0.05$，** $P<0.01$；Ⅲ表示《地下水环境质量标准》（GB 3838—2002）Ⅲ级标准；S1 为尾矿库水；S2 为尾矿库外渗水；S3 为达拉亥上村浅层井水；S4 为达拉亥下村浅层井水；S5 为城市生活饮用水作为标准对照组。

选择健康雌性 SD 大鼠[(40±2)d 龄]，平均体重 28.5g，预喂养 3d 后进行试验。按照随机原则设计试验组，将大鼠分为 5 组，每组 5 只。饲养过程中保证每组的食物和生长环境都相同。分别使用 S1、S2、S3、S4 和 S5 的地下水对 SD 大鼠灌胃，每 4h 灌胃 1 次，每次灌胃 0.5mL。灌胃周期持续 1 个月。每天记录 SD 大鼠的体质量和生长情况，测定尾矿库周围水体对 SD 大鼠各水平的毒性效应。

4.5.1 个体水平的毒性效应

与对照组比，尾矿库周边地下水能显著降低 SD 大鼠的平均体重（$P<0.05$）和平均日增重（$P<0.05$）（表 4-23）。距离尾矿库越近，SD 大鼠的平均日增重越少。形态学观察显示，喂养大鼠的地下水距离尾矿库越近，SD 大鼠的活动性越差，其皮毛状况也越差，见图 4-36。可见尾矿库周边地下水污染在个体水平上对 SD 大鼠的正常生理活动有明显的抑制作用。

表 4-23　尾矿库周边地下水饲喂大鼠的体重变化　单位：g

体重	S1	S2	S3	S4	S5	SEM	P
初始	26.9 ± 0.20^{a}	27.08 ± 0.23^{a}	27.08 ± 0.23^{a}	27.06 ± 0.24^{a}	26.7 ± 0.16^{a}	0.284	0.356
最终	35.62 ± 0.87^{a}	38.18 ± 0.56^{b}	39.58 ± 0.47^{bc}	42.40 ± 1.21^{cd}	46.64 ± 1.78^{d}	1.633	0.000**
日均增	0.37 ± 0.07^{a}	0.46 ± 0.03^{b}	0.53 ± 0.03^{bc}	0.66 ± 0.06^{cd}	0.88 ± 0.08^{d}	0.812	0.000**

注：1. 不同字母表示不同组别间差异显著，** 表示 $P<0.05$，为差异极显著。
2. SEM 为平均数标准误差。

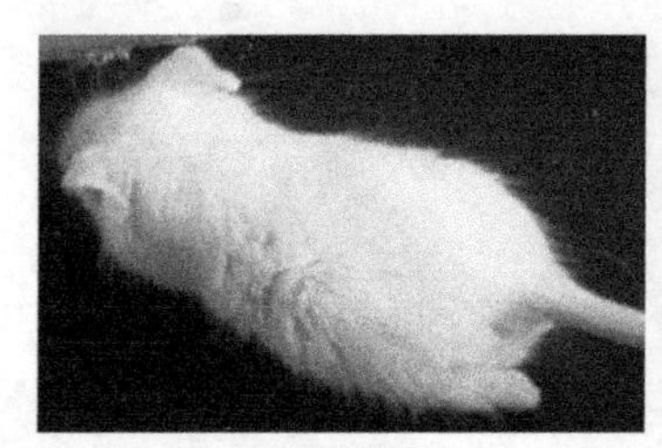
(a) 试验组

(b) 对照组

图 4-36　尾矿库渗漏水喂养的 SD 大鼠和对照组的形态学对比（见彩插）

4.5.2 器官水平的毒性效应

通过脏器/体重比检测脏器损伤程度（图 4-37）。用上述 5 个样地地下水饲养雌性 SD 大鼠 30d 后，从每组中随机选择 3 只大鼠，采集主要脏器（心脏、肝脏、肺、脾、肾），用生理盐水洗涤，用滤纸吸干水分后称重，并计算脏器系数（Mean±SE）。结果显示心/体、肺/体、脾/体质量比无显著变化（$P>0.05$），而肝/体、肾/体质量比有明显变化。组织学水平结果显示，尾矿库周围地下水对 SD 大鼠肝脏和肾脏有显著影响，但对脾脏、肺脏和心肌无显著影响。

4.5.3 组织水平的毒性效应

取器官水平显著异常的 SD 大鼠肝和肾，用于进一步组织病理学观察。可见对照组大鼠肝组织结构正常（图 4-37，肝，S5），其中肝细胞放射状排列于中心静脉周围，细胞排列整齐，未见细胞坏死和炎性细胞浸润现象。然而在其他试验组中（S1～S4）肝组织发生了炎性细胞浸润。尾矿库内水处理组出现肝小叶边界线不清晰（S1）和肝细胞坏死现象（S4）。同样，肾组织检查结果显示，与对照组相比（图 4-27，肾，S5），各试验组大鼠肾组织的近曲小管和远曲小管均出现空泡变性，且随着与尾矿库距离的接近有加重趋势（S1～S4）。此外，达拉亥上村样点也出现了炎性细胞浸润现象（S3）。

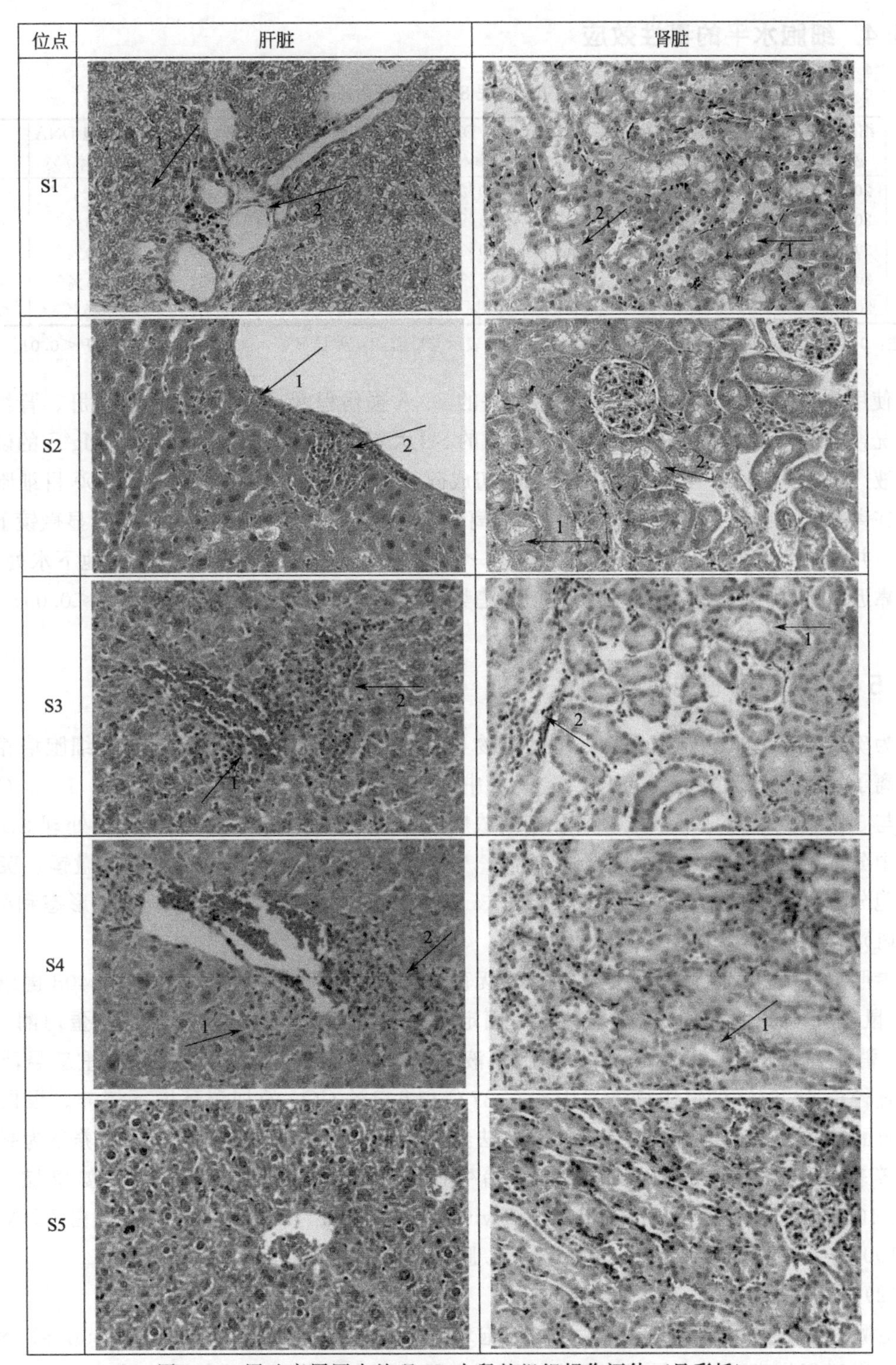

图 4-37　尾矿库周围水处理 SD 大鼠的组织损伤评估（见彩插）

肝脏，S1 组中，箭头 1 代表肝小叶边界不清，箭头 2 代表炎症细胞浸润。S2 组中，箭头 1 代表血管壁增厚，箭头 1 代表炎症细胞浸润。S3 组中，箭头 1 和 2 分别代表炎性细胞浸润。S4 组中，箭头 1 代表炎症细胞浸润，箭头 2 代表肝细胞坏死，同时箭头 1 还代表肝细胞坏死。S5 组为正常肝脏对照组。

肾脏：S1 组和 S2 组中，箭头 1 代表远曲肾小管空泡变性，箭头 2 代表近曲肾小管空泡变性。S3 组中，箭头 1 代表远曲肾小管空泡变性，箭头 2 代表炎症细胞浸润。S4 组中，箭头 1 代表远曲肾小管空泡变性。S5 组为正常肾对照组

4.5.4 细胞水平的毒性效应

表 4-24 尾矿周围水处理 SD 大鼠肝肾细胞 DNA 损伤分析

试验组	细胞数	肝细胞 DNA 损伤水平					肝细胞 DNA 损伤率/%	肾脏细胞 DNA 损伤水平					肾细胞 DNA 损伤率/%	P 值
		0	1	2	3	4		0	1	2	3	4		
S1	200	114	29	19	18	20	43.0%	88	40	18	29	35	56.0%**	<0.01
S2	200	151	20	13	10	6	24.5%	139	30	9	8	14	30.5%*	<0.05
S3	200	170	16	7	4	3	15.0%	158	19	9	6	8	21.0%*	<0.05
S4	200	171	14	5	5	5	14.5%	161	21	8	4	6	19.5%*	<0.05
S5	200	187	13	0	0	0	6.5%	189	11	0	0	0	5.5%	<0.05

注：0～4 代表了细胞损伤程度从弱到强的级别。* 表示与肝脏相比差异显著，* $P<0.05$，* * $P<0.01$。

使用单细胞凝胶电泳测定不同细胞水平的 DNA 损伤程度，从细胞水平比较肝、肾组织损伤情况，结果见表 4-24。选择损伤程度严重的 SD 大鼠组织，置于不含 Ca^{2+}、Mg^{2+} 的磷酸盐缓冲液（PBS，Sigma）中，使用眼科剪刀切成碎片（约 $1mm^3$ 的小组织块），200 目细胞筛过筛，在离心管中收集细胞悬液。1000r/min 离心 5min 后弃去上清液，重复 3 次。显微镜下计数细胞，并将细胞密度调节至 1×10^6～1×10^7 个/mL。结果显示用尾矿库周围的地下水处理后，在更靠近尾矿库的地方，DNA 损伤呈增加趋势。肾脏的 DNA 损伤大于肝脏（$P<0.05$）。

4.5.5 过量阴离子的毒性效应

为确定尾矿库周边地下水中典型污染物与细胞损伤之间的相关性，进行了细胞培养和污染物离子实验室处理实验。首先，选择水中含量较高的污染物离子（SO_4^{2-}、F^-、Cl^-），配制与 5 个典型样点地下水中该离子相同浓度的细胞培养液。然后从健康的未处理 SD 大鼠体内中分离肾细胞（方法同细胞损伤检测），使用培养液培养 72h 后用相差显微镜、荧光激活细胞分选仪（Becton Dickinson，American，FACS）和流式细胞仪分析细胞形态和凋亡。

（1）肾细胞培养和纯化

参照 Blitek 和 Ziecik 等人的方法，在无菌条件下，用眼科镊子将未处理的 40d 健康雌性 SD 大鼠肾脏切成 $1mm^3$ 大小的碎片，并固定在培养皿上。然后加入 0.25% 胰蛋白酶（Sigma），消化样品 1h，800r/min 离心细胞悬液 3～5min，吸取上清液。将细胞重新悬浮并接种在直径为 6～8cm 的组织培养皿中，在 37℃ 和含 5% CO_2 的加湿环境下培养。根据不同细胞对酶的敏感性差异，采用差异酶消化法纯化肾上皮细胞。所用细胞维持培养基为高葡萄糖培养基（DMEM，Invitrogen）、10% 胎牛血清（Gibco）、2mmol/L *L*-谷氨酰胺（Sigma）、10ng/mL 表皮生长因子（EGF，Invitrogen）、10ng/mL 胰岛素-转铁蛋白-硒-A 补充剂（100X）（ITS，Invitrogen）和 5μg/mL 胰岛素（Invitrogen）。

（2）F^- 对肾细胞的遗传损伤

检测 5 个采样点水中 F^- 浓度。向细胞培养基中加入同样浓度的 NaF（Sigma）和 KF（Sigma）进行染毒试验，最后在显微镜下观察细胞形态，使用流式细胞仪检测细胞凋亡率。简言之，向浓度为 10^5～10^6 的细胞悬液中加入结合缓冲液（500μL），然后加入 5mL 膜联蛋白-异硫氰酸荧光素（FITC），10mL 碘化丙锭。将样本在冰上暗培养 10min，然后通过流式细胞仪（Becton Dickinson，American）检测。

（3）Cl^- 对肾脏细胞的遗传损伤

检测 5 个采样点水中 Cl^- 浓度。向细胞培养基中加入同样浓度的 NaCl（Sigma）和 KCl（Sigma）进行染毒试验，在显微镜下观察细胞形态，使用流式细胞仪检测细胞凋亡率。方法同上。

（4）SO_4^{2-} 对肾脏细胞的遗传损伤

检测 5 个采样点水中 SO_4^{2-} 离子浓度。向细胞培养基中加入同样浓度的 Na_2SO_4（Sigma）和 K_2SO_4（Sigma）进行染毒试验，在显微镜下观察细胞形态，使用流式细胞仪检测细胞凋亡率。方法同上。

（5）肾细胞遗传损伤统计分析。

采用 SPSS 17.0 版单因素方差分析，对 SD 大鼠肾细胞的遗传损伤效应与水体中单一污染物（F^-、Cl^-、SO_4^{2-}）浓度的相关性进行统计学检验，* 表示 $P<0.05$，** 表示 $P<0.01$。

如表 4-25 所示，为了确定来自 5 个位点的阴离子浓度与受损组织之间的相关性，评估并比较了 4 组数据，包括肝/体重值、肾/体重值、肝脏 DNA 和肾脏 DNA 损伤程度。结果表明，肝、肾 DNA 损伤与这些阴离子呈极显著正相关。

表 4-25　损伤组织与过量阴离子的相关性分析（相关系数）

损伤程度	F^-	Cl^-	SO_4^{2-}
Hw/Bw	0.734(0.079)	0.790(0.056)	0.741(0.076)
Kw/Bw	−0.588(0.149)	−0.589(0.148)	−0.586(0.150)
DNA-L	0.906(0.017)*	0.943(0.008)**	0.912(0.015)*
DNA-K	0.898(0.019)*	0.928(0.012)*	0.898(0.019)*

注：Hw/Bw 表示肝/体重值，Kw/Bw 表示肾/体重值，DNA-L 表示肝脏中 DNA 的损伤程度，DNA-K 代表肾脏中 DNA 的损伤程度。R 分别表示脏器系数、DNA 损伤和阴离子之间的相关系数。* 表示相关性显著，* $P<0.05$，** $P<0.01$。

考虑到肾脏 DNA 损伤程度大于肝脏，且与三种阴离子浓度有很强的关联性，需要进一步验证哪些毒理学阴离子可以直接导致肾脏的 DNA 损伤。本书设计了 5 个浓度梯度的 F^-、Cl^-、SO_4^{2-} 体外染毒 SD 大鼠肾上皮细胞，培养 72h 后检测细胞形态和凋亡率，结果见图 4-38 和表 4-26。

表 4-26　不同样点地下水处理 SD 大鼠肾细胞的凋亡情况

阴离子	S1	S2	S3	S4	S5	r
F^-	44.0±1.78**	33.5±2.98*	27.1±0.20**	10.1±0.91*	5.4±0.61	0.717
Cl^-	25.7±1.25**	19.4±1.40*	14.9±0.80*	13.5±0.67*	7.5±0.26	0.850
SO_4^{2-}	9.27±2.06	7.53±1.21	10.4±2.87	7.53±2.28	6.5±1.05	0.397

注：数据为早期和晚期凋亡细胞百分比之和，以 Mean±SE 表示。r 表示离子浓度与细胞凋亡率之间的相关系数。* 表示试验组与对照组的差异显著，* $P<0.05$，** $P<0.01$。

相差显微镜和 FACS 分析结果表明，与空白组相比，不同浓度的 F^-、Cl^- 体外暴露对细胞增殖有抑制作用（S1～S4）。在较高浓度下观察到肾上皮细胞生长较差，在最高浓度下细胞形成聚集体并大量死亡（S1）。出乎意料的是不同浓度的 SO_4^{2-} 并未显著抑制肾上皮细胞增殖或引起形态学改变（S1～S4）。流式细胞荧光分选技术分析显示 F^-、Cl^- 均能诱导 SD 大鼠肾细胞凋亡，F^- 的损伤作用大于 Cl^-，而 SO_4^{2-} 组的差异性无统计学意义。进一步分析污染成分与肾细胞凋亡率的相关性，显示 F^- 和 Cl^- 影响较大，相关系数 r 分别为 0.717 和 0.850。凋亡率与 SO_4^{2-} 相关性较低。

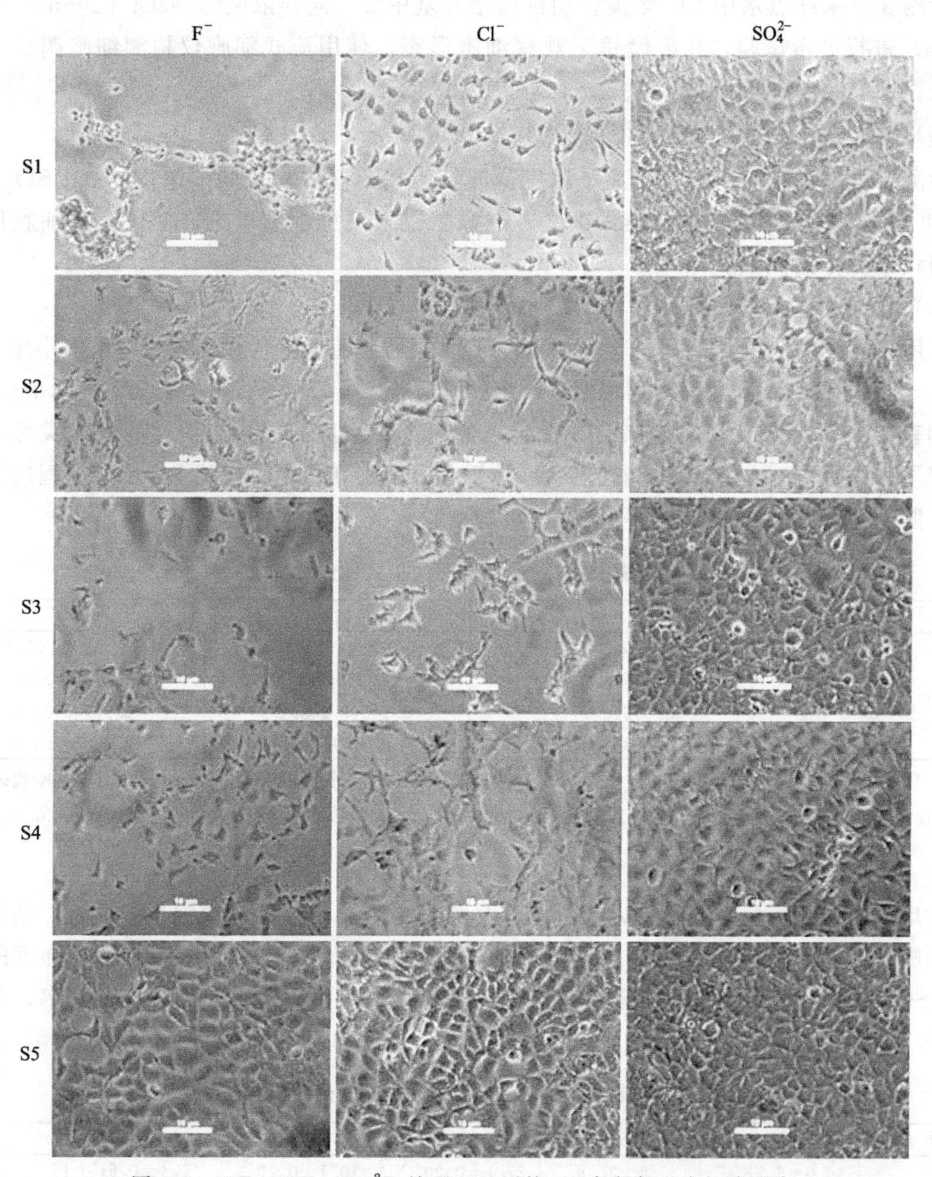

图 4-38　F^-、Cl^-、SO_4^{2-} 处理 72h 下的 SD 大鼠肾上皮细胞形态

目前，稀土金属尾矿库废水主要来自周围选矿厂及附近的稀土金属厂。多年来这些废弃物的富集导致尾矿库的水质不断恶化，关于重金属污染对动物和人类的影响的报道越来越多。一般来说，就生物损伤而言，与金属的作用相比，高浓度的阴离子对生物的损伤作用往往容易被人们所忽视。然而最近的研究表明，稀土金属尾矿库水的主要有害成分并不是金属元素，而是 F^-、Cl^-、SO_4^{2-} 等阴离子。本章也已经确认了这一点，尾矿库周围地下水中的 Na^+、F^-、Cl^- 和 SO_4^{2-} 显著超过国家标准，而金属离子含量并不太高。目前，已有研究表明高钠含量可导致生物体渗透压异常，饮用水中的高浓度氟化物会导致慢性氟中毒，高氯化物会腐蚀供水系统，高硫酸盐会导致水质不佳。考虑到 Na 是维持人类生命活动的基本元素，其对周围水质的污染危害有限。因此，本章重点探讨了 F^-、Cl^-、SO_4^{2-} 等过量阴离子对动物的 DNA 损伤作用。

本章从个体、器官、组织和细胞水平对SD大鼠进行了研究，并详细评估了稀土金属尾矿渗漏造成的地下水污染对SD大鼠造成的生物损害。发现尾矿库周边地下水污染对SD大鼠肝、肾细胞影响显著，肾细胞DNA损伤更大。进一步研究发现，DNA损伤与过量阴离子之间存在很强的相关性，造成肝、肾组织病理学改变，尤其是肾组织远端和近端小管出现空泡变性，可能与阴离子的浸润有关。同时证实了DNA损伤可以诱导细胞凋亡，因此本书继续使用肾上皮细胞凋亡率来评估DNA损伤与阴离子的相互作用关系。最终结果表明，高浓度的F^-、Cl^-均能诱导SD大鼠肾脏上皮细胞凋亡，且其污染浓度与细胞凋亡呈正相关。这与其他研究报道的氟化物可以诱导细胞凋亡的结论是一致的，但Cl^-诱导细胞凋亡的能力尚未有报道。值得注意的是，尽管SO_4^{2-}浓度与肾脏DNA损伤有很强的相关性，但高浓度的SO_4^{2-}并未导致肾上皮细胞凋亡。可能是由于肾脏中的其他细胞成分或其他综合因素的相互作用所致。由于阴离子的毒性作用与DNA损伤之间涉及很多复杂的生物学问题，未来的工作需要进一步研究复合污染是否会比单一污染物质对DNA的损伤更严重，以及哪些基因会诱导DNA损伤异常表达。

4.6 稀土尾矿库渗漏水对鱼类的生态毒性效应

鱼类是在水中生活的变温脊椎动物，因为直接生活于水体中，水体中的污染物可通过物理化学过程、生理过程及脱毒过程对鱼类DNA损伤、呼吸、免疫、酶活性以及胚胎发育等方面产生程度不同的毒性作用，由此引起鱼对外界环境的应激作用，其血液或者器官中的一些酶类、代谢产物以及基因水平都会发生变化，因此鱼体内多种酶以及基因水平的变化能反映一般污染物所引起的鱼的损伤程度，并可作为简单、有效的环境检测指标。

目前，作为毒理学研究的一个重要方面，水生生物毒性试验已成为评价化学物质对水生生物影响和水体污染的一种重要手段。泥鳅（*Misgurnus anguillicaudatus*）是一种对水环境中低含量污染物敏感的底栖淡水鱼，是水生生物毒性试验的优选试验动物和良好的环境污染监测指示物种。水体中的污染物可通过物理化学过程，生理过程及脱毒过程对鱼类呼吸系统、免疫系统、生殖系统以及胚胎发育等方面产生不同程度的毒性作用。因此，本书研究了尾矿库渗漏水污染对泥鳅血细胞DNA的损伤作用，分析了膜脂过氧化分解产物丙二醛的含量与污染物暴露的剂量-效应和时间-效应关系。

选择体长8～12cm，体重3～5g的健康泥鳅，试验前在连续曝气48h以上的自来水中驯养3d，试验时挑选健康活泼、体表无损的个体进行染毒处理，试验用水取自于尾矿库渗漏水。与地下水Ⅲ级标准相比，自来水水质良好，而尾矿库渗漏水中Cl^-超标8.4倍，SO_4^{2-}超标15.8倍，F^-超标6.2倍。

表4-27 渗漏水和自来中的主要污染物质含量 单位：mg/L

测定指标	Cl^-	SO_4^{2-}	F^-	亚硝酸盐	钼	氨氮	全盐量
《地下水环境质量标准》Ⅲ级标准	250	250	1.00	1.00	0.07	0.50	2000
尾矿库渗漏水	2100	3955	6.22	3.09	0.026	318.80	9110
自来水	14	41	0.23	0.01	0.002	0.04	268

采用以20%、40%、60%、80%和100%体积分数的五个浓度梯度的包钢尾矿库渗漏水

进行试验，同时以曝气的自来水作为空白对照，玻璃缸内进行饲养，每缸水量为 1.5L，每组设置 3 个平行处理，每组投放 20 尾驯养后的泥鳅，试验过程中不再喂食。分别于 24h、48h、72h、96h 取样进行超氧化物歧化酶（SOD）、谷胱甘肽过氧化物酶（GSH-Px）、丙二醛（MDA）含量和 DNA 损伤程度的测定。

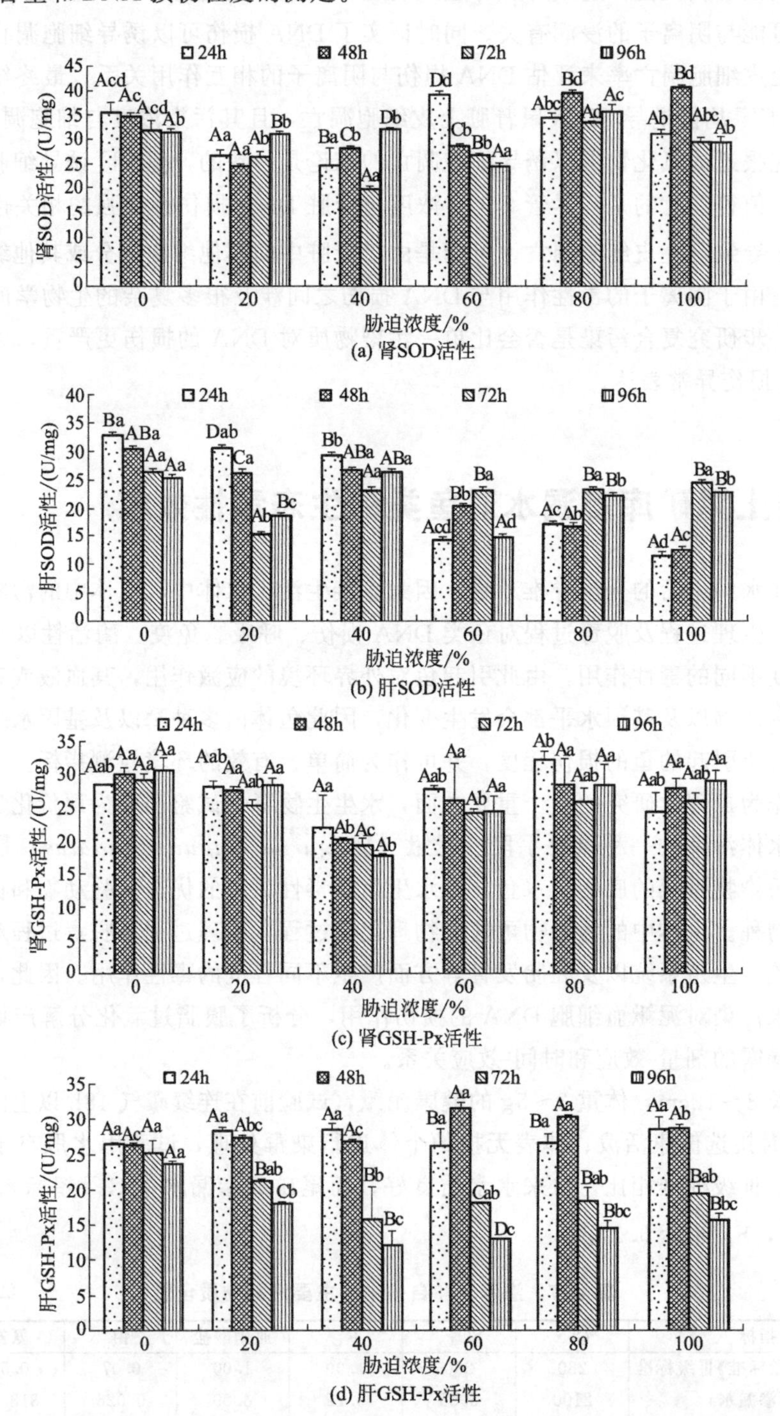

图 4-39 不同浓度渗漏水处理下泥鳅肝、肾组织 SOD 和 GSH-Px 活性变化

注：不同大写字母表示同一浓度组不同胁迫时间点之间相比差异显著，$P<0.05$（Duncan 法）；不同小写字母表示相同胁迫时间点不同浓度组之间相比差异显著，$P<0.05$（Duncan 法）

4.6.1 渗漏水对泥鳅肝、肾 SOD 和 GSH-Px 活性的影响

SOD 和 GSH-Px 是鱼类肝脏重要的保护酶类，是生物体内具有抗氧化、防御性功能的酶，可降低自由基对生物机体的氧化损伤作用。不同浓度渗漏水处理下泥鳅肝、肾组织 SOD 和 GSH-Px 活性变化见图 4-39。

随胁迫时间及浓度的增加，肝组织中 SOD 活性较肾组织下降趋势显著，且总体低于肾组织，这可能是肾组织受胁迫及解毒作用较肝脏延迟的原因。随胁迫时间增加及浓度的增加，由于胁迫危害增大，肝脏组织的 SOD 活性的下降趋势较显著，说明泥鳅的自我调节机制有一定限度，当胁迫超过一定阈值或长期处于胁迫时，抗氧化系统不能及时清除自由基，自由基对细胞产生氧化损伤，抗氧化系统被破坏，抗氧化酶活性降低，这一现象与 Beaumont 等人研究鱼类铜中毒后出现的变化相似。

渗漏水胁迫后肾组织中 GSH-Px 活性在 40%浓度组出现酶活性显著降低趋势，可能是应激反应的结果，其他组酶活性变化不显著，说明肾组织对渗漏水毒害效应的胁迫后变化不显著。肝脏组织 GSH-Px 活性随胁迫时间的增加酶活显著下降，高浓度组出现先升后降的变化趋势，与 SOD 活力的变化趋势相同，这可能是由于低浓度组泥鳅在胁迫初期能够耐受较低浓度渗漏水胁迫下所产生的活性氧，通过降低代谢活力来缓解环境胁迫的压力，但体内自由基含量并未引起 GSH-Px 应激的敏感性。随着胁迫浓度的增加，机体产生大量活性氧，要通过激活 GSH-Px 来清除多余的活性氧，与刘洋等报道的氨氮胁迫产生的影响效果一致。

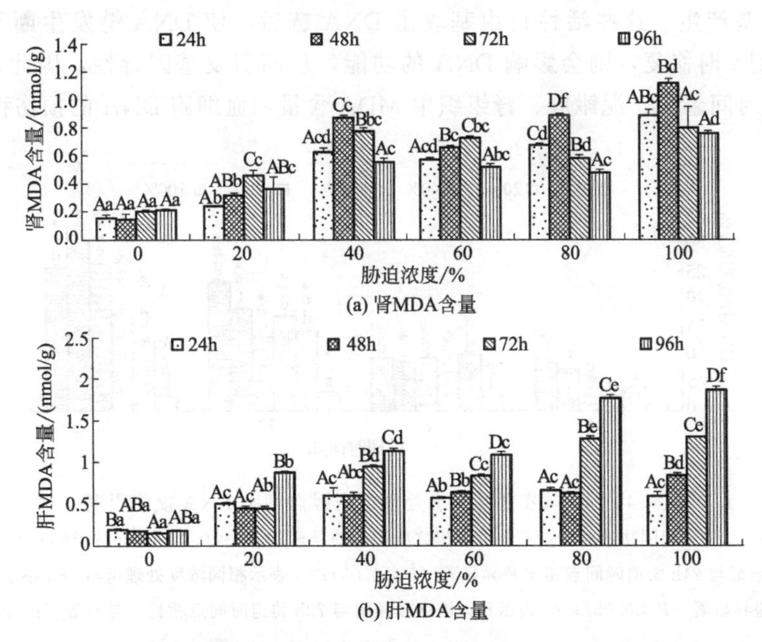

图 4-40　不同浓度渗漏水处理，不同胁迫时间下泥鳅肝脏组织的 MDA 含量

注：不同大写字母表示同一浓度组不同胁迫时间点之间相比差异显著，$P<0.05$（Duncan 法）；不同小写字母表示相同胁迫时间点不同浓度组之间相比差异显著，$P<0.05$（Duncan 法）

4.6.2 渗漏水对泥鳅肝肾 MDA 含量的影响

丙二醛（MDA）既是机体内脂质过氧化反应的重要产物，同时又可与蛋白质的游离氨基作用，引起蛋白质分子内与分子间交联，导致细胞损伤，其含量可间接反映脂质过氧化过程。如图 4-40 所示，不同浓度渗漏水处理下泥鳅肝组织和肾组织中的 MDA 含量与渗漏水处理时间及浓度均存在明显的时间-剂量-效应关系，肝组织大于肾组织，这与肾组织受胁迫及解毒作用较肝脏延迟，其中污染物含量较低有关。诸多研究报道显示，毒性物质在肝脏的蓄积含量最多，肾组织内 MDA 对污染胁迫的反应比较滞后。

4.6.3 渗漏水对泥鳅血细胞 DNA 的损伤程度

如图 4-41 所示，不同浓度渗漏水处理下泥鳅血细胞 DNA 损伤程度与渗漏水浓度存在明显的时间-剂量-效应关系。泥鳅的肝、肾组织中 MDA 含量与血细胞 DNA 损伤程度之间存在显著正相关关系，其中 72h、96h 处理下 MDA 含量与 DNA 损伤程度回归统计分析 P 值为 0.015。60%、80%、100%浓度处理下 MDA 含量与 DNA 损伤程度同样呈显著相关（$P<0.05$）。

当泥鳅受到渗漏水胁迫时，其细胞膜脂过氧化作用进程加快，诱导产生大量自由基，增加细胞内的活性氧，打破活性氧的代谢平衡，从而启动了膜脂的过氧化作用或膜脂的脱脂作用。MDA 是过氧脂质化的直接产物，可使含氨基的蛋白质、核酸、卵磷脂发生交联，丧失活性，随渗漏水浓度越高、处理时间越长，MDA 积累就越多。产生基因毒性的主要机制是诱导大量自由基产生。这些活性自由基攻击 DNA 链后，使 DNA 链发生断裂，若断裂的 DNA 链得不到及时修复，则会影响 DNA 的功能，从而引发基因毒性，因此，随渗漏水浓度越高、处理时间越长，泥鳅肝、肾组织中 MDA 含量和血细胞 DNA 的损伤程度越大。

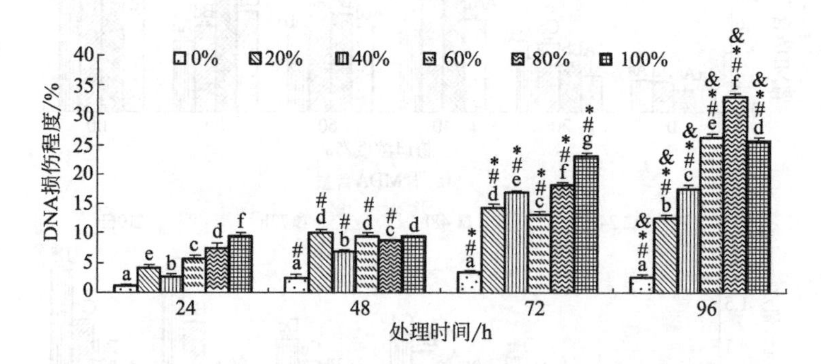

图 4-41　不同浓度渗漏水处理下泥鳅血细胞 DNA 损伤程度

不同小写字母表示相同胁迫时间点不同浓度组之间相比差异显著，$P<0.05$（Duncan 法）；# 表示相同浓度处理组与 24h 胁迫时间点相比差异显著（$P<0.05$）；* 表示相同浓度处理组与 48h 胁迫时间点相比差异显著（$P<0.05$）；& 表示相同浓度处理组与 72h 胁迫时间点相比差异显著（$P<0.05$）

4.7 稀土尾矿库区土壤污染对土壤微生物的生态毒性效应

土壤微生物是生态系统的主要组成部分，是调控土壤质量的一种指标，同时也是环境污染控制与修复及其植被恢复的重要因素。土壤微生物群落结构变化反映土壤物理化学和生物特性的变化，是土地退化、利用及管理效应的重要指标之一，土壤微生物多样性对于探索自然生命机制、应对全球气候变化、治理环境污染及促进土壤可持续利用等方面具有重要意义。

尾矿库因其堆积了大量的废石、尾矿砂等矿物粉尘。大量重金属通过尾矿坝的粉尘和地表径流排放到周围的土壤中，对地表水/地下水、土壤、作物、人类健康造成潜在风险。尾矿库污染会导致土壤微生物多样性及群落结构的变化，从而影响土壤生态系统的稳定性。

4.7.1 不同环境因子对土壤微生物的影响

4.7.1.1 土壤理化性质对土壤微生物群落多样性的影响

影响微生物群落多样性的因子多种多样，其中土壤理化性质是土壤微生物群落分布差异的主要影响因素之一。土壤理化性质包括土壤温度、pH 值、土壤营养元素、土壤酶活性等，会影响土壤微生物群落的丰富度及多样性。

(1) 温度

温度作为微生物生存的重要因子，影响土壤微生物群落多样性，大多数土壤微生物属中温型，在适宜的界限温度以外，过高或过低的温度都将导致分解作用减弱甚至停止，从而影响微生物群落的数量和多样性。一般来说，不同温度梯度下，土壤微生物群落分布差异显著，主要表现为在适宜的温度范围内，温度越低，可培养土壤微生物群落的数量越少，种群多样性也越小；随着温度的升高，可培养微生物的数量和多样性也相应地提高。

(2) pH 值

环境 pH 值与微生物的生命活动有着密切的联系，主要通过影响细胞膜所带电荷引起细胞对营养物质吸收状况的改变，从而影响微生物的活性。不同种类微生物对 pH 值的要求不一样，因此，不同 pH 值环境条件下，土壤微生物群落分布存在明显差异。比如，酸性的茶园土壤经石灰调节提高 1～2 个 pH 值，会使土壤细菌数量增加 10 倍以上，放线菌的数量也随 pH 值升高而增长，但真菌却随 pH 值增加而减少，这与细菌喜中性偏碱环境、放线菌喜偏碱环境、真菌喜偏酸环境有关。另外，不同 pH 值环境下，土壤微生物群落多样性也存在显著差异，pH 值越高土壤细菌和真菌多样性指数越小，较高的 pH 值给嗜碱细菌提供了较为合适的生长环境，比如，盐度极高的盐碱地土壤（pH＝9.65）中，优势菌群主要是一些嗜碱性的芽孢杆菌。

(3) 土壤营养元素

土壤营养元素是土壤中能直接或经转化后被植物根系吸收的矿质营养成分，包括氮、磷、钾、速效氮、速效磷、速效钾等。不同生境土壤微生物的数量分布与其所处生境的土壤营养元素密切相关。土壤养分是土壤微生物生存的物质基础，所以土壤养分的好坏和成分决定了微生物数量和多样性分布。比如，珠江三角洲湿地土壤微生物群落分布特征与土壤养分的变化呈正比例关系，其中土壤微生物总量、细菌总量、物种丰富度与土壤总氮、总钾呈极显著正相关（$P<0.01$），与放线菌和真菌数量呈正相关，说明土壤总氮、总钾对土壤细菌群落数量和多样性影响比较大。笔者对荒漠草原土壤营养元素与微生物群落数量与多样性的

相关性进行了大量研究，分析发现土壤全氮、全磷和速效钾与可培养细菌数量呈正相关；微生物 Shannon 指数与土壤全氮、全磷和速效钾与呈极显著正相关（$P<0.01$），土壤全氮、全磷和速效钾含量越高，微生物多样性越高；Chao1 指数与速效氮呈极显著正相关（$P<0.01$），速效氮含量越高，微生物丰富度越高。可见，土壤营养元素是影响土壤微生物群落数量和多样性的一个主要因素。

（4）土壤酶活性

土壤酶是存在于土壤中各酶类的总称，是土壤的组成成分之一。常见的土壤酶活性主要有氧化还原酶和水解酶类，包括过氧化氢酶、蔗糖酶、脲酶、蛋白酶、淀粉酶、碱性磷酸酶等。土壤中的一切生物化学过程都是在土壤酶系统的作用下进行的，土壤酶在生态系统中扮演着重要的角色，是生态系统过程中最为活跃的生物活性物质。土壤酶主要来自微生物，包括已积累于土壤中的酶活性，也包括正在增殖的微生物向土壤释放的酶活性。因此，它与微生物的丰富程度和活性密切相关。

有研究显示，油松土壤碱性磷酸酶活性与细菌 Shannon、Chao1 和 Simpson 呈极显著正相关（$P<0.01$），与细菌 Evenness 呈显著正相关（$P<0.05$）；脲酶活性与细菌 Shannon、Evenness 和 Chao1 呈极显著正相关（$P<0.01$），与细菌 Simpson 呈显著的正相关（$P<0.05$）；过氧化氢酶活性与细菌 Shannon、Evenness、Chao1 和 Simpson 呈极显著的正相关（$P<0.01$）。另外，碱性磷酸酶活性与真菌 Shannon、Evenness、Chao1 和 Simpson 呈极显著的正相关（$P<0.01$）；脲酶活性、过氧化氢酶活性与真菌 Shannon、Evenness、Chao1 和 Simpson 呈显著的正相关（$P<0.05$）。通过对西北荒漠草原土壤酶活性与细菌数量和多样性指数的相关性分析，也发现蔗糖酶、脲酶和磷酸酶与可培养细菌数量呈正相关，细菌 Shannon 指数与磷酸酶活性呈显著正相关（$P<0.05$），ACE 指数与蔗糖酶和脲酶活性呈显著正相关（$P<0.05$）；Chao1 指数与蔗糖酶、脲酶、磷酸酶活性呈显著正相关（$P<0.05$）。同时，通过研究发现西南不同土地利用方式下土壤可培养细菌的数量和多样性指数也明显受到土壤酶活性的影响。

4.7.1.2 土壤深度对土壤微生物群落多样性的影响

土壤中绝大部分微生物为腐生性或兼性腐生，它们依赖于有机物质以获得碳源和能源，因此，微生物在土壤中的分布是不均匀的。由于表层土壤有机质含量丰富、通气状况良好、温度较高，因而有利于土壤微生物的活动与繁殖，使得微生物数量和多样性呈明显的垂直分布。一般而言，表层土中的可用资源较为丰富，土壤微生物的种类也丰富，群落多样性较高，随着土层加深，微生物数量和多样性都会减少。本节研究了土壤深度对半干旱生态区、山地干草原、耕地和河谷荒地等不同利用类型土壤可培养微生物的影响，结果见表 4-28。研究发现，不同土地利用类型土壤微生物总量、细菌数量、放线菌数量、真菌数量都随土壤深度增加而减少，大致表现为：0～10cm 土层＞10～20cm 土层＞20～30cm 土层。其中山地草原、耕地和河谷荒地 0～10cm 土层微生物数量占三层土壤微生物总数的 49.58%、49.81% 和 49.23%；10～20cm 次之，分别为 34.28%、33.80% 和 33.36%；而在 20～30cm 的土层数量最低，占 16.14%、16.39% 和 17.41%。

表 4-28　不同土地利用类型土壤结构微生物类群数量及空间分布

单位：$\times 10^6$ cfu/g

土地类型	微生物	深度			平均深度
		0～10cm	10～20cm	20～30cm	
山地草原	细菌　(*Bacteria*)	8.33	7.4	3.57	6.43
	放线菌　(*Actinomycetes*)	5.17	2.02	0.87	2.68
	真菌　(*Fungus*)	0.23	0.07	0.03	0.11
耕地	细菌　(*Bacteria*)	13.83	8.5	5.5	9.27
	放线菌　(*Actinomycetes*)	8	6.33	1.67	5.33
	真菌　(*Fungus*)	0.11	0.06	0.05	0.07
河谷荒地	细菌　(*Bacteria*)	3.2	2.47	1.38	2.35
	放线菌　(*Actinomycetes*)	3.8	2.17	1.1	2.36
	真菌　(*Fungus*)	0.07	0.15	0.02	0.08

不同深度土壤微生物群落多样性也存在明显的垂直分布差异，一般来讲，随着土层的加深，土壤微生物群落的多样性和丰富度呈下降趋势。表层土壤以好氧型细菌为优势菌群，而随着土壤深度的加深，兼性细菌和厌氧菌占主导地位。如半干旱荒漠草原表层土壤主要以芽孢杆菌属、气球菌属等好氧菌为主，底层土壤主要以微杆菌属等兼性厌氧菌为主。

4.7.1.3　季节变化对土壤微生物群落多样性的影响

季节变化带来土壤微生物的生态环境变化。因此，土壤微生物群落数量和多样性随季节的变化是明显的。季节对土壤微生物群落多样性的影响是通过温度、降雨和植物生长状况等因素的综合作用形成的。一般来讲，春季气温低，湿度低，抑制了微生物的生长，代谢活性减弱，微生物丰富度和多样性较低。夏秋两季适宜的温度和湿度为微生物提供了良好的代谢环境；冬季植物腐烂，有机质增加，有助于微生物的生长和繁殖。随着温度的升高、湿度加大，微生物数量呈增高趋势，最高峰出现在 8 月中旬，盛夏季节是微生物最活跃的阶段。

如西北半干旱荒漠草原土壤微生物群落结构随季节动态变化的特征研究显示，荒漠草原土壤可培养细菌数量季节变化差异性显著，1 月、4 月、7 月和 10 月可培养细菌数量分别为 0.13×10^7 cfu/g、4.09×10^7 cfu/g、5.33×10^7 cfu/g 和 1.80×10^7 cfu/g，7 月土壤可培养细菌数量达到峰值，1 月可培养细菌数量最低，不同季节可培养细菌数量与当地天气和降雨量关系密切（图 4-42）、温度越高，降雨量越大，可培养细菌数量越多。

另外，荒漠草原土壤可培养细菌群落结构季节分布明显（图 4-43）。春季土壤细菌群落的优势种群是厚壁菌门（Firmicutes）和放线菌门（Actinobacteria），主要由芽孢杆菌属（*Bacillus*）、短状杆菌属（*Brevibacterium*）、赖氨酸芽孢杆菌（*Lysinibacillus*）、气球菌属（*Aerococcus*）、皮肤球菌属（*Kytococcus*）、棒状杆菌属（*Corynebacterium*）、链霉菌属（*Streptomyces*）和葡萄球菌属（*Staphylococcus*）组成。其中芽孢杆菌属（*Bacillus*）是主要菌属，所占比例为 28.57%。夏季土壤可培养细菌群落明显与春季不同，主要菌群为厚壁菌门（Firmicutes）、放线菌门（Actinobacteria）和拟杆菌门（Bacteroidetes），包括短状杆菌属（*Brevibacterium*）、芽孢杆菌属（*Bacillus*）、类芽孢杆菌属（*Paenibacillus*）、金黄杆菌属（*Chryseobacterium*）、迪茨氏菌属（*Dietzia*）、微杆菌属（*Microbacterium*）和葡萄球菌属（*Staphylococcus*）等。秋季土壤细菌群落的优势菌群是厚壁菌门（Firmicutes）、放线菌门（Actinobacteria）、γ-变形菌门（γ-Proteobacteria）和 α-变形菌门（α-Proteobacteria），

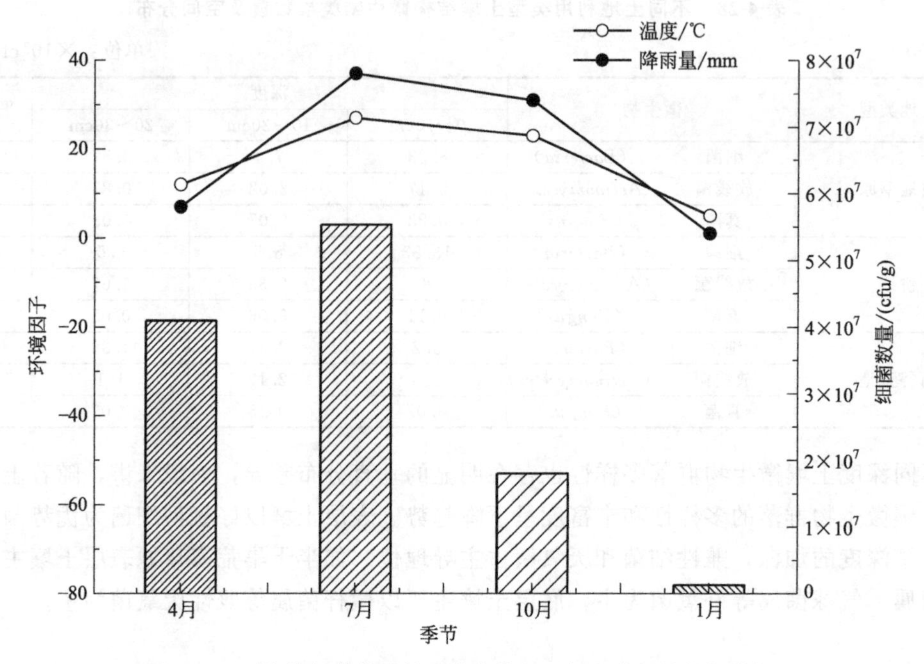

图 4-42 可培养细菌数量的季节变化与天气和降雨量的相关性

其中厚壁菌门（Firmicutes）分布最丰富，所占比例为 41.70%，分离出的细菌属包括：芽孢杆菌属（*Bacillus*）、类芽孢杆菌属（*Paenibacillus*）、短状杆菌属（*Brevibacterium*）、微杆菌属（*Microbacterium*）、节杆菌属（*Athrobacter*）、泛菌属（*Pantoea*）、假单胞菌属（*Pseudomonas*）、土壤杆菌属（*Agrobacterium*）、剑菌属（*Ensifer*）和亚砷酸氧化菌属（*Sinorhizobium*）。荒漠草原土壤可培养细菌多样性在冬季最丰富，包括放线菌门（Actinobacteria）、厚壁菌门（Firmicutes）、γ-变形菌门（γ-Proteobacteria）和 α-变形菌门（α-Proteobacteria）；其中冰冻小杆菌属（*Frigoribacterium*）、嗜冷杆菌属（*Psychrobacter*）、短状杆菌属（*Brachybacterium*）、寡养单胞菌属（*Stenotrophomonas*）、叶杆菌属（*Phyllobacterium*）、游动球菌属（*Planomicrobium*）、八叠球菌属（*Sporosarcina*）、柠檬球菌属（*Citricoccus*）和动性球菌属（*Planococcus*）是冬季土壤特有群落，冬季分离出的这些菌属大部分能够在低温及寡营养这种极端环境生长。

土壤细菌群落多样性的季节变化同样也出现在其他生态系统中。如：森林和农田这两种生态系统，土壤微生物群落结构随季节变化显著，其中 *Micrococcus* 在夏季和冬季的分布显著高于春季和秋季，*Bacillus* 在秋季分布最为广泛，而在夏季分布最少；滩涂湿地生态系统土壤微生物群落多样性及丰富度随季节变化差异显著，秋季和冬季样本中微生物群落丰富度较大，群落多样性较高，其中 Proteobacteria 和 Bacteroidetes 这两种菌门在春季和夏季合计占比达到 80%以上，而秋季和冬季样品主要以酸杆菌门（Acidobacteria）、绿弯菌门（Chloroflexi）、浮霉菌门（Planctomycetes）和蓝藻菌门（Cyanobacteria）为优势菌群。

4.7.1.4 植被对土壤微生物群落多样性的影响

植物类型和盖度决定了土壤微生物群落的组成和多样性。植物可以通过多种途径影响土

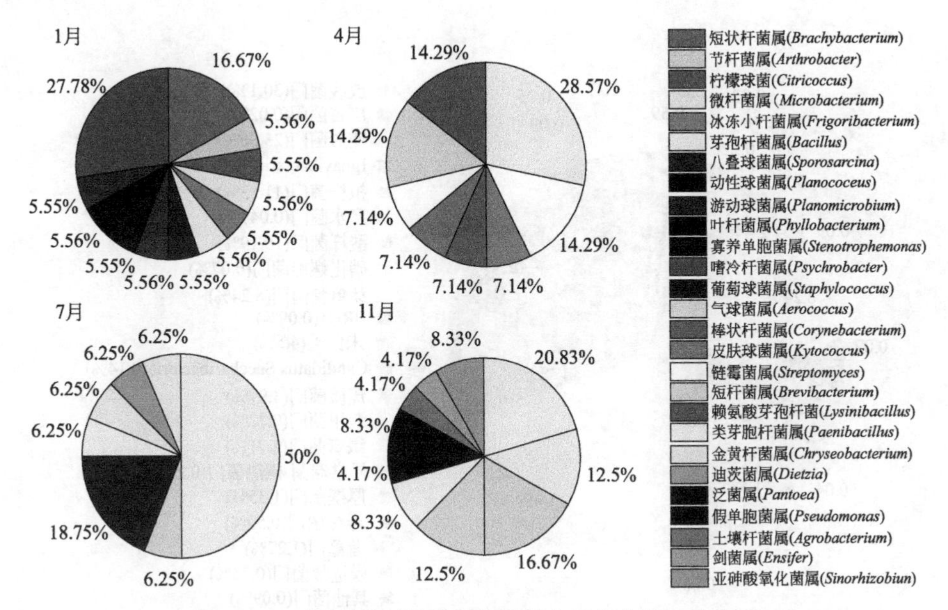

图 4-43　不同季节可培养细菌群落丰度分布图（见彩插）

壤微生物的组成，以根际微生物的变化最为明显。不同科属的植物自身根系的代谢不同，直接影响着根际微生物群落的多样性。一般来讲，由于根系死亡细胞及分泌物能够为根际微生物提供丰富的营养物质，因此，根际微生物的数量及多样性要高于非根际。

采用 16S rRNA 高通量测序技术以及可培养技术研究生态脆弱区主要固沙植物骆驼蓬根际、非根际土壤微生物群落差异分布。结果表明植物根际土壤细菌群落数量和多样性明显高于非根际（表 4-29，图 4-44）。其中骆驼蓬根际土壤可培养细菌数量为 1.46×10^7cfu/g，非根际土样细菌为 8.9×10^6cfu/g；根际优势细菌群为放线菌门（30.1%）、变形菌门（23.98%）、拟杆菌门（11.53%）、酸杆菌门（10.19%）等，非根际土壤优势细菌群为放线菌门（55.05%）、变形菌门（21.11%）等。同时，笔者对沙化区 3 种主要植物（沙柳、柠条、沙蒿）根际和非根际土壤微生物群落多样性进行了研究，也得到了植被类型明显影响土壤菌群结构多样性的相关结论。

表 4-29　植物根际与非根际土壤细菌 Alpha 多样性指数

样品命名	OTU Num	Shannon 指数	ACE 指数	Chao1 指数	覆盖率
骆驼蓬 *Peganum harmala* L.	2445	6.32	4289.38	3523.71	0.96
非根际土 Non-rhizosphere soil	2392	6.08	3256.52	3075.50	0.96

4.7.1.5　不同土地作用方式对土壤微生物群落多样性的影响

土地利用变化是人类干预下改变土壤原有生态系统结构与功能，从而导致土壤质量发生显著变化的一个主要因素。土地利用方式的转变直接影响地上植被和土壤生态系统，会导致土壤微环境及其中生理生化过程改变，而土壤微生物作为土壤中活的生物体，对环境变化比较敏感，能迅速地对土壤微环境的变化做出反应。土地利用方式发生改变，其植被类型、土壤理化性质也会产生变化，会影响土壤的养分循环及土壤微生物的数量和群落多样性。

如长江流域（重庆段）4 种典型土地利用方式［纯林（P1）、混交林（M2）、草地

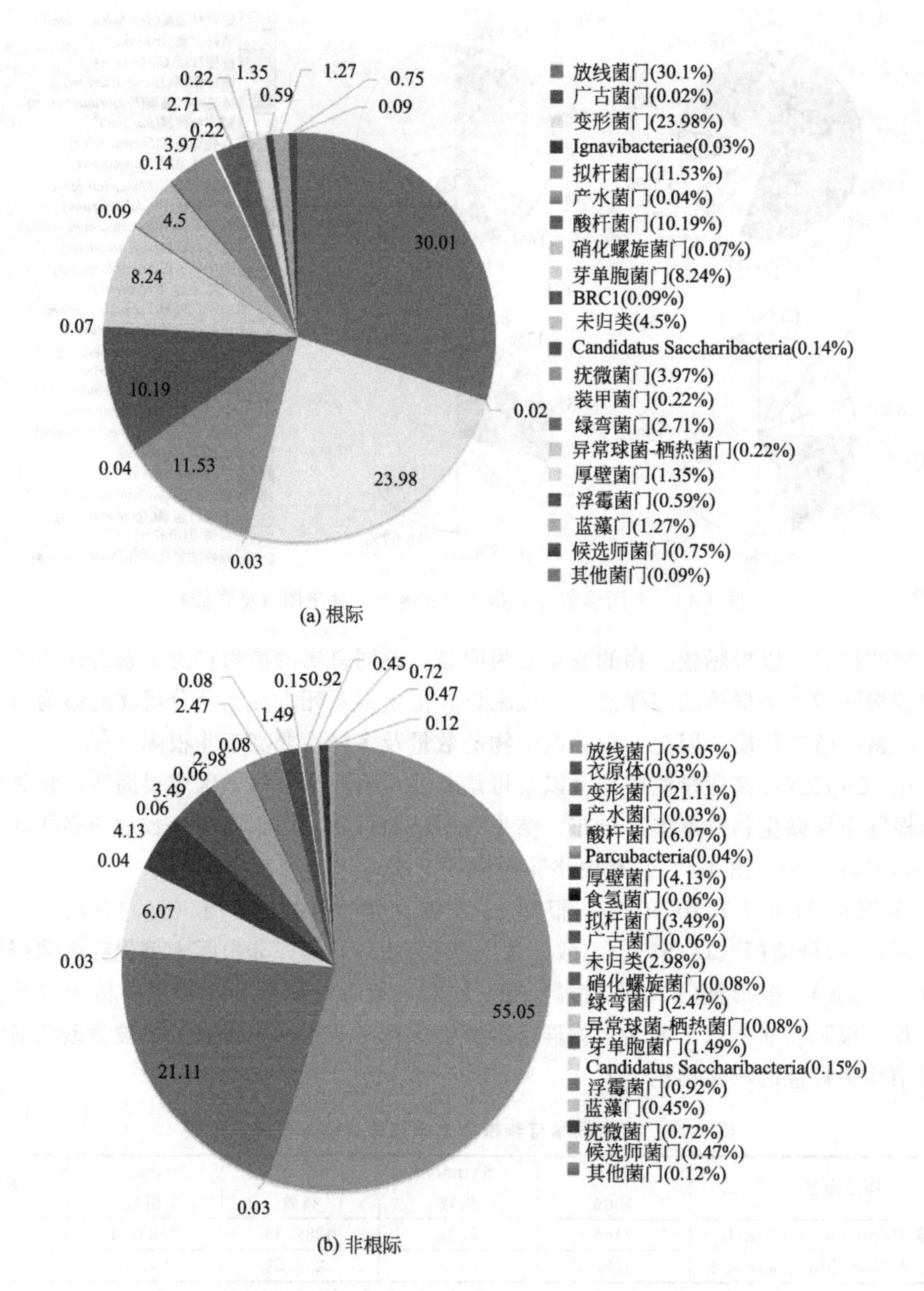

图 4-44 骆驼蓬根际与非根际土壤微生物在门水平的优势群落（见彩插）

(G3)、裸地（B4）] 土壤微生物群落数量和多样性存在显著差异，土壤可培养细菌数量明显不同，呈现混交林＞纯林＞草甸＞裸地的趋势（表 4-30）。另外，细菌群落 Shannon、Simpson、Chao 1 及 ACE 指数存在差异，但差异并不显著，纯林土壤细菌多样性最高，混交林细菌丰度最高，裸地土壤细菌多样性和丰度都最低（图 4-45）。不同土地作用方式下土壤细菌群落组成存在显著差异，比如，费氏杆菌（*Faecalibacterium*）和 *Agathobacter* 在混交林土壤样品中含量很高，但在纯林，草甸和裸地土壤样品中很少检出（图 4-46）。

表 4-30　不同土地利用方式下土壤可培养细菌数量

采样点	P1	M2	G3	B4
可培养菌数量/(×10^5 cfu/g)	59.3	85.3	51.3	10.0

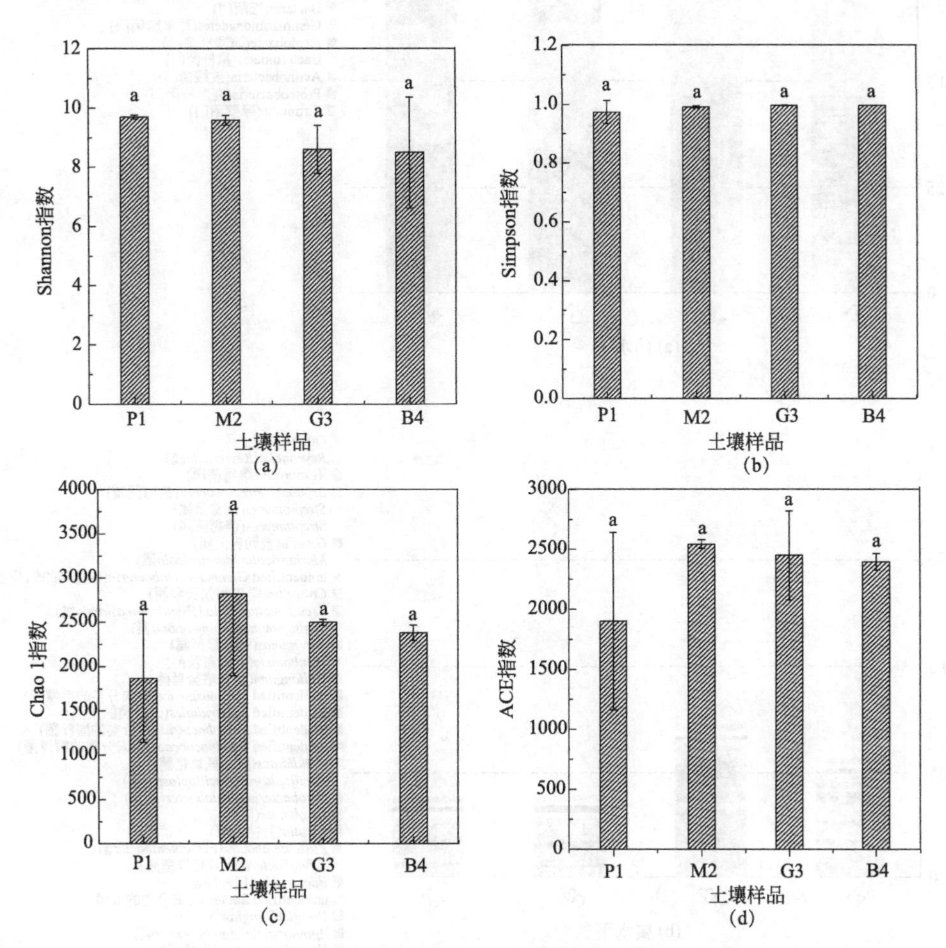

图 4-45　不同土地利用方式下土壤细菌群落 α 丰富度

另外，半干旱黄土高原生态区不同土地利用类型（山地干草原、耕地和河谷荒地）土壤微生物群落结构也存在显著差异。不同土地利用类型土壤微生物总数量表现为：耕地＞山地干草原＞河谷荒地。不同土壤可培养细菌类群差异明显，主要由厚壁菌门、放线菌门、α 变形菌纲和 γ 变形菌纲组成，厚壁菌门为优势菌群，其中山地草原优势菌属为芽孢杆菌属，河谷荒地为葡萄球菌属，耕地为农杆菌属、假单胞菌属和葡萄球菌属。

不同土地利用类型土壤放线菌包括链霉菌属、链孢囊菌属、链轮丝菌属和小单孢菌属。其中链霉菌属分布最为广泛，链孢囊菌属仅出现在山地草原区，小单胞菌属出现在耕地区。霉菌主要以青霉属、曲霉属、芽枝霉属、毛霉属、镰孢霉属和交链孢霉属为主。青霉属是优势菌属，曲霉属和毛霉属数量次之，芽枝霉属、交链孢霉属和镰孢霉属数量最少。在河谷荒地没有发现毛霉属，而芽枝霉属仅出现在河谷荒地。研究不同土地利用方式下土壤微生物群落分布特征对各类生态系统的科学管理具有重要意义。

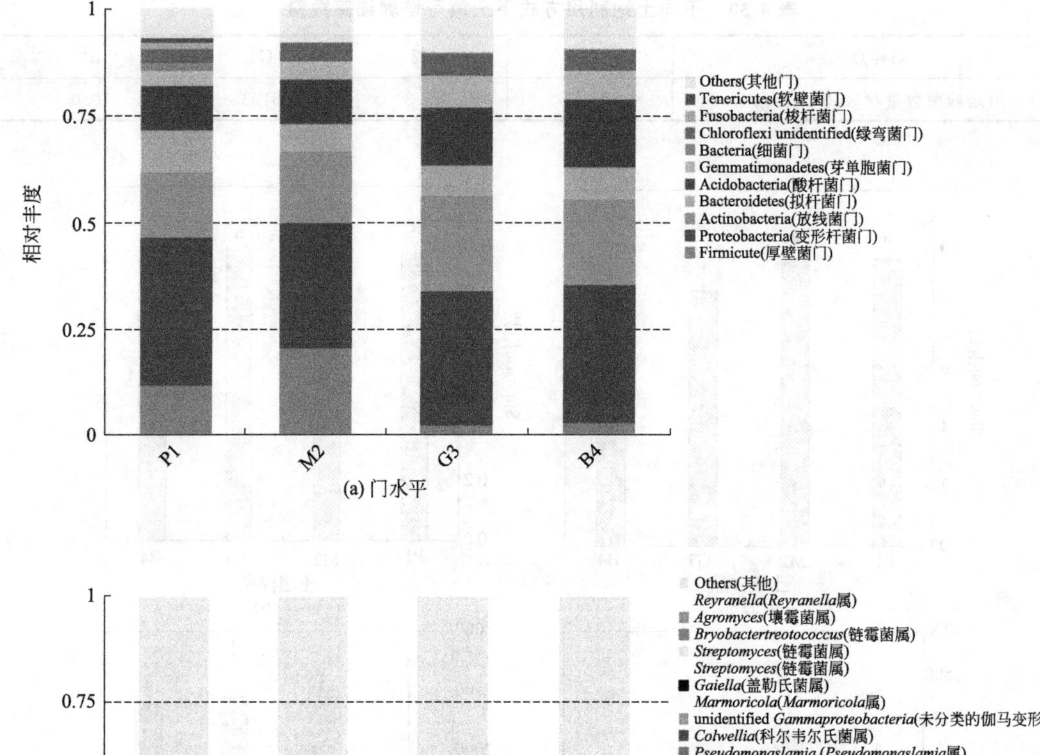

(a) 门水平

1
0.75
0.5
0.25
0
相对丰度
P1
M2
G3
B4
Others(其他)
Reyranella(*Reyranella*属)
Agromyces(壤霉菌属)
Bryobactertreotococcus(链霉菌属)
Streptomyces(链霉菌属)
Streptomyces(链霉菌属)
Gaiella(盖勒氏菌属)
Marmoricola(*Marmoricola*属)
unidentified *Gammaproteobacteria*(未分类的伽马变形菌)
Colwellia(科尔韦尔氏菌属)
Pseudomonaslamia (*Pseudomonaslamia*属)
Sphingomona(*Sphingomona*属)
Aeromonas(气单胞菌属)
Romboutsia(罗姆布茨菌)
Haliangium(赭黄嗜盐囊菌)
unidentified *Lachnospiraceae*(未分类的毛螺菌)
unidentified *Clostridiales*(未分类的梭菌)
unidentified *Acidobacteria* (未分类的酸杆菌)
unidentified *Ruminococcaceae*(未分类的瘤胃菌)
Candidatus(厌氧氨氧化菌)
Bacilloplasma(*Bacilloplasma*属)
Cetobacterium(*Cetobacterium*属)
Lysobacter(溶菌)
Blautia(劳特氏菌)
Fusicatenibacter(*Fusicatenibacter*菌)
Bifidobacterium(双歧杆菌属)
Bacteroides(拟杆菌属)
unidentified *Bacteria* (未分类的细菌)
Dongia(*Dongia*属)
Agathobacter(*Agathobacter*属)
Faecalibacterium(粪杆菌属)

(b) 属水平

图 4-46　不同土地利用方式下土壤细菌群落分布差异（见彩插）

4.7.1.6　重金属污染对土壤微生物群落多样性的影响

土壤重金属污染是指人类活动致使土壤中重金属含量过高并造成生态环境质量恶化的现象，主要通过食物链影响人类和动植物的健康，同时对土壤生物的群落结构与功能产生不利影响。在重金属污染的情况下，微生物代谢和功能的改变，引起微生物的竞争力也发生变化，从而导致种群大小的改变，因此，重金属污染会对微生物的多样性产生影响。

虽然不同微生物对不同重金属的敏感性不一致，但重金属污染能明显影响微生物群落的生物量、活性及结构组成。许多研究表明，重金属污染会影响土壤微生物群落结构，即土壤微生物多样性。比如，通过研究重金属复合污染对土壤微生物群落的影响，发现 Cu、Zn、Cd、Pb 污染不仅降低了细菌、真菌和放线菌的数量，而且明显影响了微生物群落结构。也有研究对二次铅冶炼厂周边土壤微生物群落的结构特征进行分析，发现 Pb 和 Cd 的污染严重降低了土壤微生物群落的多样性；另外，通过对比了 Cd 污染土壤和未污染土壤微生物群落的差异，结果发现Cd污染土壤微生物群落多样性降低且群落结构发生了改变，但Cd污染土壤中微生物代谢基因的相对丰度增加了，这说明土壤中的重金属一方面会对微生物生物量、多样性、群落结构等产生重要影响，另一方面在重金属的综合作用下，会增加适应这种特殊生境的微生物区系。

4.7.2 稀土尾矿库污染对土壤细菌和真菌的影响

大量的稀土-重金属通过尾矿坝的浮尘、地表径流和渗滤液排放到周边土壤中，影响了土壤中的微生物群落结构。本书基于16S rRNA基因的V3、V4区和ITS基因，采用Illumina-Hiseq测序技术分析了尾矿坝周边5份稀土-重金属污染土壤样品和距尾矿区20km的1份相对未受污染的土壤样品（图4-47）的细菌、真菌群落特征，阐述土壤细菌、真菌群落结构对稀土-重金属复合污染的响应情况。

4.7.2.1 土壤理化分析与污染评价

如表4-31所列，6个采样点土壤污染负荷指数为B4 > B5 > B3 > B1 > B2 > C，其中对照样C无污染，其他5个样点均受稀土元素污染，还伴随着不同程度的重金属污染，且B4和B5的污染程度显著高于B1、B2、B3。B4、B5样点受到严重的稀土-重金属复合污染，B1、B2、B3样点受到严重的稀土元素污染。B4样点受到最为严重的稀土元素污染，其中La、Ce、Nd、Pr分别是内蒙土壤均值的66倍、77倍、71倍和72倍。B5样点受到最为严重的重金属元素污染，Cr、Pb、Zn分别是内蒙土壤均值的13倍、9倍、3倍。

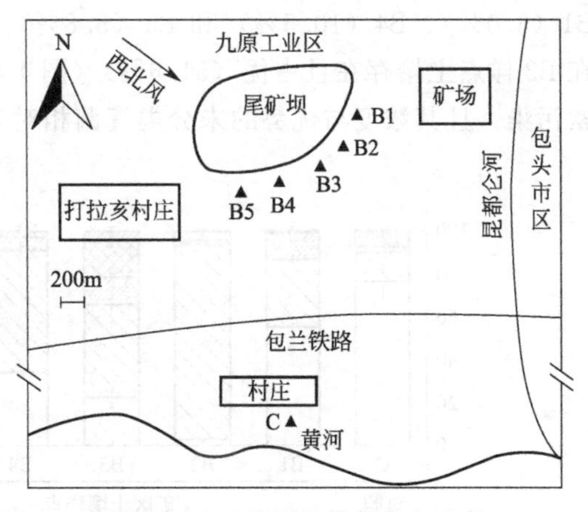

图4-47 土壤样品采集位点示意

表4-31 土壤稀土和重金属浓度及污染指数

采样点	重金属浓度/(mg/kg)				稀土元素浓度/(mg/kg)					*PLI*
	Cr	Cd	Pb	Zn	Sm	Nd	Pr	Ce	La	
C	36.31±2.84^{c}	0.01±0.01^{d}	15.70±3.14^{b}	46.88±9.53^{d}	4.66±1.31^{e}	6.90±0.38^{e}	5.77±3.39^{e}	8.47±1.85^{e}	4.85±0.24^{c}	0.41±0.04^{e}
B1	86.31±9.18^{c}	0.07±0.02^{b}	15.78±3.55^{b}	40.16±9.63^{d}	55.84±8.86^{c}	697.50±107.34^{c}	206.48±32.70^{c}	1863.74±282.57^{c}	1093.53±221.91^{b}	7.70±0.85^{c}
B2	46.20±4.39^{c}	0.04±0.02^{cd}	9.76±9.65^{b}	461.75±58.75^{a}	23.82±9.52^{d}	210.54±5.79^{d}	117.63±12.61^{d}	612.24±71.53^{d}	338.21±46.72^{c}	4.70±1.12^{d}
B3	39.52±2.81^{c}	0.085±0.01^{ab}	25.09±5.31^{b}	267.96±40.13^{b}	86.85±3.31^{b}	1017.51±49.40^{b}	299.25±13.22^{b}	2504.90±343.14^{b}	1080.60±577.11^{b}	10.98±0.93^{b}
B4	182.53±22.03^{b}	0.10±0.02^{a}	27.21±3.03^{b}	132.00±9.07^{c}	108.38±12.47^{a}	1381.89±161.88^{a}	411.75±48.51^{a}	3823.75±478.79^{a}	2167.28±310.84^{a}	14.98±2.74^{a}
B5	506.12±92.17^{a}	0.06±0.00^{bc}	142.00±8.52^{a}	183.50±2.32^{c}	63.36±2.63^{c}	796.94±44.69^{c}	236.28±10.85^{c}	2142.83±72.82^{bc}	1169.72±42.58^{b}	14.98±0.42^{a}
背景值	36.5	0.037	15.0	48.6	3.81	19.2	5.68	49.1	32.8	—

注：*PLI*是依据内蒙古背景值计算得出的；不同字母表示不同样点间差异显著，检验水平$P<0.05$（Duncan法）。

4.7.2.2 土壤细菌、真菌群落对稀土-重金属污染的响应

土壤样品的真菌群落结构见图 4-48。结果显示受污染的土壤中细菌多样性指数低于对于未受污染的土壤。变形菌门（Proteobacteria）在所有样本中占主导地位，污染土壤的细菌群落组成发生了明显变化。微小杆菌属（*Exiguobacterium*）对稀土-重金属污染尤其敏感。真菌群落结构为：在门水平，除了未分类门（unclassified Fungi）真菌外，子囊菌门（Ascomycota）真菌在所有土壤中占较大（13.5%～90.5%）；在纲水平上，除了未分类纲真菌外，粪壳菌纲（Sordariomycetes）真菌在 B2（73.1%）、B3（28.4%）和 B4（20.8%）的丰度显著高于对照样点 C（7.4%），而座囊菌纲（Dothideomycetes）在 B5（11.8%）的丰度明显高于 B1（3.5%）（图 4-49）；在属水平，除了未分类属，足孢子虫属（*Podospora*）是 C（0.9%）和 B3（23.6%）样点的优势种。曲霉属（*Aspergillus*）、未分类的格孢腔菌目（unclassified Pleosporales）和未分类的戴维迪科（unclassified Davidiellaceae）分别为 B1（3.0%）、B4（10.5%）和 B5（5.8%）的优势种，而蜡蚧属（*Lecanicillium*）真菌只在 B2 样点土壤存在且占优（51.6%）（图 4-49）。Zn 污染对真菌群落结构的影响大于稀土元素污染，且其浓度与优势的未分类真菌相对丰度呈负相关。

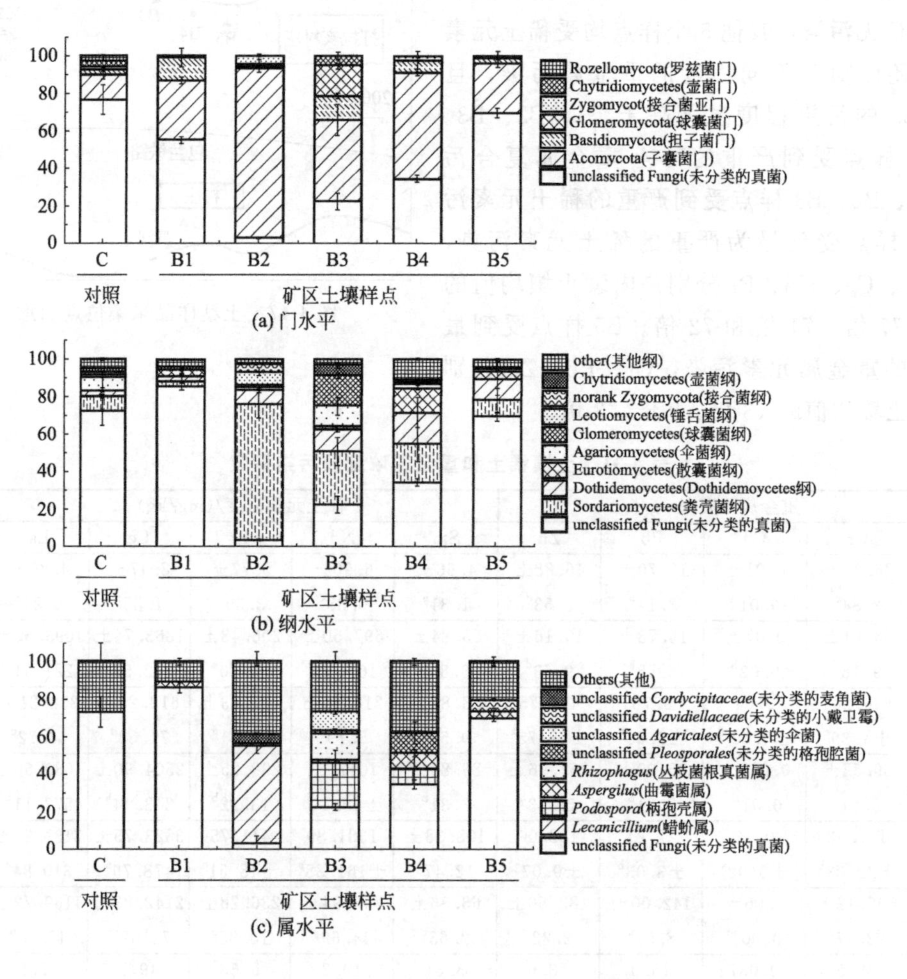

图 4-48 土壤样品的真菌群落结构

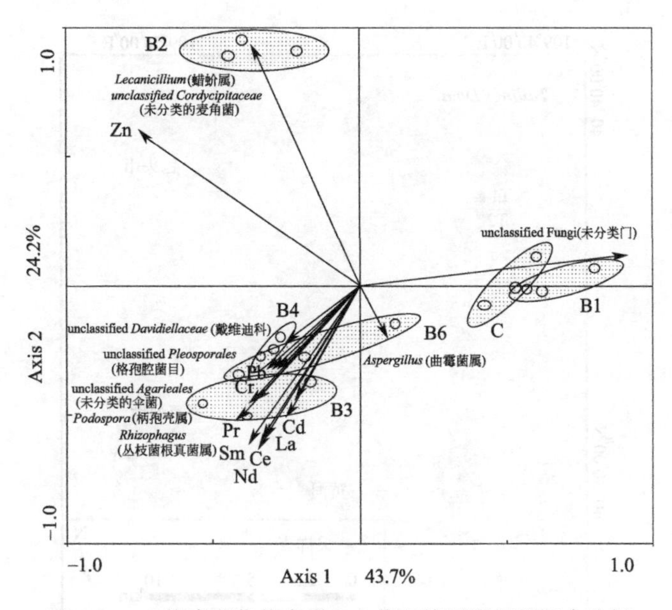

图 4-49 土壤真菌优势类群和土壤环境因子间的冗余分析

4.7.3 尾矿库污染对氨氧化菌的影响

硝化作用是一个重要的土壤微生物过程，由于其对重金属污染的敏感性，被用于生态毒理学和风险评估研究。氨氧化是硝化过程中的限速步骤，在全球氮循环中起着至关重要的作用。氨氧化古菌（AOA）和氨氧化细菌（AOB）是土壤中氨氧化过程最重要的执行者。

重金属作为一种常见的污染，由于其毒性高而持久，对氨氧菌群的分布、丰度和活性都有不利影响。研究 AOB 和 AOA 在短期的微宇宙试验或野外试验中对 Cu、As、Zn 和 Hg 等元素的响应发现：AOA 的丰度始终高于 AOB，不同浓度 As、Cu、As＋Cu 处理下，AOA 的群落变化不明显。在不同 Hg 浓度下 AOA 变化依然不明显，而 AOB 的群落变化明显。在 Zn 中暴露 2 年后，AOA 的数量低于恢复的 AOB 的数量，这暗示了是 AOB 而不是 AOA 恢复了 Zn 污染土壤中的硝化作用。可见，重金属对氨氧化菌群的影响程度与重金属的元素类型、含量和暴露时间密切相关。

上述研究主要通过短期实验室或现场控制试验，关注单一或两种重金属联合污染，更适用于评估急性毒性的重金属，不太适合评估长期重金属污染下 AOA 和 AOB 的分布。因此，需要更多的研究来揭示重金属原位污染对土壤氨氧化微生物的慢性毒性效应。

4.7.3.1 样地设置与样品采集

本书选择三个样地作为尾矿库污染对氨氧化菌的影响研究样地，见图 4-50，包括两个尾矿坝附近的区域，即 T1（距离尾矿坝约 250m）和 T2（距离尾矿坝约 500m），以及一个远离尾矿坝的区域，即 Y（距离尾矿坝约 20km）。

每个样点处随机采集三份土壤样品，平行样品间呈间隔 50m 的三角形状。每个样品采用五点法采混合样，即在 5m×5m 的样方内随机采集 5 个土芯（0～20cm）混合，形成一个组合样品。最后，将来自 3 个样地的总共 9 个组合样本放入无菌袋中，立即装在冰冷箱中运

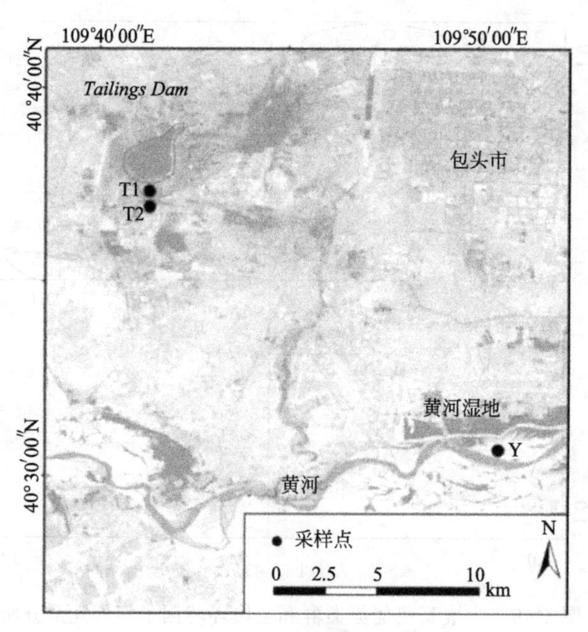

图 4-50 研究样地设置

到实验室，然后分别分成3份。一部分保存在−80℃提取DNA。第二部分储存在4℃（新鲜土样），用于潜在硝化速率（Potential Nitrification Rate，PNR）的测量。第三部分自然风干，过2mm土壤筛测定土壤基本理化指标，过0.15mm土壤筛测定重金属含量。

4.7.3.2 土壤基本理化及重金属污染分析

土壤基本理化指标有土壤含水量（WC）、pH值（pH）、土壤可溶性盐（盐度）、土壤有机质（SOM）、全氮（TN）、全磷（TP）、铵态氮（NH_4^+-N）、硝态氮（NO_3^--N）。WC采用105℃恒重法测定。pH值在1∶5的土水比溶液中，用电位法测定（HQ40D，HACH，USA）。盐度用残渍烘干法测定。SOM采用重铬酸盐氧化法测定。所有试剂均为分析级，所有溶液及稀释剂均使用超纯水（Milli-Q Millipore，电导率<18.2MΩ·cm）配制。

根据国家标准局的HJ 636—2012，HJ 671—2013和HJ 634—2012技术导则中的QA和QC程序，对TN、TP、NH_4^+-N和NO_3^--N四个土壤指标进行质量管理和控制。TN和TP在加热消化炉内用H_2SO_4-$HClO_4$消化后、NH_4^+-N和NO_3^--N使用2mol/L氯化钾浸提，使用化学间断分析仪（Smartchem140 AMS/Westco，Italy）测定。该仪器以比色法为基础，具有自动进样、自动稀释、多参数同时测定的特点。根据操作手册和前人的描述方法，使用NH_4Cl、KH_2PO_4、KNO_3和NH_4Cl分别对TN、TP、NO_3^--N和NH_4^+-N建立标准曲线。4个参数的线性范围分别为0～6.0mg/L、0～5.0mg/L、0～10.0mg/L和0.01～5.0mg/L，相关系数（R^2）分别为0.9991、0.9994、0.9993和0.9991。检测波长和检出限分别为660nm、0.001mg/L（TN），880nm、0.001mg/L（TP），550nm、0.006mg/L（NO_3^--N）和630nm、0.005mg/L（NH_4^+-N）。4个参数的加标回收率为95%～105%，相对标准偏差均小于6%（n=6）。

土壤样品在消解炉上加HNO_3、HCl、HF、$HClO_4$（9∶3∶10∶3，V/V）混合酸体

系，200℃，消解 3h 40min 后过滤，利用电感耦合等离子体发射光谱仪（ICP-OES，ICAP6000，Thermo Fisher Scientific，USA）测定其重金属含量。采用 7 种金属高纯混合标准品（中国国家标准材料中心，GBW07402）建立标准曲线。7 条标准曲线的 R^2 均大于 0.999。检测的波长和检出限分别为：As-193.76nm，0.04mg/L；Cd-226.50nm，0.003mg/L；Cr-67.72nm，0.004mg/L；Cu-327.39nm，0.005mg/L；Ni-231.60nm，0.009mg/L；Pb-220.35nm，0.03mg/L；Zn-213.86nm，0.005mg/L。7 种重金属的回收率在 90%～110%，相对标准偏差均小于 10%（$n=6$）。

如表 4-32 所示，3 个样地土壤均为盐碱地。黄河湿地 Y 土壤的 SOM、TN、NH_4^+-N 和 NO_3^--N 显著高于尾矿附近样地 T1 和 T2 土壤中的含量。除 3 个样点的 Cu、Y 样点中的 Cr 和 Ni 外，其他重金属的含量均超过了国家土壤背景值。

污染因子（表 4-33）显示，除 T1 和 T2 的 As（$Cf_{As}>6$）和 Cd（$Cf_{Cd}>6$）污染程度较强外，其余均为轻度和中度污染。污染负荷指数（Pollution Load Index，*PLI*）依次为 T1 > T2 > Y，且差异显著（$P<0.05$），T1 和 T2 土壤为重度污染（$2\leqslant PLI<3$），Y 土壤为轻度污染（$1\leqslant PLI<2$）。

表 4-32 土壤理化性质（$n=9$）

样地	pH 值	WC/%	盐度/(g/kg)	SOM/(g/kg)	TN/(g/kg)	TP/(g/kg)	NH_4^+-N/(mg/kg)	NO_3^--N/(mg/kg)
T1	8.07±0.04[b]	17.13±0.59	16.90±0.96[a]	27.44±3.75[b]	0.19±0.02[b]	0.73±0.10	2.70±0.30[b]	0.25±0.02[b]
T2	8.05±0.01[b]	16.09±1.10	12.23±0.74[b]	25.85±1.24[b]	0.22±0.02[b]	0.72±0.12	3.32±0.42[b]	0.36±0.14[b]
Y	8.22±0.03[a]	19.82±3.12	11.47±0.86[b]	35.71±2.51[a]	0.73±0.02[a]	0.69±0.13	6.44±1.20[a]	0.87±0.07[a]

注：不同小写字母表示同一性质在三个样点之间显著差异，$P<0.05$（Duncan 法）。WC 为含水量；盐度为土壤可溶性盐含量；SOM 为土壤有机质；TN 为总氮；TP 为总磷；NH_4^+-N 为铵态氮；NO_3^--N 为硝态氮。

表 4-33 土壤重金属含量和污染负荷指数（*PLI*）（$n=9$） 单位：mg/kg

重金属	T1	T2	Y	NSBC	*Cf*-T1	*Cf*-T2	*Cf*-Y
As	58.78±1.65[b]	107.46±3.40[a]	48.64±2.07[c]	9.20	6.39±0.18	11.68±1.00	4.85±0.43
Cd	1.55±0.04[a]	0.76±0.01[b]	0.45±0.02[c]	0.07	20.95±0.59	10.23±0.08	7.48±0.21
Cr	64.79±4.18[a]	53.64±1.86[b]	44.54±1.29[c]	53.90	1.20±0.14	1.00±0.11	0.83±0.02
Cu	14.98±0.86[a]	13.04±0.13[b]	15.33±0.44[a]	20.00	0.75±0.04	0.65±0.01	0.77±0.02
Ni	34.40±0.79[a]	23.75±0.21[b]	23.18±0.06[b]	23.40	1.47±0.03	1.02±0.01	0.99±0.00
Pb	72.02±1.33[b]	104.25±2.05[a]	59.14±1.15[c]	23.60	3.23±0.07	4.23±0.06	3.03±0.01
Zn	76.30±1.61[b]	99.78±1.31[a]	71.51±0.76[c]	67.70	1.13 ±0.02	1.47±0.02	1.06±0.04
PLI	2.52±0.02[a]	2.42±0.07[b]	1.79±0.04[c]				

注：不同小写字母表示三个样点间显著差异，$P<0.05$（Duncan 法）。根据国家土壤背景（NSBC）计算 *PLI*。

4.7.3.3 氨氧化微生物多样性、丰度、活性及系统发育对重金属污染的响应

（1）研究方法

利用土壤微生物宏基因组提取试剂盒（MP Biomedicals，Solon，OH）从−80℃保存的土壤样品中提取基因组 DNA，作为 PCR 扩增、定量 PCR 和 DGGE 分析的模板。按照上述方法，用引物 Arch-amoA-F/Arch-*amoA*-R 和 *amoA*-1F/*amoA*-2R 扩增古菌和细菌的 *amoA*

基因。定量 PCR 利用荧光定量 PCR 仪器 CFX Connect Optical Real-Time Detection System（Bio-Rad Laboratories，Hercules，USA）和试剂 2 × SYBR Premix Ex Taq II（Takara Biotech，Dalian，China）完成。在定量 PCR 检测中，标准曲线是参考贺纪正研究组描述的方法进行的。R^2 和扩增效率分别为：AOA（R^2 = 0.996～0.997，扩增效率 = 91.8%～101.1%）和 AOB（R^2 = 0.982～0.988，扩增效率 = 99.2%～108.2%）。

变性梯度凝胶电泳（DGGE）分析时，在 AOB 的 *amoA*-1F 和 AOA 的 Archi-*amoA*-R 的 5′端分别安装 GC 夹（见表 4-34）。DGGE 按照前面 4.3.3.5 描述的方法进行。采用 6%（*W*/*V*）聚丙烯酰胺梯度凝胶，分别以变性梯度 20%～60% 和 20%～50% 的梯度，在 120V、60℃下分别对 AOB 和 AOA 的 PCR-GC 产物进行电泳 7h 和 6h。使用克隆载体 pGEM-T easy vector（Promega，Madison，USA）和感受态细胞 Trans1-T1 Phage Resistant Chemically Competent Cell（TransGen Biotech，Beijing，China）进行克隆 DGGE 的优势条带，然后测序。系统发育分析利用 MEGA 5.2 进行。提交序列的 GenBank 登录号 AOB 为 MF465828-MF465847，AOA 为 MF465807-MF465827。

表 4-34 PCR 扩增引物信息和反应程序

目标基因	引物名	引数序列(5′-3′)	扩增子长度/bp	温度曲线	梯度范围/%
细菌 amoA 基因（氨氧化细菌）	*amo*A-1F①	GGG GTT TCT ACT GGT GGT CCC CTC KGS	490	95℃,30s;39×(95℃,45s;53℃,45s;72℃,45s 读板)；溶解曲线	20～60
	amoA-2R	AAA GCC TTC TTC		65.0～95.0℃,增幅 0.5℃,0:05+读板	
古菌 amoA 基因（氨氧化古菌）	Arch-*amoA*-F	STA ATG GTC TGG CTT AGA CG	635	95℃,30s;35×(95℃,30s;55℃,45s; 72℃,45s 读板)；	20～50
	Arch-*amoA*-R②	GCG GCC ATC CAT CTG TAT GT		溶解曲线 65.0～95.0℃，增幅 0.5℃,0:05+读板	

① 上游引物 5′端 40 个碱基的 GC 夹：CGCCCGCCGCGCCCCGCGCCCGGCCCGCCGCCCCCGCCCC。

② 上游引物 5′端 34 个碱基的 GC 夹：CCGCCGCGCGGCGGGCGGGGCGGGGGCACGGGG。

硝化潜力 PNR 被广泛用于评价重金属污染土壤中活性 AOA 和 AOB 种群大小的指标。PNR 采用 Kurola 等的方法——氯酸钾抑制亚硝酸盐氧化法测定。将 5g（鲜重）土壤放入含有 20mL 1mmol/L 的磷酸盐缓冲盐水（PBS）的 50mL 离心管中孵育（g/L：NaCl 8.0g/L；氯化钾 0.2g/L；Na_2HPO_4 0.2g/L ；NaH_2PO_4 0.2g/L ；pH = 7.4）和 1mmol/L $(NH_4)_2SO_4$ 在室温下、黑暗中、25℃、100r/min 的摇床上放置 24h。加入最终浓度为 10mg/L 的 $KClO_3$ 抑制亚硝酸盐氧化。孵育后，在试管中加入 5mL 2mol/L KCl 提取 NO_2^--N。离心后，以磺酰胺和萘乙二胺为试剂，分析上清液 540nm 处 NO_2^--N 的存在情况。每个处理的三个离心管在相同的条件下培养。用重氮化偶合分光光度法测定提取液中 NO_2^--N 浓度，以 mg NO_2^--N/（kg 干土 · h）表示土壤硝化潜力。重氮化偶合分光光度法测定步骤为：分别加入 1.0mL 对氨基苯磺酰胺溶液，摇匀后放置 2～8min，加入 1.0mL 盐酸 *N*-（1-萘）-乙二胺溶液，立即混匀。放置 15min。5cm 比色皿于 540nm 波长测定吸光度，以纯水做对照。亚硝酸盐标准储备液配制：称 0.2463g 提前 24h 干燥的亚硝酸钠，用少量纯水溶解，移至 1000mL 容量瓶，纯水定容，质量浓度为 50μg/mL，装瓶，加 2mL 三氯甲烷。

（2）重金属污染对氨氧化微生物丰度、活性、多样性的影响

从图 4-51 可知，相对于 Y（轻度污染），T1 和 T2（重度污染）中 AOA 的数量明显减

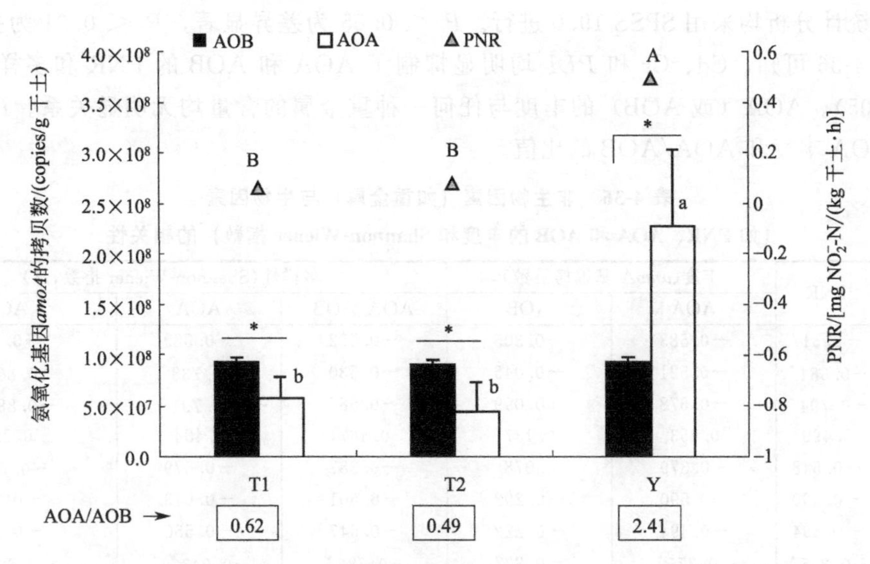

图 4-51　氨氧化基因 *amoA* 的拷贝数及硝化潜力 PNR 在三个样点间的变化

注：不同小写字母表示三个样点间 AOA 基因拷贝数差异显著，$P < 0.05$；
不同大写字母表示三个样点间的 PNR 显著差异，$P < 0.05$；* 表示同一样点
上 AOA 与 AOB 基因拷贝数差异显著（$P < 0.05$）。组间采用 Duncan 法，
组内最小显著性差异（LSD）检验进行单因素方差分析

少（$P < 0.05$），而 AOB 的数量没有明显变化。这表明重金属污染条件下 AOA 比 AOB 更敏感。重金属污染也会降低 AOB 数量，但本书未发现三个样点 AOB 数量有明显变化。这可能不是由于重金属本身，也可以归因于三个样点属于碱性土壤的原因。Shen 等人发现在碱性土壤中，pH 值与 AOB 数量显著负相关，随着 pH 值降低 0.3 个单位，AOB 数量显著增加 22.5 倍，但没有观察到 AOA 数量的显著相关性。因此，在本节中笔者推测，相对于 Y（8.22），T1（8.07）和 T2（8.05）较低的 pH 值可能会增加 AOB 的数量。因此，在高重金属污染和较低 pH 值的共同作用下，T1、T2 和 Y 之间的 AOB 数量没有显著变化，这也正是 T1 和 T2 中 AOB 数量高于 AOA 的主要原因。Y 区 AOA/AOB 均值明显高于 T1 和 T2 区。此外，Y 的硝化潜力 PNR 大约是 T1 和 T2 的 6～8 倍。Y 点的 AOB 和 AOA 的 Shannon 指数都显著高于 T1 和 T2 的（$P < 0.05$）。该结果支持前人研究，即重金属污染可以抑制硝化潜力 PNR 和减少氨氧化微生物的多样性。

采用 Duncan 检验进行单因素方差分析，分析 3 个样点之间的 PNR、*amoA* 基因数量、理化性质、重金属和多样性指数的差异。通过 Pearson 分析确定非生物因素（如重金属）与生物因素（如 PNR、AOA 和 AOB 的丰度和 Shannon-Wiener 指数，结果见表 4-35）之间是否存在显著相关性，探讨重金属污染复合效应对氨氧化菌群的影响。

表 4-35　利用 DGGE 图谱条带亮度数据计算的 AOA 和 AOB 的 Shannon-Wiener 指数（*H*）

种群	T1	T2	Y
AOA	2.74 ± 0.05^b	2.86 ± 0.12^b	3.50 ± 0.16^a
AOB	1.91 ± 0.07^b	2.25 ± 0.14^b	2.78 ± 0.26^a

注：不同字母表示三个样点间 AOA 和 AOB Shannon-Wiener 指数的差异显著，$P<0.05$（Duncan 法）；利用 Quantity One 软件的具体计算方法见 4.3.3.5 部分的描述。

所有统计分析均采用 SPSS 19.0 进行。$P<0.05$ 为差异显著，$P<0.01$ 为差异极显著。由表 4-36 可知，Cd、Cr 和 *PLI* 均明显抑制了 AOA 和 AOB 的 PNR 和多样性（*H*）（$P<0.05$）。AOA（或 AOB）的丰度与任何一种重金属的含量均无明显关系。*PLI* 显著影响了 AOA 丰度和 AOA/AOB 的比值。

表 4-36 非生物因素（如重金属）与生物因素
（如 PNR、AOA 和 AOB 的丰度和 Shannon-Wiener 指数）的相关性

重金属	PNR	丰度(*amoA* 基因拷贝数)		多样性(Shannon-Wiener 指数,*H*)		
		AOA	AOB	AOA/AOB	AOA	AOB
As	−0.517	−0.583	−0.305	−0.592	−0.589	−0.315
Cd	−0.684*	−0.521	−0.045	−0.530	−0.738*	−0.864**
Cr	−0.794*	−0.578	−0.099	−0.588	−0.791*	−0.880**
Cu	0.499	0.453	0.137	0.467	0.484	0.238
Ni	−0.548	−0.379	0.078	−0.387	−0.579	−0.762*
Pb	−0.590	−0.590	−0.292	−0.601	−0.643	−0.363
Zn	−0.494	−0.494	−0.222	−0.547	−0.550	−0.273
PLI	−0.875*	−0.775*	−0.222	−0.786*	−0.943**	−0.890**

注：PNR 为潜在消化速率（Potential Nitrification Rate），数字表示 Pearson 相关系数。星号表示显著相关，* 表示 $P<0.05$；** 表示 $P<0.01$。

值得注意的是，Cd 和 Cr 均对 AOA 和 AOB 的多样性（*H*）有负面影响，但与 AOA 和 AOB 的丰度相关性不明显。这可能是因为复合污染过程中微生物的适应过程、抗性机制和重金属的生物可利用性可能发生改变，一些存活的 AOB 和 AOA 种属可以通过产生耐受机制（如上调金属抗性基因；编码多种金属离子流出蛋白）应对 Cd、Hg、Cu 和 Zn 的毒性。

（3）DGGE 和系统发育分析

如图 4-52 所示，基于 DGGE 图谱识别和系统发育分析，三个样点中，共观察到 20 个 AOB 优势条带和明显的群落变化。亚硝化单胞菌属（*Nitrosomonas*）序列占 AOB 的大部分，亚硝化螺旋菌属（*Nitrosospira*）序列最少。B12、B13 和 B14 主要出现于 T1 和 T2 中，而 B5、B6、B10 和 B11 主要出现在 Y 中；而与亚硝化单胞菌属（*Nitrosomonas*）相关的 B2 和与亚硝化螺旋菌属（*Nitrosospira*）相关的 B18 在所有样品中均存在，但强度不同。B18 在 T1、T2 时强度较高。这表明亚硝基螺旋菌群落能够适应重金属胁迫，这在 Zn 污染土壤的 Zn 耐受性测试中得到证实。同时，本节中亚硝化单胞菌属（*Nitrosomonas*）序列占优势，与之前研究中在 Zn 污染土壤中检测到的 AOB 的 DGGE 条带均属于亚硝化螺旋菌属（*Nitrosospira*）不一致。Park 等人发现 *Nitrosomonas europaea* 的重金属抗性基因的上调可能为污水处理厂的 Cd 和 Hg 污染提供早期预警指标。由此推测亚硝化单胞菌属（*Nitrosomonas*）可能是一种潜在的重金属污染指标。另一种可能是当地土壤处于盐胁迫下选择亚硝化单胞菌属（如 *Nitrosomonas nitrosa*）为优势菌群。

此外，一些寡营养的亚硝化单胞菌（*Nitrosomonas oligotropha*）可以在低氨浓度下生长（T1 中的 B8，B12）。因此，本书中 *Nitrosomonas* 为优势种可能不是单一重金属污染所致，也可能与土壤盐胁迫共污染及低 NH_4^+-N 含量有关。

对于氨氧化古菌 AOA，共检测到 21 个条带，相对于 AOB 的群落变化较小。大多数 AOA 序列与 *Nitrososphaera viennensis* 相关，属于 1.1b 类群（起源于土壤和沉积物）。Subrahmanyam 等人也发现 1.1b 类群是所有重金属处理的优势类群。只有 6 个条带（A1、

Bands	Relatives	Acc.No.	Identity(%)	
B19	*Nitrosospira lacus*	WP_004179617	92	*Nitrosospira*-like cluster
B18	clone="SBB8" (sediments from Yellow River Estuary)	AKU78433	100	
B20	*Nitrosospira lacus*	WP_004179617	92	
B16	*Nitrosomonas sp. Nm166*	WP_090719658	96	*Nitrosomonas*-like Cluster 1
B17	*Nitrosomonas sp. Nm166*	WP_090719658	96	
B14	*Nitrosomonas sp. Nm166*	WP_090719658	96	
B13	*Nitrosomonas sp. Nm166*	WP_090719658	96	
B1	clone="AOB-B28"(sediment soil from Wuliangsuhai lake	AFZ87731	100	
B15	clone="S255" (Salicornia rhizosphere soil from wetland)	AJD08459	98	
B8	*Nitrosomonas oligotropha*	WP_090322876	93	*Nitrosomonas*-like Cluster 2
B12	*Nitrosomonas oligotropha*	WP_090322876	94	
B4	clone="2b2" (sediment from Beiyun River)	AHN19340	96	*Nitrosomonas*-like Cluster 3
B9	*Nitrosomonas nitrosa*	WP_090672707	95	
B7	*Nitrosomonas nitrosa*	WP_090672707	95	
B6	*Nitrosomonas nitrosa*	WP_090672707	95	
B11	*Nitrosomonas nitrosa*	WP_090672707	95	
B2	*Nitrosomonas nitrosa*	WP_090672707	94	
B3	clone="2b20"(sediment from Beiyun River)	AHN19358	99	
B5	*Nitrosomonas nitrosa*	WP_090672707	96	
B10	"DGGE gel band Mch10-8" (soil from Fuhe River)	ADY86630	100	

(a) 基于氨氧化细菌

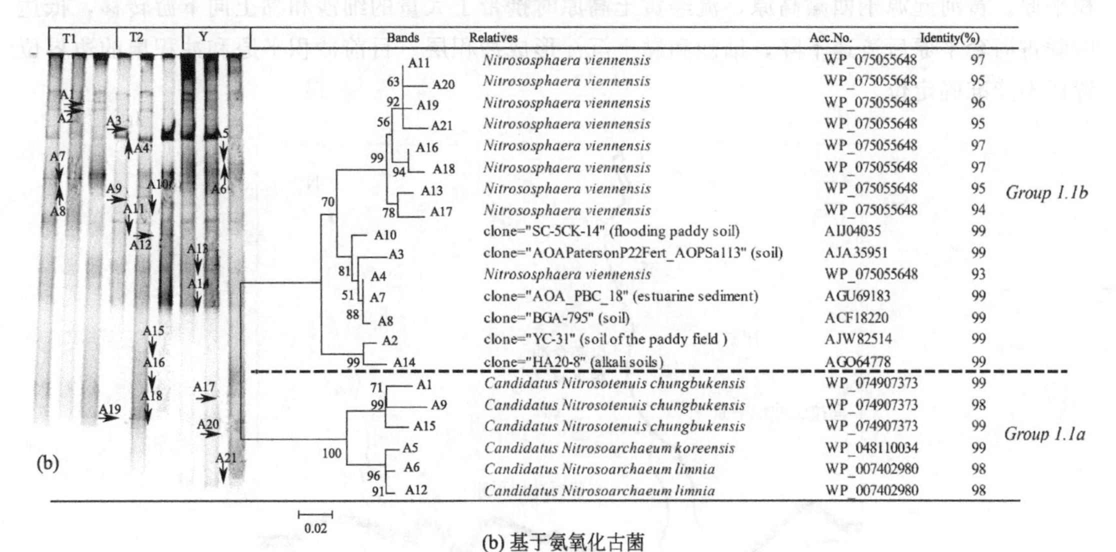

(b) 基于氨氧化古菌

图 4-52　三类土壤中基于氨氧化细菌和氨氧化古菌的 *amoA* 基因序列的 DGGE 优势带系统发育树

BLAST 比对的结果作为相似序列。系统树采用邻接法，1000 次重复计算，选取 bootstrap 值≥50％的在系统树左边节点处显示

A5、A6、A9、A12、A15）与 1.1a 类群相似。21 个条带中有 5 个条带（A1、A2、A3、A4、A11）均出现在 3 个样点剖面中。A9 和 A12 只出现在 T2 土壤中，而 A5 和 A6 仅在 Y 土壤中发现，表明 *Nitrosoarchaeum*（1.1a 类群）氨氧化古菌对重金属污染敏感。

综上所述，笔者分析了北方某尾矿坝附近重金属污染土壤中 AOB 和 AOA 的多样性、丰度、活性和群落组成。除 AOA 群落变化较小外，重度污染和轻度污染区域的 AOB 的 PNR、基因丰度、多样性和微生物组成均存在显著差异。值得注意的是，单一重金属对 AOA 和 AOB 的丰度没有影响，而复合重金属污染明显抑制了氨氧化菌的 AOA 和 AOA/AOB 丰度、活性、多样性和群落组成。本书强调了复合重金属污染对农田土壤氨氧化微生物的复合毒性效应。在这些半干旱区的盐碱土壤中，来源于尾矿坝的重金属污染土壤中，亚硝化单胞菌属（*Nitrosomonas*）是 AOB 的主要类群，而“1.1b（*Nitrososphaera* 类群）”为 AOA 的优势类群。本节结果有助于进一步认识重金属污染对自然土壤氮循环的不利影响。

第5章 稀土尾矿库区水污染溯源与修复技术

本书研究的尾矿库坐落于乌拉山（Ural）和昆都仑（Kundulun）冲击洪积扇的交汇处。尾矿库周围的土壤主要由粗砂构成。尾矿库向南大约12km处黄河自西向东流过形成黄河冲积平原。黄河起源于西藏高原，流经黄土高原时携带了大量的细沙和黏土向下游转移，抵达内蒙古河套平原后流速下降，细沙和黏土沉淀形成冲积层。目前冲积平原和冲积扇的边界位置还不能准确定位。

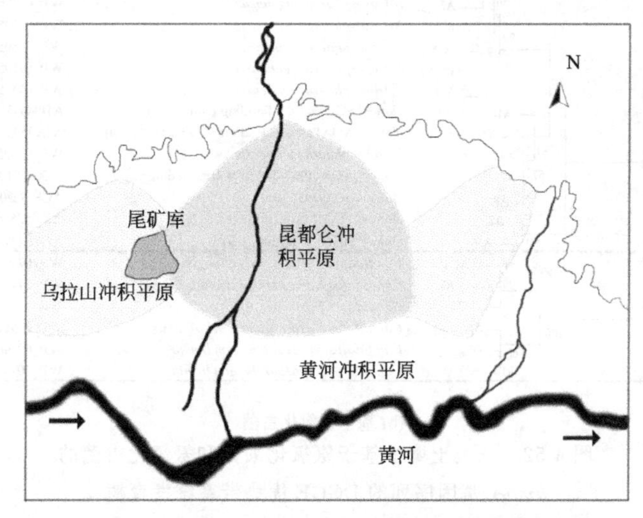

图 5-1　尾矿库周边地质构造示意（见彩插）

据估计，该尾矿库已累积了达18000万吨的尾料，包括铁矿、稀土元素、铌、钍和其他的微量元素。由于尾矿库早期建设防渗系统不好（黏土为主），库内废水通过坝体和底部土壤不断渗漏进入周边地下潜水含水层。

按潜水含水层的成因与组成，当地潜水含水层可划分为山前冲洪积平原孔隙潜水、黄河冲积平原孔隙潜水两个水文地质单元。山前冲洪积平原孔隙潜水含水层的组成与厚度自北向南逐渐变细变薄，渗透系数21.79～2.28m/d，水位埋深1～35m，水力梯度0.2%～0.4%，其补给来源主要为山区地下水径流和大气降水。尾矿库渗漏水进入地下水后，其中各类污染物随之南流，向黄河靠近。

该尾矿库渗漏的污染物质最终能否进入黄河是一个很大的关注点。一些研究表明，黄河中稀土元素的浓度（尾矿库废水特点）在包头段显著提高。但河流稀土污染与尾矿库的泄漏是否有联系尚未有定论。基于此，本书调查了自2013年以来尾矿库地下水污染的程度和范围。钻探了18口监测井，其中8个分布在尾矿库四周，10个分布在尾矿库南侧。定期检测井水72种污染物的浓度和变化。当污染物的浓度以距尾矿库的距离绘制出一条先降后升的V形曲线时，研究者们十分困惑。

一些理论被提出去解释这一反常现象，如黄河附近的新污染源，直接与尾矿库连接的地下水通道，黄河水中污染物反渗，等等。然而并没有人可以证实这些说法。基于此，本书利用物化和生物监测手段分析了靠近黄河岸边的监测井中污染物的主要来源，并探索地质结构和气候因素对污染物分布异常的影响效应，试图解开这个谜团。

近年来，针对尾矿库周边环境污染问题的研究较多，如尾矿库地质结构稳定性、尾矿库渗漏水污染、尾矿库区空气污染等。

从尾矿库的安全角度出发，Vaezi等人将分形几何应用于尾矿脱水絮凝结构变化的研究，改善向尾矿库内排放细尾矿的固结过程和沉积密度，进而增加其稳定性。Salgueiro等人以地中海地区的尾矿库为例，借助灾害事故前的观测数据和事故后果数据，用对应分析法评估尾矿库溃坝风险。Wiertz等人通过试验研究表明，与硫化矿物的风化有关的矿物学和地球化学变化能引起废水累积性酸化和金属离子缓慢释放。

有学者对比分析了加拿大某两个湖中沉积物的As和Pb浓度，其中位于尾矿堆积区的湖中沉积物的As和Pb浓度分别为1104μg/g和281μg/g，远远高于没有尾矿堆积的对照湖(浓度分别为98μg/g和88μg/g)，表明了As、Pb来自于尾矿堆。Fanfani等人发现尾矿的堆放引发了元素的淋溶，造成土壤-水环境的重金属污染。Komnitsas等人探讨了煤炭开采产生的固体废物有害元素的淋溶效应，评价了析出的有害元素对生态环境的危害程度，并对矿山废物的特征和其潜在的生态环境影响进行了评价。

国内学者以大宝山新鲜尾矿排放口、铁龙尾矿库和槽对坑尾矿库作为研究区域，根据Dold七步分级化学提取法对这3个不同区域尾矿的重金属化学形态特征和潜在迁移能力进行研究，结果发现各重金属均以不同的形态存在于不同的尾矿区，且在各尾矿区的迁移能力截然不同；有学者用不同的方法研究了尾矿中重金属的浸出，发现浸出时间、溶液pH值、粒径大小和溶出温度的高低都会影响重金属的溶出。硫化矿尾矿中铅锌离子的溶出受温度、溶液pH值及尾矿粒径影响更大；毒重石尾矿渣中Ba^{2+}浸出主要受时间的影响；也有学者根据14年的废水监测资料对铅锌尾矿研究，探索在强酸、强碱的作用下重金属的溶出规律，确定了当尾矿发生酸化后，会促进Pb、Zn和Cu等重金属的溶出，同时尾矿砂具有一定的中和能力。与As元素和Pb元素相比，Sb元素更容易从尾矿砂中淋滤出来。

近年来对于稀土矿的研究也逐渐增多，对山东某稀土矿开采企业的外排废水废渣进行天然放射性核素含量分析，发现放射性水平明显高于当地天然放射性本底水平，放射性元素含量严重超标，对人体健康及生态环境安全造成威胁。有研究显示，除放射性元素外，还有Al^{3+}、Fe^{2+}、Cd^{2+}、Pb^{2+}、Zn^{2+}、Mn^{2+}、Cu^{2+}等多种金属离子存在于离子吸附型稀土矿的淋出液中。这也说明大量的重金属元素将残留在稀土开采过程中所产生的稀土尾矿中。有学者对南方某离子吸附型稀土矿区的水环境进行重金属调查，发现水体中重金属Pb、Cd、Cu、Zn的污染均比较严重，尾砂水中的Pb含量高达10mg/L。除此之外，也有学者对其他稀土尾矿库进行调查分析，同样发现尾矿中的重金属Pb含量极高，平均值为2410mg/kg，仅次于原矿中的Pb含量。

本书对我国北方某稀土尾矿库区放射性元素所造成的污染进行调查，发现该区域内放射性元素钍的污染范围达4.94km^2。对该地区土壤重金属含量进行分析，应用综合污染评价法和Hakanson潜在生态风险指数法进行评价，结果表明：该尾矿坝周边土壤的重金属潜在生态风险以 Pb 最高，受污染程度为尾矿库东面＞南面＞北面＞西面。

5.1 稀土尾矿库中污染物质来源分析

该稀土尾矿库主要用于堆放白云鄂博稀土矿开采过程中所产生的废水废渣。因此在尾矿库中污染物质的来源分析中，本书主要从稀土矿开采和稀土选矿冶炼两个过程中分析污染物的产生与扩散源。

5.1.1 稀土矿开采过程中污染物的产生与扩散

白云鄂博稀土矿露天开采工程主要由生产设施（露天采矿场、选矿厂）、采矿工业场地、行政管理与生活服务设施、公用工程设施、矿区道路（主要包括运矿道路、运废石道路、矿区对外公路、至尾矿库道路）、弃渣场（排土场、尾矿库）、拆迁安置工程组成。

在金属矿露天开采工程基建期和生产运行期，由于有大量的表层土剥离和废石排弃，土石方挖填量较大。根据典型调查统计，平均每个露天矿的挖填方量为 17930 万立方米，生产运行后年排土量一般为 500 万～5000 万立方米，是各行业中单项工程土石方挖填量最大的项目。同时，工程对地表的扰动强度、面积也是单项工程最大的行业。据典型调查，平均每个矿地面设施占用土地面积为 $1108hm^2$。

露天开采工程使山体从地形、地貌到土壤、岩石，从景观系统到生态系统都受到了影响，往往形成大型的人工剖面和大型排土场，可能引起大范围、高强度的水土流失。整个过程中将深藏在地下的矿物质以粉尘的形式散布于地面之上，对采矿区周边的土壤、河流和空气造成大面积、高浓度的元素污染。

在生产建设过程中，对原地貌和植被的破坏严重，产生的土石方量巨大，开挖面破坏了岩土稳定性，大量松散堆积物放在边坡或沟道内，在强降雨情况下往往会造成地面塌陷、地下水位下降、水土资源污染和滑坡泥石流等现象的发生。

在堆存尾矿的过程中，随着尾矿堆存量的增加，若坝体不稳，容易产生溃坝，造成严重的水土流失事件。由于选矿工程的持续生产，短期内无法恢复占用土地的原貌，大量土地长期裸露，极易产生风蚀和水蚀。

5.1.2 稀土选矿与冶炼过程中污染物的产生与扩散

选矿工程主要由选矿工业场地、场外道路和尾矿库等组成。通过化学或机械手段，将开采的矿石经一系列的选矿流程进行选别时，往往会添加大量的无机和有机化学药剂，进而产生大量的粉尘和尾矿和废水。冶炼工程主要包括金属矿石的提取、制造、冶炼、加工过程。

5.1.2.1 选矿工艺

白云鄂博矿为沉积变质-热液交代型铁-稀土-萤石巨型矿床，稀土矿物有十多种，其中主要稀土矿物是氟碳铈矿和独居石，占稀土分布率的 87.07%，并且呈细小致密状嵌布于萤石、铁矿物之中，一般嵌布粒度在0.01～0.04mm。原矿中REO含量5%～6%，脉石矿物有重晶石、方解石、白云石、石英、长石、钠辉石、钠闪石、透辉石、云母类等数十种。该矿已发现有71种元素，114种矿物，其中有用矿物40余种，含量达60%～70%，矿石形状复杂，属多金属难选矿石。

根据该矿石特性，白云鄂博铁-稀土矿制定的综合回收稀土矿物精矿的流程主要有：优先浮选萤石-稀土-铁流程；半优先半混合浮选-铁流程；优先浮选稀土-铁流程；混合浮选-泡沫分离-铁流程；弱磁-伴优先半混合浮选-重选-浮选联合流程；弱磁-强磁-浮选联合流程。

5.1.2.2 选矿药剂

稀土浮选药剂的种类很多，根据药剂在浮选过程中的用途可分为捕收剂、调整剂和起泡剂。

(1) 捕收剂

稀土矿物的捕收剂有油酸类、磷酸或磷脂、烷基磺酸类、羟肟酸类等。此外，还有氟碳铈矿捕收剂802号、804号和H894。异羟肟酸类捕收剂是稀土矿物浮选最常用的捕收剂，异羟肟酸又可分为烷基异羟肟酸和芳香基以羟肟酸。

由于在羟肟酸的极性基团存在位置互相接近的氮和氧两种给带电子对的原子，这种特殊结构使得异羟肟酸对许多金属离子具有很强的形成螯合物的作用活性，这种作用强度对不同的金属离子是不同的，对碱土金属阳离子形成的螯合物最弱，与稀土元素、钛、铌等阳离子的螯合物则相当强，因此异羟肟酸（盐）对稀土矿物具有良好的选择性捕收作用。异羟肟酸对稀土矿物的捕收作用主要表现为络合捕收作用（表面化学反应），即极性基（亲固基）对稀土矿物的作用，也是主要作用。但异羟肟酸分子的非极性基（疏水基）对异羟肟酸分子浮选性能也有影响。

(2) 调整剂

在稀土矿物的选矿中，由于矿石种矿物组成复杂，单独使用稀土矿物捕收剂往往不能达到有效地分选稀土矿物的目的。因此，经常需要添加各种调整剂，这些调整剂包括稀土矿物活化剂、非稀土矿物抑制剂和pH值调整剂。在稀土矿物浮选工艺中，常用的调整剂是无机化合物。

稀土浮选的最佳pH值为8.5～9.5。氟硅酸钠在稀土浮选中，有以下离子存在：Na^+、SiF_6^{2-}、H^+、F^-、HF_2^-、同时还有SiF_4、$Si(OH)_4$、HF等分子存在，这些离子和分子对石英、长石及其他硅酸盐矿物具有抑制作用。水玻璃（H_2SiO_3）是稀土选矿中最常用的抑制剂，它主要对硅酸盐矿物有较强的抑制作用。同时对铁矿物、稀土矿物也有抑制作用，但稀土矿物在中等碱性介质（pH=8.0～9.5）中可浮性最高，而其他许多矿物在此介质中可浮性较差，从而有效地分选出稀土矿物。水玻璃的解离度很小，因此，水玻璃的水溶液具有强碱性，在浮选过程中，水玻璃吸附到矿物表面以后，增强矿物的亲水性并妨碍矿物与捕收剂作用。

(3) 起泡剂

在稀土浮选中，起泡剂的应用较晚，因为使用油酸类、烷基异羟肟酸类作稀土矿物捕收剂时，这些药剂本身就具有较强起泡性，因此不需要添加起泡剂。随着新型稀土捕收剂H205和H894的应用，在稀土浮选中，出现了几种新型起泡剂，如210号起泡剂、J102起泡剂和 H103 起泡剂。这些起泡剂都是非离子型的表面活性剂，在气-固界面吸附能力大，能使矿浆的表面张力大幅度降低，增大空气在矿浆中的弥散，形成稀土浮选所需要的泡沫。同时，由于新型稀土捕收剂 H205 和 H894 的需要，在这些起泡剂中还含有少量的酸性物质，在浮选白云鄂博稀土矿物中，起到调节 pH 值的作用和增强捕收剂在矿浆中的分散作用。

5.2 稀土尾矿库周边地下水中污染物扩散范围追踪

该尾矿库上游主要以降雨补给为主，在其下游以自然蒸发为主。尾矿库内污染物通过坝体泄漏并下渗到周边潜水含水层。污染物浓度随着与尾矿库距离的增加呈现出 V 形分布，如 Huang 等人分析的 Cl^-、SO_4^{2-}、F^- 浓度变化（图 5-2）。地下水向黄河流动中若假设沿途没有其他污染源的影响，下游的分布形状完全是受尾矿库泄漏造成的，而污染羽出现分布不连续的特征，让人很难确定尾矿库渗漏污染物的扩散范围有多大，黄河边的污染是否来自尾矿库很难确定。

因此，本书在尾矿库与黄河之间选取了 7 个监测井重新编号（S1-S7），同时在距离尾矿库 10km 左右的上游上风向地区设置了 1 个背景对照监测井（Back groundwater），见图 5-3。使用电感耦合等离子体质谱法分析水中的污染物离子。使用同位素分析法检测锶同位素比值 $^{87}Sr/^{86}Sr$。由 Dowex 50 W，200～400mesh 来执行，用到标准 NIST SRM987 锶同位素参考材料（美国国家标准与技术研究院），$^{87}Sr/^{86}Sr = 0.710325 \pm 0.000025$。同时构建土柱试验验证污染物离子在地下水中的迁移特征和规律。

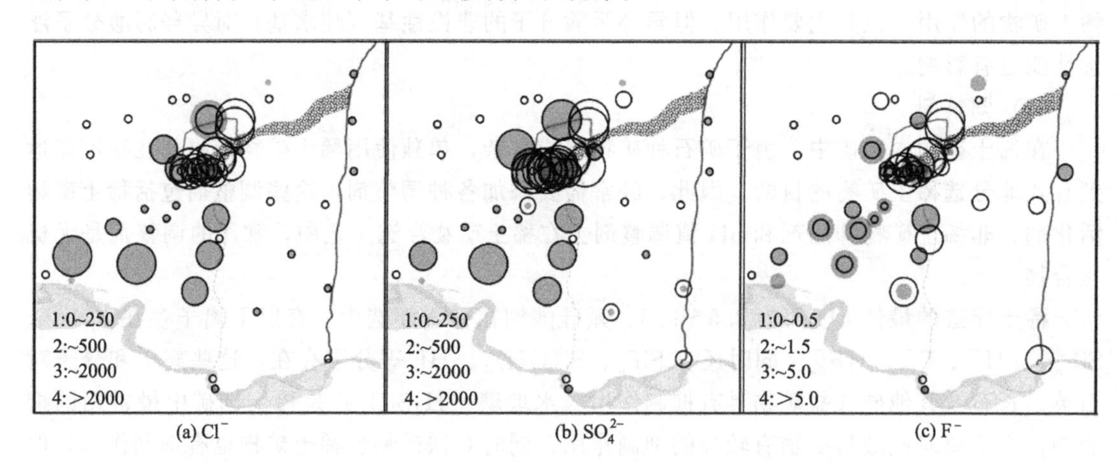

图 5-2 Cl^-、SO_4^{2-} 和 F^- 的分布特征（见彩插）

5.2.1 地下水中的污染物及它们的空间分布

在距尾矿库 6km 范围内，大多数的污染物浓度随着距离降低，而在超出 6km 的黄河方向出乎意料地增加，S5～S7 号井的污染状况与尾矿库附近的井点一样严重（图 5-4 和表 5-1）。通过实地调研发现沿途并没有发现任何新的污染源，也没有发现一条河流或水道使 S5～S7 井点直接与尾矿库连接以致废水流通。

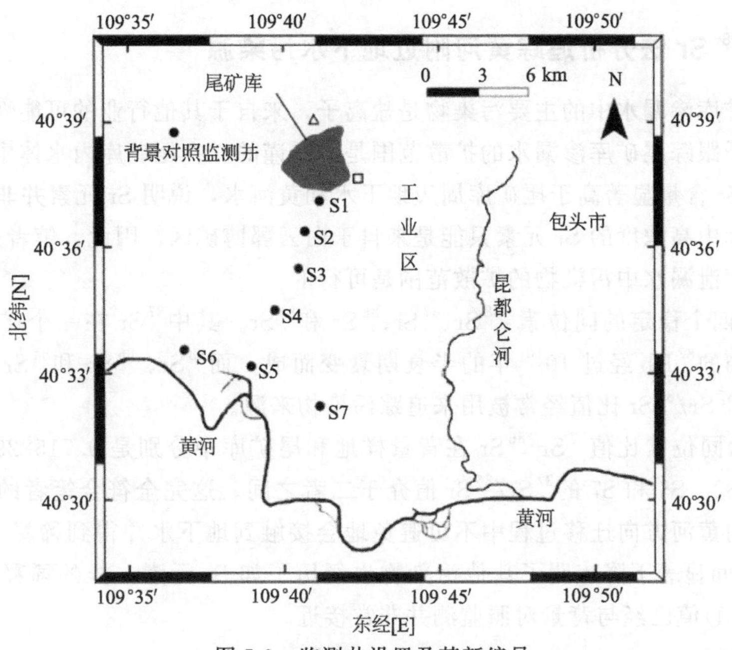

图 5-3 监测井设置及其新编号

●—监控井；△—稀土湿法冶金厂；□—选矿厂

为了研究清楚 S5～S7 地下水中的污染物是否来自尾矿库，以及是什么原因导致污染物浓度在远离尾矿库的地方重新升高，笔者采用锶同位素比值$^{87}Sr/^{86}Sr$法和稀土元素分馏作用来追踪黄河附近地下水中的污染来源，并用土柱实来模拟黄河附近地质构造对污染物迁移分布规律的影响作用。

表 5-1 各样点主要污染物含量

单位：mg/L

污染物	Ⅲ	S0	S1	S2	S3	S4	S5	背景值
Cl^-	250	2100	500	161	16.8	48.2	2035	15.1
SO_4^{2-}	250	3965	913	332	2.54	18	2687	41
总硬度	450	2830	1360	470	216	276	1900	254
溶解性总固体(TDS)	1000	9100	2740	966	426	558	8620	296

注：Ⅲ代表《地下水环境质量标准》(GB/T 14848—2017)Ⅲ级标准。S0 表示渗漏水。背景对照监测井水来自于同一冲积平原但未受污染的井。

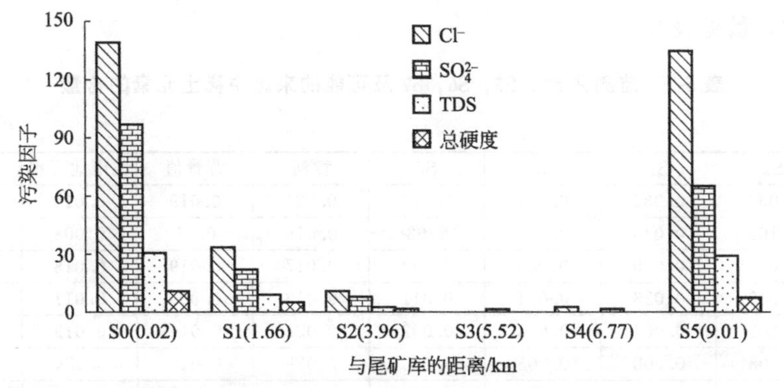

图 5-4 污染程度随着距尾矿库距离的变化趋势

5.2.2 $^{87}Sr/^{86}Sr$ 法分析追踪黄河附近地下水污染源

由于该尾矿库渗漏水中的主要污染物是盐离子，来自于其他行业的可能性也比较大，因此，使用盐离子跟踪尾矿库渗漏水的扩散范围是不严谨的。在尾矿库内水体中检测出了诸多污染物，其中 Sr 含量显著高于尾矿库周边地下水和黄河水，说明 Sr 元素并非来自其他供水行业。而尾矿库中高浓度的 Sr 元素只能是来自于白云鄂博矿区，因此，笔者选择追踪 Sr 元素来确定尾矿库泄漏水中污染物的扩散范围是可行的。

元素 Sr 有四个稳定的同位素：^{88}Sr、^{87}Sr、^{86}Sr 和 ^{84}Sr。其中 ^{87}Sr 在一个矿床是随着时间的变化由地幔中的 ^{87}Rb 经过 10^{10} 年的半衰期衰变而成，而 ^{88}Sr、^{86}Sr 和 ^{84}Sr 的比值相对是固定的。因此，$^{87}Sr/^{86}Sr$ 比值经常被用来追踪污染物来源。

图 5-5 显示同位素比值 $^{87}Sr/^{86}Sr$ 在背景样地和尾矿库中分别是 0.715229 和 0.709476，而监测井 S1、S2、S5 和 S7 的 $^{87}Sr/^{86}Sr$ 值介于二者之间。这完全符合笔者的推测，因为在尾矿库渗漏水向黄河方向迁移过程中不可避免地会接触到地下水并得到稀释。F(NCI) 值在尾矿库和 S4 之间显著下降表明了其他污染物也经历了如 Sr 元素一样的稀释过程，S3 和 S4 监测井中 F(NCI) 值已经与背景对照监测井非常接近。

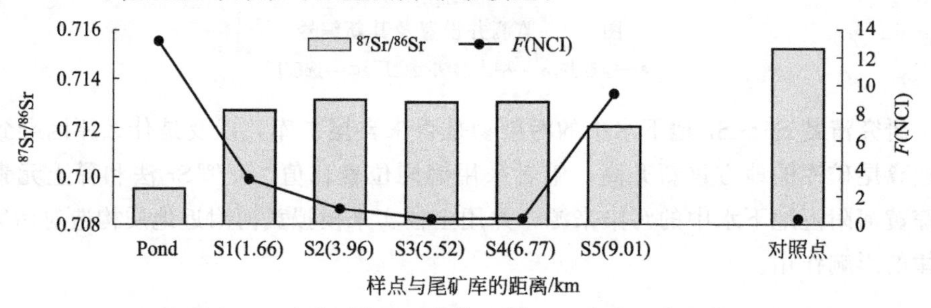

图 5-5　各样点地下水中同位素比值 $^{87}Sr/^{86}Sr$ 和综合污染指数(F)的变化

5.2.3 稀土元素分馏作用明确污染源影响范围

白云鄂博的尾矿渣和废水等在输送排放到尾矿库的过程中混合均匀，渗漏水中的稀土元素分馏作用必然反映出白云鄂博矿物的稀土成分组成，主要的稀土元素是轻稀土，即 La、Ce、Pr、Nd 等。当库内废水渗透到地下水中后，稀土元素的配分方式是不变的，由于未被污染的地下水稀土元素浓度极低，对渗漏水中稀土元素配分方式的影响可以忽略不计，利用这个特征可以追踪 S5、S6 和 S7 监测井的污染来源。监测井 S1、S5、S6、S7 及可能的来源中稀土元素的含量见表 5-2。

表 5-2　监测井 S1，S5，S6，S7 及可能的来源中稀土元素的含量

单位：mg/L

元素	S1	S5	S6	S7	黄河	背景值	城市地下水	尾矿库废水
La	0.066	0.032	0.024	0.015	0.021	0.019	0.014	13.5
Ce	0.109	0.048	0.037	0.02	0.016	0.01	0.008	27.4
Pr	0.013	0.005	0.003	0.002	0.017	0.019	0.018	3.84
Nd	0.049	0.023	0.014	0.011	0.018	0.026	0.017	16.4
Sm	0.005	0.004	0.003	0.002	0.024	0.016	0.019	1.73
Eu	0.008	0.008	0.005	0.005	0.029	0.022	0.024	2.338
Gd	0.006	0.006	0.002	0.002	0.02	0.017	0.016	1.37

续表

元素	S1	S5	S6	S7	黄河	背景值	城市地下水	尾矿库废水
Tb	0.002	0.002	0.002	0.002	0.02	0.021	0.019	0.104
Dy	0.003	0.003	0.002	0.002	0.02	0.023	0.018	0.422
Ho	0.002	0.003	0.003	0.002	0.019	0.021	0.019	0.081
Er	0.003	0.004	0.002	0.002	0.019	0.024	0.016	0.159
Tm	0.002	0.002	0.002	0.002	0.016	0.022	0.02	0.018
Yb	0.004	0.006	0.002	0.002	0.018	0.019	0.015	0.06
Lu	0.003	0.004	0.002	0.002	0.018	0.021	0.018	0.011

图 5-6 分析了 S5～S7 号监测井周边区域四种可能的污染源水体中稀土元素的分馏模式，结果显示：各个水体中 15 种稀土元素的分馏模式特征明显。尾矿库内水体的稀土元素分馏模式与其他三种来源的水体截然不同，推测其对水污染来源具有很好的指示作用。

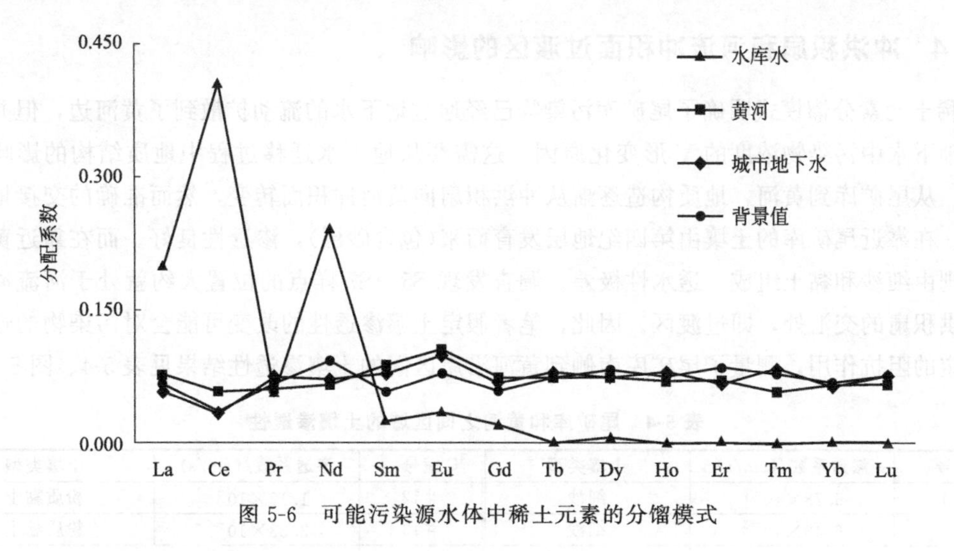

图 5-6　可能污染源水体中稀土元素的分馏模式

因此，本书继续对 S1～S7 样点地下水中稀土元素的分馏模式进行研究，结果见图 5-7。研究发现七个监测井水体中稀土元素的分馏模式与尾矿库废水十分相似，证实了 S1～S7 样点地下水中稀土元素确实来自尾矿库渗漏水。

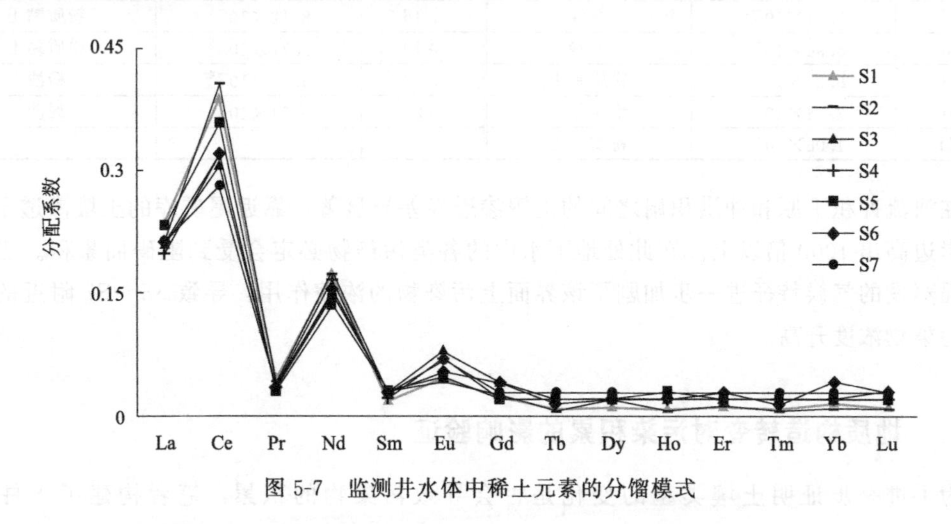

图 5-7　监测井水体中稀土元素的分馏模式

为了进一步明确污染源，笔者分析了尾矿库渗漏水(S1)和靠近黄河岸边三个监测井(S5～S7)水体中稀土元素分配模式的相似性(见表 5-3)。结果显示 S1、S5、S6 和 S7 井水中稀土元素分配模式与尾矿库废水的相关性非常高，达到极显著水平。而与其余三个样点均为负相关。进一步证明了黄河边地下水中稀土元素污染来自该尾矿库渗漏水的扩散。

表 5-3　污染井和可能污染源稀土元素分馏模式相关性（相关系数）

水源	黄河水	背景对照样点	城镇地下水	尾矿库废水
S1	−0.240	−0.527	−0.764	0.984**
S5	−0.187	−0.518	−0.758	0.973**
S6	−0.188	−0.551	−0.748	0.961**
S7	−0.133	−0.443	−0.687	0.966**

注：**表示研究样点与尾矿库泄漏废水稀土元素分馏模式极显著相关($P<0.01$)。

5.2.4　冲洪积扇和河流冲积面过渡区的影响

稀土元素分馏模式明确了尾矿库污染物已经通过地下水的流动扩散到了黄河边，但并不能揭示地下水中污染物浓度的 V 形变化原因。这需要从地下水迁移过程中地质结构的影响着手分析。从尾矿库到黄河，地质构造逐渐从冲洪积扇向黄河冲积面转变，然而准确的交接地带不明确。在靠近尾矿库的土壤由第四纪地层发育而来(包含砂层)，渗透性良好。而在靠近黄河的土壤则由细沙和黏土组成，透水性极差。调查发现 S5～S7 样点的位置大约就处于河流冲击面和冲洪积扇的交汇处，即过渡区。因此，笔者假定土壤渗透性的改变可能会对污染物的迁移产生一定的阻抗作用，测量了尾矿库南侧到黄河沿岸区间的土壤渗透性结果见表 5-4、图 5-8。

表 5-4　尾矿库和黄河之间区域的土壤渗透性

编号	渗透系数/(cm/s)	土壤类型	编号	渗透系数/(cm/s)	土壤类型
#1	5.78×10^{-3}	细沙	#12	1.12×10^{-6}	粉质黏土
#2	6.45×10^{-3}	细沙	#13	2.33×10^{-6}	粉质黏土
#3	4.33×10^{-3}	细沙	#14	9.67×10^{-4}	粉沙
#4	3.21×10^{-3}	细沙	#15	4.77×10^{-5}	粉质黏土
#5	1.01×10^{-3}	泥沙	#16	1.34×10^{-5}	粉质黏土
#6	1.12×10^{-3}	粉沙	#17	9.32×10^{-4}	粉沙
#7	7.51×10^{-5}	粉沙	#18	8.12×10^{-6}	粉质黏土
#8	5.94×10^{-5}	泥沙	#19	3.77×10^{-5}	粉质黏土
#9	9.22×10^{-6}	粉质黏土	#20	6.74×10^{-4}	粉沙
#10	3.44×10^{-6}	粉质黏土	#21	6.04×10^{-4}	泥沙
#11	1.06×10^{-5}	粉质黏土			

在河流冲积平原和冲洪积扇之间的土壤渗透性差异显著，靠近尾矿库的土壤渗透系数比黄河岸边高出 1000 倍以上。在此处地下水中的各类污染物必定会受到阻碍而累积。当地半干旱强蒸发的气候特征进一步加剧了该界面上污染物的浓缩作用，导致 S5～S7 附近的地下水中污染物浓度升高。

5.2.5　地质构造转变对污染积累的影响验证

为了进一步证明土壤类型的变化是否会导致污染物的积累，笔者构建了土柱装置(图 5-9)来模拟这种影响作用。

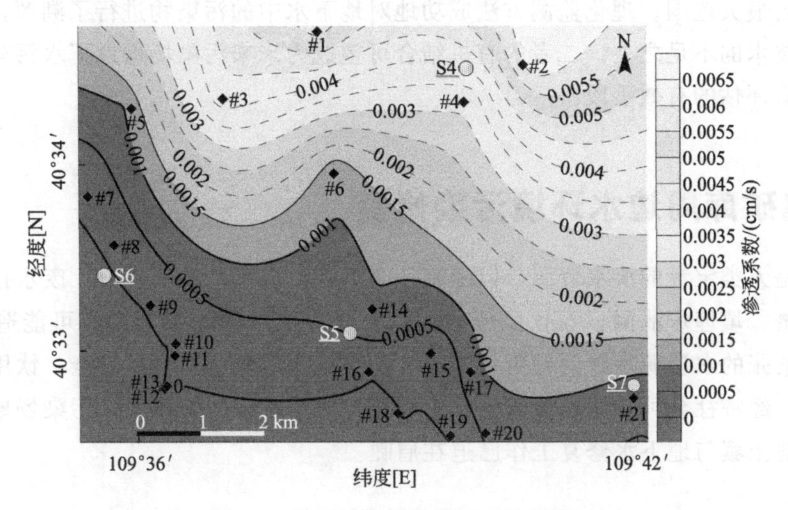

图 5-8　渗透系数等温线图（见彩插）

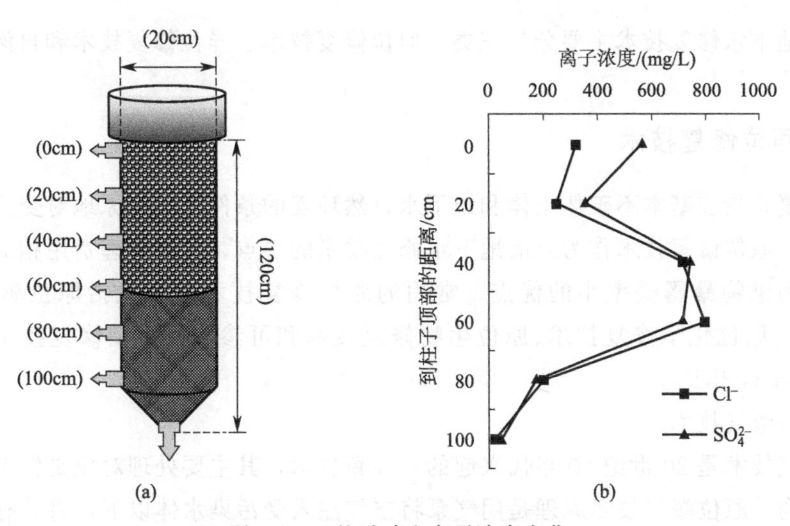

图 5-9　土柱试验和离子浓度变化

土柱装置的主体部分高度和直径分别是 120cm 和 20cm。底部有一层允许水溶液通过而土壤不能通过的膜。下部(60cm)填充了取自黄河岸边的黏土，上部(60cm)填充了取自尾矿库附近的砂石。在顶端有一个高 5cm 的加样品空间。有六个采样口监测土柱中的污染物分布。土柱的上半部分用靠近尾矿库的土壤填充，下半部分用靠近黄河的土壤填充。土壤取自 S5、S6 和 S7 号监测井的南部和北部。加样之前土柱中的填充物用纯净水吸附饱和，然后依次加入 200mg/L 的 NaCl 溶液，浓度可通过 6 个采样口所取水样的电导率进行测定。当流速稳定时，采集水样分析 NaCl 的浓度。每个试验重复 6 次。当土柱中溶液流速稳定后，分别在土柱不同高度的 6 个采样口采集样品，分析结果显示 Cl^- 和 SO_4^{2-} 主要集中在土柱的上半部分，并在中间位置（高渗透性沙子和下半部分低渗透性细沙和黏土的边界处）达到最高值。这个简易的土柱试验进一步证实了地质构造转变对地下水中污染的迁移扩散有显著的阻挡作用。

本书利用生物监测法量化了尾矿库渗漏水的生物毒性效应和最小影响范围，但不能确定污染物迁移的最大范围。理化监测方法成功地对地下水中的污染物进行了溯源，有效地弥补了生物监测技术的不足之处。二者的有机结合可望成为未来污染场地地下水污染程度、范围及其生态风险评估的有效手段。

5.3 尾矿库周边水环境污染修复

地下水是人类宝贵的淡水资源，但随着社会工业化进程的不断发展，废水排放、工业废渣、农业灌溉、填埋场泄漏、石化原料的运输管线和储罐的破损等都有可能造成地下水污染，使原本紧张的水资源短缺问题更加严重，而且给人居健康、食品安全、饮用水安全、区域生态环境、经济社会可持续发展甚至社会稳定构成严重威胁与挑战。污染场地调查、风险评估以及场地土壤与地下水修复工作已迫在眉睫。

5.3.1 地下水污染的修复技术概述

常用的地下水修复技术主要分为三类：原位修复技术、异位修复技术和自然衰减。

5.3.1.1 原位修复技术

原位修复是指在基本不破坏土体和地下水自然环境的条件下，在原地对受污染对象进行修复的技术。原位修复技术作为当前地下水修复技术的热点，具有处理费用相对低廉、地表扰动较少、污染物暴露概率小的优点。常用的原位修复技术主要包括原位曝气技术（Air Sparing，AS）、原位化学修复技术、原位生物修复技术和可渗透反应墙修复技术（Permeable Reactive Barrier，PRB）。

（1）原位曝气技术

原位曝气技术是20世纪90年代兴起的一种新技术，其主要处理对象是针对地下水中的挥发性有机物。原位曝气技术原理是用气泵将空气注入受污染水体以下，将具有挥发性的有机污染物从地下水中挥发出来，并通过地面处理装置再进行有效去除。原位曝气技术具有处理工艺简单、修复效果好、处理时间短和费用低廉等优势。缺点是：操作控制不当易导致污染物发生迁移；在低渗透性的含水层中效果不理想。陈华清等采用原位曝气修复技术对地下水苯系物污染进行模拟研究发现，在拟定条件下，最佳曝气流量为12m^3/h，单井的有效修复半径约5m，以7个曝气井同时进行原位曝气修复需要180d。

（2）原位化学修复技术

地下水原位化学修复技术又分原位化学氧化修复技术和原位电化学动力修复技术。原位化学氧化修复技术是将化学氧化药剂通过不同方式引入地下，化学药剂与地下水中的污染物发生化学氧化还原作用，从而达到地下水修复的目的。当前常用的化学氧化药剂如二氧化氯、Fenton试剂、高锰酸钾、臭氧、次氯酸盐、过氧化氢等，其中，臭氧和过氧化氢在产生氧化作用的同时还可产生氧气，有利于微生物好氧分解污染物。有时某些氧化剂会用到催化剂，和单独使用氧化剂相比，这样的混合物能变得更有活性来破坏更多的污染物。该技术可相对快速地处理污染源，具有快速、高效、可大规模用于污染场地修复等突出优点。原位电化学动力修复技术作为一种绿色修复技术，主要用来清除一些有机污染物和重金属离子，具有高效、节能、无二次污染的优势，在国内的研究还处于起步阶段。

(3) 原位生物处理技术

生物修复技术是一种通过微生物的吸收、吸附、降解等作用净化土壤及地下水中污染物的原位修复技术。常用的技术有原位生物处理技术。地下水原位生物处理技术是一种在饱水带利用土著或人工驯化的微生物降解污染物的原位修复方法。该方法实际上是监测自然衰减技术的拓展与改进，它增加了许多人为干预手段，如将空气、营养、能量物质注入含水层中促进微生物的降解等。目前，地下水生物修复技术主要有泥炭生物屏障法、生物注射法、植物修复法、有机黏土法和生物反应器法等。

① 泥炭生物屏障法。泥炭生物屏障法是利用泥炭的螯合结构，可以与其他离子或基团发生快速的络合反应及离子交换作用，从而将污染物从水中转移到固相中，达到去除水中污染物的目的。

② 生物注射法。生物注射法是将加压后的空气注射到污染地下水的下部，气体的流动加速了地下水和土壤中有机物的挥发和降解。生物修复法以其投资少、运行方便、能耗低、无二次污染等特点受到越来越多的关注。该方法实际上是监测自然衰减技术的拓展与改进，它增加了许多人为干预手段，如将空气、营养、能量物质注入含水层中促进微生物的降解等。

③ 植物修复技术。植物修复技术是通过植物将污染物吸收至根、枝干或叶中，或将有害的化学物质转变为无害的化学物质，或将污染物通过蒸发作用释放到空气中，或通过根际圈的微生物将污染物降解为无害的物质等机理修复污染地下的重金属、杀虫剂、炸药和油类等污染物，植物修复的修复范围为其根系所达到之处。植物修复常被用来减缓污染地下水的流动，植物通过根系像泵一样，将地下水抽过来，形成水力控制，能够减缓污染地下水向干净区域移动。植物修复技术适用于低浓度污染的修复，高浓度污染可能会限制植物生长和导致修复时间过长。植物修复技术利用植物自然生长过程，比其他方法所需的设备、劳动力和能源少，而且植物修复能够控制水土流失，减少噪声和改善周边空气质量，使得场地更具吸引力。

(4) 原位热处理技术

原位热处理技术是利用热能将污染物从地下水中去除。该技术可将污染地下水加热到非常高的温度，促使污染物和地下水转化为气态，部分化学物质在加热过程就被破坏了，修复区域设置抽提井对污染地下水及其蒸汽混合物收集并抽提至地表进行处理，可根据污染物的浓度和类型等采用汽水分离、吸收法、化学氧化法、活性炭吸附法或冷凝法等方法进行处理。

(5) 原位化学还原技术

原位化学还原技术是将还原剂注入地下水中，利用还原剂与污染物之间的还原反应将污染物转化为无毒无害物质或毒性低、稳定性强、移动性弱的惰性化合物，从而达到对地下水修复的目的。例如：当还原剂注入地下水中，毒性极强的六价铬会转变为毒性较低、移动性较差的三价铬。最常见的还原剂是零价铁，其他常见的还原剂还有多硫化物、连二亚硫酸钠、二价铁和双金属材料。

(6) 可渗透反应墙技术

可渗透反应墙技术(PRB)主要由透水的反应介质组成。它通常置于地下水污染羽状体的下游，与地下水流相垂直。污染物去除机理包括生物和非生物两种产生沉淀、吸附、氧化还原和生物降解反应，使水中污染物能够得以去除，在PRB下游流出处理后的净化水。这种方法可以去除地下水中溶解的有机物、金属、放射性物质以及其他的污染物。PRB的反应介质与污染物的反应过程主要有以下几种。

① 吸附反应。这是一种将地下水污染物吸附在反应栅上的污染物物理消除方式。吸附时，污染物的分子或颗粒结合在反应介质表面。常用的吸附剂有沸石、活性炭等。

② 沉淀反应。这是一种通过无机矿物的沉淀来去除污染物的方式。在沉淀反应中，低溶解度的污染物质首先被析出，并被截留在反应栅中。常用的沉淀反应介质有石灰岩和磷灰石。

③ 氧化还原反应。这是一种通过氧化还原反应将污染物去除的方式。污染物离子经氧化或还原作用生成难溶解的物质，进而被截留在反应栅中。常见的氧化还原介质有零价铁(ZVI)。

④ 降解反应。降解包括生物降解和非生物降解。非生物降解通过一系列分解污染羽的化学反应，最终使污染物形成沉淀留在反应栅内或形成无害物质渗过反应栅；而生物降解是在降解初期提供微生物分解污染羽所需的电子供体和营养物质。

5.3.1.2 异位修复技术

异位修复是利用收集系统或抽提系统将污染物转移到地上进行处理的技术，抽出处理技术是目前应用相对广泛的技术。它是通过建立一系列的井群，将受污染的地下水用抽水井抽送到地面，并应用污水处理系统加以处理的方法。在地面上处理地下水的方式与处理地表水相似，可采用物理、化学、生物等多种方法进行处理。

(1) 抽出处理技术

抽出处理技术是最早出现的、最传统的典型异位修复技术。该方法能有效地将污染区限制在抽水井上游，但是其作为一种长期的地下水处理方法则存在许多不足，如只能限制污染物扩散，处理费用昂贵，且可能造成地下水资源的浪费，破坏原有生态环境，不能从根本上解决地下水的污染修复问题。在许多污染场地，地下水中的主要污染物的来源是轻质非水相液体(LNAPL)和重质非水相液体(DNAPL)，由于污染物与地下水的密度的不同，污染晕的分布也会发生不同的混合性变化。因此，在前期需根据污染物性质的不同展开污染物范围大小的调查，然后通过水泵及抽提井，抽取含有污染物质的水体抽出到地表，进而根据污水处理技术对抽出水体进行处理。其中常用的技术主要如下。

① 膜技术。针对地下水中污染物的类型：有机物、重金属及盐类等，运用反渗透膜、半渗透膜的方法进行有效分离。

② 微生物降解技术。运用微生物的降解作用，将地下水中的污染物去除的方法，目前常用的方法有活性污泥法、生物膜法、生物硫化床法等。

③ 离子交换技术。主要是利用活性炭或树脂等介质材料对重金属离子、有机污染物和微量元素进行离子交换而达到去除污染物的目的。

(2) 两相抽提技术

两相抽提技术主要用于地下水污染场地存在自由相、非水相液体(non-aqueous phase liquid,NAPL)污染物的情形，抽取地下水形成地下水位降落漏斗，使自由相NAPL向漏斗中心汇集，然后利用水泵直接抽取自由相 NAPL。

(3) 污染土体开挖法

污染土体开挖是将受污染的土地通过开挖方式转移到地面，再通过其他方式对污染了的土体进行处理。这种处理的方式主要应用于地下水被污染面积比较小的情况。

(4) 热解吸修复技术

热解吸修复技术是利用热传导或热辐射（无线电波加热）等实现对污染土壤的修复。基本原理在于加热过程中土壤中的有机污染物会加速分解和挥发，从而通过气体抽吸系统将污染气体从土壤中抽出收集，再进行处理。

5.3.2 地下水修复技术的筛选

随着环境污染形势日趋严重，我国对矿山开采造成的环境污染问题尤为关注。离子型稀土矿，又称离子吸附型稀土矿或风化壳淋积型稀土矿，是我国特有的中、重稀土矿产资源，广泛分布于江西、广东、福建、湖南、云南、广西、浙江等南方地区。近年来，原位浸矿技术用于提取南方离子型稀土，形成了许多离子型稀土原位浸矿后的尾矿。原位浸取工艺不开挖表土、不破坏植被，而是通过在山体表面布设注液井，并以硫酸铵溶液作为浸取剂注入矿体中，稀土离子与 NH_4^+ 发生离子交换后经收液工程汇集至水冶车间，再通过添加碳酸氢铵等进行沉淀富集，得到碳酸盐稀土产品。该工艺最大的特点是不需剥离表土和开挖山体，不会产生大量尾矿，在浸矿和沉淀过程中大量使用氨氮。由于缺乏有效的防渗措施及浸出液收集与处置系统，导致高浓度外源性铵态氮残留于尾矿中，从而改变了稀土尾矿矿山地球化学环境，加剧了生态环境恶化，大量尾矿出现整体酸化、土壤贫瘠、有机质含量下降、铵态氮富集等问题。

氨氮是各类型氮中危害影响最大的一种形态，是水体受到污染的标志。水中的氮主要是亚硝酸盐氮、硝酸盐氮、无机盐氮、溶解态氮及有机含氮化合物中的氮的总和。氨氮在化工、采选矿、冶金等行业是一种广泛应用的重要的化学试剂。尤其是对于有色冶金及采选矿行业来说，氨氮是一种重要的萃取剂和沉淀剂。而氨氮废水是稀土、有色金属采矿、冶炼行业产生的最主要的废水。在稀土冶炼、采矿工业中常采用的氨法中和法、稀土碳酸氢铵沉淀和稀土萃取分离过程中的萃取剂以及酸洗液中，都存在着高浓度的氨氮废水。这些废水具有氨氮浓度高(1000～100000mg/L)，有机物含量少，盐度高等特点。采用传统的生物处理方法难以处理。采用化学沉淀等方法处理成本较高。大量的氨氮废水排入水体不仅对后续废水的处理产生影响，更对水生生物和人体都造成致命的危害。

氨氮废水的处理一直是水污染领域的难题，早已经引起世界范围内的普遍关注。保护有限的水资源，实现污水的零排放，一直是全世界环保工作者共同的目标。目前研究经济高效的除氮技术已经成为水污染控制工程领域的难点和热点。现在有很多种针对氨氮废水的处理方法，包括有 MAP 沉淀法、吹脱法、离子交换法、折点加氯法、电化学法以及生物处理法等。针对不同性质的氨氮废水，采用不同的处理工艺或者不同处理方法的结合。在处理高浓度氨氮废水时，往往采用吹脱-折点氯化法或者吹脱-生物法。在处理较低浓度的氨氮废水时往往采用吸附法、生物法等。

(1) 折点氯化法

折点氯化法是利用氯气的氧化能力，将氯气通入废水中，调节控制一定的反应条件，使水体中的氨氮进行充分氧化。当达到某一点时，超过该点时水中游离氯浓度随着氯气的继续升高而升高，而氨的浓度降为零。该点就称为折点。达到该状态的氨氮氯化过程则称为折点氯化。其反应方程式为：

$$Cl_2+H_2O \longrightarrow HOCl+H^++Cl^-$$

$$NH_4+HOCl \longrightarrow NH_2Cl(\text{一氯胺})+H_2O$$

$$NH_2Cl+HOCl \longrightarrow NHCl_2(\text{二氯胺})+H_2O$$

$$NHCl_2+HOCl \longrightarrow NCl_3(\text{三氯胺})+H_2O$$

$$2NH_4+3HOCl \longrightarrow N_2\uparrow+5H^++3Cl^-+3H_2O$$

上述反应与pH值、温度和接触时间有关，也与氨和氯的初始比值有关，大多数情况下，以一氯胺和二氯胺两种形式为主。其中的氯称为有效化合氯。在含氨水中投入氯的研究中发现，当投氯量达到氯与氨的摩尔比为1∶1时，化合余氯即增加，当摩尔比达到1.5∶1（质量比7.6∶1）时，余氯下降到最低点，此即“折点”。但是之前的试验中，尽管在过度氯化条件下，其中间产物NH_2Cl和$NHCl_2$最终会转氧化为NCl_3。折点氯化法并没有观察到NH_2Cl和NCl_3的痕迹。Guk Jeong等基于密度泛函理论，在化学计算学基础上考察了折点氯化法在氨氮氧化过程中的各级产物NH_2Cl、$NHCl_2$以及NCl_3的转化规律。并最终通过能量计算提供了一种由氨氮氧化的$NHCl_2$直接氧化为N_2的更有利条件，从而避免了氯气的继续加入使得水体中余氯超标。

折点氯化法的特点是氨氮去除效果较好且处理效果稳定，一般能达到90%～100%，出水氨氮浓度最低能达到0.1mg/L；反应速度受外部条件如水体中盐含量、反应温度以及反应容器等影响不大。在前期投资较小，操作简便，有利于工业化应用。但是折点加氯法处理氨氮废水主要存在以下问题：处理成本高，主要是运行成本和药剂成本高；水中有机物易与氯气生成副产物氯胺和氯代有机物如三卤甲烷，会造成二次污染。因此，折点氯化法只适用于氨氮废水的后续处理和高浓度氨氮废水的深度处理，不适合大流量高浓度含氮废水的处理。

（2）吹脱法

吹脱是将气体通入液体中，使气液两相充分接触，从而使液体中的溶解气体和挥发性溶质穿过气液界面，向气相转移，达到把物质脱离的目的。以空气或水蒸气作为载体，前者称为吹脱法，后者称为汽提法。吹脱是一个传质的过程，主要利用了溶液中的氨氮浓度相当的平衡分压与空气中的氨分压之间的压差，实现氨氮的分离。目前较为成熟的吹脱设备主要有板式塔和填料塔。水体中氨氮的吹脱过程满足以下平衡：

$$NH_4^++OH^- \rightleftharpoons NH_3+H_2O$$

由上可知，在不同废水初始条件下，废水中的游离氨比例有所不同。根据亨利定律$P=K_X X$，其中P(Pa)为氨气的气相分压，K_X(Pa)表示亨利系数，X(mol/mol)为氨气在其液相中的平衡浓度。由上述方程可知，废水pH值、温度、气液比、氨氮浓度等影响溶液中氨氮平衡分压的因素，都会影响氨氮吹脱效率。

Osman Nuri Ata等采用具有较高传质系数的喷射环流反应器作为吹脱过程的主要反应设备，考察了初始氨氮浓度(10～500mg/L)、废水温度(293～323K)、空气流速(5～50L/min)以及液体循环速率(35～50L/min)等条件下对氨氮废水吹脱过程的影响。结果表明废水温度以及空气流速对废水中氨氮的吹脱过程具有最显著的影响。废水的初始pH值以及循环速率对氨氮吹脱过程的影响其次。通过对各个条件下的传质系数的计算发现，总体积传质系数 $K_{L}a$ 随着废水温度以及空气流速的升高而升高，然而 $K_{L}a$ 随初始 pH 值以及循环速率的变化却并不明显。

吹脱法的优点是结构简单、操作简便、易于控制，氨氮去除效率高，吹脱过程不受废水水质的影响，技术成熟，基建费和运行费较低。但是，吹脱法处理氨氮废水存在运行能耗较高的问题；吹脱出来的氨氮在吸收不完全的条件下容易造成二次污染；由于在吹脱过程中是用石灰水调节 pH 值，提高了废水中 Ca^{2+} 浓度，在吹脱塔内容易造成结垢，堵塞水管；对于弱酸强碱盐或者强酸弱碱盐等含量较高的废水而言，由于其对 pH 值的缓冲能力强，在使用碱液调节废水 pH 值时，pH 值变化较慢，往往消耗大量的碱液才能将废水 pH 值调节到适宜吹脱的条件，造成了碱液的浪费，大大增加了运行成本。

(3) MAP 沉淀法

采用化学沉淀法来去除水体中的氨氮的是 20 世纪 60 年代开发的一种氨氮处理方法。经研究发现，在氨氮废水中加入一定量的可溶性镁盐和磷酸根，能够与废水中的氨氮形成难溶于水的复合盐沉淀 $MgNH_4PO_4 \cdot 6H_2O$(Magnesium Ammonium Phosphate, MAP)，继而通过重力沉淀分离。MAP 又称鸟粪石，是矿物的一种，也是一种非常好的肥料。其基本的反应方程式如下：

$$Mg^{2+} + HPO_4{}^{2-} + NH_4{}^{+} + 6H_2O \longrightarrow MgNH_4PO_4 \cdot 6H_2O\downarrow + H^+$$

$$Mg^{2+} + PO_4{}^{3-} + NH_4{}^{+} + 6H_2O \longrightarrow MgNH_4PO_4 \cdot 6H_2O\downarrow$$

$$Mg^{2+} + H_2PO_4^{-} + NH_4^{+} + 6H_2O \longrightarrow MgNH_4PO_4 \cdot 6H_2O\downarrow + 2H^+$$

一般来说，影响 MAP 沉淀法去除氨氮的因素主要有废水 pH 值、镁氮比、氮磷比、反应时间、温度等因素。目前主要的沉淀剂主要有以下几种：$MgCl_2 + Na_2HPO_4$；$MgO + H_3PO_4$；$MgSO_4 + Na_3PO_4$；$MgSO_4 + Na_2HPO_4$；$MgHPO_4$ 等。

叶标等人采用了 MAP 沉淀法，以 $MgCl_2$ 和 K_2HPO_4 为沉淀剂去除垃圾渗滤液中的高浓度氨氮并对影响沉淀过程的各个因素进行了考察。结果表明，各个影响因素对 MAP 沉淀过程的影响顺序为氮磷比＞反应 pH 值＞搅拌时间＞搅拌速率＞镁氮比。在磷氮比为 1.2、初始 pH 值为 9.5 左右、搅拌时间 4 min、搅拌速率 100 r/min、镁氮比为 1.1 时，氨氮的最大去除率达到 90%以上。

由上可知，针对不同类型的氨氮废水，MAP 沉淀法均有较好的处理效果。MAP 沉淀法工艺简单，沉淀副产品磷酸铵镁可作为一种氮磷等多元素缓释肥料，或建筑材料或耐火砖等。由于 MAP 沉淀法的反应过程受废水中氨氮浓度、有机物含量、反应温度以及其他有毒有害物质的影响较小，因此，该法对于高浓度氨氮废水甚至是难以处理的有毒有害物质含量较高的氨氮废水以及难以生化处理的氨氮废水，都具有较好的处理效果。其中，沉淀产物还可以循环利用达到氨氮资源化的目的。但是采用 MAP 沉淀法的化学试剂镁盐和磷酸盐的价格较高，产生的产物磷酸铵镁价格较低且市场需求量并不大，相对其他处理方法在经济性上并无优势。在药剂投加过程中引入的 Cl^- 或 Mg^{2+}，对后续处理工艺也可能带来不便。目前的主要思路是将 MAP 进行循环利用，降低药剂成本。采用的主要方法是酸分解、湿式热分解和干式热分解。

(4) 生物法

生物法处理氨氮废水处理方法中经过长期发展的较为传统和成熟的氨氮处理工艺，主要是利用微生物的协同作用，将水体中的氨氮逐步氧化为无害的氮气从而排出的方法。微生物的氧化氨氮过程主要分为硝化过程和反硝化过程。硝化过程是指在好氧条件下，废水中的氨氮在硝化细菌的代谢作用下，将水体中的氨氮氧化为硝酸盐或亚硝酸盐的过程；反硝化过程主要是指废水中的硝酸盐在缺氧或厌氧条件下，在反硝化细菌的作用下，将硝酸盐或亚硝酸盐氧化为氮气的过程。其好氧硝化过程的反应方程式如下：

$$NH_4^+ + 1.5O_2 \longrightarrow NO_2^- + 2H^+ + H_2O$$

$$NO_2^- + 0.5O_2 \longrightarrow NO_3^-$$

厌氧反硝化过程的主要方程式为：

$$2NO_3^- + 10H^+ + 10e^- \longrightarrow N_2\uparrow + 2OH^- + 4H_2O$$

$$2NO_2^- + 6H^+ + 6e^- \longrightarrow N_2\uparrow + 2OH^- + 2H_2O$$

生物法处理氨氮废水较新且较为成熟的工艺主要包括传统短程硝化反硝化、同步硝化反硝化和厌氧氨氧化等工艺。

① 短程硝化反硝化。在硝化反应过程中，通过条件控制硝化细菌将氨氮或其他含氮化合物氧化为 NO_2^- 而不是 NO_3^-，再以 NO_2^- 为电子受体将 NO_2^- 直接氧化为 N_2 的过程称为短程硝化反硝化。影响短程消化反硝化的关键因素主要有温度、溶解氧、污泥停留时间、溶解氧、pH 值以及负荷浓度等。

② 同步硝化反硝化。近年来，由于生物技术和工艺研究的进步，使得在统一操作条件和同一反应器中能够同时发生硝化反硝化反应。同步硝化反硝化利用了在同一反应器中，不同时间或者不同空间内的耗氧量和供氧量的差别，通过外部反应条件的控制，使得在同一反应器内部产生了一定的氧气浓度梯度，形成了好氧和厌氧两种条件，使硝化反应和反硝化反应能够在同一容器中同时发生。相比传统的硝化反硝化工艺，同步硝化反硝化碱消耗量、需氧量、消耗碳源量和产泥量等均都有明显优势，是近年来发展起来的最具前景的生物脱氮技术之一。

③ 厌氧氨氧化。在厌氧氨氧化之前，氨氮的氧化都是在好氧或缺氧条件下进行

$$5NH_4^+ + 3NO_3^- \longrightarrow 4N_2\uparrow + 2H^+ + 9H_2O$$

$$NH_4^+ + NO_2^- \longrightarrow N_2\uparrow + 2H_2O$$

厌氧氨氧化作为近年来发展起来的生物脱氮新工艺，通过控制反应条件，将氨氮氧化过程控制在厌氧条件下进行，以亚硝酸盐等为主要的电子受体，在细菌生长过程中主要以 CO_2 为主要碳源，无需添加额外的碳源，并且相对传统的硝化反硝化过程，具有更快的反应速率，固定床和流化床均可以作为厌氧氨氧化工艺的反应器。

(5) 高级氧化法

高级氧化法主要是在传统氧化法的基础上，加入催化剂促进氧化过程的进行或者是利用臭氧、双氧水等氧化剂或者电化学方法将氨氮氧化为 N_2 的过程。因此，高级氧化法又分为催化湿式氧化法、电化学氧化法和光催化氧化法。

高级氧化法对废水中的氨氮具有较高的去除率。然而，药剂以及催化剂等的使用以及电能的消耗等都会大大增加废水处理成本，成为其大规模推广应用的主要阻碍。目前，高级氧化法主要用作其他处理技术的预处理工艺，或者作为废水的深度处理工艺来处理较低浓度的氨氮废水。

(6) 膜吸收法

膜吸收法是近年来快速发展起来的新型膜分离技术。膜吸收法的主要原理是通过疏水微

孔膜，在浓度差的推动作用下，将废水和吸收液分离于膜两侧。通过对 pH 值或其他反应条件的控制，使废水中 NH_4^+ 转变为挥发性的游离 NH_3，进而利用吸收液对挥发性的 NH_3 进行回收，从而达到分离的目的。

膜吸收法由于本身不需要额外添加更多的药剂，只需调节废水的 pH 值以及吸收液的配制，相比传统氨氮废水处理工艺能耗更低；膜吸收过程在常温常压下也能稳定反应，达到氨氮回收的目的。膜吸收过程控制条件简单，不易造成二次污染。

(7) 离子交换与吸附

离子交换法是指溶液中的离子和固体交换剂中的离子通过等物质的量交换反应进行位置互换，达到去除或提取溶液中某种离子的目的。因此，离子交换法是固液相之间进行的可逆性化学反应，涉及固液相之间的传质过程。吸附是指当流体与多孔固体接触时，流体中某一组分或多个组分在固体表面处产生积蓄或指物质表面吸住周围介质中的分子或离子的现象，是一种典型的传质过程。离子交换与吸附法处理氨氮废水主要通过以下两种方式：离子态的 NH_4^+ 主要通过离子交换的方式将吸附剂上的阳离子交换下来，达到去除的目的；非离子态的 NH_3 主要通过物理化学吸附去除氨氮。

离子交换法以其很高的处理效率、原材料无毒、可以再生利用等优点而被用于低浓度氨氮废水的处理中。但是离子交换法也存在较多的问题。离子交换与吸附实际上是一种浓缩反应。经过离子交换处理后的吸附剂还需经过再生处理，才能循环利用。因此，实际应用中大量解吸液的产生给后续处理工艺造成困扰。解吸液的处理及利用是离子交换法的重要组成部分。其次，离子交换反应是一个耗时反应，氨氮的吸附和稳定往往需要较长时间，延长了废水的处理周期。废水中可能存在的竞争离子以及大量有机物等可能对离子交换过程造成重要的影响，降低吸附剂的吸附容量。在处理过程中产生的高盐废水尽管不具有毒性，但是对后续水处理过程以及管道及机械腐蚀方面的影响仍然不容忽视。传统的氨氮吸附剂多种多样，如天然沸石、斜发沸石、丝光沸石等沸石类吸附材料、粉煤灰、膨润土、活性炭以及人工合成的有机离子交换树脂等。以下对几种离子交换剂做简单介绍。

① 沸石类材料。沸石是一种含水架状结构的多孔铝硅酸盐矿物质，沸石由于其独特的结构中存在的色散力以及静电力，因而具有较强的吸附性。沸石通常具有三种组分，首先是具有类似的铝硅酸盐骨架结构，其次骨架内具有可交换的阳离子。沸石中广泛存在的孔道以及空洞使得沸石具有较大的比表面积和交换性能，因而具有较大的离子交换容量。沸石对废水中多种污染物，如重金属、氨氮、苯酚和其他有机污染物，都有一定的吸附性能。

天然沸石分子孔道中存在部分杂质和其他不具有交换能力的分子，在没有经过预处理和改性时，其交换容量往往得不到有效的释放。因此在制备沸石吸附剂时，需对天然沸石改性处理以提高吸附能力。沸石的改性或改型主要是通过改变沸石内部电场、表面、孔径等条件使天然沸石具有更强的吸附或离子交换性能。将沸石进行高温焙烧、酸碱处理、盐类以及表面活性剂等处理都能得到一定的改性效果。

沸石等作为吸附剂廉价易得，制造设备简单，再生简单，具有较强的机械强度，是较好的吸附材料。然而，沸石类材料对废水中污染物的选择性不强，吸附量较低，是其进一步工业化发展的主要阻碍。

② 离子交换树脂。离子交换树脂是一类具有可交换离子活性基团的高分子有机化合物。树脂具有机械强度高、容易再生以及不会产生二次污染的问题。而且离子交换树脂上的交换离子和自由基团由于可以被重新设计，使得离子交换树脂具有更广泛的选择性，能够选择性

地与多种离子发生离子交换反应，因此被广泛应用于污水处理和杂质去除。

离子交换树脂除了具有较高的吸附性能之外，其还具有容易解吸且不会造成二次污染的特点。常见的解吸剂为酸碱盐以及加热等外部条件。

有机阳离子交换树脂用于氨氮废水处理具有如下优点：人工合成的有机树脂含杂离子少，可直接用于氨氮吸附，无需像沸石一样需经过改性清除孔道；树脂可以再生且不会造成二次污染，再生液利于资源综合回收利用；树脂是无毒性物质，对氨氮有较好的吸附效果。其主要受到如下局限：易被废水中有机物污染；对氨氮虽有一定的吸附作用，但与其他竞争阳离子如 Na^+、Ca^{2+} 等相比，氨氮在选择性上并不存在优势，处理效果并不显著等。所以与资源丰富又廉价的天然沸石对比，其在氨氮废水处理方面的应用并不比沸石广泛。

5.3.3 高浓度高盐氨氮废水处理

目前，含氨氮废水处理技术主要包括化学沉淀法、吹脱法、折点加氯法、离子交换法、生物法等。但这些方法对于氨氮废水的处理具有一定的局限性。生物硝化及脱氮由于其经济性的原因，被广泛用于氨氮废水处理。然而这种处理放大到氨氮浓度高于 100mg/L 时，由于没有充足的碳源为微生物的生长提供营养，去除效果很差，对于废水水质波动的适应能力也非常有限。对于高浓度氨氮废水，使用吹脱法能得到较高的去除率，然而这种方法在较低温度及 pH 值条件下去除率会受到较大影响。而且 CO_2 与溶液中的金属离子反应产生的沉淀也会造成吹脱塔的堵塞与结垢。因此，吹脱法常用于高浓度氨氮废水的处理，或结合其他深度处理方法对氨氮废水进行综合处理。

其他氨氮废水处理工艺也存在着处理费用高、高浓度氨氮废水处理效果不佳等问题。其中以沸石为代表的离子交换法有着吸附选择性低、适应性较弱、分离解吸困难的缺点，导致目前离子交换技术在处理氨氮废水方面有一定局限性。氨氮废水中氨氮以 NH_4^+ 形式存在，属于一价离子，与水相中其他阳离子(如 Na^+、Ca^{2+})相比，普通有机树脂对其在选择性上没有优势。针对以上问题，以矿区高浓度高盐氨氮废水为对象，开发了吹脱-吸附联合工艺处理高浓度高盐废水。

(1) 废水水质

取使用石灰水调节 pH 值后压滤的吹脱池综合废水为废水吹脱水样。pH 值调节后进入吹脱池废水初始 pH 值为 12 左右。经过 pH 值调节后，废水中主要金属离子浓度较低，主要金属离子为 Na^+ 以及调节 pH 值过程中产生的 Ca^{2+}。使用纳氏试剂法测得吹脱池废水的初始氨氮浓度为 4000～15000mg/L。

(2) 氨氮吹脱

根据 Matter-Muller 的理论，在一套固定的吹脱系统中，对于含有挥发性组分 A 的循环吹脱系统，吹脱池中挥发性组分 A 的浓度变化与时间的关系可用下式表示。

$$-\ln\frac{C_t}{C_0}=aK_{\mathrm{L}}t$$

$$a=a_{\mathrm{t}}r$$

式中，C_t 和 C_0 分别为吹脱池中挥发性组分 A 在 t 时刻和初始时刻的质量浓度，g/m^3；a 为单位体积废水的气液界面积，m^2/m^3；K_{L} 为总液相传质系数；t 为吹脱时间，h；a_{t} 为单位体积填料的表面积，m^2/m^3；r 为填料与吹脱池的体积比。

以$-\ln(C_t/C_0)$对时间 t 作图，直线斜率可以计算总液相传质系数 K_L，反映其吹脱效率。

基于亨利定律，主要考察了废水 pH 值、吹脱时间、吸收喷淋流量、风机频率以及温度五个因素对氨氮吹脱效率的影响，以期找到最合适的工艺条件。对于吹脱过程来说，各个影响因素的影响次序为 pH 值＞吹脱温度＞吹脱时间＞吹脱气液比。

① 废水 pH 值对氨氮吹脱过程的影响。在溶液中存在着分子态 NH_3 和离子态 NH_4^+ 两种形态的氨氮，它们在不同条件下能够相互转化。在不同的 pH 值条件下，溶液中两种形态氨氮的比例有所不同。当溶液 pH 值升高时，会导致 NH_3 的电离平衡（$NH_3-e^- \rightleftharpoons NH_4^+$）向左进行，生成更多的 NH_3，提高了废水中 NH_3 的摩尔分率，有利于吹脱过程的进行(图 5-10)。当废水 pH 值降低时，NH_3 的电离平衡向右进行，生成更多的 NH_4^+，降低了废水中 NH_3 的摩尔分率。由亨利定律可知，挥发性的 NH_3 的摩尔分率越高，越有利于吹脱过程的进行。

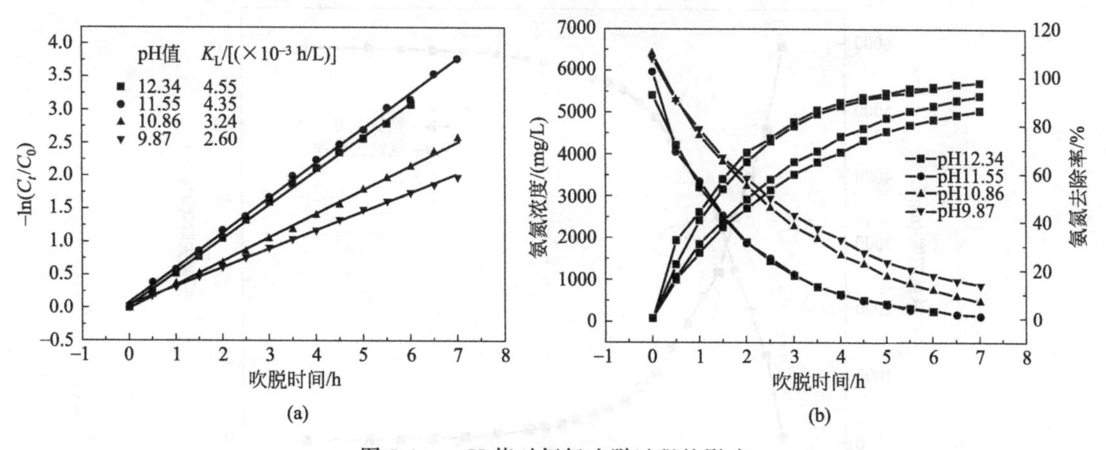

图 5-10 pH 值对氨氮吹脱过程的影响

对应不同 pH 值条件下得到的废水氨氮浓度随吹脱时间的变化关系如图 5-10(b)所示。图 5-10(a)为$-\ln(C_t/C_0)$对吹脱时间 t 作图所得直线及拟合结果，通过直线的斜率计算总液相传质系数 K_L。吹脱 7h 后的氨氮总去除率分别为 95.4%、97.7%、92.4%和 86.1%。吹脱 7h 后，吹脱池废水氨氮浓度分别为 252mg/L、137mg/L、490mg/L 和 874mg/L。

② 吹脱温度对氨氮吹脱过程的影响。温度的变化会导致废水中 NH_4^+ 向 NH_3 的转化，NH_3 的摩尔分率变大，从而提高废水吹脱效率。图 5-11(a)为废水温度分别为 20℃、25℃、35℃和 40℃温度对吹脱过程的影响。用$\ln(C_t/C_0)$对吹脱时间 t 作图。由图可知，在最初吹脱的 2 h 内，氨氮吹脱速率最快。随着吹脱过程的继续，吹脱速率逐渐降低。

③ 吹脱时间对氨氮吹脱过程的影响。考察吹脱时间对吹脱过程氨氮去除率的影响。图 5-12 为吹脱时间对氨氮吹脱过程氨氮去除率的影响。由图可知，吹脱时间为 7h 后，废水中氨氮浓度为 275mg/L，达到吸附进水要求。继续吹脱达到 15h 后，废水中氨氮浓度达到 12.7mg/L，达到国家《污水综合排放标准》(GB 8978—1996)的一级排放标准。最终氨氮去除率达到 99.8%。但是随着废水中氨氮浓度的不断降低，每小时吹脱效率逐渐下降，能耗不断升高，吹脱法的成本会不断升高。因此，考虑在氨氮浓度吹脱到 300mg/L 以下时，采用吸附法继续处理。

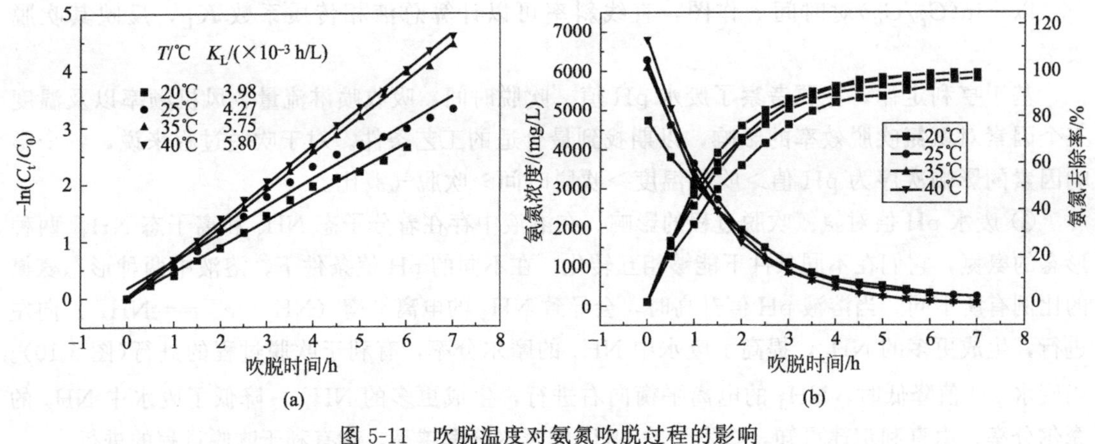

图 5-11 吹脱温度对氨氮吹脱过程的影响

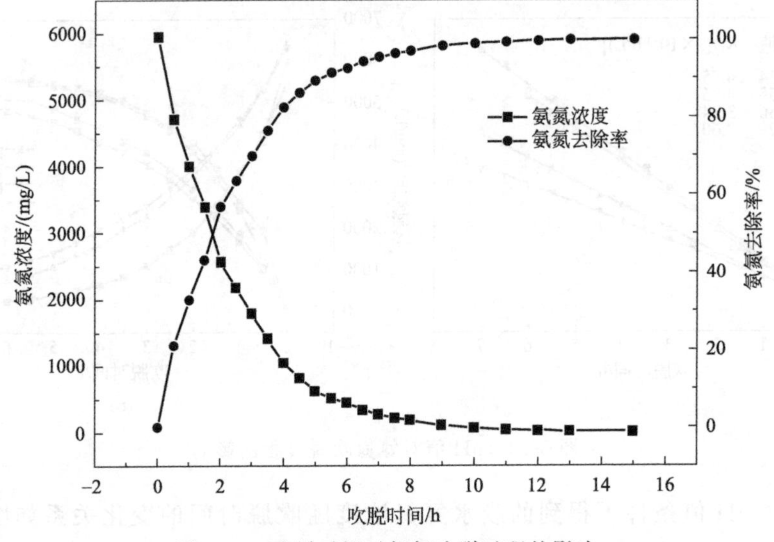

图 5-12 吹脱时间对氨氮吹脱过程的影响

（3）吸附材料的筛选

螯合树脂是一类能与金属离子形成多配位络合物的交联功能高分子材料。螯合树脂吸附的机理是树脂上的功能原子（O、P、S、N 等）中存在着未成键的孤电子对，这些含有孤电子对的功能基团与金属离子发生配位反应，形成类似小分子螯合物的稳定结构。离子交换树脂去除吸附质的机理是主要静电作用以及其他分子间作用力。因此，与离子交换树脂相比，螯合树脂与金属离子的结合力更强，选择性也更高。根据官能团上配位原子的不同，可以将螯合树脂分为含 N 型、含 S 型、含 O 型、含 P 型、含 As 型以及混合型螯合树脂。

① 官能团筛选。在所有螯合树脂中，氨基羧酸型螯合树脂由于其有两种及以上的官能团，树脂中的 N 原子除自身的一对孤对电子外，还存在 3 个未成键的电子，能够参与金属离子的配位，因而能与多种金属离子进行配位反应。氨基羧酸型螯合树脂是典型的以 O—N 为混合配位原子的螯合树脂。而且，氨基的存在使得树脂呈现出亲水性，在水溶液中能够顺利使用。而羧酸根也具有一定的配位能力，因此与金属离子的配位更牢固，选择性更高，吸附量更大，在实际应用中得到了很大的发展。

采用国内几种典型的氨基羧酸盐树脂为对象，并对树脂进行改性，考察改性后的树脂在氨水溶液中的稳定性。其结果如表 5-5 所示。结果表明，AMAR-5-M(M 为过渡金属)树脂具有较大的负载容量且改性后在氨水溶液中具有较高的稳定性。

表 5-5 典型氨基羧酸型树脂的筛选

树脂型号	负载量/(mmol/kg)	改性树脂在氨水溶液中的稳定性
AMAR-1-M	≥0.65	脱落
AMAR-2-M	≥0.4	脱落
AMAR-3-M	≥0.4	脱落
AMAR-4-M	≥0.4	脱落
AMAR-5-M	≥0.65	未脱落

② 水稳定性筛选。矿区氨氮废水由于其高盐度，导致处理成本较高。在高盐度条件下，传统微生物法如活性污泥法等的使用受到限制，许多微生物在高盐度条件下难以生存。在矿区废水的处理过程中，可能存在着各种各样的竞争离子或污染物阻碍了吸附剂对目标污染物的去除。常见的阳离子如 Na^+、K^+、Ca^{2+}、Mg^{2+} 等，常见的阴离子如 PO_4^{3-}、Cl^-、SO_4^{2-} 等以及在水体中常见的微生物污染物以及有机物的存在，都可能会对吸附剂的吸附过程产生干扰。由于吸附剂上的吸附点位有限，竞争离子的存在可能会对氨氮吸附过程产生很大程度上的削弱作用。需要考察 AMAR-5-M 在竞争离子存在条件下的稳定性及对氨氮吸附效果的影响。因此，吹脱后的氨氮废水考察 AMAR-5-Cu、AMAR-5-Zn、AMAR-5-Ni 在高盐氨氮废水条件的稳定性，其结果如表 5-6 所示。由表 5-6 可以看出，三种金属负载螯合树脂在不同浓度共存离子 Na^+、Ca^{2+}、K^+、Mg^{2+} 等的作用下，都较为稳定，未出现金属离子脱落的现象。表明经过改性后的 AMAR-5 具有较好的稳定性。

表 5-6 改性螯合树脂 AMAR-5-M 在竞争离子存在下的稳定性

竞争离子浓度/(mg/L)		AMAR-5-Cu	AMAR-5-Zn	AMAR-5-Ni
		Cu^{2+}浓度/(mg/L)	Zn^{2+}浓度/(mg/L)	Ni^{2+}浓度/(mg/L)
Na^+	5000	未检出	未检出	未检出
	10000	未检出	未检出	未检出
	20000	0.03	0.02	0.02
	50000	0.02	0.03	0.03
K^+	5000	未检出	未检出	未检出
	10000	未检出	未检出	未检出
	20000	0.01	0.01	0.01
	50000	0.02	0.02	0.03
Ca^{2+}	100	未检出	未检出	未检出
	200	未检出	未检出	未检出
	500	0.02	0.03	0.03
Mg^{2+}	100	未检出	未检出	未检出
	200	未检出	未检出	未检出
	500	0.03	0.04	0.03

③ 吸附容量筛选。图 5-13 为在纯氨水为模拟废水条件下，温度为 298K，振荡速率为 120r/min 时，不同的氨氮浓度对 AMAR-5-Cu、AMAR-5-Zn、AMAR-5-Ni 溶液中氨氮的吸附性能的影响。

由图 5-13 可知，随着初始氨氮浓度的升高，三种螯合树脂 AMAR-5-M 对氨氮的吸附性能均逐渐升高。在 AMAR-5-Cu、AMAR-5-Zn、AMAR-5-Ni 中，AMAR-5-Cu 对氨氮具有最好的吸附性能。在给定最高初始氨氮浓度为 4000mg/L 时，AMAR-5-Cu、AMAR-5-Zn、AMAR-5-Ni 对氨氮的最大吸附量分别达到 40.03mg/g、30.43mg/g 和 32.74mg/g。结合各金属离子与氨形成配合物的稳定性，可知 AMAR-5-Cu＞AMAR-5-Ni＞ AMAR-5-Zn。

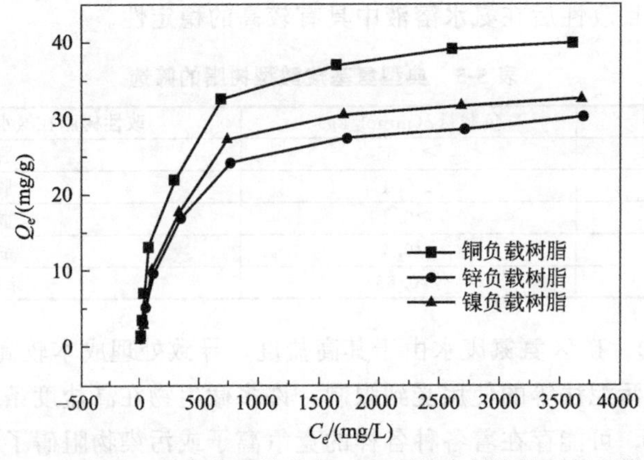

图 5-13　铜负载、锌负载、镍负载 IDA 型螯合树脂的氨氮吸附性能

(4) 吹脱-吸收工艺连续运行结果

在经过连续 1 个月的调试运行之后，废水温度在 20～40℃，废水 pH 值调节在 11～12.5 运行。保证在吹脱 7h 后废水浓度达到 300mg/L 以下，使其达到吸附进水的浓度要求。交换柱处理 30 m^3 废水后，连续运行 28d 之后的结果如图 5-14 所示。由图可知，吹脱-吸附联合工艺处理高浓度高盐氨氮废水具有良好的效果，稳定运行后能氨氮实现稳定达标排放，出水氨氮浓度小于 15mg/L。

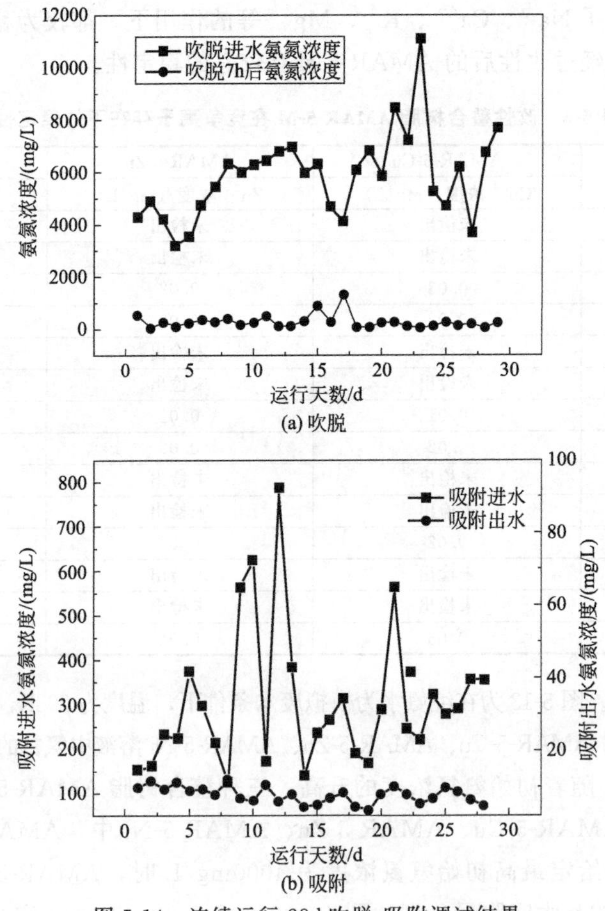

图 5-14　连续运行 28d 吹脱-吸附调试结果

参考文献

[1] Acharya BS, Kharel G. Acid Mine Drainage from Coal Mining in the United States - An overview [J]. Journal of Hydrology, 2020, 588: 125061.

[2] Agah H, Leermakers M, Elskens M, et al. Accumulation of Trace Metals in the Muscle and Liver Tissues of Five Fish Species from the Persian Gulf [J]. Environmental Monitoring and Assessment, 2009, 157 (1-4): 499.

[3] Allison JE, Boutin C, Carpenter D, et al. Cerium Chloride Heptahydrate ($CeCl_3$ center dot $7H_2O$) Induces Muscle Paralysis in the Generalist Herbivore, *Melanoplus sanguinipes* (Fabricius) (Orthoptera: Acrididae), Fed Contaminated Plant tissues [J]. Chemosphere, 2015, 120, 674-679.

[4] Bao Z, Watanabe A, Sasaki K, et al. A Rice Gene for Microbial Symbiosis, Oryza Sativa CCaMK, Reduces CH_4 Flux in a Paddy Field with Low Nitrogen Input [J]. Applied and Environmental Microbiology, 2014, 80 (6): 1995-2003.

[5] Bhardwaj M, Leli NM, Koumenis C, et al. Regulation of autophagy by canonical and non-canonical ER stress responses [J]. Seminars in Cancer Biology, 2020, 66: 116-128.

[6] Bian ZF, Miao X X, Lei SG, et al. The Challenges of Reusing Mining and Mineral-Processing Wastes [J]. Science, 2012, 337: 702-703.

[7] Biao YE, Qing H U, Zhou L, et al. Study on the Ammonium-Nitrogen Removal from Landfill Leachate by Magnesium-Ammonium-phosphate Precipitation. Environmental Pollution & Control, 2013, 35: 31-35.

[8] Carranza-Álvarez C, Alonso-Castro AJ. Accumulation and Distribution of Heavy Metals in *Scirpus americanus*, and *Typha latifolia*, from an Artificial Lagoon in San Luis Potosí, México [J]. Water Air & Soil Pollution, 2008, 188 (1-4): 297-309.

[9] Cattle JA, McBratney, AB, Kriging BM. Method Evaluation for Assessing the Spatial Distribution of Urban Soil Lead Contamination [J]. Journal of Environmental Quality, 2002, 31 (5): 1576-1588.

[10] Chen J, Meng T, Li Y, et al. Effects of Triclosan on Gonadal Differentiation and Development in the Frog *Pelophylax nigromaculatus* [J]. Journal of Environmental Sciences, 2018, 64: 157-165.

[11] Cheng C, Di S, Chen L, et al. Enantioselective Bioaccumulation, Tissue Distribution, and Toxic Effects of Myclobutanil Enantiomers in *Pelophylax nigromaculatus* tadpole [J]. Journal of Agricultural and Food Chemistry, 2017, 65 (15): 3096-3102.

[12] Cubillos-Ruiz JR, Bettigole SE, Glimcher LH. Tumorigenic and Inmunosuppressive Effects of Ndcplasmic Reticulum Stress in Cancer [J]. Cell, 2017: 692-706.

[13] Cui Q, Pan Y, Zhang H, et al. Occurrence and Tissue Distribution of Novel Perfluoroether Carboxylic and Sulfonic Acids and Legacy per/polyFluoroalkyl Substances in Black-Spotted Frog (*Pelophylax Nigromaculatus*) [J]. Environmental Science & Technology, 2018, 52 (3): 982-990.

[14] De Souza MR, Da Silva FR, De Souza CT, et al. Evaluation of the Genotoxic Potential of Soil Contaminated with Mineral Coal Tailings on Snail Helix Aspersa [J]. Chemosphere, 2015, 139: 512-517.

[15] Değermenci N, Ata ON, Yildız E. Ammonia Removal by Air Stripping in a Semi-Batch Jet Loop Reactor. Journal of Industrial & Engineering Chemistry, 2012, 18: 399-404.

[16] Della TG, Trudeau VL, Gratwicke B, et al. Effects of Hormonal Stimulation on the Concentration and Quality of Excreted Spermatozoa in the Critically Endangered Panamanian Golden Frog (*Atelopus zeteki*) [J]. Theriogenology, 2017, 91: 27-35.

[17] Fanfani-L. Heavy Metals Speeiation Analysis as a Tool for Studying Mine Tailing Weathering. Journal of Geoehemieal Exploration, 1997, 58 (2-3): 241-248.

[18] Feng G, Xie T, Wang X, et al. Metagenomic Analysis of Microbial Community and Function Involved in c, d-Contaminated Soil [J]. BMC Microbiology, 2018, 18 (1): 11-23.

[19] Guo XC, Chen L, Chen J, et al. Quantitatively Evaluating Detoxification of the Hepatotoxic MicrocystinLR through

the Glutathione (GSH) Pathway in SD Rats [J]. Environmental Science and Pollution Research, 2015, 22: 19273-19284.

[20] Gururajan K, Belur PD. Screening and Selection of Indigenous Metal Tolerant Fungal Isolates for Heavy Metal Removal [J]. Environmental Technology & Innovation, 2017, 11 (9): 91-99.

[21] Hao XZ, Wang DJ, Wang PR, et al. Evaluation of Water Quality in Surface Water and Shallow Groundwater: a Case Study of a Rare Earth Mining Area in Southern Jiangxi Province, China [J]. Environmental Monitoring and Assessment, 2016: 188 (1): 24.

[22] He XY, Zheng CL, Sui X, et al. Biological Damage to SD Rat by Excessive Anions Contaminated Groundwater from Rare Earth Metal Tailings Ponds Seepage [J]. Journal of Cleaner Production, 2018, 185: 523-532.

[23] Huang X, Deng H, Zheng C, et al. Hydrogeochemical Signatures and Evolution of Groundwater Impacted by the Bayan Obo Tailing Pond in Northwest China [J]. Science of the Total Environment, 2016: 543, 357-372.

[24] Huang X, Feng Y, Tang H, et al. Candidate Animal Disease Model of Elizabethkingia spp. Infection in Humans, Based on the Systematic Pathology and Oxidative Damage Caused by E. Miricola in Pelophylax Nigromaculatus [J]. Oxidative Medicine and Cellular Longevity, 2019 (12): 1-13

[25] Huang X, Zhang GX, Pan A, et al. Protecting the Environment and Public Health from Rare Earth Mining [J]. Earth Future, 2016, 4 (11): 532-535.

[26] Jeong G, Jung JH, Lim JH. A Computational Mechanistic Study of Breakpoint Chlorination for the Removal of Ammonia Nitrogen from Water [J]. Journal of Chemical Engineering of Japan, 2014, 47: 225-229.

[27] Khan ZI, Bibi Z, Ahmad K, et al. Risk Evaluation of Heavy Metals and Metalloids Toxicity Through Polluted Vegetables from Waste Water Irrigated Area of Punjab, Pakistan: Implications for Public Health [J]. Human and Ecological Risk Assessment, 2015, 21: 2062-2076.

[28] Lanctôt C, Bennett W, Wilson S, et al. Behaviour, Development and Metal Accumulation in Striped Marsh Frog Tadpoles (*Limnodynastes peronii*) Exposed to Coal Mine Wastewater [J]. Aquatic Toxicology, 2016, 173: 218-227.

[29] Langdon A. Bioaccumulation of Heavy Metals in Fishes from Taihu Lake, China [J]. Journal of Environmental Sciences, 2007 (12): 1500-1504.

[30] Li HH, Chen LJ, Yu L, et al. Pollution Characteristics and Risk Assessment of Human Exposure to Oral Bioaccessibility of Heavy Metals Via Urban Street Dusts from Different Functional Areas in Ch Risk Evaluation of Heavy Metals and Metalloids Toxicity through Polluted Vegetables from Waste Water engdu, China [J]. Science of the Total Environment, 2017, 586: 1076-1084.

[31] Li Y, Chen J, Wang Y, et al. The Effects of the Recombinant YeaZ of Vibrio Harveyi on the Resuscitation and Growth of Soil Bacteria in Extreme Soil Environment [J]. PeerJ, 2020, 8 (3): 10342.

[32] Li Y, Chen J, Yang Z, et al. Changes in Desert Steppe Soil Culturable Bacteria from Northwestern China and Correlation with Physicochemical Parameters [J]. Toxicological & Environmental Chemistry, 2017, 99 (5-6): 809-823.

[33] Li YY, Xu W, Chen XR, et al. Low Concentrations of 17β-Trenbolone induce Female-to-Male Reversal and Mortality in the Frog *Pelophylax nigromaculatus* [J]. Aquatic Toxicology, 2015, 158: 230-237.

[34] Liang T, Li KX, Wang LQ. State of Rare Earth Elements in Different Environmental Components in Mining Areas of China [J]. Environmental Monitoring and Assement, 2014, 186: 1499-1513.

[35] Liu J, Yao J, Wang F, et al. Bacterial Diversity in Typical Abandoned Multi-Contaminated Nonferrous Metal (loid) Tailings during Natural Attenuation [J]. Environmental Pollution, 2019, 247: 98-107.

[36] Liu XY, Shi HD, Bai ZK, et al. Heavy Metal Concentrations of Soils near the Large Opencast Coal Mine Pits in China [J]. Chemosphere, 2020, 244: 125360.

[37] Lodemann U, Martens H. Effects of Diet and Osmotic Pressure on Nap Transport and Tissue Conductance of Sheep Isolated Rumen Epithelium [J]. Experimental Physiology, 2006, 91: 539-550.

[38] Loumbourdis NS, Kostaropoulos I, Theodoropoulou B, et al. Heavy Metal Accumulation and Metallothionein Concentration in the frog Rana Ridibunda after Exposure to Chromium or a Mixture of Chromium and Cadmium [J]. Environmental Pollution, 2007, 145 (3): 787-792.

[39] Luo Z, Ma J, Chen F, et al. Effects of Pb Smelting on the Soil Bacterial Community near a Secondary Lead Plant [J]. International Journal of Environmental Research & Public Health, 2018, 15 (5): 1030-1045.
[40] Migaszewski ZM, Galuszka A. The Characteristics, Occurrence, and Geochemical Behavior of Rare Earth Elements in the Environment: a Review [J]. Critical Reviews in Environmental Science and Technology, 2015, 45: 429-471.
[41] Mohammad FK, HyungRK, HanJC. Endoplasmic Reticulum Stress and Autophagy [M]. Endoplasmic Reticulum. Chapter, 2018: 1-25.
[42] Monterroso C, Rodrguez F, Chaves R, et al. Heavy Metal Distribution in Mine-Soils and Plants Growing in a PB/Znminging Area in NW Spain [J]. Applied Geochemistry, 2014, 44: 3-11.
[43] Muhammad S, Shah MT, Khan S. Health Risk Assessment of Heavy Metals and Their Source Apportionment in Drinking Water of Kohistan Region, Northern Pakistan [J]. Microchemical Journal, 2011, 98 (2): 334-343.
[44] Othman MS, Khonsue W, Kitana J, et al. Cadmium Accumulation in Two Populations of Rice Frogs (*Fejervarya limnocharis*) Naturally Exposed to Different Environmental Cadmium levels [J]. Bulletin of Environmental Contamination & Toxicology, 2009, 83 (5): 703-707.
[45] Porta CS, Dos Santos DL, Bernardes HV, et al. Cytotoxic, Genotoxic and Mutagenic Evaluation of Surface Waters from a Coal Exploration Region [J]. Chemosphere, 2017, 172: 440-448.
[46] Prokic MD. Oxidative Stress Parameters in Two *Pelophylax Esculentus* Complex Frogs during pre- and post-Hibernation: Arousal vs Heavy Metals [J]. Comparative Biochemistry & Physiology Toxicology & Pharmacology Cbp, 2017, 202: 19-25.
[47] Qi Z, Chen L. Endoplasmic Reticulum Stress and Autophagy. Science Press and Springer Nature Singapore Pte Ltd. Z.-H. Qin (ed.), Autophagy: Biology and Diseases, Advances in Experimental [M]. Medicine and Biology, 2019, 1206: 167-177.
[48] Razak NHA, Praveena SM, Aris AZ, et al. Drinking Water Studies: A Review on Heavy Metal, Application of Biomarker and Health Risk Assessment (a Special Focus in Malaysia) [J]. Journal of Epidemiology and Global Health, 2015 (5): 297-310.
[49] Romero-Freire A, Fernandez IG, Torres MS, et al. Long-Term Toxicity Assessment of Soils in a Recovered Area Affected by a Mining Spill [J]. Environmental Pollution, 2016, 208: 553-561.
[50] Sainz A, Grande JA, Torre MLDL. Characterisation of Heavy Metal Discharge into the Ria of Huelva [J]. Environment International, 2004, 30 (4): 557.
[51] Salgueiro A. R., Pereira H. G., Rico M. T., et al. Application of Correspondence Analysis in the Assessment of Mine Tailings Dam Breakage Risk in the Mediterranean Region [J].. Risk Analysis, 2008, 28 (1): 13-23.
[52] Sanchez W, Burgeot T, Porcher JM. A novel "Integrated Biomarker Response" Calculation Based on Reference Deviation Concept [J]. Environmental Science and Pollution Rearch, 2013, 20: 2721-2725.
[53] Sanchez W, Porcher JM. Fish Biomarkers for Environmental Monitoring within the Water Framework Directive of the European Union [J]. Trac-Trends in Analytical Chemistry, 2009, 28: 150-158.
[54] Schophuizen CMS, De Napoli IE, Jansen J. Development of a Living Membrane Comprising a Functional Human Renal Proximal Tubule Cell Monolayer on Polyethersulfone Polymeric Membrane [J]. Acta Biomater, 2015, 14: 22-32.
[55] Sfholm M, Norder A, Fick J, et al. Disrupted Oogenesis in the Frog *Xenopus Tropicalis* after Exposure to Environmental Progestin Concentrations [J]. Biology of Reproduction, 2012, 86 (4): 1-7.
[56] Sims A, Zhang Y, Gajaraj S, et al. Toward the Development of Microbial Indicators for Wetland Assessment [J]. Water Research, 2013, 47: 1711-1725.
[57] Sun N, Wang H, Ju Z, et al. Effects of Chronic Cadmium Exposure on Metamorphosis, Skeletal Development, and Thyroid Endocrine Disruption in Chinese toad Bufo Gargarizans Tadpoles [J]. Environmental Toxicology and Chemistry, 2018, 37: 213-223.
[58] Sun Z, Xie X, Wang P, et al. Heavy Metal Pollution Caused by Small-Scale Metal Ore Mining Activities: a Case Study from a Polymetallic Mine in South China [J]. Science of the Total Environment, 2018, 639: 217-227.
[59] Talukdar B, Kalita HK, Basumatary S, et al. Cytotoxic and Genotoxic Affects of Acid Mine Drainage on Fish *Chan-*

napunctata (Bloch) [J] . Ecotoxicology ant Environmental Safety, 2017, 144: 72-78.

[60] Tiwar AK, Maio MD. Assessment of Risk to Human Health Due to Intake of Chromium in the Groundwater of the Aosta Valley region, Italy [J] . Human and Ecological Risk Assement, 2017, 23 (5): 1153-1163.

[61] Wang C, Liang G, Chai L, et al. Effects of Copper on Growth, Metamorphosis and Endocrine Disruption of *Bufo Gargarizans* larvae [J] . Aquatic Toxicology, 2016, 170: 24-30.

[62] Wang XB, Ge JP, Li JS, et al. Market Impacts of Environmental Regulations on the Production of Rare Earths: a Computable General Equilibrium Analysis for China [J] . Journal of Cleaner Production, 2017, 154: 614-620.

[63] Xinli An et al. The Patterns of Bacterial Community and Relationships between Sulfate-Reducing Bacteria and Hydrochemistry in Sulfate-Polluted Groundwater of Baogang Rare Earth Tailings [J] . Environmental Science and Pollution Research, 2016, 23 (21): 21766-21779.

[64] Ye ZH, Wong JWC, Wong MH, et al. Lime and Pig Manure as Ameliorants for Revegetating Lead/Zinc Mine Tailings: A Greenhouse Study [J] . Bioresource Technology, 1999, 69 (1): 35-43.

[65] Yonezawa Y, Ohsumi T, Miyashita T, et al. Evaluation of Skin Phototoxicity Study Using SD Rats by Transdermal and Oral Administration [J] . J. Toxicol. Sci, 2015, 40: 667-683.

[66] Zhang H, Cai C, Wu Y, et al. Mitochondrial and Endoplasmic Reticulum Pathways Involved in Microcystin-LR-Induced Apoptosis of the Testes of Male Frog (*Rana Nigromaculata*) in Vivo [J] . Journal of Hazardous Materials, 2013, 252-253: 382-389.

[67] Zhang J, Gao X, Pan Y, et al. Toxicology and Immunology of Ganoderma Lucidum Polysaccharides in Kunming Mice and Wistar rats [J] . International Journal of Biological Macromolecules, 2016, 85: 302-310.

[68] Zhao ZQ, Shahrour I, Bai ZK, et al. Soils Development in Opencast Coal Mine Spoils Reclaimed for 1-13 Years in the West-Northern Loess Plateau of China [J] . European Journal of Soil Biology, 2013, 55: 40-46.

[69] Zornoza R, Acosta JA, Martinez-Martinez S, et al. Main Factors Controlling Microbial Community Structure and Function after Reclamation of a Tailing Pond with Aided Phytostabilization [J] . Geoderma, 2015, 245: 1-10.

[70] 蔡深文，倪朝辉，刘斌，等．赤水河主要经济鱼类重金属含量及风险评价 [J]．淡水渔业，2017，47 (3)：105-112.

[71] 曹翠玲，于学胜，耿兵，等．露天煤矿废弃地复垦技术及案例研究 [J]．西安科技大学学报，2013，33 (1)：51-55.

[72] 曹会兰，李吉锋，张红侠．黄河渭南段湿地底泥重金属污染及潜在危害分析 [J]．渭南师范学院学报，2014，29 (23)：37-40.

[73] 陈聪聪，赵怡晴，姜琳婧．尾矿库溃坝研究现状综述 [J]．矿业研究与开发，2019，39 (6)：103-108.

[74] 陈梦舫．我国工业污染场地土壤与地下水重金属修复技术综述 [J]．中国科学院院刊，2014，29 (3)：327-335.

[75] 陈敏．地下水污染修复技术综述 [J]．云南化工，2020，47 (11)：12-14.

[76] 陈勤，沈羽，方炎明，等．紫湖溪流域重金属污染风险与植物富集特征 [J]．农业工程学报，2014，30 (14)：198-205.

[77] 程琳，陈吉祥，李彦林，等．荒漠草原植物骆驼蓬根际土壤细菌群落分析 [J]．干旱区研究，2018，35 (4)：977-983.

[78] 储昭霞，王兴明，涂俊芳，等．重金属 (Cd、Cu、Zn 和 Pb) 在淮南塌陷塘鲫鱼体内的分布特征及健康风险 [J] 环境化学，2014，33 (9)：1433-1438.

[79] 代宏文．矿区生态修复技术 [J]．中国矿业，2010，19 (8)：58-61.

[80] 丁丽，冀玉良，李懿．不同林龄油松根际土壤微生物群落多样性及其影响因子 [J]．水土保持研究，2020，141 (4)：188-195，204.

[81] 樊佳炜，武海霞，陈卫刚．氨氮废水的高级氧化处理技术研究进展 [J]．南京工业大学学报 (自然科学版)，2020，42 (2)：142-151.

[82] 冯潇艳．吸附法处理氨氮废水的研究 [J]．山西化工，2020，40 (5)：201-202，213.

[83] 冯玉兰，周静．兰州市部分蔬菜重金属含量及健康风险评价 [J]．西北民族大学学报 (自然科学版)，2013，34 (2)：76-80.

[84] 付雄略，陈永华，刘文胜，等．湖南省衡阳市某铅锌尾矿区植物多样性及其重金属富集性研究 [J]．中南林业科技大学学报，2017 (7)：130-135.

[85] 甘怀斌，胡兆吉，高涛．吹脱法处理高浓度氨氮废水的气液传质特性［J］．南昌大学学报（工科版），2019，41（3）：215-220.

[86] 高玉倩，张俊英，李富平，等．生物修复矿区铅锌污染研究［J］．现代矿业，2012（4）：65-67.

[87] 高泽晨，张天阳，黄飘怡，等．应用紫外/氯组合工艺去除微污染原水中氨氮的特性研究［J］．环境科学学报，2019，39（10）：3427-3433.

[88] 郭蕊．环境重金属污染对花背蟾蜍繁殖对策的影响［D］．兰州：兰州大学，2019.

[89] 郭伟，付瑞英，赵仁鑫，等．内蒙古包头白云鄂博矿区及尾矿区周围土壤稀土污染现状和分布特征［J］．环境科学，2013（5）：1895-1900.

[90] 郭蔚丽，石改新．浅析栾川露采矿山地质环境保护与恢复治理［J］．资源导刊，2014（5）：10-11.

[91] 郭晓霞，刘景辉，张星杰，等．免耕对旱作燕麦田耕层土壤微生物生物量碳、氮、磷的影响［J］．土壤学报，2012，49（3）：575-580.

[92] 韩剑宏，杜方圆，李卫平，等．黄河湿地（黄河片区）土壤重金属风险评价［J］．江苏农业科学，2017，45（07）：239-243.

[93] 韩煜，全占军，王琦，等．金属矿山废弃地生态修复技术研究［J］．环境保护科学，2016，42（02）：108-113，128.

[94] 何彩庆，陈云嫩，殷若愚，等．离子交换/吸附法净化氨氮废水的研究进展［J］．应用化工，2021，50（2）：481-485.

[95] 何娜，刘静静．铅锌矿周围土壤重金属形态分布研究［J］．轻工科技，2016（1）：87-89.

[96] 何一帆．云南8种无尾两栖类呼吸和水分调节器官的环境适应性研究［D］．昆明：云南师范大学，2018.

[97] 胡柳，王丹，梁良．短程硝化反硝化脱氨氮概述［J］．资源节约与环保，2020，222（5）：69-70.

[98] 环境保护部．矿山生态环境保护与恢复治理技术规范（HJ651-2013试行）［S］．北京：中国环境科学出版社，2013.

[99] 黄凯，张学洪，张杏锋．改良剂对铅锌尾矿砂重金属形态的影响［J］．湖北农业科学，2014，53（21）：5126-5130.

[100] 黄凯，张雪娇，冯媛，等．河南省尾矿库土壤重金属污染评价及优势植物重金属累积特征［J］．黑龙江农业科学，2018（1）：51-56.

[101] 黄龙，孙文亮．有色冶金氨氮废水处理技术研究进展［J］．中国有色冶金，2020，49（2）：73-76.

[102] 黄涛，求瑞娟，司万童，等．稀土尾矿库渗漏水污染对花背蟾蜍胚后发育的毒性作用［J］．南方农业学报，2019，50（2）：412-417.

[103] 黄涛．包头市典型湿地复合污染的生物监测与评价［D］．内蒙古科技大学，2019.

[104] 简敏菲，李玲玉，徐鹏飞，等，潘阳湖-乐安河湿地水土环境中重金属污染的时空分布特征闭［J］．环境科学，2014，35（5）：1759-1765.

[105] 简敏菲，李玲玉，余厚平，等．鄱阳湖湿地水体与底泥重金属污染及其对沉水植物群落的影响［J］．生态环境学报，2015，01（24）：96-105.

[106] 江泽慧．中国干旱地区土地退化综合监测与评价指标体系建设研究［M］．北京：中国林业出版社，2013：1-2.

[107] 康海成．宝鸡市矿山水土流失特点与防治措施［J］．中国水土保持，2013（7）：32-33.

[108] 雷冬梅，徐晓勇，段昌群．矿区生态恢复与生态管理的理论及实证研究［M］．北京：经济科学出版社，2012：11.

[109] 李榜江．贵州山区煤矿废弃地重金属污染评价及优势植物修复效应研究［D］．重庆：西南大学，2014.

[110] 李成，江建平．无尾两栖类在不同生活史阶段的栖息环境［J］．四川动物，2016，35（6）：950-955.

[111] 李国志，张景然．矿产资源开发生态补偿文献综述及实践进展［J］．自然资源学报，2021，36（2）：525-540.

[112] 李海东，沈渭寿，司万童．中国矿区土地退化因素调查指标与方法探讨［J］．生态与农村环境学报，2015（4）445-451.

[113] 李建峰，于水利，姚加兴．膜吸收法分离回收废水中氨氮的研究［J］．中国给水排水，2017，33（5）：80-84.

[114] 李鸣，刘琪璟．鄱阳湖水体和底泥重金属污染特征与评价［J］．南昌大学学报（理科版），2010，34（5）：486-489.

[115] 李姝江，朱天辉，刘子雄．两种退耕还林模式对土壤微生物优势类群的影响［J］．水土保持通报，2014，34

(2)：186-191.

[116] 李万江．重金属铅、汞对花背蟾蜍蝌蚪毒性作用的初步研究［D］．兰州：西北师范大学，2015.

[117] 李维山．毒重石尾矿渣的淋溶浸泡实验及其处理和综合利用途径研究［D］．重庆：重庆大学，2007.

[118] 李向敏，王薪清，姜磊，等．尾矿治理中植物修复技术研究进展［J］．环境科技，2019，32（5）：71-75.

[119] 李艳斌．Cr（6+）慢性暴露对中华大蟾蜍胚胎和蝌蚪的毒理效应研究［D］．西安：长安大学，2019.

[120] 李艳君，王建英，郑春丽，等．包钢尾矿坝及周边土壤重金属复合污染特征［J］．金属矿山，2011（5）：137-140.

[121] 廖佳，冯冲凌，李科林，等．耐性真菌HA吸附铅、锌的影响因素及吸附机理研究［J］．微生物通，2015（2）：254-263.

[122] 刘炳君，杨扬，李强．调节茶园土壤pH对土壤养分、酶活性及微生物数量的影响［J］．安徽农业科学，357（32）：19822-19824.

[123] 刘国顺，李正，敬海霞，等．连年翻压绿肥对植烟土壤微生物量及酶活性的影响［J］．植物营养与肥料学报，2010，16（6）：1472-1478.

[124] 刘海洋，何仕均，杨春平，等．膜吸收法去除丙烯腈废水中的氰化物和氨氮［J］．中国给水排水，2010，26（15）：86-88.

[125] 刘华秋，付融冰，温东东，等．颗粒活性炭对尾渣污染地下水中氰化物的吸附去除效能［J］．环境化学，2020，39（12）：3531-3541.

[126] 刘建博，潘登，江安娜，等．镉暴露对文蛤雄性生殖细胞的影响［J］．环境科学学报，2013，33（7）：2036-2043.

[127] 刘建林，谢杰．膜芬顿技术在污水深度处理中的应用［J］．中国给水排水，2020，36（22）：145-151.

[128] 刘娟，张雪峰，司万童，等．尾矿库周边地下水对SD大鼠的毒性效应研究［J］．环境科学与技术，2014（12）：129-133.

[129] 刘坤，杨杉，汪军，等．不同城市绿地土壤重金属污染特征及其季节分异［J］．环境影响评价，2018，40（1）：73-77.

[130] 刘琴，刘文芳．我国地下水污染治理技术研究综述［J］．中国矿业，2016，25（S2）：158-162.

[131] 刘桃倩．白云鄂博矿山生态环境评价分析及修复措施［D］．北京：北京林业大学，2016.

[132] 刘婷婷，蒲云霞，王文瑞，等．2010—2011年内蒙古地区食品中铅、镉、汞污染调查分析［J］．中国食品卫生杂志，2013，25（6）：548-551.

[133] 刘洋，凌去非，于连洋，等．氨氮胁迫对泥鳅不同组织SOD和GSH-PX活性的影响［J］．安徽农业科学，2011，39（2）：1069-1072.

[134] 卢祥云，张燕萍，吴海东，等．汞离子和铜离子对中华大蟾蜍蝌蚪联合毒性研究［J］．四川动物，2006（2）：379-381.

[135] 陆雷达，金叶飞，施维林，等．LAS与Cu^{2+}单一及复合污染对泥鳅肝脏SOD，CAT活性的影响［J］．水产科学，2007，26（12）：648-651.

[136] 罗旦，陈吉祥，程琳，等．陕北沙化区3种主要植物根际土壤细菌多样性与土壤理化性质相关性分析［J］．干旱区资源与环境，2019，33（3）：151-157.

[137] 毛欣，陈旭，李长安，等．大冶市城市湖泊表层水体中重金属的分布特征及其来源［J］．安全与环境工程，2013（5）：33-37.

[138] 孟妍君，秦鹏．珠江三角洲滨海湿地土壤微生物群落多样性与养分的耦合关系［J］．水土保持研究，2020，143（6）：83-90.

[139] 米志平，廖文波．林蛙属3物种皮肤的组织结构比较［J］．动物学杂志，2016，51（5）：844-852.

[140] 苗菲菲，司万童，刘菊梅，等．尾矿库渗漏水导致泥鳅氧化损伤与DNA损伤的研究［J］．广东农业科学，2012，16：162-164.

[141] 缪周伟，吕树光，邱兆富，等．原位热处理技术修复重质非水相液体污染场地研究进展［J］．环境污染与防治，2012，34（8）：63-68.

[142] 潘尚涛．包钢尾矿库库坝稳定性研究［D］．北京：中国地质大学，2010.

[143] 祁剑英，杜天庆，郝建平，等．能源作物甜高粱和玉米对土壤重金属的富集比较［J］．玉米科学，2017，25

(6)：73-78.

[144] 邱莉萍，刘军，王益权，等．土壤酶活性与土壤肥力的关系研究［J］．植物营养与肥料学报，2004，10（3）：277-280.

[145] 饶运章，侯运炳．尾矿库废水酸化与重金属污染规律研究［J］．辽宁工程技术大学学报，2004，23（3）：430-432.

[146] 孙乃亮．镉和汞对中华大蟾蜍蝌蚪形态、甲状腺、骨骼、肝脏的慢性毒理效应［D］．西安：陕西师范大学，2018.

[147] 孙启祥，张建锋，Franzm．不同土地利用方式土壤化学性状与酶学指标分析［J］．水土保持学报，2006，20（4）：98-100.

[148] 孙清展，臧淑英．水体重金属污染评价方法对比研究：以扎龙湿地湖水为例［J］．农业环境科学学报，2012，31（11）：2242-2248.

[149] 孙永明，郭衡焕，孙辉明，等．城市污泥在矿区废弃地复垦中应用的可行性研究［J］．环境科学与技术，2008，31（6）：22-25.

[150] 腾达．四川省冕宁县牦牛坪稀土尾矿区植物修复研究［D］．成都：成都理工大学，2009.

[151] 田海峰，周元祥．厌氧氨氧化反应器启动和影响因素实验研究［J］．广州化工，2021，49（6）：56-58，64.

[152] 田志环，傅荣恕．废旧干电池污染液对泥鳅生理功能影响的研究［D］．济南：山东师范大学，2006.

[153] 涂宗财，庞娟娟，郑婷婷，等．吴城鄱阳湖自然保护区鱼体中重金属的富集及安全性评价［J］．水生生物学报，2017，41（4）：878-883.

[154] 屠显章，刘学敏，王泽斌，等．包钢尾矿场区潜水弥散试验与水质模型［J］．工程勘察，1988a（4）：28-32.

[155] 屠显章，刘学敏，吴斌．包钢尾矿场渗漏水对地下水污染影响的评价与研究［J］．勘察科学技术，1988（4）：1-4.

[156] 万伦来，王袆茉，任雪萍．安徽省废弃矿区土地复垦的生态系统服务功能［J］．资源科学，2014，36（11）：2299-2306.

[157] 汪远丽，曲克明，单宝田，等．重金属在小球藻-菲律宾蛤仔食物链上的传递与累积［J］．渔业科学进展，2012，33（1）：79-85.

[158] 王爱民．四种重金属对绿蟾蜍蝌蚪的急性毒性研究［J］．新疆大学学报（自然科学版），1990（1）：60-64.

[159] 王程，冀云，赵远，等．促脱剂强化超声吹脱处理高浓度氨氮废水［J］．安徽化工，2020，46（2）：91-97，100.

[160] 王凡，赵元凤，吕景才，等．铜对牙鲆 CAT、SOD 和 GSH-PX 活性的影响［J］．华中农业大学学报，2007，26（6）：836-838.

[161] 王凤春．土壤重金属和养分的空间的变异分析及其评价研究［D］．北京：首都师范大学，2009.

[162] 王红，周大迈．土壤肥力分级的酶活性指标研究进展［J］．河北农业大学学报，2002，25：60-62.

[163] 王军艳，张凤荣，王茹，等．应用指数和法对潮土农田土壤肥力变化的评价研究［J］．农村生态环境，2001，17（3）：13-16.

[164] 王凯军，何文妍，房阔．典型离子交换水处理技术在低浓度氨氮回收中的应用分析［J］．环境工程学报，2019，13（10）：2285-2301.

[165] 王全金，陈栋．芦苇人工湿地处理技术研究进展［J］．华东交通大学学报，2004（4）：1-5.

[166] 王廷涛，郭贝，赵志辉．铬污染土壤原位修复技术试验研究［J］．中国环保产业，2021，271（1）：61-64.

[167] 王伟，樊祥科，黄春贵，等．江苏省五大湖泊水体重金属的监测与比较分析［J］．湖泊科学，2016，28（3）：494-501.

[168] 王文华，赵晨，赵俊霞，等．包头某稀土尾矿库周边土壤重金属污染特征与生态风险评价［J］．金属矿山，2017（7）：168-172.

[169] 吴彬，臧淑英，李苗．克钦湖水体重金属分布特征及评价［J］，中国农学通报，2012，28（5）：289-294.

[170] 吴红玉，田霄鸿，侯永辉，等．基于田块尺度的土壤肥力模糊评价研究［J］．自然资源学报，2009，24（8）：1422-1431.

[171] 夏凤英，李政一，杨阳．南京市郊设施蔬菜重金属含量及健康风险分析［J］．环境科学与技术，2011，34（2）：183-187.

[172] 夏孝东，方晓航，李杰，等．铅锌尾矿生态修复技术研究进展［J］．广东化工，2017，44（1）：46-47，79.

[173] 项华，王慧敏，金慧，等．邻苯二甲酸二甲酯对雄性小鼠生殖系统的影响［J］．中国卫生检验杂志，2019，29

(21)：2584-2587，2596.
[174] 邢宁，吴平霄，李媛媛，等．大宝山尾矿重金属形态及其潜在迁移能力分析［J］．环境工程学报，2011，5（6）：1370-1374.
[175] 严明书，李武斌，杨乐超，等．重庆渝北地区土壤重金属形态特征及其有效性评价［J］．环境科学研究，2014，27（1）：64-70.
[176] 杨本亮，毕学军，葛文杰，等．同步硝化反硝化强化黑水处理系统脱氮性能研究［J］．水处理技术，2017，43（11）：116-120.
[177] 杨宾，李慧颖，伍斌，等．污染场地中挥发性有机污染工程修复技术及应用［J］．环境工程技术学报，2013（1）：78-84.
[178] 杨金浩．铅锌矿尾矿库环境现状及综合治理对策［J］．南方农机，2015，46（11）：78-80.
[179] 杨期和，林勤裕，赖万年，等．平远稀土尾矿区植被恢复研究［J］．广东农业科学，2013（16）：150-154.
[180] 杨岳，吴涛涛，王闰民，等．沸石改性及对水中氨氮的吸附性能研究［J］．环境与发展，2020，32（9）：118-120.
[181] 姚德俊，岳昌盛，吕建国，等．我国工业场地污染地下水修复技术研究进展［J］．现代化工，2020，40（12）：45-49.
[182] 叶圣涛．几种农药对黑斑侧褶蛙和泽陆蛙的遗传毒理效应研究［D］．杭州：浙江师范大学，2013.
[183] 叶协锋，杨超，李正，等．绿肥对植烟土壤酶活性及土壤肥力的影响［J］．植物营养与肥料学报，2013，19（2）：445-454.
[184] 殷若愚，陈云嫩，何彩庆，等．载铜树脂处理高含盐氨氮废水的性能-殷若愚［J］．过程工程学报，2020，20（11）：1289-1295.
[185] 游春梅，陆小菊，官会林．三七设施栽培根腐病害与土壤酶活性的关联性［J］．云南师范大学学报（自然科学版），2014，34（6）：25-29.
[186] 余杨，王雨春，周怀东，等．三峡水库蓄水初期鲤鱼重金属富集特征及健康风险评价［J］．环境科学学报，2013，33（7）：2012-2019.
[187] 俞慎，历红波．沉积物再悬浮-重金属释放机制研究进展［J］．生态环境学报，2010，19（7）：1724-1731.
[188] 袁浩，卢梦涵，刘宏伟，等．矿区复合污染土壤真菌多样性及其对稀土-重金属离子的吸附特征［J］．微生物学报，2019，59（12）：2334-2345.
[189] 张宏，徐向阳，唐华晨，等．原位化学修复的污染地块地下水中挥发性有机物的测定［J］．环境科技，2021，34（1）：71-75.
[190] 张飒，刘芳，苏敏，等．地下水污染生物修复技术研究进展［J］．水科学与工程技术，2012，170（2）：29-31.
[191] 赵立芳，赵转军，曹兴，等．我国尾矿库环境与安全的现状及对策［J］．现代矿业，2018，34（6）：40-42.
[192] 赵萌，印春生，厉成伟，等．Miseq 测序分析围垦后海三棱藨草湿地土壤微生物群落多样性的季节变化［J］．上海海洋大学学报，2018，27（5）：718-727.
[193] 赵其国，刘良梧．人类活动与土地退化［C］．中国土地退化防治研究．北京：中国科学技术出版社，1990.
[194] 赵永红，张涛，成先雄．离子吸附型稀土矿区土壤与水环境氨氮污染及防治技术研究进展［J］．稀土，2020，41（1）：124-132.
[195] 中华人民共和国农业农村部．无公害食品普通淡水鱼标准［S］．NY 5053—2005.
[196] 中华人民共和国卫生部．食品中污染物限量．食品安全国家标准［S］．GB 2762—2017.
[197] 钟振辉，陈益清，荣宏伟，等．改进 MAP 沉淀法处理氨氮废水的研究［J］．水处理技术，2014，40（10）：53-57.
[198] 周宾宾．地下水污染修复中的 PRB 技术综述［J］．江西化工，2017，130（2）：12-16.
[199] 周健民．土壤学大辞典［M］．北京：科学出版社，2013.
[200] 周启艳，李国葱，唐植成．我国水体重金属污染现状与治理方法研究闭［J］．轻工科技，2013（4）：98-99.
[201] 朱和玲，姚骥．南方离子型稀土矿矿区氨氮废水治理工艺研究［J］．现代矿业，2019，35（6）：13-16.
[202] 朱嵬，李志刚，李健，等．宁夏黄河流域湖泊湿地底泥重金属污染特征及生态风险评价［J］．中国农学通报，2013，35（29）：281-288.
[203] 朱文会，王夏晖，何军，等．基于粒径分布的不同异位修复工艺除 Cr 特性［J］．环境工程学报，2018，12（6）：1783-1790.
[204] 朱震达，吴焕忠，曹学章，等．中国荒漠化（土地退化）防治研究［M］．北京：中国环境科学出版社，1998.
[205] 邹日，沈镝，柏新富，等．重金属对蔬菜的生理影响及其富集规律研究进展［J］．中国蔬菜，2011（4）：1-7.

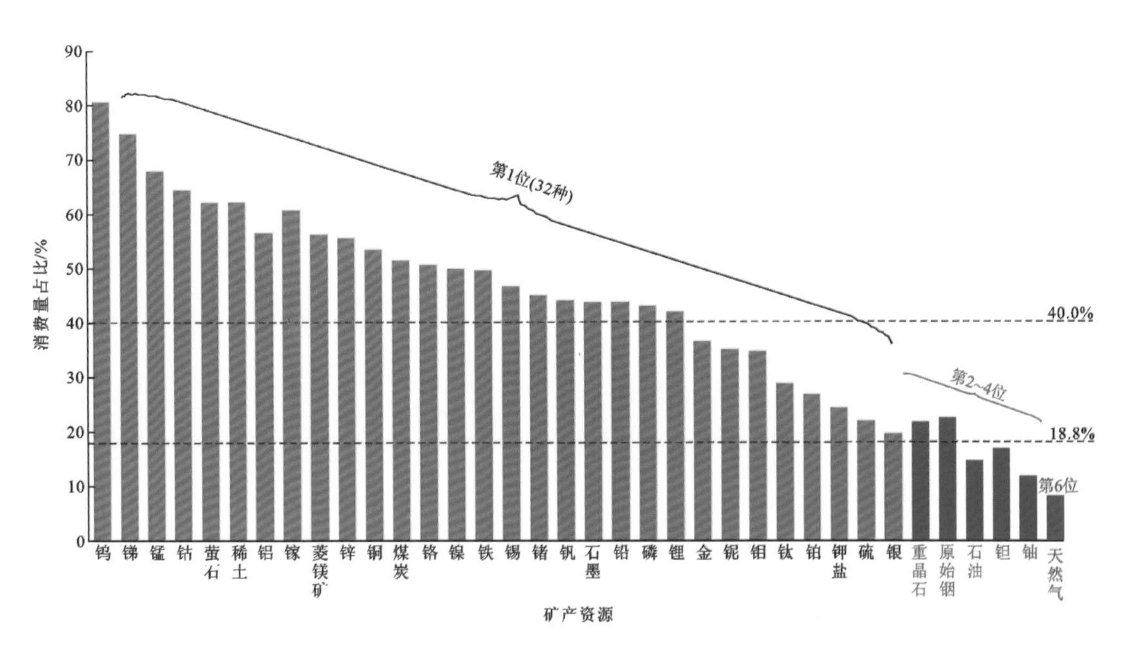

图 1-1
2018 年中国在全球主要矿产消费量中的占比

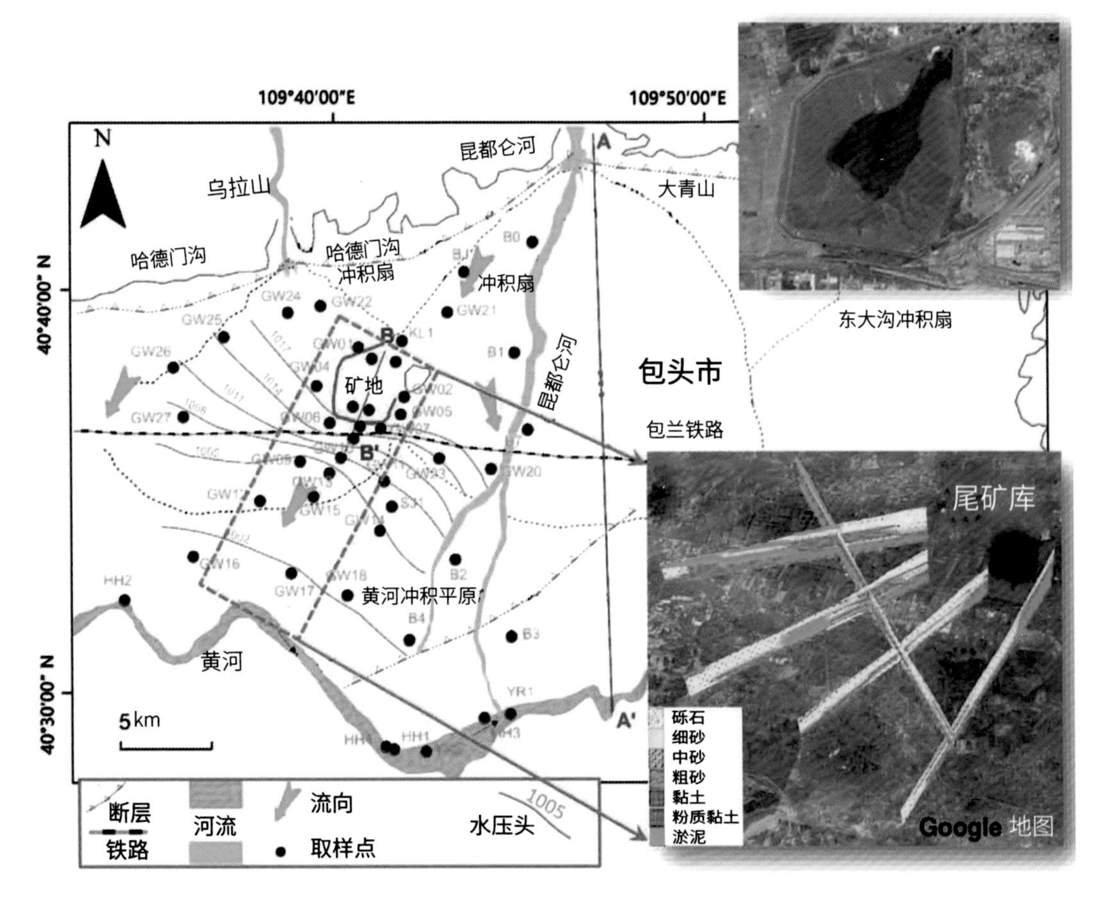

图 2-1
白云鄂博矿区和尾矿库所处地理位置示意图

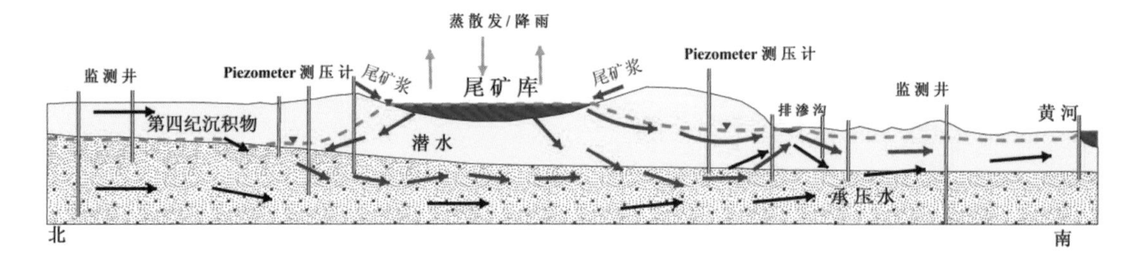

图 2-3
尾矿库周边水文地质概念模型示意图

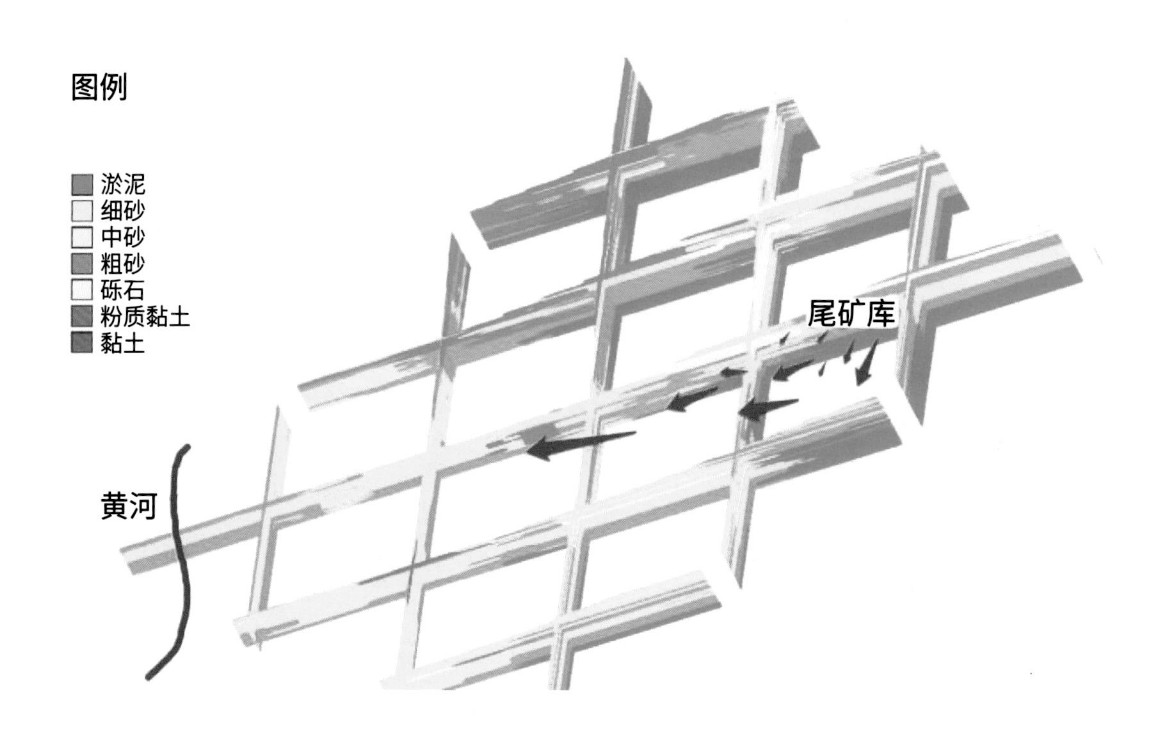

图 2-4
尾矿库周边土壤质地

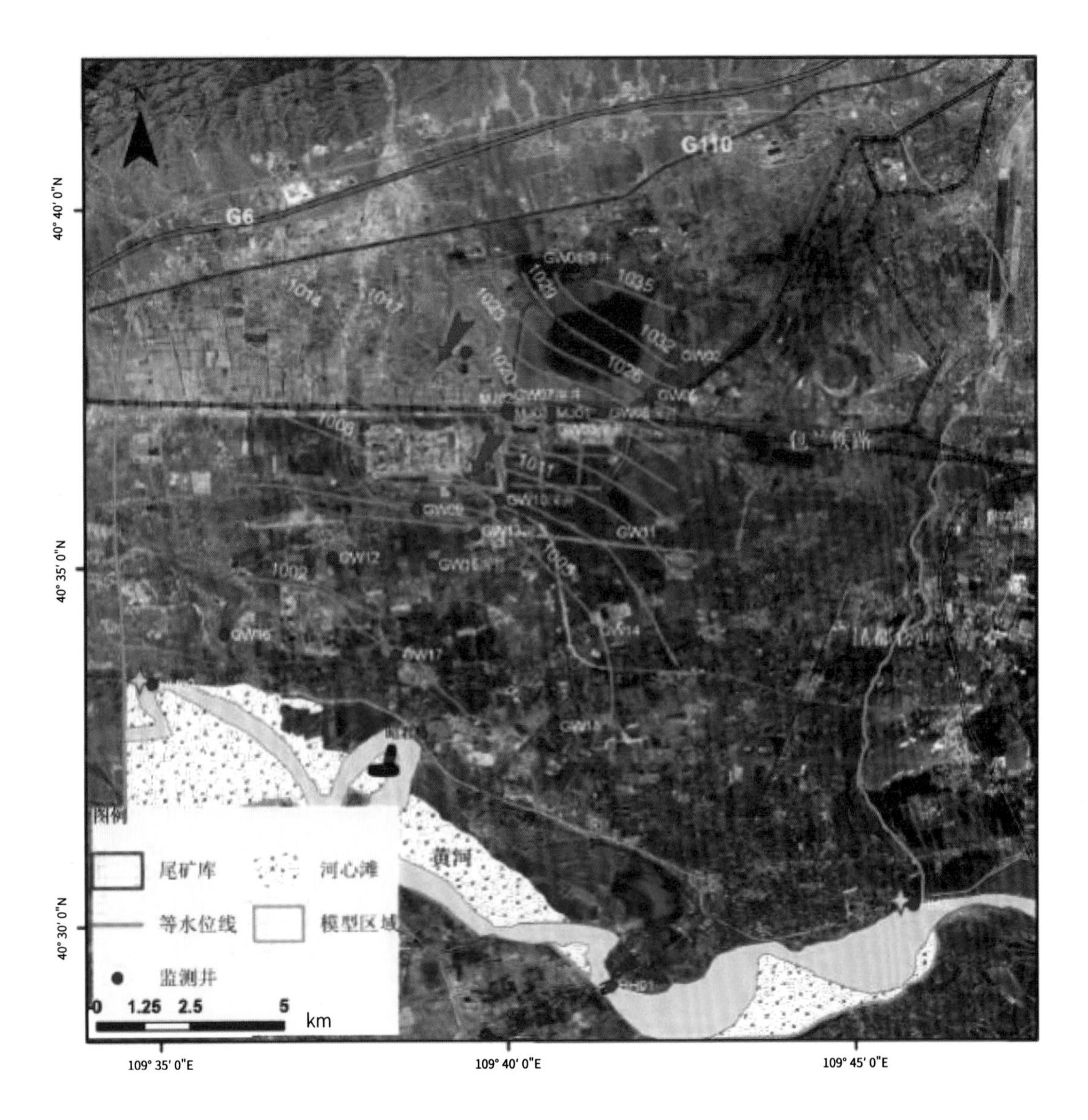

图 2-5
尾矿库周边地下水水位等值线图

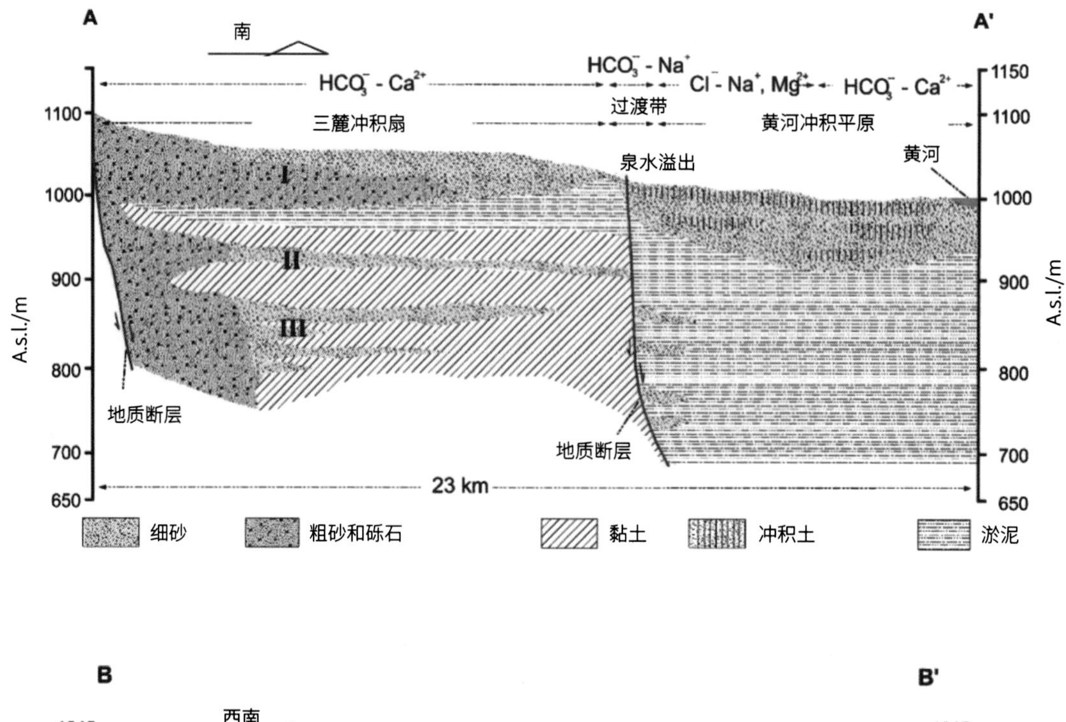

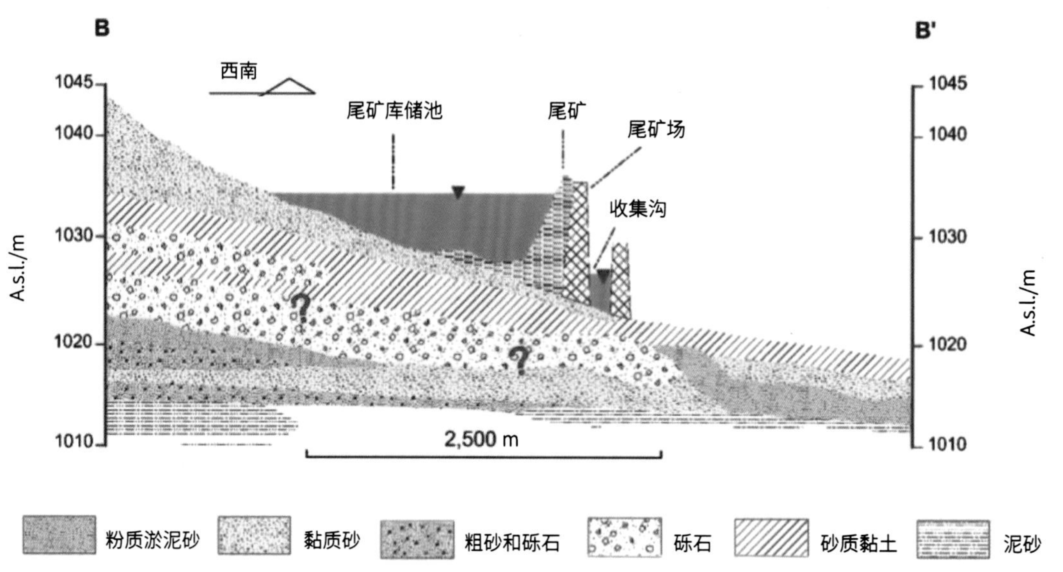

图 2-6
两个具有代表性的水文地质剖面 A-A ' 和 B-B '

图（a）中水力单元 I 对应的是当地的浅层含水层，水力单元 II 和 III 对应的是深层含水层

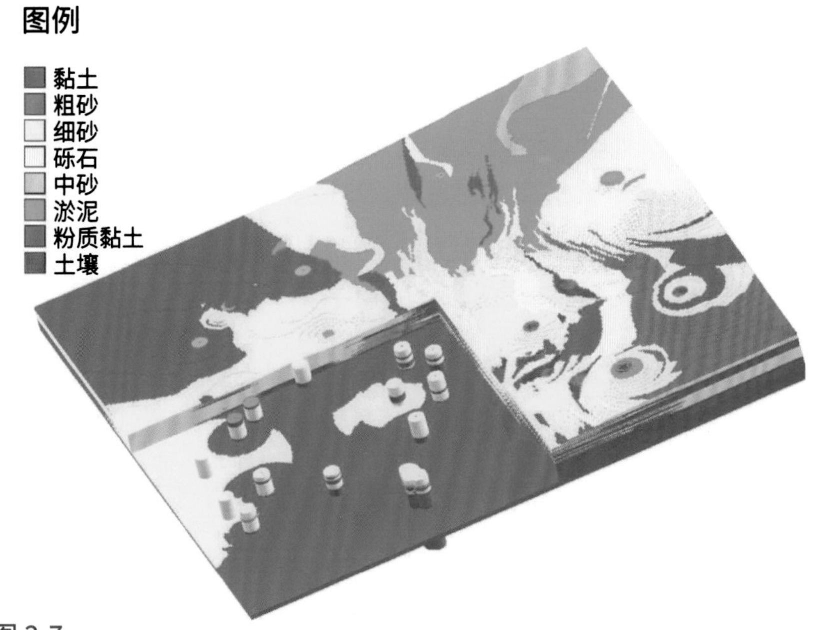

图 2-7
尾矿库区的土壤类型

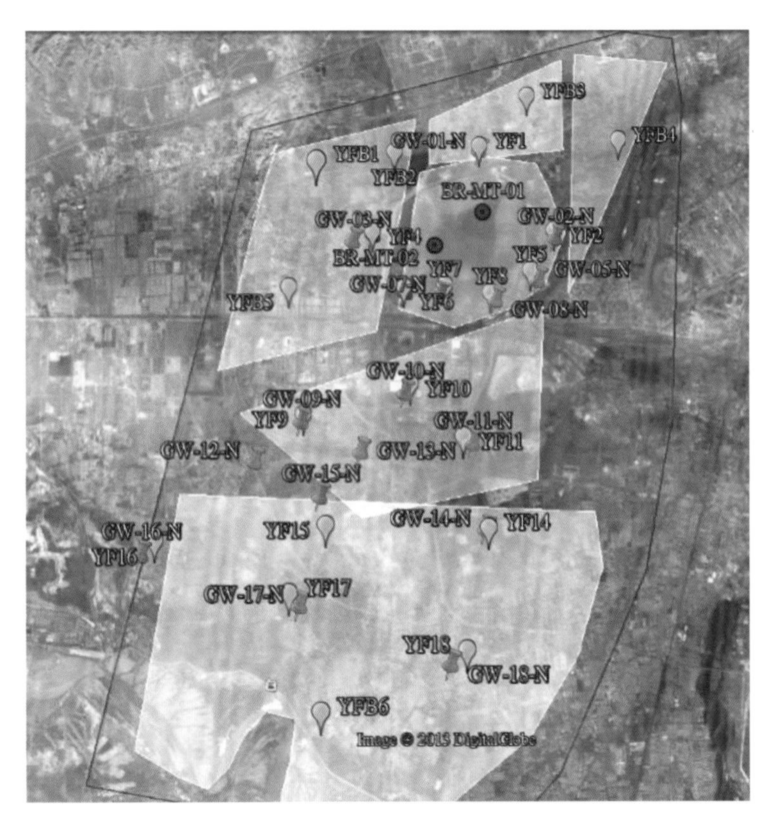

图 2-8
尾矿库内（BR）及其周边监测井（GW）和植物样方（YF、YFB）调查位点

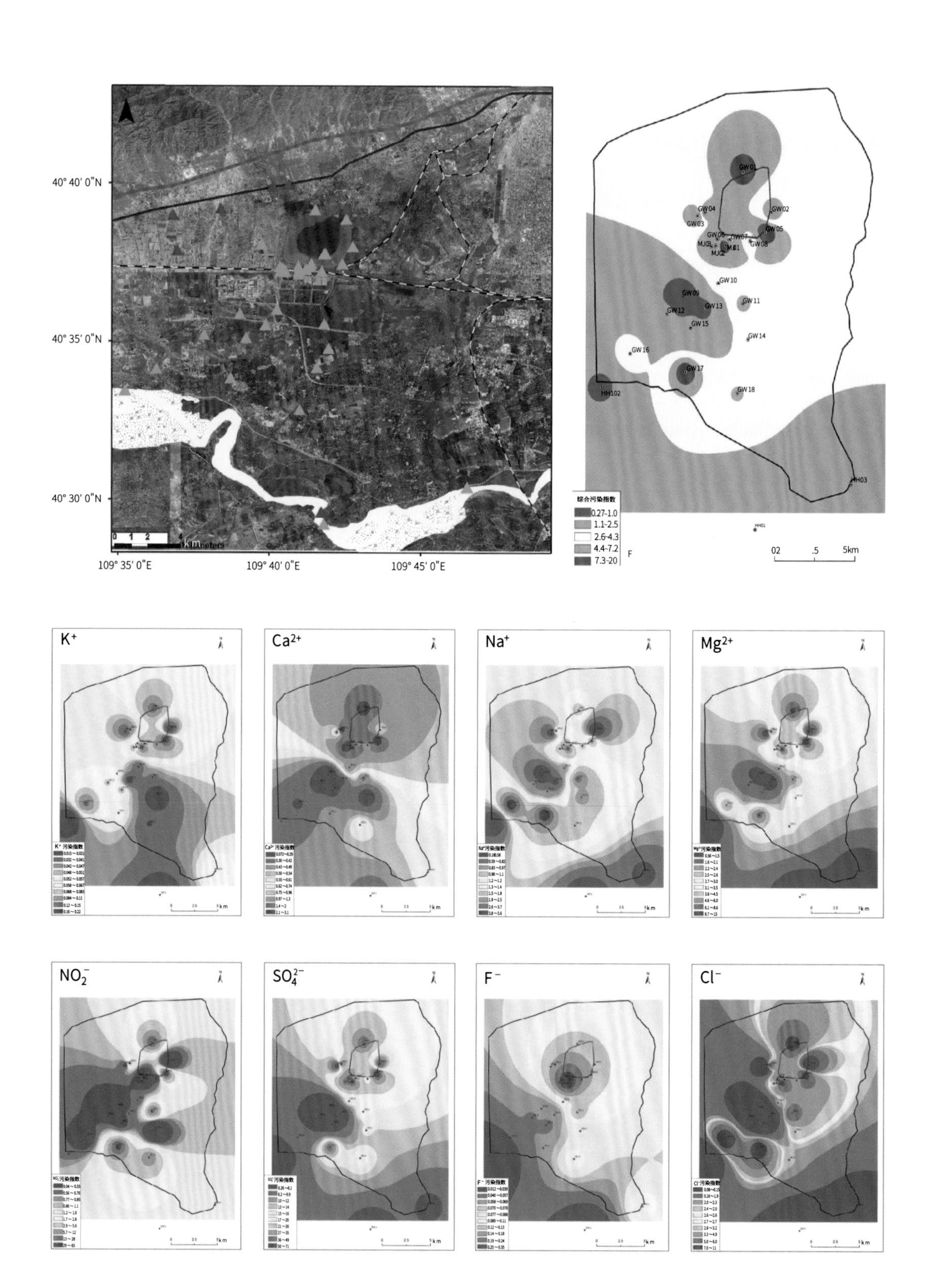

图 2-10
部分指标单因子污染评价

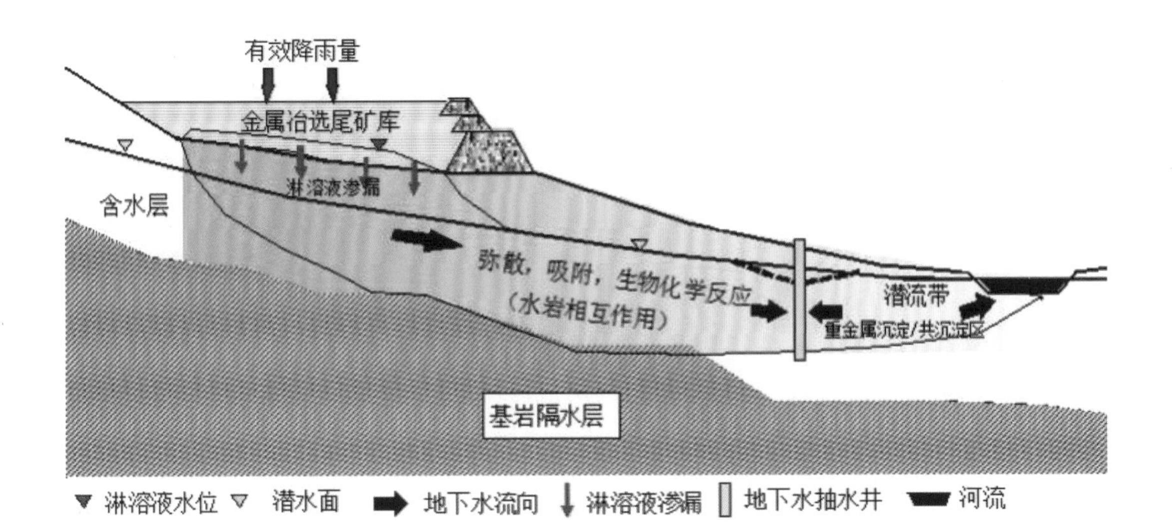

图 2-12
尾矿库渗漏污染过程模型示意

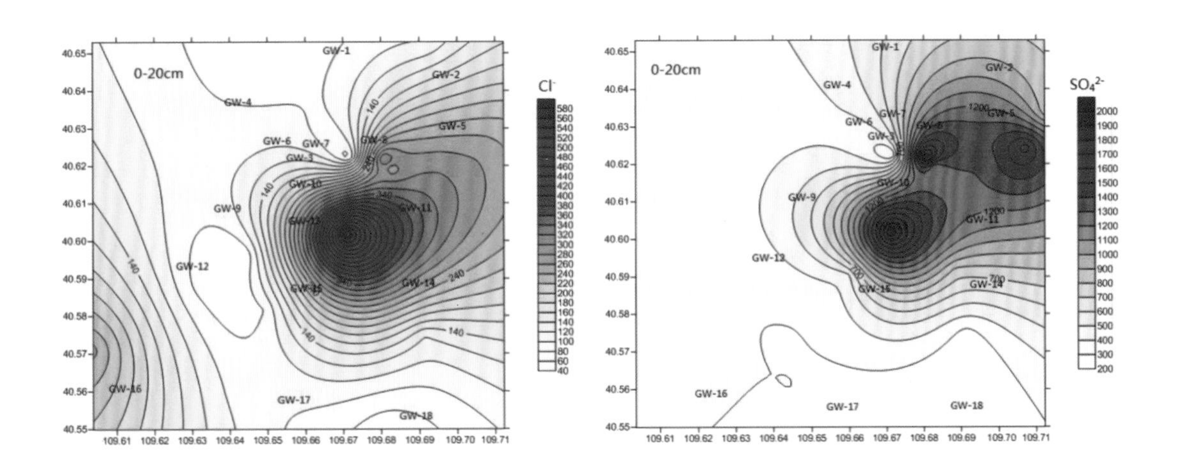

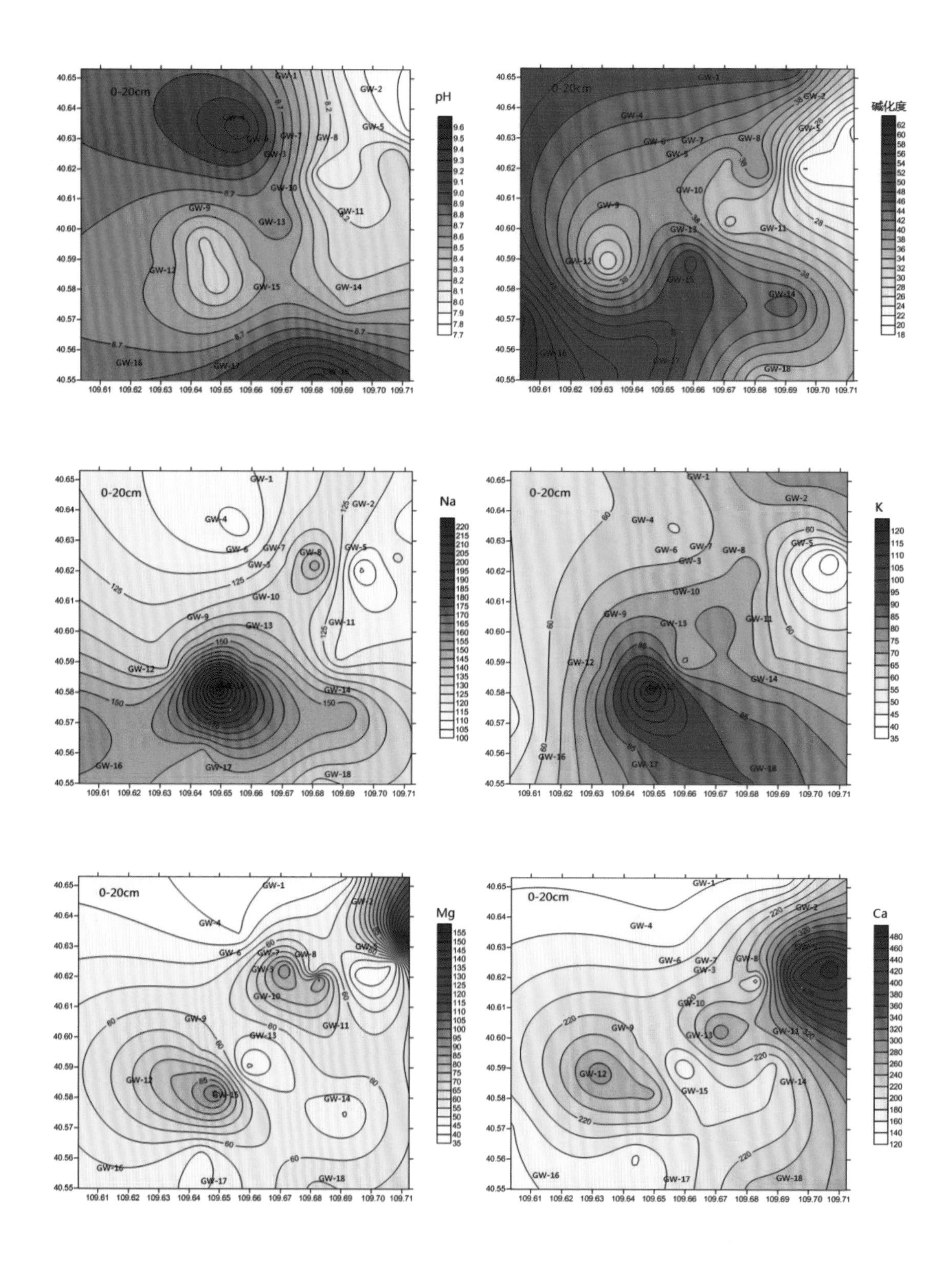

图 2-13
尾矿库周边主要盐离子含量分布图

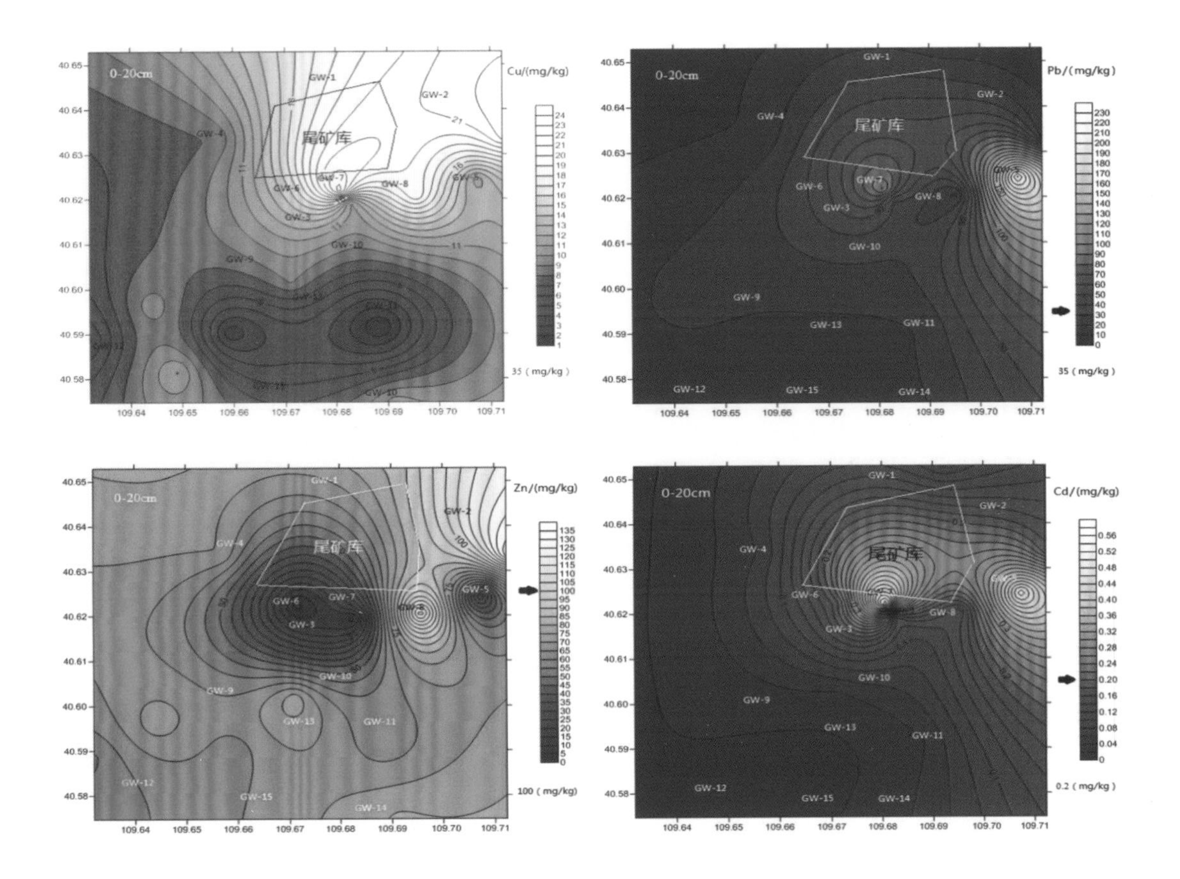

图 2-14
尾矿库周边重金属含量分布图

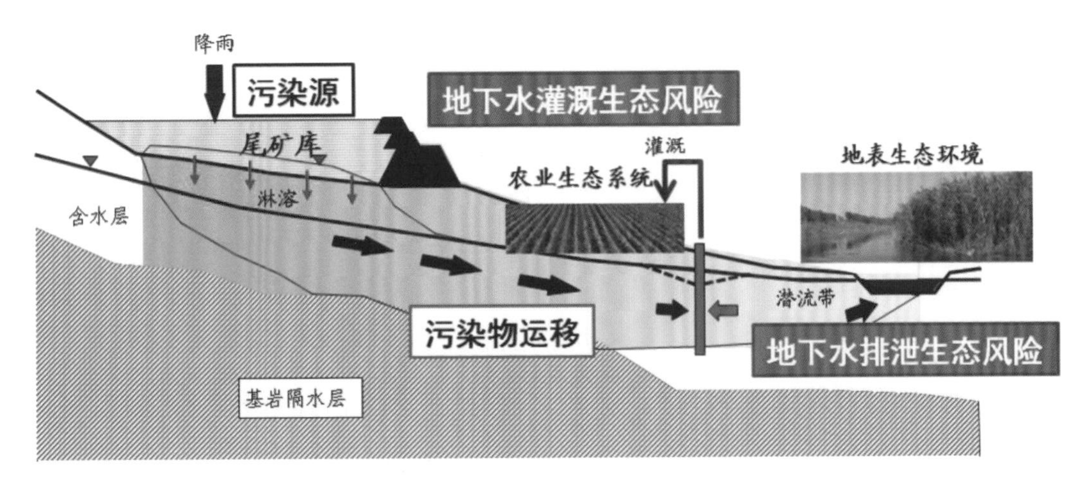

图 3-1
尾矿库污染物迁移和暴露途径

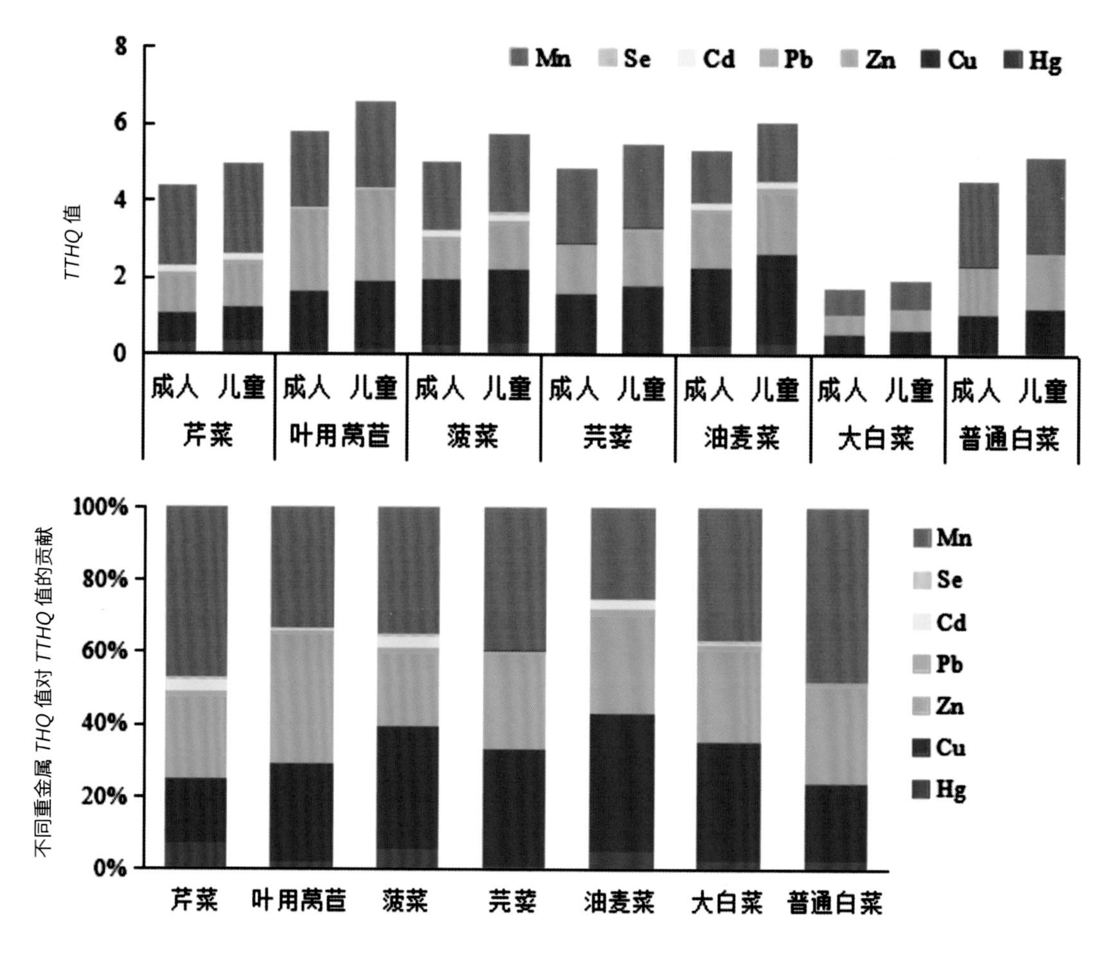

图 3-8
蔬菜中重金属的 *THQ* 和 *TTHQ* 值

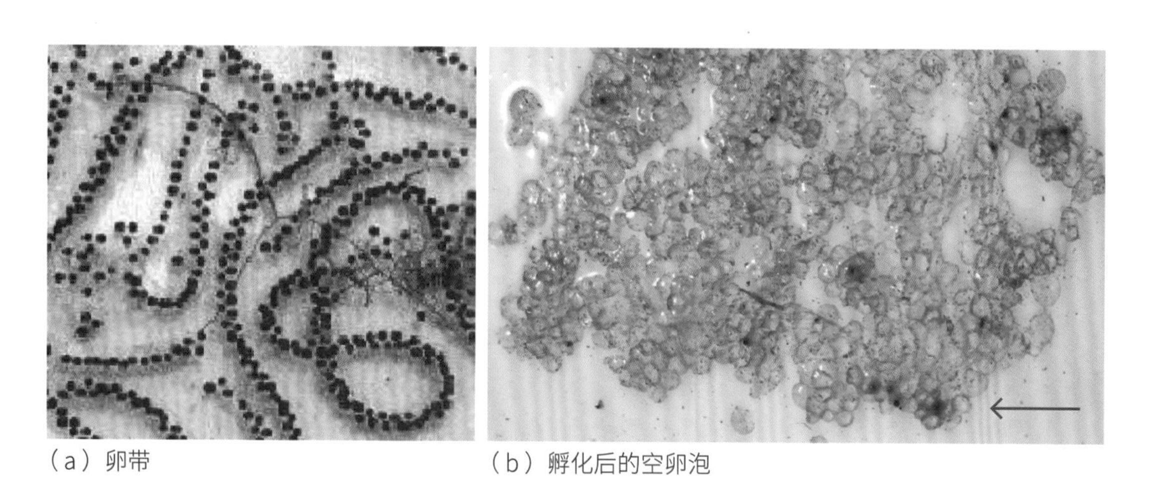

（a）卵带　（b）孵化后的空卵泡

图 4-1
蟾蜍卵带和孵化后的空卵泡

注：箭头所指黑点为孵化失败的卵粒

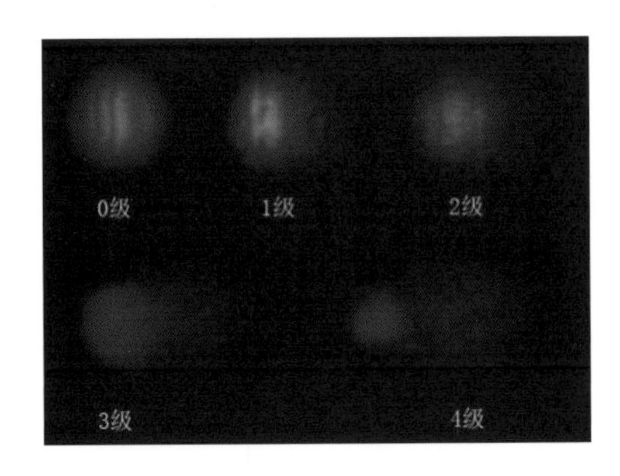

图 4-2
DNA 损伤程度分级标准

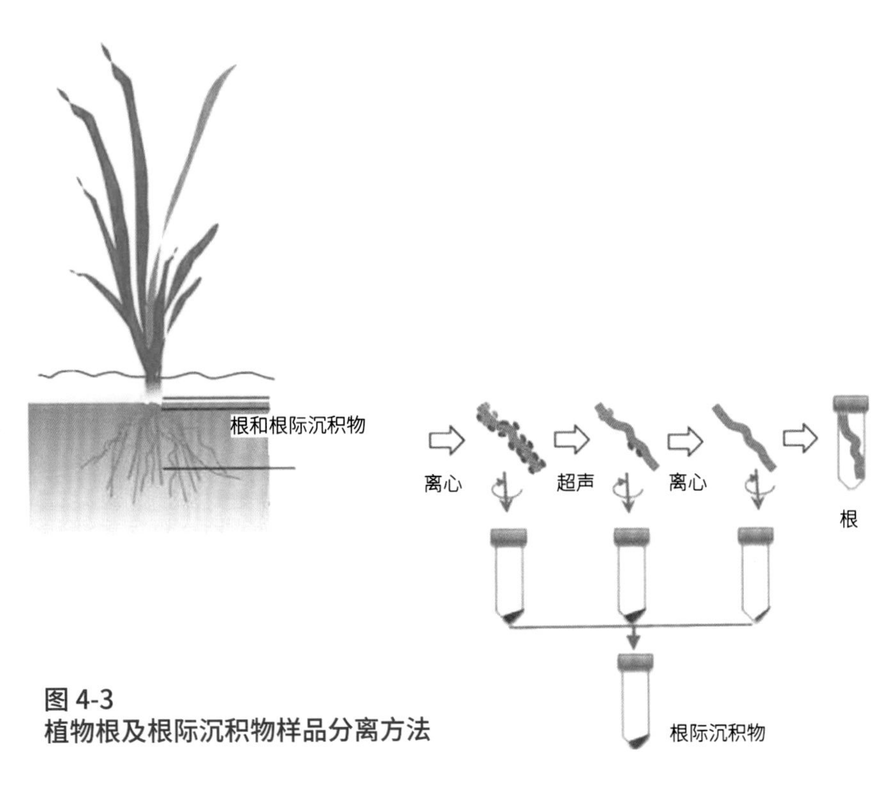

图 4-3
植物根及根际沉积物样品分离方法

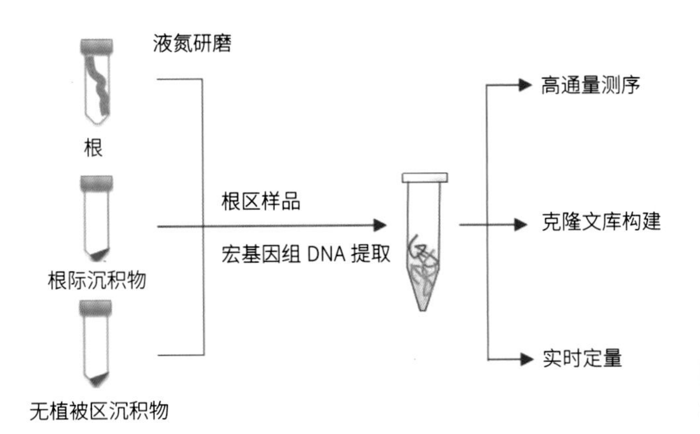

图 4-4
宏基因组 DNA 的主要用途

（a）雄性　　（b）雌性

图 4-23
花背蟾蜍

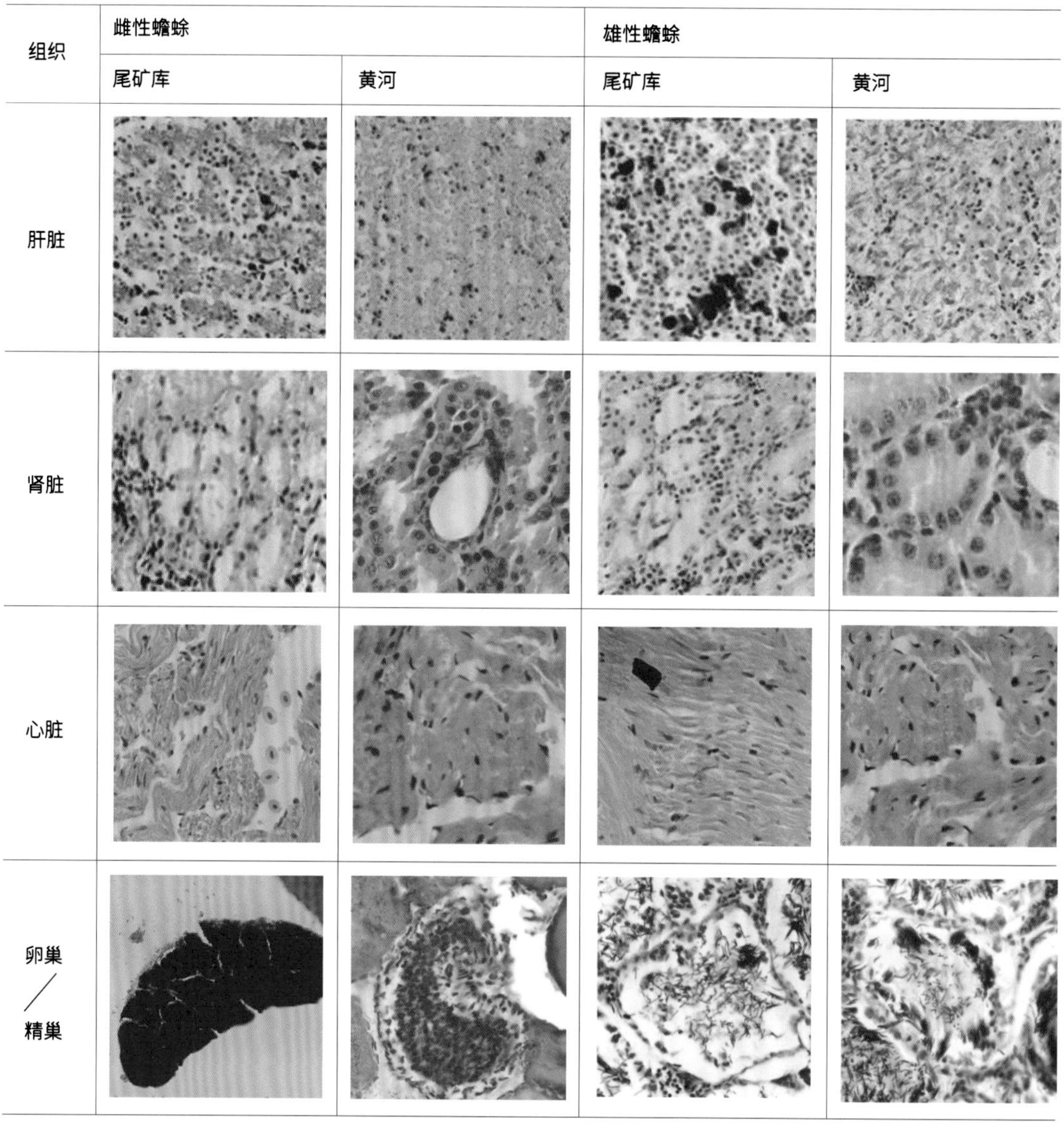

组织	雌性蟾蜍		雄性蟾蜍	
	尾矿库	黄河	尾矿库	黄河
肝脏				
肾脏				
心脏				
卵巢／精巢				

图 4-27
蟾蜍各组织结构观察

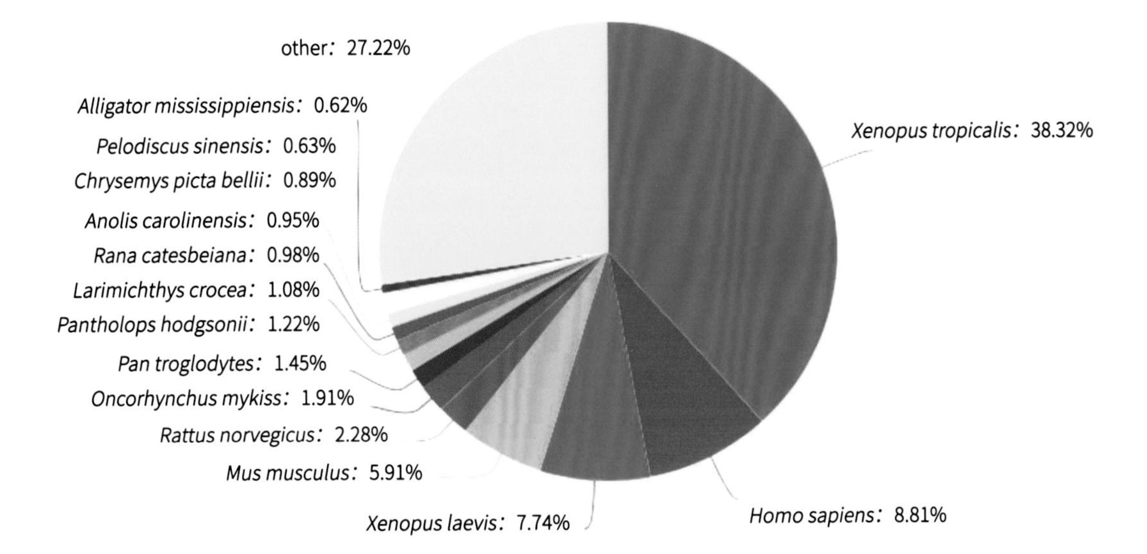

图 4-31
测序样本与 NR 数据库对比后的注释物种分布

Xenopus tropicalis———热带爪蟾；*Homo sapiens*———智人；
Mus musculus———家鼠；*Xenopus laevis*———爪蟾；*Rattus norvegicus*———褐家鼠；
Oncorhynchus mykiss———麦奇钩吻鳟；*Pan troglodytes*———黑猩猩；
Pantholops hodgsonii———藏羚羊；*Larimichthys crocea*———大黄鱼；
Rana catesbiana———牛蛙；*Anolis carolinensis*———北美绿蜥蜴；
Chrysemys picta belli———锦龟；*Pelodiscus sinensis*———中华鳖；
Alligator mississippiensis———密西西比鳄

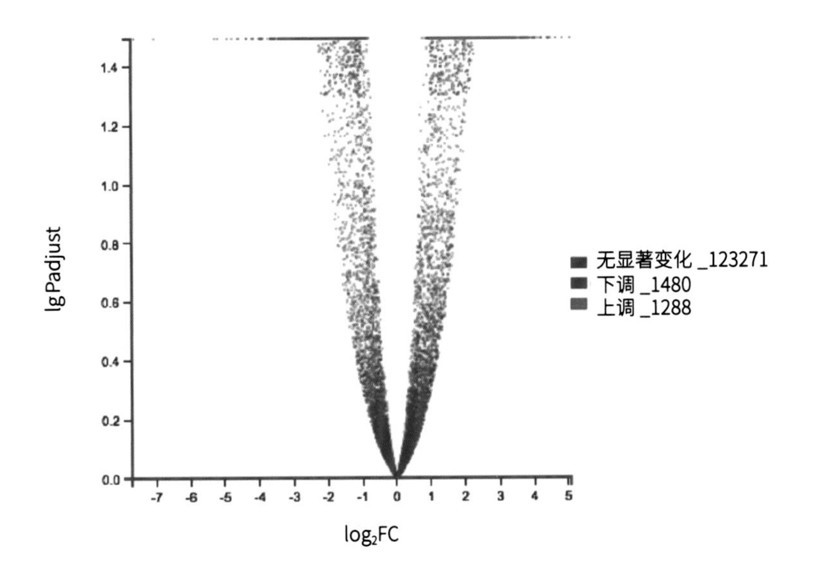

图 4-32
基因表达差异性火山图

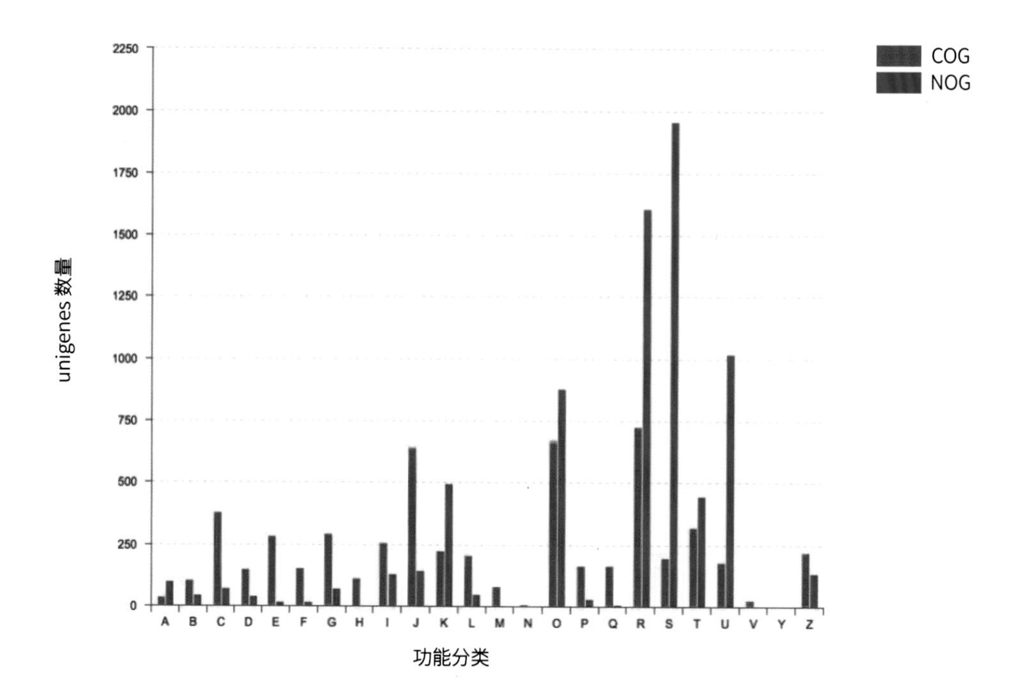

图 4-33
COG 分类统计图

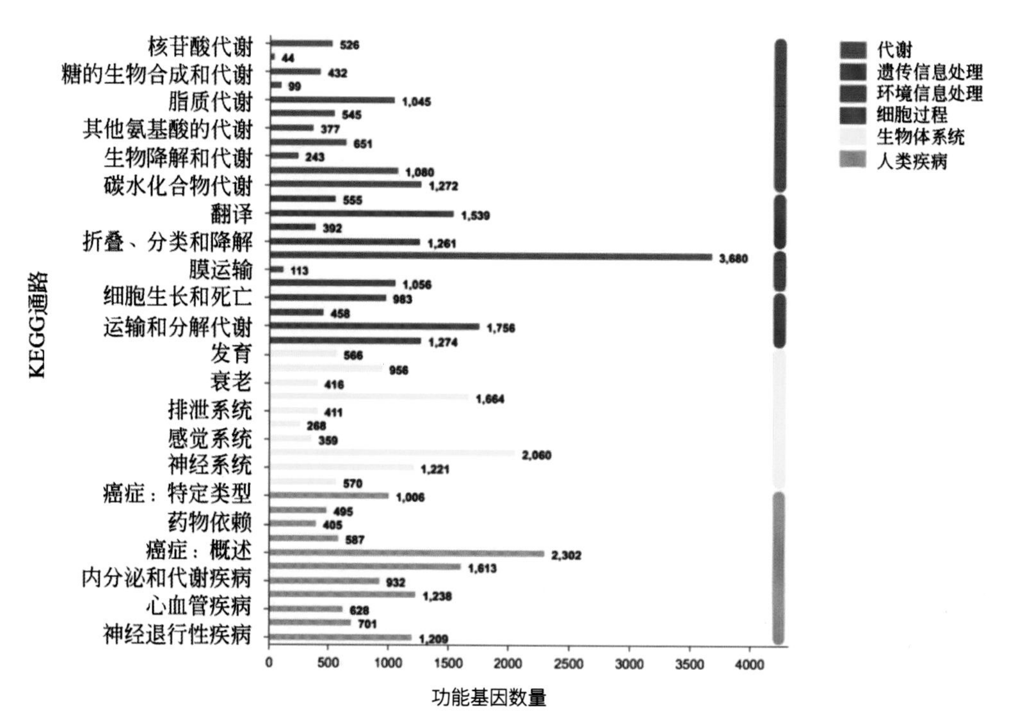

图 4-34
KEGG 通路分布统计图

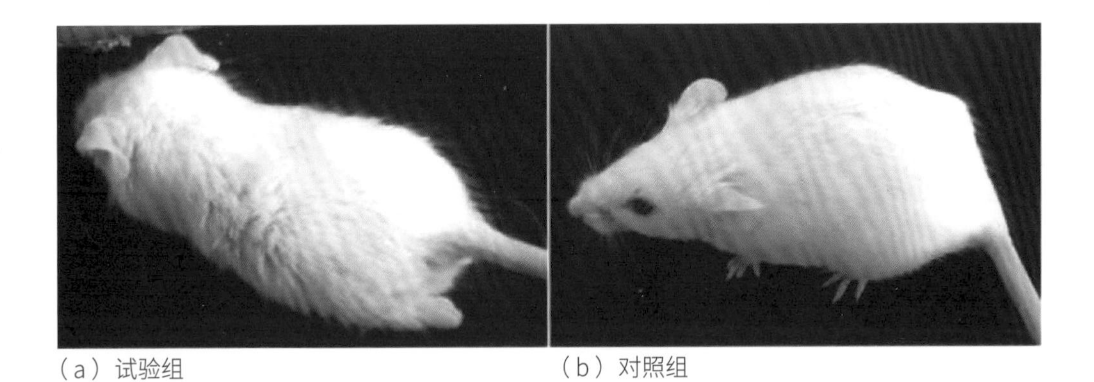

（a）试验组　　（b）对照组

图 4-36
尾矿库渗漏水喂养的 SD 大鼠和对照组的形态学对比

位点	肝脏	肾脏
S1	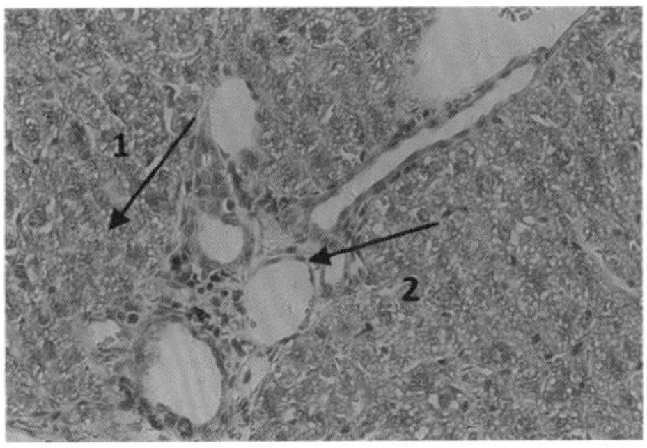	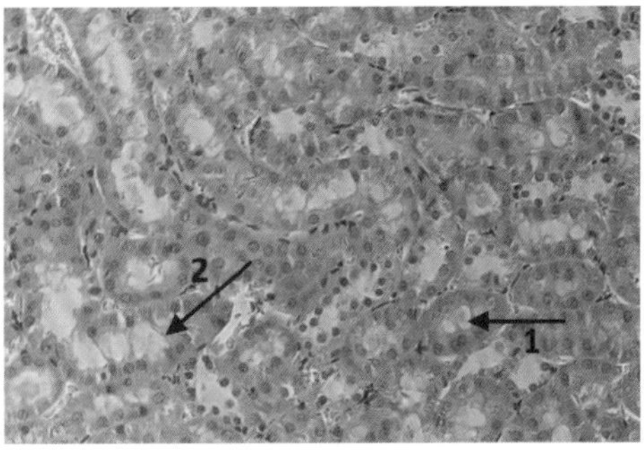
S2	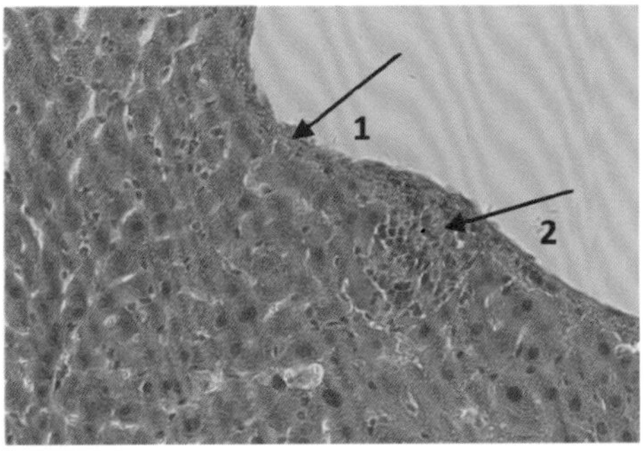	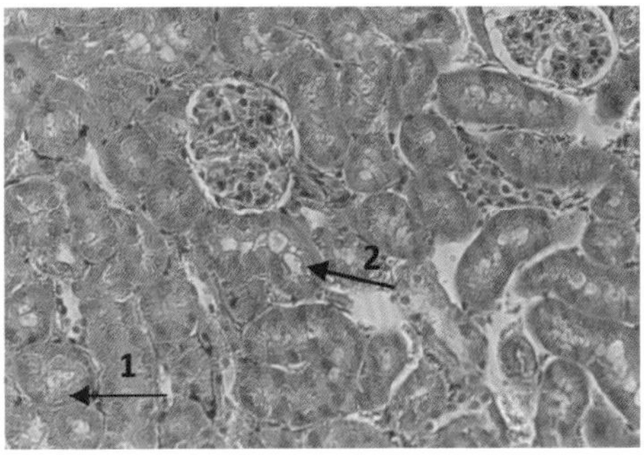

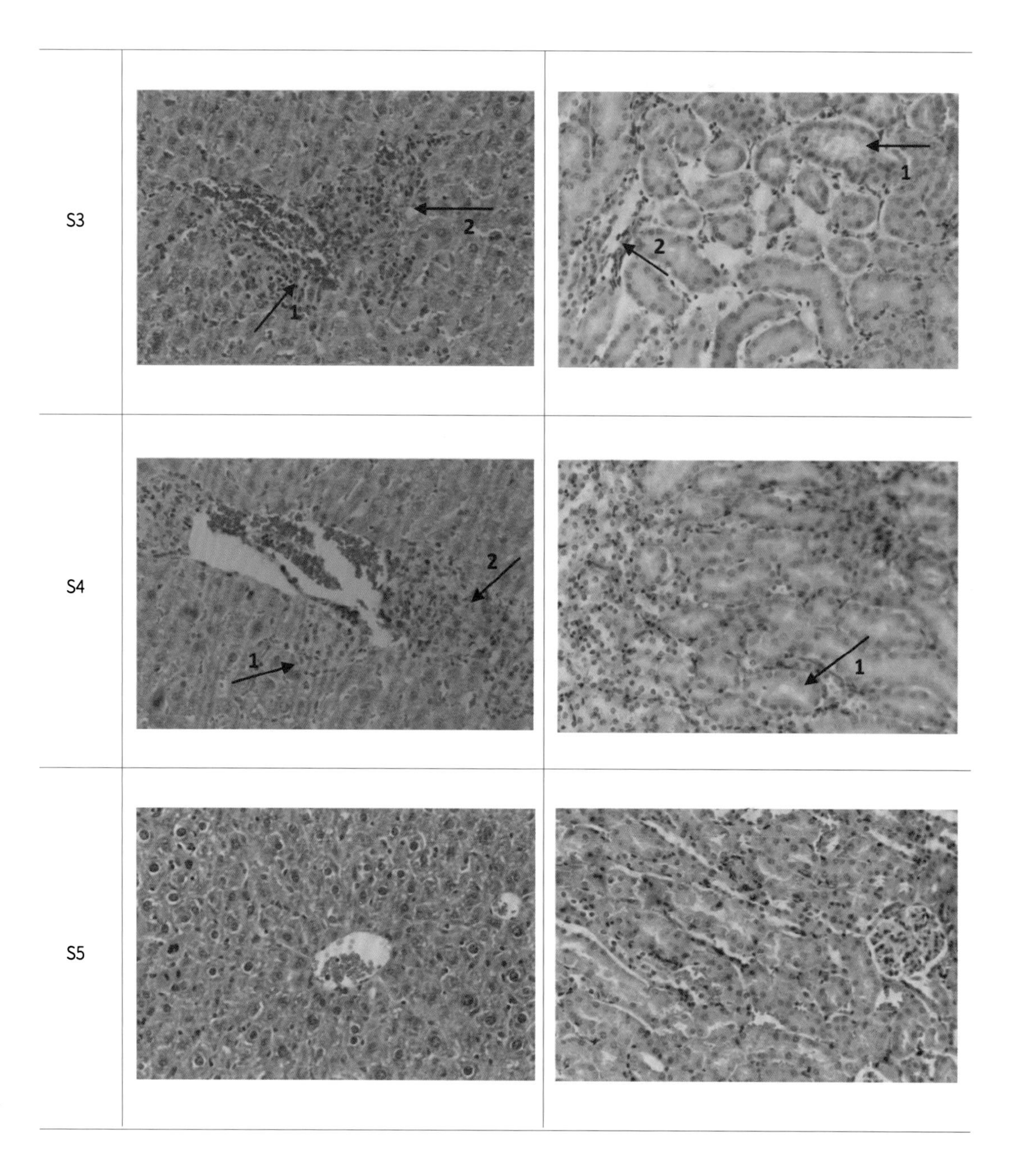

图 4-37
尾矿库周围水处理 SD 大鼠的组织损伤评估

肝脏，S1 组中，箭头 1 代表肝小叶边界不清，箭头 2 代表炎症细胞浸润。S2 组中，箭头 1 代表血管壁增厚，箭头 1 代表炎症细胞浸润。S3 组中，箭头 1 和 2 分别代表炎性细胞浸润。S4 组中，箭头 1 代表炎症细胞浸润，箭头 2 代表肝细胞坏死，同时箭头 1 还代表肝细胞坏死。S5 组为正常肝脏对照组。
肾脏：S1 组和 S2 组中，箭头 1 代表远曲肾小管空泡变性，箭头 2 代表近曲肾小管空泡变性。S3 组中，箭头 1 代表远曲肾小管空泡变性，箭头 2 代表炎症细胞浸润。S4 组中，箭头 1 代表远曲肾小管空泡变性。 S5 组为正常肾对照组

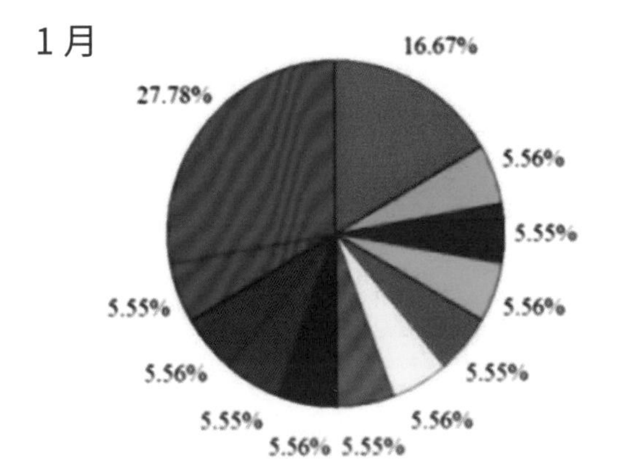

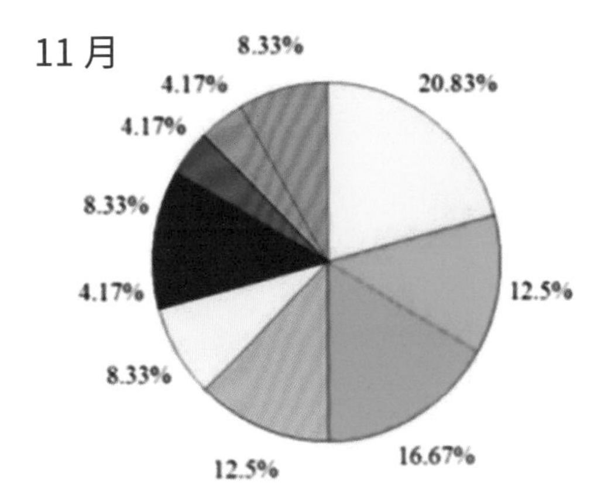

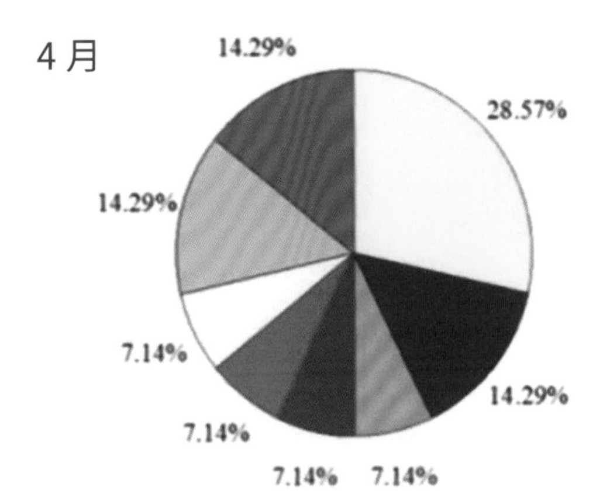

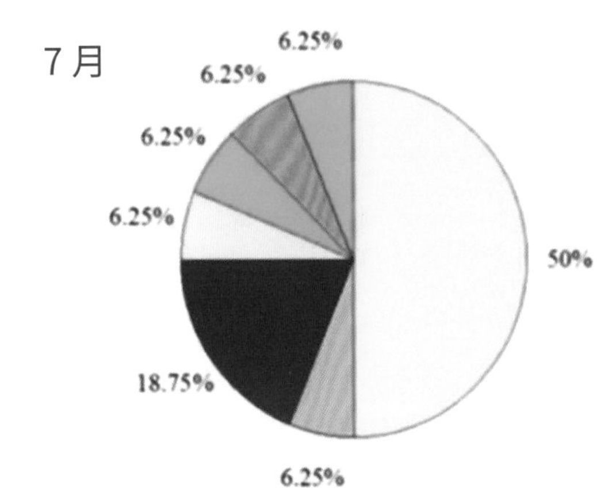

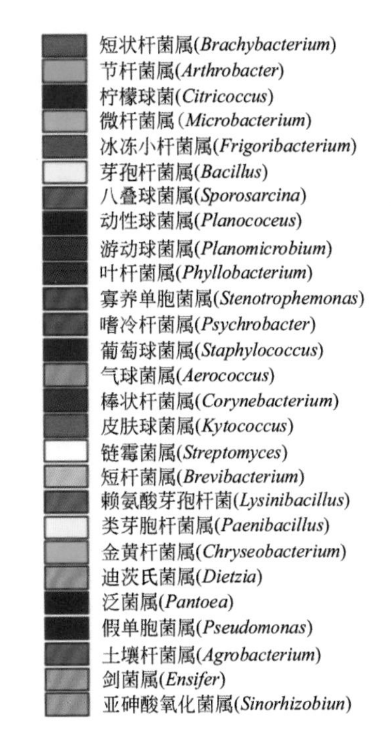

图 4-43
不同季节可培养细菌群落丰度分布图

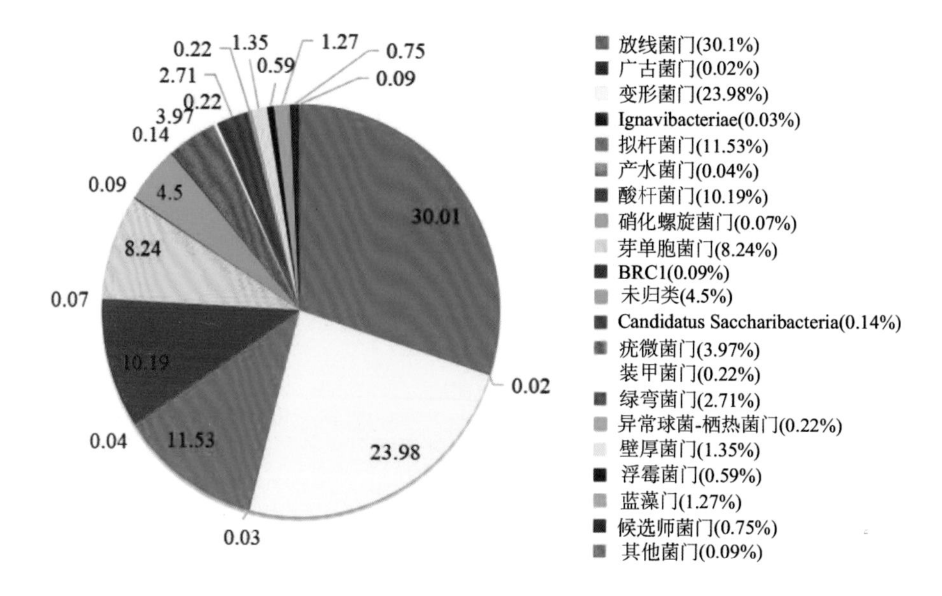

（a）根际

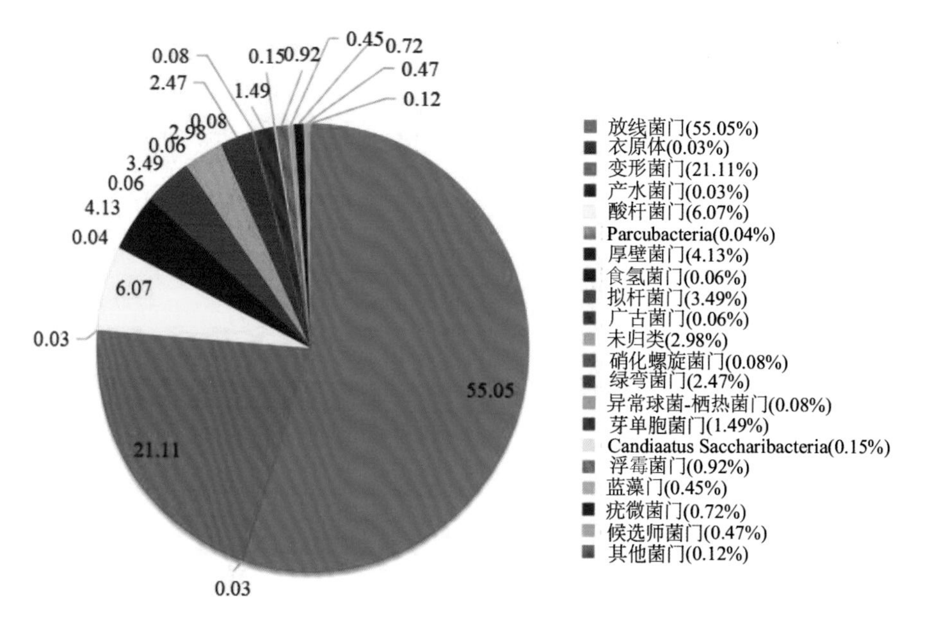

（b）非根际

图 4-44
骆驼蓬根际与非根际土壤微生物在门水平的优势群落

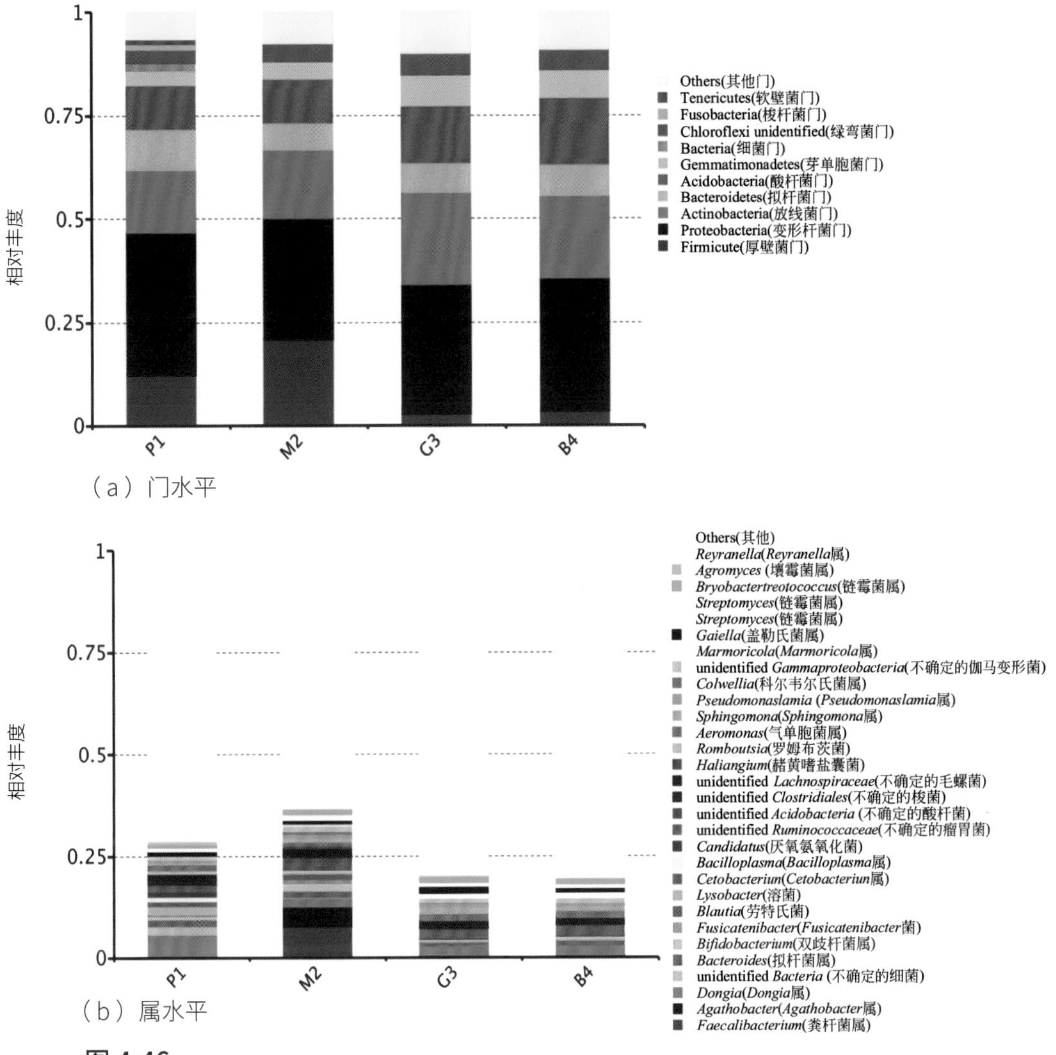

图 4-46
不同土地利用方式下土壤细菌群落分布差异

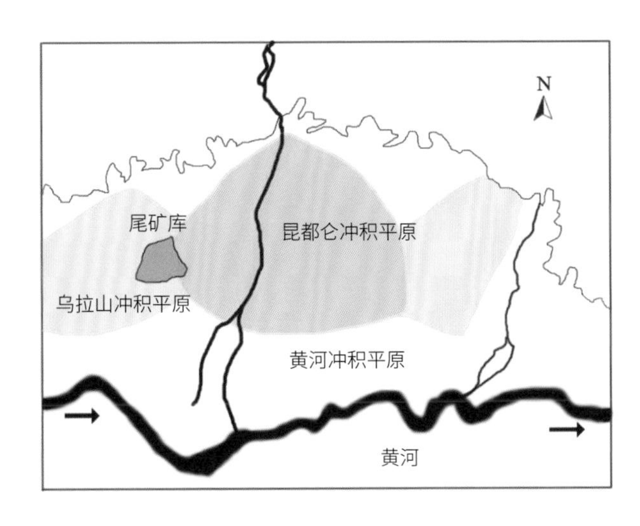

图 5-1
尾矿库周边地质构造示意图

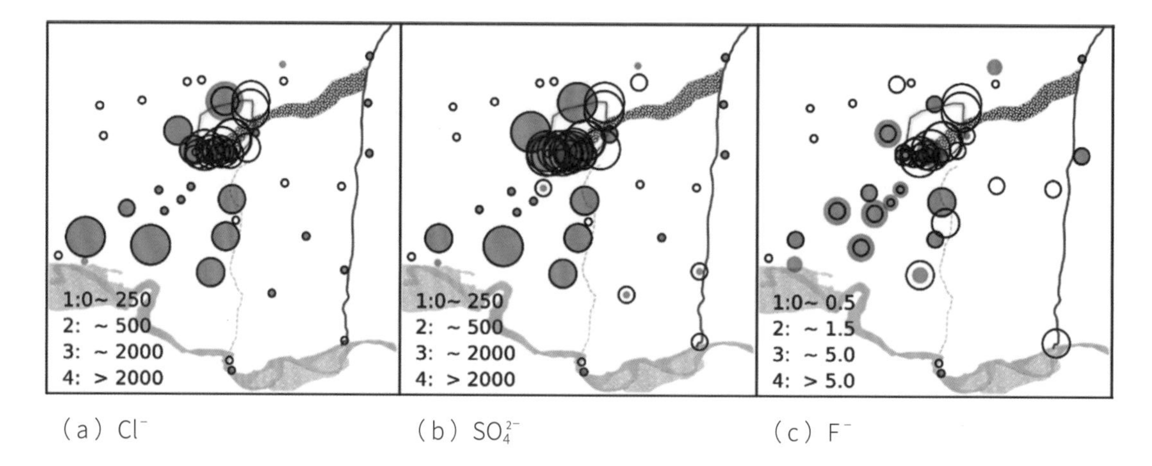

（a）Cl^-　（b）SO_4^{2-}　（c）F^-

图 5-2
Cl^-、SO_4^{2-}和 F^- 的分布特征

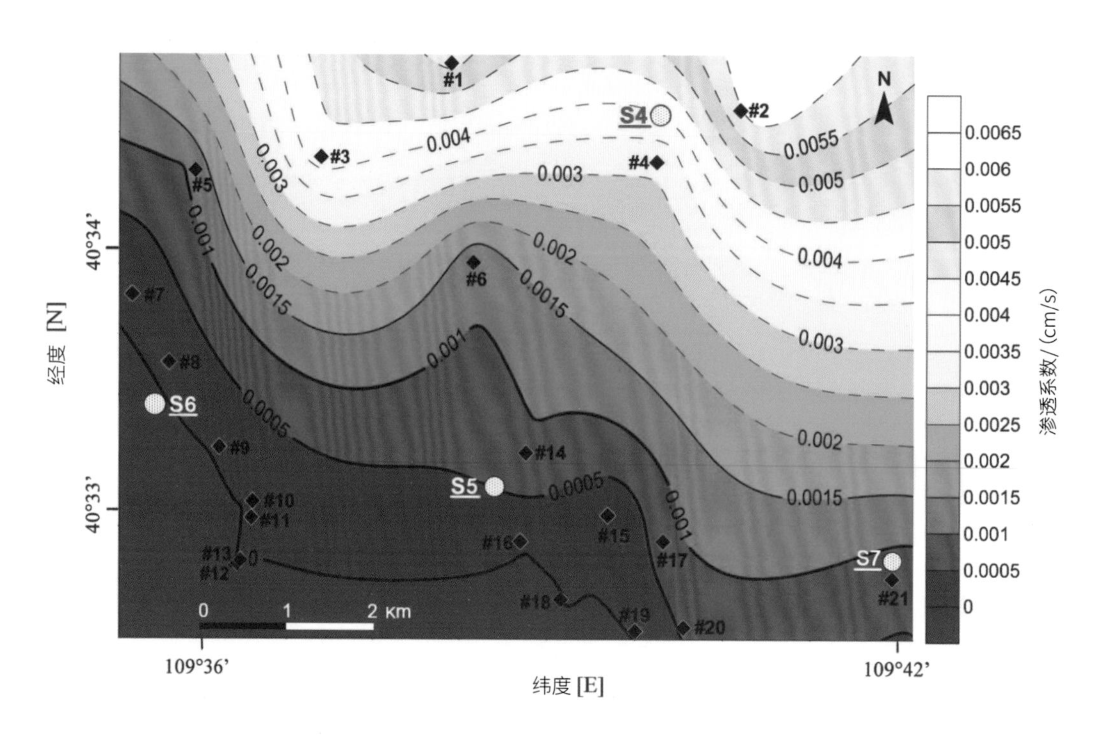

图 5-8
渗透系数等温线图